Peter Fabian

Leben im Treibhaus

Springer

Berlin
Heidelberg
New York
Hongkong
London
Mailand
Paris
Tokio

Peter Fabian

Leben
im Treibhaus

Unser Klimasystem –
und was wir daraus machen

Mit 60 Abbildungen, 17 Tabellen und 14 Farbtafeln

 Springer

Prof. Dr. Dr. h. c. Peter Fabian
Lehrstuhl für Bioklimatologie und Immissionsforschung
Technische Universität München
Am Hochanger 13
85354 Freising-Weihenstephan

fabian@met.forst.tu-muenchen.de

ISBN 3-540-43361-6 Springer-Verlag Berlin Heidelberg New York

Die Deutsche Bibliothek – CIP-Einheitsaufnahme

Fabian, Peter:
Leben im Treibhaus : unser Klimasystem – und was wir daraus machen / Peter Fabian. – Berlin ;
Heidelberg ; New York ; Hongkong ; London ; Mailand ; Paris ; Tokio : Springer, 2002
  ISBN 3-540-43361-9

Springer-Verlag Berlin Heidelberg New York
ein Unternehmen der BertelsmannSpringer Science+Business Media GmbH

© Springer-Verlag Berlin Heidelberg 2002
Printed in Germany

Die Wiedergabe von Gebrauchsnamen, Handelsnamen, Warenbezeichnungen usw. in diesem Werk berechtigt
auch ohne besondere Kennzeichnung nicht zu der Annahme, daß solche Namen im Sinne der Warenzeichen-
und Markenschutz-Gesetzgebung als frei zu betrachten wären und daher von jedermann benutzt werden
dürften.

Produkthaftung: Für Angaben über Dosierungsanweisungen und Applikationsformen kann vom Verlag keine
Gewähr übernommen werden. Derartige Angaben müssen vom jeweiligen Anwender im Einzelfall anhand
anderer Literaturstellen auf ihre Richtigkeit überprüft werden.

Herstellung: Renate Albers
Umschlaggestaltung: design & production, Heidelberg
Satz und Grafiken: Fotosatz-Service Köhler GmbH, Würzburg

SPIN: 10725945   52/3020 ra – 5 4 3 2 1 0   Gedruckt auf säurefreiem Papier

Vorwort

Während ich dieses Vorwort schreibe, sitze ich in einer der schönstgelegenen Forschungseinrichtungen der Welt, der Scripps Institution of Oceanography im südkalifornischen La Jolla, und blicke hinaus auf den Pazifik. Der morgendliche Himmel ist blau, aber draußen über dem Wasser erstreckt sich eine bräunliche Smogschicht, die der Nordwind aus dem etwa 150 km entfernten Großraum Los Angeles herübergeweht hat. Mir wird wieder einmal deutlich vor Augen geführt, daß es praktisch keinen Ort auf der Welt gibt, an dem die Einflüsse menschlicher Aktivitäten in der Luft, im Wasser oder im Boden nicht zu bemerken sind.

Unsere Umwelt ist wesentlich dadurch geprägt, daß es Leben auf der Erde gibt. Eine komplexe Biosphäre regelt, wie in diesem Buch beschrieben, den Austausch nahezu aller Substanzen im System und damit ihre Verteilung in Luft, Wasser und Böden. Auch die Zusammensetzung unserer Atmosphäre, insbesondere der Anteil klimawirksamer Treibhausgase, wird durch biologische Vorgänge geregelt. Das Leben selbst bestimmt damit die Eigenschaften des Treibhauses, in dem es gedeiht.

Der Mensch als höchste Form der Evolution ist dabei, diese Eigenschaften massiv zu verändern, indem er Kohle, Erdöl und Erdgas verbrennt, Wälder vernichtet und Abgase aller Art freisetzt. Die Folge ist eine zunehmende Veränderung des globalen Klimas, die heute bereits bedrohliche Ausmaße erreicht hat. Auch hierüber wird in diesem Buch berichtet. Diese durch unsere Zivilisation verursachten Klimaveränderungen werden sich weiter verstärken, wenn es nicht gelingt, die Emissionen klimarelevanter Gase weltweit zu verringern und die verbliebenen Wälder zu erhalten.

Doch hierfür sehen die Chancen derzeit nicht gut aus: Das 1997 in Kyoto unterzeichnete Klimaprotokoll kann noch immer nicht in Kraft treten, da die USA, die immerhin für fast ein Viertel alle Emissionen weltweit verantwortlich sind, ihren Beitritt verweigern. Zwar wäre die tatsächliche Wirkung dieses Protokolls, sollte es doch noch in Kraft treten, gering. Es wäre aber immerhin die erste internationale Vereinbarung zum Klimaschutz und damit ein wichtiges Regelwerk, das schrittweise verschärft und damit wirksamer gemacht werden könnte. Die Ereignisse des 11. September 2001 haben die Situation eher noch verschlechtert: Die Bekämpfung des internationalen Terrors steht in den USA jetzt an erster Stelle der Prioritätenliste, Umwelt und Klimaschutz dagegen ganz am Ende.

Die Idee, dieses Buch zu schreiben, entwickelte sich aus meiner Vortragstätigkeit über Umweltthemen, insbesondere vor Nichtfachleuten. Es gibt, wie mir hierbei immer wieder deutlich wurde, einen ungeheuren Informationsbedarf, den zu decken dieses Buch helfen soll. Als Atmosphärenwissenschaftler habe ich im Laufe meiner inzwischen fast 20jährigen Zugehörigkeit zum Lehrkörper einer forstwissenschaftlichen Fakultät immer wieder zu vermitteln versucht, daß Klima und Wald untrennbar zusammengehören. Immerhin machen Wälder mehr als 90 % der lebenden Biomasse aus, der Biosphäre also, die eine so eminent wichtige Regelfunktion für das irdische Treibhaus hat.

Aber nicht nur für Forstwissenschaftler habe ich dieses Buch geschrieben. Ich möchte es allen Geo-, Bio-, Agrar- und Umweltwissenschaftlern, Landschafts-, Raum- und Stadtplanern, nicht zuletzt aber auch interessierten Laien, Politikern, Behörden und Nichtregierungsorganisationen an die Hand geben, die sich in dem faszinierenden Treibhaus, in dem wir leben, zurechtfinden und die komplexen Zusammenhänge des Klimasystems verstehen wollen. Ich habe versucht, das Buch so allgemeinverständlich wie möglich zu schreiben. Diejenigen, die tiefer in die Materie eindringen möchten, können sich über die umfangreiche Literaturliste Zugang zur jeweiligen Originalliteratur verschaffen.

Bedanken möchte ich mich bei den Mitarbeiterinnen und Mitarbeiten meines Lehrstuhls, insbesondere bei Michaela Maria Hirschberg, Annette Menzel, Andreas Stohl, Herbert Werner und Martin Winterhalter. Sie waren mir durch Beschaffung von Material, Korrekturlesen und kritische Diskussionen eine wertvolle Hilfe. Dankbar bin ich auch Brigitte Fleischner für die professionelle Textgestaltung. Danken möchte ich schließlich dem Springer-Verlag für die gute Zusammenarbeit. Schon mein erstes Buch *Atmosphäre und Umwelt* war dort in guten Händen. Möge auch *Leben im Treibhaus* eine Vielzahl von Lesern ansprechen.

La Jolla, Kalifornien, März 2002   Peter Fabian

Inhaltsverzeichnis

Einleitung

Leben im Treibhaus – der privilegierte Planet Erde

Die Erde ist der einzige Planet unseres Sonnensystems, auf dem sich Leben entwickeln und dauerhaft etablieren konnte. Unsere Atmosphäre, die sich vor anderen Planetenatmosphären grundlegend durch ihren hohen Sauerstoffanteil auszeichnet, wird in ihrer Zusammensetzung von einer komplexen Biosphäre beeinflußt, deren Evolution unmittelbar in Wechselwirkung mit derjenigen unserer Lufthülle erfolgte. Die irdische Atmosphäre ist die einzige unseres Sonnensystems, die Leben ermöglicht und ihrerseits durch die Lebensvorgänge auf der Erde geprägt ist.

Sie entstand wie die Atmosphären unserer Nachbarplaneten Venus und Mars durch Ausgasen des flüssigen Planetenkörpers, wobei wie bei heutigen vulkanischen Exhalationen Wasserdampf (H_2O) und Kohlendioxid (CO_2) die wichtigsten Komponenten waren. Im Gegensatz zu den anderen Planeten umkreist die Erde die Sonne aber gerade in dem „richtigen" Abstand, bei dem Wasser in flüssiger Form bestehen kann. So konnte der Großteil des ausgegasten Wasserdampfes kondensieren und sich in den irdischen Ozeanen ansammeln. Diese wiederum bildeten ein ideales Lösungsmittel für CO_2, das durch chemische Prozesse in Calcium- und Magnesiumcarbonat umgewandelt und als Sediment abgelagert wurde.

Deshalb ist die Erde mit ihren Ozeanen, damit Wasserkreislauf aus Verdunstung, Niederschlag und Abfluß, Erosion und Freisetzung mineralischer Nährstoffe, der für biologische Aktivität privilegierte Planet unseres Sonnensystems schlechthin: Venus kreist näher an der Sonne und hatte von Anbeginn an so hohe Oberflächentemperaturen, daß sich nie ein Ozean bilden konnte. Somit konnte sich alles im Laufe der Zeit ausgegaste CO_2 in der Gashülle anreichern und eine CO_2-Atmosphäre von 90 bar Gesamtdruck aufbauen, was wiederum zu einem gigantischen Treibhauseffekt und entsprechend mörderischen Oberflächentemperaturen von etwa 735 K (462 °C) führte. Der in größerem Abstand von der Sonne kreisende Mars ist mit einer mittleren Oberflächentemperatur von 220 K (– 53 °C) hingegen so kalt, daß sich größere Wassermengen allenfalls als Eis hätten akkumulieren können.

Die Ozeane wirkten einerseits stabilisierend auf das irdische Klima, andererseits waren sie die Voraussetzung dafür, daß sich überhaupt Leben auf unserem Planeten entwickeln konnte. Es gilt als gesichert, daß das Leben im Wasser entstanden ist und daß der freie Sauerstoff in unserer heutigen Atmosphäre, der immerhin einen Volumenanteil von fast 21% ausmacht, im Laufe der Erdgeschichte als Nebenprodukt bei der Photosynthese von irdischer Biomasse entstanden ist und somit eine direkte Folge des Lebens darstellt.

Aber nicht nur der atmosphärische Sauerstoff ist ein Produkt biologischer Aktivität. Mikroorganismen im Erdboden und im Meer produzieren durch ihren Stoffwechsel ungeheure Mengen gasförmiger Substanzen, die an die Atmosphäre abgegeben werden, etwa Distickstoffoxid (N_2O), Methan (CH_4) oder Methylchlorid (CH_3Cl). Andererseits nimmt die Biosphäre Substanzen aus der Atmosphäre auf, vor allem CO_2, H_2O und Stickstoffverbindungen. Tatsächlich fließen außer den Edelgasen alle atmosphärischen Konstituenten über globale Stoffkreisläufe durch die Biosphäre. Unsere Atmosphäre ist somit weitgehend das Produkt biologischer Prozesse auf der Erde, also eine Folge des Lebens.

Die Atmosphäre wiederum stellt für die Biosphäre geradezu ideale Klimabedingungen bereit, sie ist gleichsam wie ein Treibhaus, das die benötigte Sonnenstrahlung ohne das in größerer Höhe durch Sauerstoff und Ozon absorbierte schädliche Ultraviolett eintreten läßt, die thermische Ausstrahlung jedoch vermindert. Dies geschieht durch die „Treibhausgase" H_2O, CO_2, Ozon (O_3), N_2O und CH_4 (in der Reihenfolge ihrer Wichtigkeit), welche einen Teil der von der Erde emittierten thermischen Strahlung absorbieren und entsprechend ihrer Temperatur reemittieren. Durch diese „atmosphärische Gegenstrahlung" erhält die Erde somit Energie zurück und kann eine höhere Gleichgewichtstemperatur aufrechterhalten als dies ohne die Treibhausgase der Fall wäre. Für die Erde macht der natürliche Treibhauseffekt immerhin etwa 33 °C aus, und die globale Mitteltemperatur liegt bei +15 °C. Ohne die in der Lufthülle enthaltenen Treibhausgase wäre es mit −18 °C so kalt auf der Erde, daß sich das Leben wohl kaum hätte entwickeln können.

Die irdische Atmosphäre, das Luftmeer, auf dessen Grunde wir leben, ist ein Gasgemisch, das neben den Hauptbestandteilen Stickstoff und Sauerstoff eine Vielzahl von Spurengasen enthält. Dieses Gasgemisch an sich wäre reaktionsträge und somit von geringem chemischen Interesse, würde es nicht im Wechsel von Tag und Nacht und im Rhythmus der Jahreszeiten von der Sonne bestrahlt. Die Sonnenstrahlung, insbesondere ihr energiereicher kurzwelliger Anteil, vermag die meisten Konstituenten des atmosphärischen Gasgemisches in ihre Bestandteile zu spalten. Durch diesen photochemischen Prozeß, den man als „Photolyse" oder „Photodissoziation" bezeichnet, entstehen äußerst reaktive Substanzen (Radikale), die wichtige chemische Reaktionsketten auslösen.

Der wohl wichtigste photochemische Prozeß in unserer Atmosphäre ist die Bildung von Ozon (O_3), der dreiatomigen Form des Luftsauerstoffs. Der normale Sauerstoff besteht aus O_2, zwei miteinander verbundenen Sauerstoff-Atomen. Unter Einwirkung der Ultraviolettstrahlung (UV) der Sonne wird ein Teil des Luftsauerstoffs O_2 gespalten, und die gebildeten Sauerstoffatome können sich mit zweiatomigen Sauerstoffmolekülen zum dreiatomigen Ozon verbinden. Die hieraus resultierende atmosphärische Ozonschicht ist für uns in zweifacher Hinsicht von großer Bedeutung. Zum einen schirmt sie die gefährliche UV-Strahlung der Sonne ab, welche ohne diesen Filter alles Leben auf dem Festland auslöschen würde. Zum anderen bewirkt die Energie dieser in der Höhe absorbierten Strahlung dort eine beachtliche Erwärmung, was zur Bildung einer breiten warmen Höhenschicht mit einem Temperaturmaximum in etwa 50 km Höhe führt, die ebenfalls einmalig im Sonnensystem ist.

Durch photochemische Prozesse werden aus Substanzen wie N_2O, CH_4 und CH_3Cl, die von der Biosphäre abgegeben werden, in der Atmosphäre Radikale gebildet, die ihrerseits die Ozonphotochemie beeinflussen. Somit wird durch natürliche biologische Prozesse nicht nur die Ozonschicht sondern auch der globale Treibhauseffekt und damit das Klima gesteuert, denn neben N_2O und CH_4 gehört auch Ozon zu den wichtigen Treibhausgasen.

Das Leben im irdischen Treibhaus steuert somit ein gekoppeltes System, welches neben der Lufthülle auch die Erdkruste, die Ozeane und das Festland mit der Biosphäre umfaßt. Die Stoffverteilung in diesem System wird durch die Wechselwirkung biologischer und geochemischer Kreisläufe (biogeochemischer Kreisläufe) bestimmt, welche nach sehr unterschiedlichen Zeitskalen ablaufen. Die Zeitskalen der biologischen Kreisläufe reichen von einigen Monaten bis zu einigen hundert Jahren. Diese Zyklen können daher auch durch menschliche Aktivitäten über vergleichbare Zeiträume beeinflußt werden, etwa durch Luftverschmutzung, Waldvernichtung oder landwirtschaftliche Praktiken.

Die Zeitskalen der geochemischen Kreisläufe, welche die Sedimentbildung, Verwitterung und Wiederfreisetzung in die Atmosphäre umfassen, betragen Jahrmillionen und mehr. Solche Kreisläufe sind sicher nicht innerhalb geschichtlicher Zeiträume umzusteuern. Der Mensch greift aber massiv in diese Kreisläufe ein, indem er Kohle-, Erdöl- und Erdgasvorräte, zu deren Bildung viele Millionen Jahre erforderlich waren, innerhalb weniger Jahrzehnte verbrennt.

Das irdische Treibhaus hat sich über mehr als 4 Milliarden Jahre in enger Wechselwirkung mit der biologischen Evolution entwickelt. Der Mensch als höchste Form dieser Evolution – oder Krone der Schöpfung – ist im Begriff, die Eigenschaften dieses Treibhauses massiv zu verändern, indem er Schadgase emittiert, fossile Energieträger verbrennt und Wälder vernichtet. Hieraus resultierende Veränderungen der Umweltbedingungen, insbesondere des globalen Klimas, sind heute bereits klar erkennbar. Sie werden sich weiter verstärken, wenn es nicht gelingt, das Ausmaß der anthropogenen Störungen massiv zurückzufahren – mit unabsehbaren Konsequenzen hinsichtlich der Lebensbedingungen auf unserem privilegierten Planeten.

1 Wie alles begann: Die Evolution der Erdatmosphäre

1.1 Vom solaren Nebel zur Ur-Atmosphäre

Die Atmosphäre unseres Planeten Erde ist das Produkt einer langen Entwicklungsgeschichte. In ihrer heutigen Zusammensetzung ist die irdische Lufthülle grundverschieden von derjenigen des solaren Urnebels, aus dem unser Sonnensystem entstanden ist. Geochemische Prozesse und, seit es Leben auf unserem Planeten gibt, vor allem biochemische Prozesse haben bei dieser Evolution eine entscheidende Rolle gespielt und unsere Atmosphäre zu dem ganz besonderen und im Planetensystem einmaligen Medium gemacht, ohne das unsere Existenz undenkbar wäre.

Die Erdatmosphäre besteht aus Stickstoff (N_2), Sauerstoff (O_2), Argon (Ar) und Kohlendioxid (CO_2), deren relative Volumenanteile 78,08 %, 20,95 %, 0,93 % bzw. 0,04 % betragen. Daneben existiert eine Vielzahl von Spurengasen, welche nur in ganz geringen Konzentrationen in der Luft enthalten sind und von denen die häufigsten in Tabelle 1 aufgeführt sind. Trotz ihrer verschwindend geringen Konzentration haben viele dieser Spurenbestandteile aber entscheidenden Einfluß auf die physikalischen und chemischen Prozesse, die in der Lufthülle unseres Planeten ablaufen und die Gegenstand dieses Buches sind.

Der *Urnebel*, aus dem sich die Sonne, die Planeten, Planetoiden und Monde gebildet haben, hatte vermutlich eine chemische Zusammensetzung, die derjenigen der gegenwärtigen Sonne und der Sterne ähnelt (Tabelle 2). Am häufigsten kamen die leichtesten Elemente Wasserstoff (H) und Helium (He) vor, die zusammen bereits mehr als 99 % der Urmaterie ausmachten, während sich alle übrigen chemischen Elemente in weniger als 1 % teilen. Die Elementhäufigkeit nimmt mit wachsender Massenzahl (bzw. Ordnungszahl) rasch ab.

Im Erdkörper überwiegen, wie Tabelle 2 veranschaulicht, neben Sauerstoff (O) die Elemente Eisen (Fe), Silicium (Si) und Magnesium (Mg), die in der Urmaterie nur in Spuren vorhanden sind, während die leichten Elemente Wasserstoff und Helium, welche zusammen immerhin über 99 % der Sonne ausmachen, überhaupt nicht in nennenswerten Mengen in unserem Planeten vorkommen. Gegenüber dem solaren Nebel sind die schweren Elemente im Erdkörper beträchtlich angereichert, die leichten Elemente hingegen abgereichert. Wie kommt es, daß die Erde, die sich ja aus der gleichen kosmischen Wolke gebildet hat wie die Sonne, eine derart andere Zusammensetzung hat? Um diese Frage, die auch für die Entstehung und Entwicklung der Erdatmosphäre von entschei-

Tabelle 1. Struktur und Zusammensetzung einiger Planetenatmosphären

	Venus	Erde	Mars	Jupiter
Mittlerer Abstand von der Sonne (in Millionen km)	108	150	228	778
Mittlerer Radius (in km)	6049	6371	3390	69 500
Mittlere Dichte der Planeten (in g/cm^3)	5,23	5,52	3,96	1,33
Mittlere Oberflächentemperatur (in °C)	462	15	−50	−130
Druck an der Oberfläche (in bar)	90	1	0,007	0,1
Hauptbestandteile (relativer Volumenanteil)	CO_2 (95–97%) N_2 (3,5–4,5%) H_2O (0,06–0,14%)	N_2 (78,08%) O_2 (20,95%) Ar (0,93%)	CO_2 (95%) N_2 (3%) Ar (1,5%)	H_2 (88%) He (11%)
Spurenbestandteile (in der Reihenfolge ihrer Häufigkeit)	SO_2 Ar CO Ne	H_2O CO_2 Ne He Kr CH_4 H_2 N_2O	O_2 CO H_2O Ne Kr Xe	NH_3 CH_4 H_2O H_2S C_2H_2 C_2H_6

Tabelle 2. Relative Häufigkeit der Elemente im Kosmos und im Erdkörper (nach Palme, Suess und Zeh [7])

Element	Ordnungszahl	Relative Häufigkeit im Kosmos [%]	Geschätzte relative Häufigkeit im Erdkörper [%]
Wasserstoff (H)	1	92,48	<0,1
Helium (He)	2	7,399	
Sauerstoff (O)	8	0,00629	29,5
Kohlenstoff (C)	6	0,0292	
Stickstoff (N)	7	0,00777	
Neon (Ne)	10	0,00518	
Magnesium (Mg)	12	0,00374	11,2
Silicium (Si)	14	0,00370	14,7
Eisen (Fe)	26	0,00318	37,4
Schwefel (S)	16	0,00178	
Argon (Ar)	18	0,00081	
Aluminium (Al)	13	0,00030	1,3
Calcium (Ca)	20	0,00022	1,4
Natrium (Na)	11	0,00021	0,6
Nickel (Ni)	28	0,00018	3,0
Chrom (Cr)	24	0,00005	0,3
Phosphor (P)	15	0,00003	0,1
Mangan (Mn)	25	0,00003	0,2

1 Wie alles begann: Die Evolution der Erdatmosphäre

dender Bedeutung ist, zu beantworten, müssen wir uns zunächst mit der Entstehung des Sonnensystems vertraut machen.

Nach heutiger Vorstellung (vgl. z.B. [1–6]) ist unser *Sonnensystem* etwa 4,6 Milliarden Jahre alt. Es entstand, als der solare Nebel, eine riesige Wolke aus kosmischem Gas, Staub und Eis unter Einfluß seines eigenen Schwerefeldes zusammenbrach. Durch die Kompression stieg die Temperatur der Wolke, die vor diesem Kollaps nur wenig über dem absoluten Nullpunkt gelegen haben dürfte, auf mehrere tausend Grad an, was zur Verdampfung der meisten Bestandteile führte. Feste Fragmente, die der Erwärmung widerstanden, sammelten sich in einer Ebene um den Schwerpunkt der Wolke, der heutigen Ekliptik, wo sie allmählich zu größeren Körpern, den Protoplaneten zusammenwuchsen. Gleichzeitig kühlte sich die Gashülle durch Ausstrahlung ab, wodurch ihre Bestandteile in der Reihenfolge ihrer Siedetemperaturen kondensierten und so zum Wachstum der *festen Körper* beitrugen. Nahe dem Zentrum der Wolke konnten aber nur die schwerflüchtigen Stoffe kondensieren, während sich mit abnehmender Temperatur weiter außen auch Substanzen mit geringeren Siedetemperaturen niederschlagen konnten. Dies ist der Grund dafür, daß bei den inneren Planeten Venus, Erde oder Mars die leichten (und leichtflüchtigen) Elemente Wasserstoff, Helium, Kohlenstoff, Stickstoff drastisch abgereichert, die schwereren und schwerer flüchtigen Elemente dagegen angereichert wurden. Auch die Edelgase Neon, Argon, Krypton und Xenon sind bei den inneren Planeten erheblich abgereichert, da sie keine schwerflüchtigen Verbindungen mit anderen Elementen bilden konnten. (Gemeint ist das Element Argon mit der Massenzahl 39. Der Umstand, daß die Erdatmosphäre relativ viel Argon enthält, beruht darauf, daß es sich dabei um das Argon-Isotop mit der Massenzahl 40 handelt, das durch radioaktiven Zerfall von Kalium-40 im Erdmantel im Lauf der Erdgeschichte gebildet wurde.) Im Gegensatz dazu wurde der leichte Sauerstoff dank seiner Fähigkeit, mit den Elementen Silicium, Eisen, Aluminium und Calcium schwerflüchtige Verbindungen einzugehen, im Erdkörper angereichert.

Man kann sich vorstellen, daß, solange kondensierbare Materie im Nebel vorhanden war, die Masse der Protoplaneten rapide wuchs. Unter dem Einfluß der sich verstärkenden Massenanziehung verschmolzen kleinere Körper mit ihren größeren Nachbarn. Durch diesen Prozeß müssen so große Energiemengen freigesetzt worden sein, daß die gerade entwickelten Planetenkörper schmolzen.

Inzwischen war im Zentralkörper des Systems, der Sonne, genügend Masse akkumuliert, so daß diese durch Zünden thermonuklearer Prozesse zum Stern wurde. Als Folge dieser Entwicklung dürften zeitweise starke Sonnenwinde aufgetreten sein, von der Sonne abfließende Materieströme ungeheuren Ausmaßes, wie sie auch bei jungen Sternen vermutet werden, welche die letzten Gasreste des solaren Urnebels in die auswärts gelegenen Bereiche des Sonnensystems oder in den interstellaren Raum abdriften ließen. Am Ende dieser ersten Phase, der Bildung der Planeten aus dem solaren Nebel, die eine nach geologischen Maßstäben kurze Zeitspanne von nur einigen zehnmillionen Jahren umfaßte, war die Erde ein feurig-flüssiger Körper ohne nennenswerte Gashülle.

Die erste Atmosphäre, die auch als *Uratmosphäre oder Primordialatmosphäre* bezeichnet wird, bildete sich durch Ausgasen des flüssigen Planeten. Flüchtige

Substanzen, eingeschlossen in die Fragmente, aus denen die Erde zusammengewachsen war, wurden durch die Hitze ausgetrieben. Diese Gase müssen, da der Sauerstoff fest gebunden war, weitgehend reduziert gewesen sein, so daß die Primordialatmosphäre wahrscheinlich überwiegend aus Methan (CH_4) mit Beimengungen von Ammoniak (NH_3), Wasserstoff (H_2) und Wasserdampf (H_2O) bestand.

Der feurig-flüssige Erdkörper bewirkte aber nicht nur durch Ausgasen die Bildung der Uratmosphäre, er setzte auch einen gigantischen Hochofenprozeß in Gang, als dessen Folge der größte Teil der Eisen- und Nickeloxide zu Metall reduziert wurde. Aus der Schmelze schied sich *der schwere Erdkern* aus Eisen und Nickel, dessen Durchmesser etwa halb so groß wie der Erddurchmesser ist, von dem Erdmantel, der überwiegend aus leichteren Silicium-Verbindungen besteht. Als Folge dieses Reduktionsprozesses im Kern muß die Oxidationsstufe der Materialien außerhalb des Kerns, also in dem sich verfestigenden Erdmantel, der *Asthenosphäre*, und der dünnen Erdkruste, auch als *Lithosphäre* bezeichnet, und damit auch die der ausgasenden Substanzen entsprechend erhöht worden sein. Methan, Ammoniak und Wasserstoff wurden allmählich ersetzt durch eine Atmosphäre, in der Kohlendioxid (CO_2), Stickstoff (N_2) und Wasserdampf (H_2O) überwogen. Die genaue Zusammensetzung dieser frühen Atmosphäre, etwa 1 Milliarde Jahre nach Entstehung des Sonnensystems, also vor etwa 3,5 Milliarden Jahren, ist nicht bekannt. Freier Sauerstoff war jedoch zu dieser Zeit sicherlich nicht vorhanden.

Das Ausgasen der frühen Erde muß zunächst massiv und praktisch überall erfolgt sein. Im Zuge der sich verfestigenden Erdkruste ging dieser Prozeß zurück und beschränkt sich heute auf vulkanisch aktive Regionen. Nimmt man an, daß sich die älteste Erdatmosphäre aus Entgasungsprodukten vom *Typ vulkanischer Exhalationen* aufgebaut hat, dann würde die Gaszusammensetzung heute noch tätiger Vulkane erste Anhaltspunkte für die stoffliche Zusammensetzung dieser Primordialatmosphäre liefern. Hauptbestandteile der alten Atmosphäre dürften demnach Wasserdampf (ca. 80%), CO_2 (ca. 10%) sowie Schwefelverbindungen (primär wohl Schwefelwasserstoff H_2S mit 5 bis 7%) gewesen sein. Die Anteile von Stickstoff (N_2), Wasserstoff (H_2) und Kohlenmonoxid (CO) wären mit etwa 0,5% anzusetzen, während Methan (CH_4) und Ammoniak (NH_3) nur in geringen Mengen vorhanden gewesen sein können. Freier Sauerstoff tritt praktisch niemals als Bestandteil vulkanischer Gase aus und kann somit auch in der Uratmosphäre nicht vorhanden gewesen sein.

Die Primordialatmosphäre war also nicht oxidierend sondern reduzierend wie heute noch die Atmosphären anderer Planeten. Dieser Umstand erscheint zunächst eigenartig, da Sauerstoff zu den häufigsten irdischen Elementen gehört (s. Tabelle 2) und mit mehr als 90 Volumenprozent (entsprechend etwa 46 Gew.-%) am Aufbau der Lithosphäre beteiligt ist. Dort ist aber die Bindung des Sauerstoffs an Silicium so fest, daß das Aufbrechen dieser Silicat-Strukturen bei den vorherrschenden Temperaturen nicht möglich ist. Auch zeigt das Überwiegen von zweiwertigem (Ferro-)Eisen in den gängigen magmatischen Gesteinen, daß das Angebot an Sauerstoff in den ursprünglichen Silicat-Schmelzen nicht ausgereicht hat, um alles Eisen in die dreiwertige (Ferri-)Stufe zu überführen. Aufgrund dieses Sauerstoff-Defizits waren die Magmen also niemals in der Lage, freien Sauerstoff auszugasen. Dementsprechend stehen magmatische Bildungen mit der heutigen sauerstoffhaltigen Atmosphäre nicht im Gleichgewicht: Sobald diese Gesteine mit dem Luftsauerstoff in Berührung kommen, wird das zweiwertige Eisen zu dreiwertigem Eisen oxidiert, ein Vorgang, der als Oxidations-„Verwitterung" bezeichnet wird.

1.2
Evolution des atmosphärischen Sauerstoffs

Die Evolution des freien Sauerstoffs in der Erdatmosphäre ist eines der spannendsten Kapitel der Geochemie. Da sich die Herkunft des atmosphärischen Sauerstoffs aus dem Material von Erdkruste und Erdmantel ausschließen läßt, kommen als Quelle nur nichtgeologische Prozesse in Betracht, bei denen der Sauerstoff nachträglich aus oxidischen Gasen wie Wasserdampf und Kohlendioxid freigesetzt wurde. Als Energiequelle für derartige Prozesse kommt nur das Sonnenlicht in Frage, weshalb man von photochemischen Prozessen spricht.

Die naheliegenden photochemischen Reaktionen sind die Photodissoziation von Wasserdampf und Kohlendioxid durch kurzwellige UV-Strahlung (Wellenlängen geringer als etwa 200 nm), welche wegen des Fehlens von Sauerstoff tief in die primordiale Atmosphäre eindringen konnte:

(a) $2 CO_2 + \text{UV-Strahlung} \rightarrow 2 CO + O_2$
(b) $2 H_2O + \text{UV-Strahlung} \rightarrow 2 H_2 + O_2$.

Es zeigt sich aber, daß durch diese Reaktionen nur ein geringer Teil des heute vorhandenen Luftsauerstoffs entstanden sein kann:

Bei der Reaktion (a) werden aus 2 Molekülen Kohlendioxid neben einem Molekül Sauerstoff 2 Moleküle Kohlenmonoxid (CO) freigesetzt. CO ist zu schwer, als daß es in nennenswerten Mengen aus dem Schwerefeld der Erde entwichen sein könnte. Wäre aber der heutige Sauerstoff-Anteil von 21 % aus Reaktion (a) entstanden, müßte ein äquivalenter CO-Anteil vorhanden sein; CO tritt aber nur als Spurengas mit einem Anteil von weniger als einem Millionstel auf (s. Tabelle 3, Abschnitt 2.1).

Bei der Reaktion (b) wird neben Sauerstoff molekularer Wasserstoff (H_2) gebildet, der als leichtes Gas im Gegensatz zu CO durchaus in den Weltraum entwichen sein kann. Urey [8] sowie Berkner und Marshall [9] konnten aber zeigen, daß keine der beiden Reaktionen (a) und (b) imstande waren, eine nennenswerte Sauerstoff-Atmosphäre aufzubauen, da der gebildete Sauerstoff selbst die kurzwellige UV-Strahlung absorbiert, die zu seiner Erzeugung nach (a) oder (b) benötigt wird. Nach Urey [8] liegt das Gleichgewicht dieses sich selbst limitierenden Prozesses bei nur einem tausendstel des heutigen Sauerstoff-Niveaus in der Erdatmosphäre, dem sogenannten Urey-Pegel, nach einer Abschätzung von Walker [5] sogar noch niedriger. Durch die photochemischen Reaktionen (a) und (b) kann also höchstens ein tausendstel (10^{-3}) des heutigen Sauerstoff-Niveaus (P.A.L. = present atmospheric level) entstanden sein. Wahrscheinlich wurde zudem dieser geringe Sauerstoff-Anteil, zumindest in den unteren

Atmosphärenschichten, durch Reaktionen mit den reduzierten Oberflächengesteinen laufend aufgebraucht.

Wir wissen heute mit ziemlicher Sicherheit, daß fast der gesamte Sauerstoff, der im Laufe der Erdgeschichte freigesetzt wurde, ein Nebenprodukt der *Photosynthese von irdischer Biomasse* ist. Der freie Sauerstoff in der Atmosphäre ist demnach eine Folge des Lebens auf der Erde, und dieses wiederum verdankt seine Entstehung ganz offensichtlich dem Umstand, daß auf der Erde flüssiges Wasser existiert. Die Erde umkreist, im Gegensatz zu den anderen Planeten, die Sonne gerade in dem „richtigen" Abstand, bei dem Wasser in flüssiger Form bestehen kann. Der Großteil des bei der Bildung der Primordial-Atmosphäre ausgegasten Wasserdampfes kondensierte und sammelte sich in den irdischen Ozeanen. Diese wiederum bildeten ein ideales Lösungsmittel für Kohlendioxid und die Schwefelverbindungen. Nahezu das gesamte im Laufe des Ausgasens freigesetzte CO_2 wurde durch chemische Prozesse im Ozean in Calcium- und Magnesiumcarbonat umgewandelt und in Form von Sedimenten abgelagert.

Auf der Venus, deren Abstand von der Sonne etwa 30% geringer ist, fällt pro Flächeneinheit etwa doppelt soviel Sonnenenergie ein wie auf der Erde. Selbst bei genügender Ausgasung von Wasserdampf hätten sich auf der Venus keine Ozeane und damit auch keine Carbonate bilden können. Somit konnte sich alles entgaste CO_2 in der Atmosphäre anreichern und eine CO_2-Atmosphäre von fast 90 bar Gesamtdruck aufbauen (s. Tabelle 1).

Wie in Abschnitt 2.4 erläutert wird, führt eine CO_2-Atmosphäre vermöge ihrer Eigenschaft, Sonnenstrahlung nahezu ungehindert durchzulassen, Infrarotstrahlung hingegen teilweise zu absorbieren und zurückzustrahlen, zu einer Temperaturerhöhung an der Planetenoberfläche. Dieser Effekt, den man auch als *Treibhauseffekt* bezeichnet, führt für die dichte CO_2-Atmosphäre der Venus zu Oberflächentemperaturen von etwa 470 °C. Auf der Erde, wo der Großteil des ausgegasten CO_2 in den Sedimenten begraben wurde, führt ein nur mäßiger Treibhauseffekt zu mittleren Oberflächentemperaturen um 15 °C. Würde man aber allen in den irdischen Sedimenten gespeicherten Kohlenstoff als CO_2 an die Atmosphäre zurückgeben, würden sich ähnlich unwirtliche Verhältnisse wie auf der Venus entwickeln.

Für die *Entstehung des Lebens* auf der Erde waren die Ozeane auch noch in anderer Hinsicht von entscheidender Bedeutung. Neben ihrer Eigenschaft, atmosphärisches CO_2 zu lösen und damit ein Anwachsen des Treibhauseffektes zu verhindern, wirkten sie auf Grund ihrer Wärmekapazität stabilisierend auf das irdische Klima. Vor allem aber bot nur das Wasser das Medium, in dem sich die ersten Organismen entwickeln konnten. Denn solange die Atmosphäre praktisch keinen Sauerstoff und daher auch kein Ozon (s. Abschnitt 2.3) enthielt, konnte UV-Strahlung der Sonne von 200 bis 290 nm Wellenlänge, welche Eiweiß und Nukleinsäuren, die wichtigsten Bestandteile der lebenden Substanz, zersetzt, nahezu ungehindert bis zur Erdoberfläche dringen. Es soll hier nicht auf die Entstehung des Lebens eingegangen werden. (Der Leser findet Übersichtsartikel unter Ref. [10–14].) Es gilt aber als gesichert, daß sich die ersten Organismen unter einer wenigstens etliche 10 m dicken Wasserschicht, welche etwa einen der heutigen Atmosphäre äquivalenten UV-Filter darstellt, entwickelt haben.

Miller und danach eine Reihe anderer Forscher [14] haben gezeigt, daß sich unter Bedingungen, wie sie in der primordialen Atmosphäre geherrscht haben dürften, durch nichtbiologische Prozesse alle einfachen Bausteine organischer Substanz gebildet haben können. Diese Stoffe haben sich im Wasser gelöst, miteinander reagiert und dadurch Makromoleküle gebildet, deren Anreicherung schließlich zu dem Medium führte, das man als „Ursuppe" bezeichnet. Wir wissen heute, daß die Urzeugung des Lebens aus anorganischen Ausgangsstoffen nur in einem reduzierenden Milieu möglich war. Die sauerstoff-freie Primordial-Atmosphäre war also eine unabdingbare Voraussetzung für die Entstehung des Lebens.

Neuere Untersuchungen [15–17] an vulkanischem Urgestein deuten darauf hin, daß das Leben auch in der Nähe von Vulkanen auf dem Meeresgrund seinen Anfang genommen haben könnte: Rasmussen [15] interpretiert fädige Strukturen im Gestein als fossile Mikroben, die bei Temperaturen um 100 °C unter dem Meeresboden gelebt haben könnten, unter Bedingungen, die für heute noch lebende Archaebakterien typisch sind. Man findet sie dort, wo die Erdplatten kollidieren, Magma neuen Meeresboden bildet und heißes, mit Mineralien beladenes Meerwasser hochschießt.

Die ersten Lebewesen waren sicher primitive Einzeller ohne Zellstruktur, sogenannte Prokaryonten, die ihren Energiebedarf durch Gärung aus den organischen Molekülen der Ursuppe deckten. Diese Gärung mag grundsätzlich nach dem Schema der Alkoholgärung aus Zucker abgelaufen sein:

$$C_6H_{12}O_6 \rightarrow 2\,C_2H_5OH + 2\,CO_2.$$

Aus Zucker entstehen dabei Substanzen erniedrigter (Ethylalkohol C_2H_5OH) und erhöhter Oxidationsstufe (CO_2), so daß sich insgesamt die Oxidationsstufe nicht ändert. Die Gärungsprodukte waren aber ohne weiteren Wert für diese primitiven Organismen, die man auch als Heterotrophen bezeichnet, so daß deren Entwicklung durch das Angebot organischer Nährstoffe in der Ursuppe begrenzt blieb. Hinzu kommt, daß die Gärung ein recht ineffektiver Energieerzeugungsprozeß ist.

Ein entscheidender Fortschritt war sicherlich die Entwicklung der Autotrophen, Lebewesen, die ihren Kohlenstoff in Form von *Kohlendioxid* aufnehmen und daraus selbst höhere organische Verbindungen herstellen können. Die ersten Autotrophen, die man auch als Chemoautotrophen bezeichnet, benutzten vermutlich Kohlendioxid als Elektronenakzeptor (Oxidationsmittel) und Wasserstoff als Elektronendonator (Reduktionsmittel), beides Gase, die in der primitiven Atmosphäre reichlich vorhanden waren. Stephenson [18] erwähnt in diesem Zusammenhang Bakterien, die Essigsäure aus Kohlendioxid und Wasserstoff synthetisieren gemäß

$$2\,CO_2 + 4\,H_2 \rightarrow CH_3COOH + 2\,H_2O.$$

Methan-Bakterien sind Autotrophen, die Energie aus der Reaktion

$$CO_2 + 4\,H_2 \rightarrow CH_4 + 2\,H_2O \text{ gewinnen.}$$

Dies sind Beispiele der Art von Reaktionen, die von den ersten autotrophen Organismen benutzt worden sein können. Nach Walker [5] sollte die Synthese organischer Moleküle aus Wasserstoff und Kohlendioxid durch die Autotrophen wesentlich schneller als durch nichtbiologische Prozesse erfolgt sein, wodurch die biologische Aktivität insgesamt erheblich gesteigert wurde. Die Ausbreitung der Chemoautotrophen blieb aber begrenzt durch das Angebot an Wasserstoff, der fast ausschließlich durch vulkanische Aktivität nachgeliefert werden mußte.

Eine weitere Steigerung der biologischen Aktivität erforderte daher die Erschließung einer ergiebigeren Energiequelle, der Sonnenenergie, und so war vermutlich der nächste Entwicklungsschritt die *Photosynthese*. Während aber Heterotrophen und Chemoautotrophen im tiefen Ozeanwasser oder im Schlamm leben konnten, erforderte die Photosynthese Sonnenlicht und damit Exposition für gefährliche UV-Strahlung. Berkner und Marshall [9] haben gezeigt, daß reines Wasser UV-Strahlung nur schwach absorbiert und entsprechend mehrere 10 m dicke Wasserschichten zum Schutz der Organismen notwendig sind. Wahrscheinlich haben sich die Mikroben, wie Sagan [19] vorgeschlagen hat, durch Schichten organischer Substanzen, die effektive UV-Absorber sind, auch im flachen Wasser geschützt. So scheinen die in Südsimbabwe gefundenen Stromatolithen, fast 3 Milliarden Jahre alte versteinerte Algenmatten, den Beweis zu liefern, wie sich Organismen durch Schichten abgestorbener Vorfahren gegen die UV-Strahlung abgeschirmt haben.

Die Entwicklung von *Pigmenten* erlaubte es den Organismen erstmalig, durch Photosynthese die Energie des Sonnenlichts direkt zu nutzen. Bakterielle Photosynthese, bei der noch kein Sauerstoff freigesetzt wird, ist ein primitiverer Prozeß als die Photosynthese grüner Pflanzen und dürfte dieser vorausgegangen sein [14]. Die ersten photosynthetisierenden Organismen haben vermutlich den Kohlenstoff für ihre Biosynthese aus organischen Molekülen bezogen, waren also Heterotrophen. Die neue Energiequelle verschaffte ihnen aber einen Vorteil gegenüber ihren gärungsstoffwechselnden Verwandten insofern, als sie auch organische Moleküle für ihren Stoffwechsel verwerten konnten, die für jene nur Abfallprodukte waren. Alle heute bekannten photosynthetisierenden Bakterien wie Purpurbakterien und grüne Bakterien sind jedoch Autotrophen, die ihren Kohlenstoff aus Kohlendioxid gewinnen. Sie benötigen für diese Reduktion Substanzen wie Wasserstoff, Schwefelwasserstoff, Thiosulfat und organische Moleküle als Elektronendonatoren. Somit hing wie vor Entwicklung der bakteriellen Photosynthese die Ausbreitung des Lebens von der Nachlieferung der reduzierten Substanzen, im wesentlichen durch Vulkane, ab. Die bakterielle Photosynthese ermöglichte dennoch eine beträchtliche Expansion der belebten Welt durch bessere Ausnutzung der verfügbaren Energie sowie Wiederverwendung von Stoffwechselprodukten der gärenden Organismen (Recycling).

Der nächste und letzte Schritt der Entwicklung des biologischen Stoffwechsels, die Photosynthese durch *grüne Pflanzen*, befreite das Leben von seiner Abhängigkeit von Vulkanen als Quelle für reduzierte Substanzen. Dieser Übergang von Wasserstoff zu Wasser als Elektronendonator war kein einfacher Schritt, denn er erforderte die Spaltung des Wassers in Wasserstoff und Sauerstoff. Bei diesem Prozeß, der in mehreren Reaktionsschritten abläuft, entstehen Zwischenprodukte wie HO₂ und OH, äußerst reaktive Radikale also [1], die organische Zellbestandteile zerstören können. Bevor die Organismen also beginnen konnten, die neue Photosynthesetechnik anzuwenden, mußten sie Mechanismen entwickeln, um die Konzentration der reaktiven Zwischenprodukte in ihren Zellen niedrig zu halten. Die heutigen Organismen enthalten hierfür eine Anzahl von Enzymen, und auch die ersten Organismen, welche Photosynthese grüner Pflanzen betrieben, müssen Enzyme mit ähnlichen Regelfunktionen besessen haben. Man nennt den Prozeß „Photosynthese grüner Pflanzen" zur Unterscheidung von der bakteriellen Photosynthese, obwohl er nicht nur im pflanzlichen Stoffwechsel vorkommt. So betreiben zum Beispiel Cyanobakterien (Blaualgen) „Photosynthese grüner Pflanzen"; sie ähneln wahrscheinlich den Organismen, die zuerst die Fähigkeit zu dieser neuen Technik besaßen, bei der, sieht man von den Zwischenschritten ab, folgende Summenreaktion abläuft:

$$6\, CO_2 + 6\, H_2O + \text{Licht} \xrightarrow{\textit{Chlorophyll}} C_6H_{12}O_6 + 6\, O_2.$$

Bei dieser Photosynthese entstehen also aus zwei energetisch wertlosen Stoffen (CO_2 ist die energieärmste aller Kohlenstoffverbindungen) Kohlehydrate wie Zucker mit hoher freier Energie. Das Chlorophyll spielt dabei die Rolle eines Katalysators. Gleichzeitig wird als „Abfallprodukt" Sauerstoff freigesetzt, und zwar ein O_2-Molekül für jedes organisch fixierte Kohlenstoffatom. Die Entwicklung der Photosynthese, der letztlich fast die gesamte irdische Biomasse ihre Entstehung verdankt, kennzeichnet den Beginn des Pflanzenlebens auf der Erde. Photosynthetisierende Organismen sind autotroph, also in der Lage, organische Nahrung zu assimilieren. Mit ihrem Auftreten entstand eine neue Sauerstoff-Quelle, der wir den heutigen hohen Sauerstoff-Anteil der Atmosphäre verdanken. Der Anstieg des atmosphärischen Sauerstoff-Gehaltes erfolgte zunächst äußerst langsam, da der bei der Photosynthese freigesetzte Sauerstoff zur Oxidation reduzierender Bestandteile der Erdkruste und der alten Atmosphäre verbraucht wurde. Erst fast 2 Milliarden Jahre nach Beginn der Photosynthese dürfte der atmosphärische Sauerstoff-Gehalt merklich über den Urey-Pegel von 0,001 PAL angestiegen sein.

Mit der Photosynthese setzte nicht nur ein gigantischer Produktionsprozeß für Biomasse ein, die Existenz freien Sauerstoffs ermöglichte es den photosynthetisierenden Organismen erstmalig, die in den Kohlehydraten gespeicherte Sonnenenergie durch „Verbrennung" vollständig wieder freizusetzen. Bei dem als Umkehrreaktion zur Photosynthese ablaufenden Prozeß der Sauerstoff-Atmung

$$C_6H_{12}O_6 + 6\, O_2 \rightarrow 6\, CO_2 + 6\, H_2O$$

wird aber etwa 14mal soviel Energie gewonnen wie durch die primitive Gärung. Es scheint, als ob diese neue Energiequelle mit dem Anstieg des atmosphäri-

---

[1] Freie Radikale sind deshalb so reaktiv, da sie in ihrer äußeren Elektronenschale ein ungepaartes Elektron besitzen. In der chemischen Formelschreibweise wird die Position des ungepaarten Elektrons durch einen Punkt markiert, z. B. H·, HO·, HO₂·. Auf diese exakte Notierung, die für die Stöchiometrie der hier diskutierten Radikalreaktionen ohne Bedeutung ist, wurde aus Gründen der Übersichtlichkeit verzichtet.

schen Sauerstoff-Gehaltes der entscheidende Auslöser für die Entwicklung der Vielfalt unseres irdischen Lebens gewesen sei.

Wie bei der Atmung werden auch bei der Verwesung abgestorbener Organismen Kohlehydrate mit Sauerstoff wieder zu Kohlendioxid und Wasser „verbrannt". Wurde bei der Photosynthese für jedes organisch fixierte Kohlenstoff-Atom ein Sauerstoff-Molekül freigesetzt, so wird bei der Atmung und Verwesung genau ein Sauerstoff-Molekül pro Kohlenstoff-Atom wieder verbraucht. Die Existenz freien Sauerstoffs in der Atmosphäre setzt demnach voraus, daß eine äquivalente Menge organischer Substanz nicht verwest ist, sondern gleichsam unter Luftabschluß konserviert wurde. Nach einer Massenberechnung von Li [20] enthält die Erdkruste zehn Millionen Gigatonnen ($10 * 10^{21}$ g) organischen Kohlenstoff aus abgestorbener organischer Substanz, die im Zuge der Sedimentbildung „begraben" wurde. Dieser Kohlenstoff-Menge entspricht ein Sauerstoff-Äquivalent von 27 Millionen Gigatonnen, etwa 20mal mehr, als heute in der Atmosphäre vorhanden ist. Der Großteil des durch Photosynthese freigesetzten Sauerstoffs wurde demnach zur Oxidation reduzierter Bestandteile der Erdkruste und der alten Atmosphäre aufgebraucht. Unsere Atmosphäre ist demnach Teil eines Gesamtsystems, das neben der Lufthülle die Ozeane und die Sedimente umfaßt und dessen Stoffverteilung durch geologische und biologische Kreisläufe bestimmt wird. Die Sedimente spielen in diesem System als „Konservierungsmedium" eine hervorragende Rolle; aus Untersuchungen von Sedimenten haben wir, wie im nächsten Abschnitt erläutert wird, die wesentlichsten Hinweise über den Ablauf der Evolution unserer Atmosphäre erhalten.

1.3
Sedimente und Fossilien: Konservierte Indizien der Evolution

Die Atmosphäre, der Ozean und die Sedimente zusammen bilden eine geochemische Einheit; die Art der im Ozean gebildeten Sedimente wird über den Gasaustausch zwischen der Atmosphäre und dem Ozean von der atmosphärischen Zusammensetzung bestimmt.

Die ältesten bislang gefundenen Sedimente von Isua und Akilia (Grönland), deren Alter auf fast 3,8 bzw. über 3,85 Milliarden Jahre [21] datiert wird, zeigen, daß schon zu so früher Zeit, kaum eine Milliarde Jahre nach Entstehung der Erde, ein Ozean existierte und die Sedimentbildung begonnen hatte. Aus dem Carbonat-Gehalt dieser frühen Sedimente kann man schließen, daß bereits damals der Methan-Anteil der frühen Atmosphäre durch Kohlendioxid ersetzt war. Daß die Primordial-Atmosphäre während der ersten 2,5 Milliarden Jahre der Erdgeschichte keinen freien Sauerstoff enthielt, wird durch den Gehalt höchst oxidabler Mineralien wie Pyrit und Uranpecherz in frühen Sedimenten wie den Witwatersrand-Konglomeraten belegt [22].

Auf der anderen Seite zeigen Funde von *Mikrofossilien* in diesen ältesten Sedimenten, daß bereits vor 3,8 Milliarden Jahren [23] lebende Organismen existiert haben. Hierbei handelt es sich um primitive Einzeller, vermutlich Prokaryonten. Das Vorkommen von Chlorophyll-Derivaten in mehr als 3 Milliarden Jahre alten Sedimenten [25] zeigt, daß die Photosynthese tatsächlich eine recht frühe Errungenschaft des Lebens ist. Auch die bereits erwähnten Stromatolithen-Riffe in Simbabwe, fossile Relikte riesiger Blaualgenkolonien, beweisen, daß vor mehr als 3 Milliarden Jahren Sauerstoff durch Photosynthese produziert wurde.

Die ältesten bisher gefundenen *Stromatolithen* in den australischen Warrawoona-Sedimenten sind sogar 3,5 Milliarden Jahre alt [24]. Weniger als eine Milliarde Jahre nach Abschluß der Erdbildung gab es also nicht nur Leben, sondern dieses hatte sich bereits zu einer so fortgeschrittenen Form wie der Photosynthese entwickelt. Nach Miller [25] könnte das Leben durchaus schon 500 Millionen Jahre nach Abschluß der Erdbildung, also bereits vor mehr als 4 Milliarden Jahren, entstanden sein.

Für die primitiven Blaualgen, die Kohlehydrate zur Deckung ihres Energiebedarfs noch durch Gärung abbauten, bedeutete der freigesetzte Sauerstoff aber ein schädliches Stoffwechselgift (so werden sauerstoffabspaltende Substanzen heute z. B. als Desinfektionsmittel verwendet). Auch heute gibt es Blaualgenarten, die in Abwesenheit von Sauerstoff (unter anaeroben Bedingungen) besser gedeihen als an der Luft.

Bevor es in der Atmosphäre freien Sauerstoff gab, wurde das in den Urgesteinen enthaltene zweiwertige (Ferro-)Eisen bei der Verwitterung gelöst und im Meer angereichert. Für den Sauerstoff, den die Blaualgen produzierten, wirkte dieses zweiwertige Eisen in Lösung wie ein Schwamm, der sofort auch die kleinsten Spuren dieses Elements an sich riß. Dadurch wurden die anaerob lebenden Organismen von ihrem selbst produzierten Stoffwechselgift, dem Sauerstoff, befreit. Andererseits konnte, solange die Meere gelöste Salze zweiwertigen Eisens enthielten, kein Sauerstoff in die Atmosphäre gelangen.

Im Meer wurde das zweiwertige Eisen durch den Sauerstoff zu dreiwertigem Eisen oxidiert und, da dieses nicht wasserlöslich ist, ausgefällt und als (chemisches) Sediment auf dem Meeresgrund abgelagert. (Neben der Oxidation von zweiwertigem Eisen wurde der Sauerstoff auch zur Oxidation reduzierter Schwefelverbindungen zu Sulfat verbraucht, das ebenfalls im Sediment abgelagert wurde.) Und wieder sind es die Sedimente, die uns über diese Prozesse Aufschluß geben: Vor 2,5 bis 2 Milliarden Jahren entstanden, gleichsam als Abfallprodukt der Photosynthese damals lebender Blaualgen, riesenhafte Eisenerzsedimente, die sogenannten gebänderten Eisensteine (Banded Iron Formations) oder Itabirite, die etwa 70 % der heutigen Welteisenerzförderung bestreiten. Es sind bisher keine gebänderten Eisensteine gefunden worden, die wesentlich jünger als 2 Milliarden Jahre sind, was darauf hindeutet, daß zu diesem Zeitpunkt alles im Meer gelöste zweiwertige Eisen aufgebraucht und als Fe(III) im Sediment abgelagert war.

Für die Blaualgen muß sich als Folge ein schwerwiegendes Umweltproblem ergeben haben: Es gab nun im Meer keine nennenswerten Abbaumechanismen für Sauerstoff mehr, das Stoffwechselgift konnte sich anreichern, und das anaerobe Milieu wurde zunehmend aerob. Für die Organismen, die sich unter anaeroben Bedingungen entwickelt hatten, bedeutete dies, sich entweder an das neue Gas zu gewöhnen oder sich auf die Regionen zurückzuziehen, die weiterhin frei von Sauerstoff blieben. So gibt es auch heute Anaerobier, die nur in sauerstofffreiem Milieu, in Sümpfen oder im Faulschlamm auf dem Grunde von Seen gedeihen.

Es gibt sogenannte fakultative Anaerobier, einzellige Organismen, die im anaeroben Milieu ihre Energie durch Gärung gewinnen, die aber unter aeroben Bedingungen auf Atmung „umschalten" können. Dieser Umschlag von der Gärung zur Atmung, der sogenannte Pasteur-Effekt, kann bei etwa einem Hundertstel des heutigen Sauerstoff-Niveaus erfolgen. Fast zwei Milliarden Jahre hatte das älteste Leben, durch gelöste Fe(II)-Salze und Schwefelverbindungen von der toxischen Wirkung des eigenen Stoffwechselprodukts geschützt, Zeit gehabt, um geeignete Enzymsysteme zur Sauerstoff-Abwehr zu entwickeln. Jetzt erfolgte, ausgelöst durch den zunehmenden Sauerstoff-Gehalt, der Übergang zu einem wesentlich effektiveren Stoffwechselmechanismus. Gegenüber der anaeroben Gärung bedeutete die Sauerstoff-Atmung nicht nur eine Anpassung an die neuen Umweltbedingungen sondern eine 14mal effektivere Ausnutzung der in den Kohlehydraten gespeicherten Energie. Als Folge dieses evolutionären Fortschritts nahmen die biologische Aktivität und damit auch die Sauerstoff-Produktion zu, und der atmosphärische Sauerstoff-Gehalt konnte über den Urey-Pegel steigen. Erstmals in der Erdgeschichte wurden die festländischen Gesteine der Oxidationsverwitterung unterworfen, was zu Bildung roter Sandsteine mit dreiwertigem Eisen im Bindemittel („Red Beds") sowie sulfathaltiger Sedimente führte. Die ersten Rotsandsteine tauchen in Formationen auf, die jünger als 2 Milliarden Jahre sind. Sie sind der Beweis dafür, daß sich in der Erdatmosphäre zu dieser Zeit Sauerstoff zu akkumulieren begann, wenngleich unbekannt ist, von welchem Sauerstoff-Gehalt an die Bildung der Rotsandsteine einsetzte [5]. Mikrofossile Funde scheinen zu beweisen, daß der Pasteur-Pegel von einem hundertstel PAL vor etwa 1,5 Milliarden Jahren erreicht war, denn Eukaryonten, differenzierte Zellstrukturen mit oxidativem Stoffwechsel, sind erst von diesem Zeitpunkt an nachweisbar [26].

Das höhere, *mehrzellige Leben* hat sich, erdgeschichtlich gesehen, erst sehr spät, etwa vor 1,5 bis 0,6 Milliarden Jahren, dann aber fast explosiv entwickelt, nachdem vorher das primitive einzellige Leben über den langen Zeitraum von mehr als 2 Milliarden Jahren nur geringe Fortschritte gemacht hatte. Es ist naheliegend, zwischen der raschen Entwicklung des höheren Lebens und der Zunahme des atmosphärischen Sauerstoff-Gehaltes auf heutige Werte einen Zusammenhang zu vermuten [22]. Danach könnte der Übergang von der primitiven Gärung auf die energetisch 14mal effizientere Sauerstoff-Atmung der Auslöser für die rasche Herausbildung der Vielfalt unseres Lebens gewesen sein und damit letztlich eine Konsequenz der ersten durch die Biosphäre verursachten „Luftverschmutzung" [26]. Mit Erreichen des „Festlandpegels" bei 0,1 PAL konnte die *Besiedelung des Landes* beginnen. Dieser Sauerstoff-Anteil ist ausreichend für die Bildung einer Ozonschicht, welche die für die Organismen schädliche UV-Strahlung mit Wellenlängen unterhalb 290 nm weitgehend absorbiert [9]. Das heutige Sauerstoff-Niveau war vermutlich im Karbonzeitalter vor etwa 350 Millionen Jahren erreicht. Ratner und Walker [27] haben berechnet, daß eine adäquate Ozonschicht sogar schon bei einem wesentlich niedrigeren Sauerstoff-Niveau existiert haben könnte. Die Besiedlung des Festlandes wäre demnach entsprechend früher erfolgt. Hieraus schließt Walker [5], daß der heutige Sauerstoff-Pegel bereits vor 1 Milliarde Jahren erreicht war.

Die Sedimente der Erdkruste enthalten die gewaltige Menge von $10 * 10^{21}$ g (das sind zehn Millionen Gigatonnen) organischen Kohlenstoffs aus abgestorbener organischer Substanz, etwa 10 000mal mehr, als in der gesamten heute lebenden Biomasse enthalten ist. Der überwiegende Teil davon ist fein verteilt, nur etwa 1‰ liegt in Form abbauwürdiger Kohle-, Erdöl- und Erdgaslagerstätten vor [28]. Würde man den gesamten Vorrat von 10^{19} g fossiler Brennstoffe innerhalb kürzester Zeit verbrennen, so würde man hierzu $2,7 * 10^{19}$ g Sauerstoff verbrauchen, also nur etwa 2 % des atmosphärischen Sauerstoffgehaltes. Die Verbrennung von Kohle, Öl und Erdgas stellt also für das atmosphärische Sauerstoffbudget sicherlich kein Problem dar, das als Verbrennungsprodukt gebildete Kohlendioxid hingegen kann (wie in Abschnitt 5.6 diskutiert), durchaus zu unerwünschten Konsequenzen führen.

Der Gesamtmenge von organischem Kohlenstoff entspricht ein Sauerstoff-Äquivalent von $27 * 10^{21}$ g. Dies ist etwa 20mal mehr, als heute in der Atmosphäre vorhanden ist. 95 % des durch Photosynthese freigesetzten Sauerstoffs wurden also zur Oxidation reduzierender Bestandteile, von Fe(II) zu Fe(III) sowie von Schwefel zu Sulfat, verbraucht (sekundär gebundener Sauerstoff), nur 5 % sind tatsächlich als freier Sauerstoff in der Atmosphäre verblieben. Die Differenz der nach Li [20] durch Photosynthese im Laufe der Erdgeschichte erzeugten Gesamtmenge an Sauerstoff ($29,8 * 10^{21}$ g) und der heutigen freien Sauerstoffmenge in der Atmosphäre ($1,3 * 10^{21}$ g) ergibt mit $28,5 * 10^{21}$ g einen Wert, der mit dem Sauerstoff-Äquivalent des organisch sedimentären Kohlenstoffs gut übereinstimmt und damit bestätigt, daß Photosynthese der entscheidende Produktionsprozeß für Sauerstoff gewesen sein muß.

Ein weiterer wichtiger Befund ergab sich aus der Untersuchung des Isotopenverhältnisses ^{13}C/^{12}C verschiedener Sedimente. Fast der gesamte irdische Kohlenstoff ist in den Sedimenten der Erdkruste konzentriert, und zwar einmal als organischer Kohlenstoff, zum anderen als Carbonat-Kohlenstoff in Kalk- und Dolomitgesteinen (s. Abschnitt 3.4.1). Jede der beiden Kohlenstoffarten hat ein charakteristisches Verhältnis der Kohlenstoffisotope ^{13}C und ^{12}C, was daher rührt, daß bei der Photosynthese das leichtere Isotop ^{12}C bevorzugt in die organische Substanz eingebaut wird, so daß diese etwa 25‰ weniger ^{13}C enthält als das Umwelt-CO_2.

Die isotopische Zusammensetzung des Umwelt-CO_2 wird aber in den Carbonat-Sedimenten konserviert. Findet man demnach in Sedimenten Reste organischer Substanzen, so sollten diese ungefähr 25‰ weniger ^{13}C enthalten als gleichzeitig gebildete Carbonate.

Tatsächlich konnte Schidlowski nachweisen, daß diese biologisch bedingte Kohlenstoff-Fraktionierung mit Sicherheit bis 3,5 Milliarden, wahrscheinlich sogar bis 3,8 Milliarden Jahre (die untersuchten Isua-Sedimente waren insofern zweifelhaft, als sie eine Metamorphose durchgemacht haben) nahezu unverändert zurückverfolgt werden kann [28]. Neuere Isotopenmessungen an anderen Sedimenten von Isua sowie der nahegelegenen Akiliainsel in Westgrönland zeigen, daß die biologisch bedingte Isotopen-Fraktionierung sogar schon vor mehr als 3,85 Milliarden Jahren erfolgte [21]. Gegenüber dem aus dem Erdmantel stammenden primordialen Kohlenstoff enthält der Carbonat-Kohlenstoff etwa 5‰ mehr ^{13}C. Hieraus folgt, daß zu allen Zeiten der Erdgeschichte bis zu

3,85 Milliarden Jahre zurück das Verhältnis von organischem Kohlenstoff zu Carbonat-Kohlenstoff konstant etwa 1:4 betrug. Da kein nichtbiologischer Prozeß bekannt ist, der eine solche Isotopenfraktionierung bewirkt haben könnte, beweist dieses Ergebnis, daß schon vor 3,85 Milliarden Jahren photosynthetische Prozesse und quantitativ erhebliche biologische Aktivität existierten. Es gab also schon weniger als 1 Milliarde Jahre nach Abschluß der Erdbildung nicht nur Ozeane und Sedimente, sondern das Leben hatte sich bereits zu einer so fortgeschrittenen Form wie der Photosynthese entwickelt und zu erheblichen geochemischen Auswirkungen geführt. Leider sind bisher keine Sedimente aus noch früheren Zeitaltern gefunden worden, denn die Isotopenverhältnisse des darin enthalten Kohlenstoffs sollten mit wachsendem Alter gegen das des primordialen Kohlenstoffs konvergieren und es damit ermöglichen, den wichtigen Startpunkt der photosynthetischen Evolution zu fixieren.

Auch heute ist die reduzierende Eigenschaft von Erdkruste und Mantel noch keineswegs erschöpft. Weniger als die Hälfte des in den Sedimenten enthaltenen Schwefels liegt als Sulfat vor, der Rest, überwiegend Sulfid, stellt immer noch ein großes Reduktionspotential dar. Dazu kommt das im Urgestein enthaltene zweiwertige Eisen, das im Zuge seiner Verwitterung eine beinahe unerschöpfliche Reduktionsreserve darstellt. Die Koexistenz freien Sauerstoffs und reduzierender Krustenbestandteile stellt demnach ein gewaltiges geochemisches Ungleichgewicht dar, das ausschließlich durch die Stoffwechselprozesse der Biosphäre aufrechterhalten wird (s. Abschnitt 3.1).

Thermodynamisch gesehen stellt die organische Evolution als Ganzes ein höchst unwahrscheinliches Phänomen dar; die biologische Diversifikation und die Entwicklung höherer Formen des Lebens haben eine gegenüber der Kruste verminderte Entropie bewirkt, die offensichtlich nur dadurch ermöglicht wurde, daß zunehmend Energie aus immer effektiveren Stoffwechselprozessen zur Verfügung stand. Das lebende System befindet sich also mit seiner Umgebung im thermodynamischen Ungleichgewicht, das durch einen ständigen Energiefluß aus der Umgebung in die lebende Substanz aufrechterhalten werden muß. So gesehen wird verständlich, warum sich die Vielfalt des Lebens erst mit der Sauerstoff-Atmung, dann aber um so stürmischer, entwickeln konnte, nachdem vorher mehr als 2 Milliarden Jahre eines „Blaualgen-Zeitalters" ohne nennenswerte evolutionäre Fortschritte vergehen mußten.

Würde das irdische Leben plötzlich vollständig zum Stillstand kommen, so würde innerhalb der nach geochemischen Maßstäben kurzen Umwälzzeit der Sedimente von etwa 400 Millionen Jahren der freie Sauerstoff verschwinden und damit das chemische Gleichgewicht wieder hergestellt sein, wie es vor Beginn des Lebens der Fall war.

Aus Untersuchungen von Sedimenten können wir, wie kurz skizziert wurde, Hinweise über den zeitlichen Ablauf der biologischen Evolution gewinnen. Im Hinblick auf den freien Sauerstoff besitzen wir eigentlich nur einen Fixpunkt; wir können mit einiger Sicherheit angeben, wann sich dieser in der Atmosphäre zu akkumulieren begann, nämlich vor etwa 2 Milliarden Jahren, als das im Meer gelöste zweiwertige Eisen verbraucht war (Übergang von den gebänderten Eisensteinen zu den Rotsandsteinen). Vor diesem Zeitpunkt gab es praktisch keinen atmosphärischen Sauerstoff, jedenfalls nicht mehr als 10^{-3} PAL.

Neuere Untersuchungen an sulfidischen Sedimenten bestätigen, daß die Akkumulation freien Sauerstoffs irgendwann im Zeitraum zwischen 2,5 und 0,54 Milliarden Jahren vor heute begann [30]. Die Sedimente geben aber keinen Aufschluß darüber, wie schnell der Sauerstoff-Gehalt der Atmosphäre danach gewachsen ist.

Wir sind deshalb auf Modellrechnungen angewiesen, wie sie zum Beispiel von Li [20] oder Schidlowski [29] durchgeführt worden sind. Diese Modelle basieren darauf, daß, wie die Isotopenfraktionierung gezeigt hat, seit mehr als 3 Milliarden Jahren der sedimentäre Kohlenstoff zu $^1/_5$ als organischer und zu $^4/_5$ als Carbonat-Kohlenstoff vorliegt. Über die Photosynthesegleichung wird zu jedem Zeitpunkt das Sauerstoff-Budget aus der Größe des Gesamtkohlenstoff-Reservoirs berechnet, wobei dieses vom zeitlichen Verlauf der Entgasungsraten aus dem Erdinnern abhängt. Dabei wird angenommen, daß unmittelbar nach Bildung des Erdkörpers die Entgasungsraten sehr hoch waren und später exponentiell abgeklungen sind. Die Modellrechnungen ergaben, daß bereits vor 3 Milliarden Jahren ein Gesamtsauerstoffreservoir von fast 80 % des heutigen existiert haben muß. Da zu dieser Zeit die Ozeane zweiwertiges Eisen und reduzierte Schwefel-Verbindungen enthielten, wurde dieser Sauerstoff sofort sekundär gebunden und als Fe_2O_3 und Sulfat sedimentär abgelagert. Erst seit etwa 2 Milliarden Jahren begann der Sauerstoff in der Atmosphäre anzusteigen, zunächst langsam, nach Erreichen des Festlandpegels vor etwa 500 Millionen Jahren schneller (s. Abb. 1).

Der heutige Sauerstoff-Gehalt von 21 % wurde vermutlich vor etwa 350 Millionen Jahren erreicht. Danach hat sich der Sauerstoff-Anstieg nicht mehr wesentlich fortgesetzt, denn Lovelock und Lodge [32] haben gezeigt, daß bereits bei einem atmosphärischen Sauerstoff-Gehalt von 25 % die gesamte Landvegetation durch Feuer zerstört werden würde. Andererseits kann man aus der Entwicklung der Vegetationsformen schließen, daß auch ein zeitweiser Sauerstoff-Abfall wesentlich unter 20 % auszuschließen ist. Man nimmt daher an, daß nach Erreichen des heutigen Niveaus der atmosphärische Sauerstoffgehalt annähernd konstant geblieben ist.

Entgegen dieser Auffassung zeigen jüngste Modellrechnungen zur Kohlenstoff- und Schwefel-Isotopenfraktionierung, daß der atmosphärische Sauerstoffanteil vor 300 Millionen Jahren kurzfristig sogar bis zu 35 % betragen haben könnte. In dieser Phase des Carbonzeitalters entwickelten sich große Landpflanzen mit neuen Formen der Biomasse wie Lignin, welche sich langsamer zersetzten und vermehrt in Sümpfen und marinen Sedimenten konserviert wurden. Tatsächlich stammen viele Kohle-Lagerstätten aus dieser Zeit [31].

Es sei ergänzend bemerkt, daß die 21 % Sauerstoff unserer Atmosphäre noch anderen biologischen Vorgängen ihre Existenz verdanken, und zwar solchen, die Stickoxide reduzieren. Ohne diese Vorgänge, z. B. die bakterielle Denitrifikation von Nitrat und Nitrit im Boden (s. Abschnitt 3.4.2) würde unter Verbrauch von 7 % Luftstickstoff der gesamte Luftsauerstoff entsprechend dem chemischen Gleichgewicht als Nitrat im Ozean vorliegen. Offensichtlich sind neben der wasserspaltenden Photosynthese biologische Reduktionsprozesse erforderlich, um die Existenz des freien Luftsauerstoffs sicherzustellen [26].

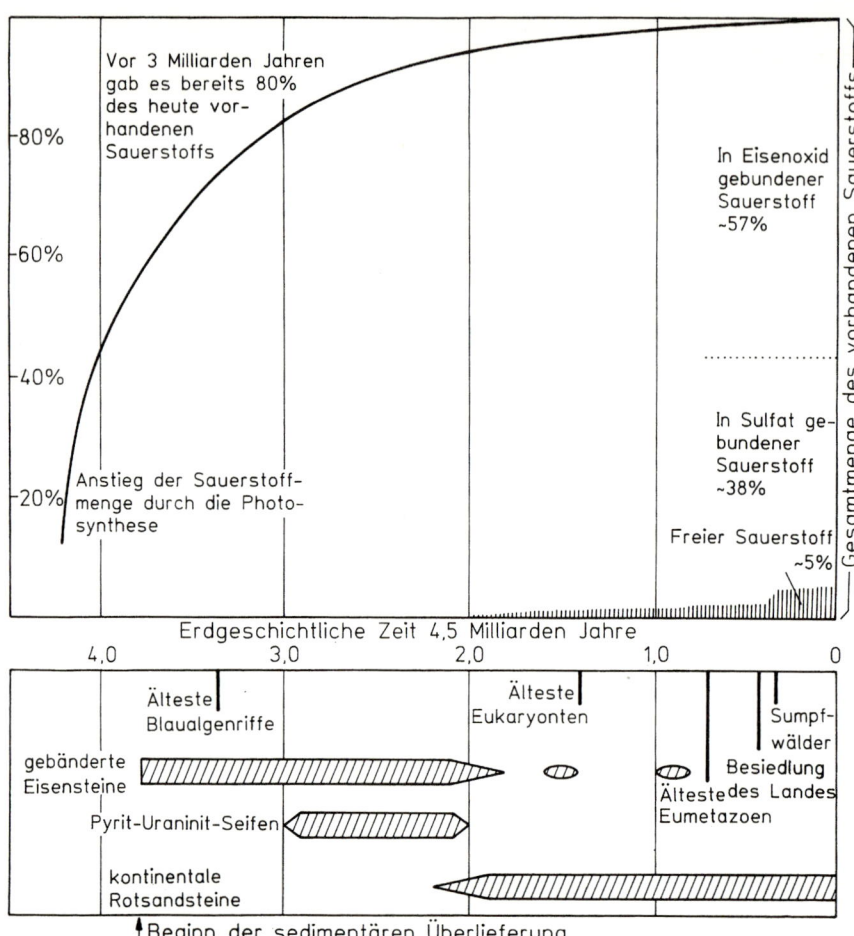

Abb. 1. Zunahme des irdischen Sauerstoff-Reservoirs photosynthetischer Herkunft im Laufe der Erdgeschichte. Die dargestellte Wachstumskurve stützt sich auf ein Modell, das die Ansammlung von biologischem Kohlenstoff in den Sedimentgesteinen während der letzten 3,8 Milliarden Jahre beschreibt, wobei gemäß der Photosynthese-Gleichung ein Sauerstoff-Molekül für jedes im Sediment begrabene organische Kohlenstoff-Atom freigesetzt wird. Da freier Sauerstoff rasch mit anderen Stoffen reagiert, liegen heute etwa 95% des Gesamtbudgets in gebundener Form, vor allem als Eisenoxid oder Sulfat vor (rechter Bildrand). Der freie Sauerstoff der Atmosphäre bildet mit 5% nur die „Spitze des Eisbergs". Die Kurve des wahrscheinlichen Sauerstoff-Anstiegs im freien Reservoir stützt sich auf paläontologische und geologische Befunde, die im unteren Teil des Bildes zusammengestellt sind. Das Alter des Sonnensystems ist in dieser Darstellung mit 4,5 Mrd. Jahren angesetzt; nach [29]

Es würde den Rahmen dieses Buches sprengen, ausführlicher auf diese Prozesse einzugehen. Hier ging es darum, die enge Verzahnung der atmosphärischen Zusammensetzung mit der Evolution im Laufe der Erdgeschichte aufzuzeigen. Tatsächlich werden außer den Edelgasen alle atmosphärischen Konstituenten über globale Stoffkreisläufe von der Biosphäre reguliert (s. Abschnitt 3.4). Der Leser, der sich hierüber sowie über hier nicht behandelte Organismen und Evolutionsschritte, z. B. Stickstoff-, Wasserstoff- Schwefel- und Eisenbakterien informieren möchte, sei auf die Spezialliteratur hingewiesen [2, 5, 18, 25, 33, 34].

2 Das irdische Treibhaus

2.1 Zusammensetzung und Struktur der Atmosphäre

Die drei Hauptkomponenten unserer Atmosphäre, Stickstoff, Sauerstoff und Argon, machen zusammen 99,96 % unserer Lufthülle aus. Sie haben jedoch für das heutige Klimasystem, für das irdische Treibhaus, keine direkte Wirkung, da sie nicht zur Absorption der terrestrischen Wärmestrahlung beitragen. Zwar absorbieren Sauerstoff und Stickstoff kurzwellige Sonnenstrahlung im UV-Bereich unterhalb von 242 bzw. 100 Nanometer (nm) (1 nm = 10^{-9} m = 1 milliardstel m); diese ist jedoch nur in der oberen Atmosphäre von Bedeutung (Das über die Sauerstoffphotolyse gebildete Ozon ist Gegenstand des Abschnitts 2.3). N_2- und O_2-Moleküle wirken auch als Streuzentren für solare Strahlung, welche hierdurch teilweise in diffuses blaues Himmelslicht verwandelt wird (s. Abschnitt 2.4).

Für unser Klimasystem sind hingegen einige der Spurenbestandteile von größerer Bedeutung, die zusammen nur etwa 0,04 % bzw. 400 ppm (parts per million = 10^{-6}) unserer Lufthülle ausmachen und die in Tabelle 3 zusammengestellt sind. Direkt klimawirksam sind die Treibhausgase H_2O, CO_2, O_3, N_2O, CH_4 und viele der halogenhaltigen Substanzen. Dabei sind H_2O und O_3 räumlich und zeitlich sehr variabel: H_2O wird durch den Wasserkreislauf über Verdunstung und Niederschlag reguliert und ist in der untersten Atmosphärenschicht, der Troposphäre, konzentriert. O_3 entsteht im Wechselspiel photochemischer Prozesse in den höheren Schichten, in der Stratosphäre und Mesosphäre; es wird jedoch zunehmend aus Vorläufersubstanzen anthropogener Herkunft auch in der Troposphäre gebildet (s. Abschnitt 5.1).

Die Anteile der Treibhausgase CO_2, CH_4 und N_2O nehmen als Folge menschlicher Emissionen laufend zu. Sie haben sich von 280, 0,80 bzw. 0,28 ppm vor Beginn der Industrialisierung auf heute 370, 1,75 bzw. 0,32 ppm vermehrt. Noch drastischer ist die relative Zunahme der meisten Halogenverbindungen, die erst in den letzten Jahrzehnten freigesetzt wurden und vorher nie zu den natürlichen Bestandteilen der Atmosphäre gehört haben. Neben ihrer Eigenschaft, die Ozonschicht anzugreifen (s. Abschnitt 5.5), sind diese Substanzen auch effektive Treibhausgase.

Die heutige Atmosphäre spiegelt in ihrer Zusammensetzung also den Einfluß des Menschen deutlich wider: das irdische Treibhaus hat sich verändert mit Folgen, die in Kapitel 5 diskutiert werden. Die Luftdichte und damit der Luftdruck

Tabelle 3. Atmosphärische Spurengase (ohne Edelgase)

Volumenanteile der bodennahen Luft in parts per million (ppm = 10^{-6})
parts per billion (ppb = 10^{-9})
parts per trillion (ppt = 10^{-12})

Treibhausgase sind durch ihr Treibhauspotential (Global Warming Potential GWP), Gase mit Abbauwirkung für die stratosphärische Ozonschicht durch ihr Ozon-Abbaupotential (Ozone Depletion Potential ODP) gekennzeichnet.

→ Das GWP quantifiziert die relative thermische Wirkung pro Molekül, bezogen auf CO_2; ODP gibt entsprechend den relativen Ozonabbau pro Molekül, bezogen auf FCKW-11, an

Substanz	Bezeichnung	Anteil 1750	Heutiger Anteil (2000)		Mittl. atmosphärische Lebensdauer (Jahre)	GWP (100 Jahre)	ODP
CO_2	Kohlendioxid	280 ppm	370 ppm	zunehmend	100	1	
CH_4	Methan	800 ppb	1750 ppb	zunehmend	8	21	
H_2	Wasserstoff	550 ppb	565 ppb		2		
N_2O	Distickstoffoxid	284 ppb	315 ppb	zunehmend	120	310	
CO	Kohlenmonoxid	50 ppb	50–500 ppb	variabel	0,3		
H_2O	Wasserdampf		bis 20000 ppm	variabel			
O_3	Ozon (stratosphärische Ozonschicht bis 20 ppm)	10–20 ppb	bis 500 ppb	variabel			
CH_3Cl	Methylchlorid	550 ppt	550 ppt	variabel	1,3	27	0,02
CH_3Br	Methylbromid	7 ppt	10 ppt	variabel	0,7		0,6

Formel	Name		Konzentration	Trend			
CCl_4	CKW-10	0	95 ppt	abnehmend	35	2000	1,2
CCl_3F	FCKW-11	0	264 ppt	abnehmend	45	4000	1,0
CCl_2F_2	FCKW-12	0	540 ppt	Maximum	100	8500	1,0
$CClF_3$	FCKW-13	0	5 ppt	zunehmend	640	8100	0,8
CCl_2FCClF_2	FCKW-113	0	83 ppt	Maximum	85	5000	1,0
$CClF_2CClF_2$	FCKW-114	0	20 ppt	zunehmend	300	9300	0,6
$CClF_2CF_3$	FCKW-115	0	5 ppt	zunehmend	1700	9300	
CF_4	FKW-14	40 ppt	75 ppt	zunehmend	>10000	6500	
CF_3CF_3	FKW-116	0	2,7 ppt	zunehmend	>10000	9200	
SF_6	Schwefelhexafluorid	0	4,4 ppt	zunehmend	3200	23900	
$CBrClF_2$	Halon-1211	0	4 ppt	zunehmend	11		3,0
$CBrF_3$	Halon-1301	0	2,5 ppt	zunehmend	65		10,0
CH_3CCl_3	Methylchloroform	0	50 ppt	abnehmend	5	360	
$CHClF_2$	H-FCKW-22	0	130 ppt	zunehmend	12	1700	0,12
CH_3CCl_2F	H-FCKW-141 b	0	10 ppt	zunehmend	10	1630	0,05
CH_3CClF_2	H-FCKW-142 b	0	10 ppt	zunehmend	19	2000	0,11
CH_2FCF_3	H-FCKW 134 a	0	10 ppt	zunehmend	14	1300	0,07

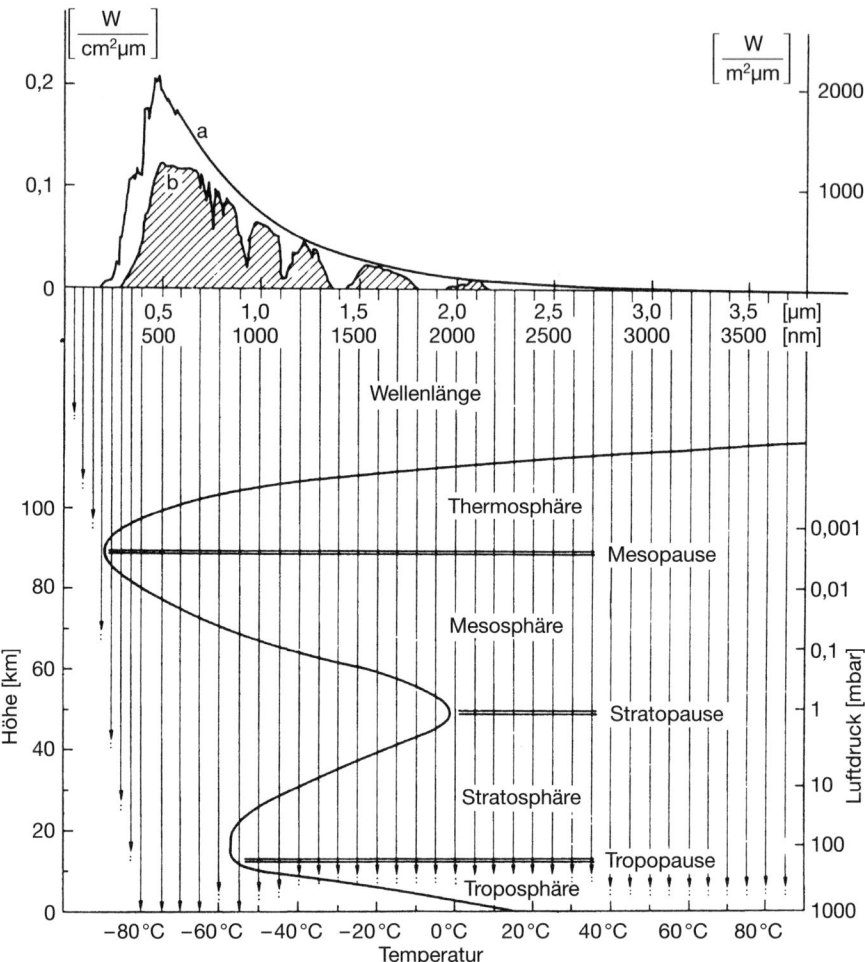

Abb. 2. Spektrale Verteilung der Sonnenstrahlung (oberes Teilbild) *a* außerhalb der Erdatmosphäre, *b* am Erdboden. Temperaturverteilung und Stockwerkeinteilung der Atmosphäre (unteres Teilbild). Die warme Schicht mit einem Temperaturmaximum im Stratopausenniveau ist eine Folge der Strahlungsabsorption durch Ozon. Die senkrechten Pfeile deuten schematisch an, wie tief Sonnenstrahlung der betreffenden Wellenlängen in die Atmosphäre eindringt

nehmen von der Erdoberfläche etwa exponentiell mit der Höhe ab. In ca. 5 bzw. 15 km Höhe sind Dichte und Druck auf die Hälfte bzw. ein Zehntel der Bodenwerte abgefallen.

Die Struktur der Atmosphäre und ihre Einteilung in Stockwerke ist durch die vertikale Temperaturverteilung gegeben, die in Abb. 2 im unteren Teilbild dargestellt ist. Bestimmt wird diese durch die Absorption solarer Strahlung, deren Spektrum im oberen Teilbild über der Wellenlänge aufgetragen ist. Sie umfaßt den Bereich von kurzwelligem UV bis etwa 3,5 μm (1 μm = 10^{-6} m) oder 3500 nm

(1 nm = 10^{-9} m) im nahen Infrarot (IR). Den höchsten Energiefluß erhalten wir bei etwa 500 nm im sichtbaren Spektralbereich, der von etwa 400 nm (violett) bis 750 nm (rot) reicht. Die gesamte harte Ultraviolettstrahlung bis etwa 175 nm Wellenlänge wird oberhalb der Mesopause, die in etwa 90 km Höhe liegt, absorbiert, was zu Ionisierung der atmosphärischen Bestandteile und zur Aufheizung der Hochatmosphäre führt. Oberhalb der Mesopause steigt die Temperatur bis auf etwa 1700 °C in 500 km Höhe an. Diese obere Region der Atmosphäre, die Ionosphäre oder Thermosphäre genannt wird, ist nicht Gegenstand dieses Buches.

Die UV-Strahlung mit Wellenlängen zwischen 175 und 200 nm wird vollständig in der Mesosphäre (etwa 50–90 km Höhe), diejenige zwischen 200 und 242 nm in der Stratosphäre (etwa 15–50 km Höhe) durch O_2-Moleküle absorbiert, die hierdurch dissoziiert werden. Daraus resultiert die Ozonschicht, die nun ihrerseits UV-Strahlung zwischen 200 und 340 nm sowie geringfügig auch im sichtbaren Spektralbereich um 600 nm absorbiert. Die Folge ist eine Aufheizung der Stratosphäre und Mesosphäre; die Stratopause in etwa 50 km Höhe markiert das Temperaturmaximum, das ungefähr im Bereich der Temperaturen der Erdoberfläche liegt. Eine derart ausgeprägte warme Schicht ist einmalig in unserem Planetensystem. Sie bestätigt, daß nur die Erde einen nennenswerten Sauerstoff- und damit Ozonanteil in der Atmosphäre besitzt.

Das *unterste Stockwerk der Atmosphäre*, die Troposphäre und die Erdoberfläche selbst, erhalten von der Sonne nur Strahlung im Wellenlängenbereich oberhalb 290 nm, wobei der UV-Anteil zwischen 290 und 340 nm auf Grund der Absorption in der Stratosphäre geschwächt ist. Der längerwellige Spektralbereich oberhalb 800 nm wird größtenteils durch Wasserdampf in der Troposphäre absorbiert. Der überwiegende Anteil der einfallenden Sonnenstrahlung zwischen 400 und 800 nm dringt bis zur Erdoberfläche durch. Diese wird dadurch erwärmt und gibt, gleichsam wie eine erhitzte Herdplatte, die Wärme an die Atmosphäre ab. Mit zunehmender Höhe nimmt die Temperatur bis zur Tropopause ab. Diese liegt in den Tropen, wo die solaren Energieflüsse am größten sind, im Mittel bei etwa 18 km, in mittleren Breiten zwischen 10 und 15 km und in der Polarregion in nur etwa 8 km Höhe. Ein erheblicher Teil der an der Erdoberfläche freigesetzten Sonnenenergie wird zur Verdunstung von Wasser verbraucht (s. Abschnitt 2.6), damit als latente Wärme im Wasserdampf gespeichert und bei der Wolkenbildung wieder freigesetzt. Dieser Transport latenter Wärme ist neben dem direkten Energietransport einer der Motoren, die das Wettergeschehen in der Troposphäre in Gang halten.

Die Stratosphäre und Mesosphäre zusammen werden auch als „*mittlere Atmosphäre*" bezeichnet. Diese ist der solaren UV-Strahlung zwischen 175 und 290 nm ausgesetzt, durch welche viele der in der Troposphäre stabilen Bestandteile photolysiert werden. Zum anderen ist die mittlere Atmosphäre extrem „trocken". Während gasförmige Bestandteile wie CO_2, CH_4 oder N_2O ungehindert von der Troposphäre in die Stratosphäre transportiert werden, wirkt die niedrige Tropopausentemperatur, die bis zu −80 °C betragen kann, für den Wasserdampf wie eine Kühlfalle, die nur geringe Wasserdampfmengen passieren läßt. Es werden zwar auch, wie in Abschnitt 3.6 erläutert wird, geringe Mengen Wasser photochemisch in der mittleren Atmosphäre gebildet, aber ein Wettergeschehen mit Wolkenbildung und Ausregnen wie in der Troposphäre existiert in diesem Höhenbereich nicht (Das Phänomen der polaren stratosphärischen Wolken wird in Abschnitt 5.5 diskutiert). Umgekehrt ist die Troposphäre vor der aktiven UV-Strahlung mit Wellenlängen unterhalb 290 nm geschützt. Das Wettergeschehen mit intensiver vertikaler Durchmischung und Ausregnen, durch das Partikel und wasserlösliche Substanzen ausgewaschen werden, sorgt hier für eine regelmäßige Reinigung.

2.2
Unsere Energiequelle: Die Sonne

Die Energiequelle für das irdische Klimasystem ist die Sonne, die in einem Brennpunkt der Bahnellipse steht, welche die Erde im Laufe eines Jahres durchläuft. Bei einem mittleren Abstand Sonne-Erde von knapp 150 Mio km (genau: $1496 * 10^8$ m = 1 Astronomische Einheit) beträgt der solare Strahlungsfluß außerhalb der Erdatmosphäre (1373 ± 5) W/m^2, bezogen auf senkrechten Einfall [35]. Diese „Solarkonstante" variiert als Folge der schwach elliptischen Erdbahn im Laufe des Jahres um gut 3%, von 1328 W/m^2 bei größter Sonnenferne im Juli (Aphel) bis 1420 W/m^2 bei Sonnennähe im Januar (Perihel).

Da die Rotationsachse der Erde nicht senkrecht zur Ebene der Erdbahn (Ekliptik) steht, sondern um 23,5 °C gegen diese geneigt ist, verändert sich der Einfallswinkel der Sonnenstrahlung im Jahresverlauf: Im Sommer steht die Sonne hoch am Himmel, im Winter jedoch tief. Dieser Kontrast der Jahreszeiten ist in den inneren Tropen, wo der mittägliche Sonnenstand nur wenig von der Senkrechten abweicht, gering. Er wächst mit zunehmender geographischer Breite und führt jenseits der Polarkreise, wo die Sonne während des Polarwinters verschwindet (Polarnacht), während des Polarsommers jedoch nicht untergeht, zu extremen jahreszeitlichen Variationen des Klimas.

Veränderungen des solaren Strahlungsflusses können das Klima auf der Erde beeinflussen. So variiert, wie Messungen satellitengetragener Sensoren belegen, die Solarkonstante im Rhythmus des 11jährigen Aktivitätszyklus der Sonne. Zunehmende Aktivität manifestiert sich dabei einerseits durch vermehrtes Auftreten dunkler Flecken auf der Photosphäre, was zu einer Verminderung des Strahlungsflusses führt, andererseits durch mehr und stärkere helle Eruptionen, welche auch die heiße Corona erfassen und den solaren Strahlungsfluß verstärken. Insgesamt überwiegt der positive Effekt, so daß die resultierende Solarkonstante der 1980 und 1991 beobachteten Aktivitätsmaxima um ca. 1,3 W/m^2 (0,1%) über derjenigen der Aktivitätsminima von 1985 und 1996 lag (s. Abb. 3). Da diese Variationen vor allem im kurzwelligen Spektralbereich stattfinden, sind ihre Auswirkungen in der dünnen Hochatmosphäre am stärksten. So nimmt die Temperatur der Thermosphäre oberhalb 200 km von ca. 600 K im Aktivitätsminimum auf nahezu 2000 K im solaren Maximum zu [37]. Der zyklische Einfluß auf das irdische Klima, also den Zustand der dichten bodennahen Luftschichten, ist dagegen schwach und nur schwer zu ermitteln.

Neben diesen zyklischen Variationen weist die solare Aktivität auch längerfristige Trends auf. So zeigen die schon seit Jahrhunderten beobachteten Sonnen-

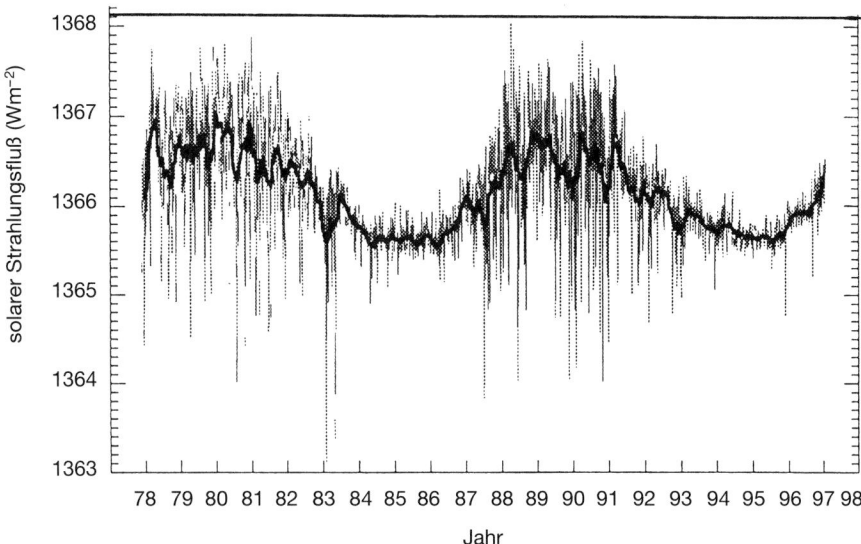

Abb. 3. Über 2 Aktivitätszyklen außerhalb der Erdatmosphäre gemessener Verlauf der Solarkonstanten, nach [36]

flecken-Zyklen unterschiedliche Verläufe, mit geringer Aktivität zu Beginn des 19. und vor allem in der zweiten Hälfte des 17. Jahrhunderts, in der praktisch keine Sonnenflecken gefunden wurden (Maunder-Minimum). Der rekonstruierte Verlauf der Solarkonstanten zeigt, daß diese um 1700 vermutlich um 0,2 bis 0,3 % geringer als heute war [38, 39]. Inwieweit dieses Minimum in kausalem Zusammenhang mit beobachteten Klimatrends steht, wird in Abschnitt 4.3 diskutiert.

Eine Variation der Solarkonstanten resultiert auch aus Veränderungen der Exzentrizität der Erdbahn um die Sonne (Periode etwa 100 000 Jahre), der Neigung der Äquatorebene gegen die Ekliptik (Periode etwa 41 000 Jahre) sowie der Präzession der irdischen Rotationsachse (Periode etwa 21 000 Jahre). Milankovic konnte diese astronomischen Einflüsse auf den Strahlungsfluß bereits 1920 berechnen [40] und damit den zyklischen Wechsel von Glazial- (Vereisungs-) und Interglazialzeiten (Warmzeiten) im Laufe der letzten 2 Mio Jahre der Erdgeschichte erklären. Die Paläoklimatologie ist dank moderner Meß- und Datierungstechniken heute in der Lage, den Verlauf des irdischen Klimas über diesen Zeitraum recht detailliert zu rekonstruieren. Die Ergebnisse bestätigen im Wesentlichen die Milankovic-Theorie und damit das Konzept, daß Variationen der Erdbahnparameter einen signifikanten Einfluß auf das Klima der Erde haben. Die wachsende Kenntnis dieser Zusammenhänge der Klimageschichte ist von fundamentaler Bedeutung für unser Systemverständnis und damit auch für die Güte der Klimamodelle, mit denen wir den Einfluß menschlicher Aktivitäten auf die zukünftige Klimaentwicklung berechnen. Wir werden hierauf in Kapitel 4 zurückkommen.

Die solare Strahlung wird beim Durchgang durch die Atmosphäre geschwächt: Sauerstoff und Ozon absorbieren praktisch das gesamte UV unterhalb 290 nm, Wasserdampf je nach Feuchtegehalt der Luft mehr oder weniger oberhalb 800 nm Wellenlänge. Ein wichtiger Prozeß ist die nach Rayleigh benannte Streuung der Sonnenstrahlung an den Molekülen der Lufthülle, bei der ein Teil der direkten gerichteten Strahlung in diffuse Himmelsstrahlung umgewandelt wird. Bei diesem Prozeß hängt der Streuparameter von der vierten Potenz der Wellenlänge ab, so daß kurzwelliges Blaulicht ($\lambda = 350$ nm) gegenüber Rotlicht (doppelte Wellenlänge $\lambda = 700$ nm) um den Faktor $2^4 = 16$ stärker gestreut wird. Daher erscheint der Himmel blau, die tiefstehende Sonne dagegen rot, da die blauen Anteile des Spektrums beim Durchgang durch die Atmosphäre an den Luftmolekülen bevorzugt gestreut werden.

Im Gegensatz zur Absorption, bei der die Strahlungsenergie überwiegend in Wärme umgewandelt wird, findet bei der Streuung keine Energieumwandlung sondern lediglich eine Schwächung der gerichteten direkten Sonnenstrahlung zu Gunsten des diffusen Strahlungsfeldes statt. Die Rayleighstreuung nimmt mit zunehmender Luftdichte zu und ist daher in der bodennahen Luftschicht am stärksten. Entsprechend kann hier der Anteil der diffusen Strahlung in der gleichen Größenordnung wie derjenige der direkten Sonnenstrahlung liegen, besonders wenn eine Schneedecke den Großteil der einfallenden Strahlung wieder zurückstreut. Bei vollständig bewölktem Himmel erreicht nur diffuse Strahlung die Erdoberfläche.

Die in Abb. 2 gezeigte spektrale Verteilung der Sonnenstrahlung veranschaulicht, wie viel von der extraterrestrischen Strahlung (oberes Teilbild a) bei wolkenlosem Himmel und senkrechtem Sonnenstand am Erdboden ankommt (schraffierte Anteile b). Das extraterrestrische Spektrum a entspricht ungefähr dem Spektrum eines schwarzen Strahlers von knapp 6000 K, nämlich der Photosphäre der Sonne. Integriert über alle Wellenlängen ergibt sich hieraus die schon genannte Solarkonstante. Am Erdboden beträgt bei klarem Himmel der direkte solare Energiefluß je nach Sonnenstand und Wasserdampfgehalt bis zu 75 % der Solarkonstante. Vermehrt um die diffuse Komponente ergibt sich die sogenannte Globalstrahlung, deren Anteil noch höher sein kann. So erreichen mittägliche Werte der Globalstrahlung in Deutschland an schönen Sommertagen am Boden oft deutlich über 1000 W/m^2.

Wieviel von dieser Energie in Wärme umgesetzt wird, hängt von der Albedo, dem Reflexionsvermögen der jeweiligen Oberfläche ab (s. Tabelle 4). Die globale Albedo, die sich aus den Reflexionseigenschaften aller Oberflächentypen sowie der Wolken ergibt, beträgt ziemlich genau 30 %.

Die in Pflanzenbeständen absorbierte Energie der Globalstrahlung wird fast ausschließlich zur Verdunstung von Wasser und Erwärmung verbraucht. Ein geringer Anteil (maximal 1 %) wird zur Photosynthese von Biomasse verwendet (s. Abschnitt 3.3.1). Seit über 3,8 Milliarden Jahren wird auf der Erde Biomasse durch Photosynthese produziert, von der ein Teil unter Luftabschluß konserviert wurde. In den Sedimenten der Erdkruste haben sich auf diese Weise $10 * 10^{21}$ g organischen Kohlenstoffs aus abgestorbener Substanz akkumuliert, etwa 10 000mal mehr, als in der gesamten heute lebenden Biomasse enthalten ist. Dieser organische Kohlenstoff stellt gewissermaßen gespeicherte Sonnenenergie dar. Der überwiegende Teil davon ist jedoch so fein verteilt, daß er nicht gewonnen werden kann. Nur etwa 1 ‰ liegt in Form abbauwürdiger Kohle-,

Tabelle 4. Das kurzwellige Reflexionsvermögen (Albedo) und Absorptionsvermögen a verschiedener Oberflächen, nach [35]

Oberfläche	Albedo in %	a in %
Neuschnee	75…90	10…25
Altschnee	40…70	30…60
Gletschereis	20…45	55…80
Meer, Seen	6…12	88…94
Sand	15…40	60…85
dunkler Boden	5…10	90…95
Wald	10…20	80…90
Wiesen und Felder	10…30	70…90
trockene Steppe	20…30	70…80
Beton	10…35	65…90
Asphalt	5…20	80…95

Erdöl- und Erdgaslagerstätten vor [28]. Die Verbrennung dieser fossilen Energiereserven stellt eines der schwerwiegendsten Probleme für die zukünftige Entwicklung des Klimas dar, auf das in Abschnitt 5.6 eingegangen wird.

2.3
Die atmosphärische Ozonschicht – UV-Filter des irdischen Treibhauses

2.3.1
Ozonbildung und -Verteilung

Ozon ist die dreiatomige Form des gewöhnlichen Luftsauerstoffs, der aus zwei Atomen besteht (Abb. 4). Ozon bildet sich, wenn Sauerstoff-Moleküle (O_2) durch Bestrahlung mit kurzwelligem UV-Licht (Wellenlänge kleiner als 242 nm) in einzelne Atome O aufspalten. Der Chemiker schreibt diese Photodissoziationsreaktion als

UV-Licht + O_2 → O + O   [Gleichung (1) in Abb. 4].

Jedes dieser Sauerstoff-Atome kann sich an ein Sauerstoff-Molekül anlagern und so das dreiatomige Ozon bilden. Hierbei ist zur Abführung überschüssiger Energie ein dritter Stoßpartner M beteiligt, irgendein anderes Molekül oder Atom, das nach dem Stoß unbeteiligt fortfliegt:

O + O_2 + M → O_3 + M   [Gleichung (2) in Abb. 4].

Da bei der Spaltreaktion (1) zwei O-Atome entstehen, läuft die Stoßreaktion (2) doppelt. Die Summe aus den Reaktionen (1) und (2) liefert die Nettobilanz für den ozonbildenden Prozeß:

UV-Licht + $3O_2$ → $2O_3$,

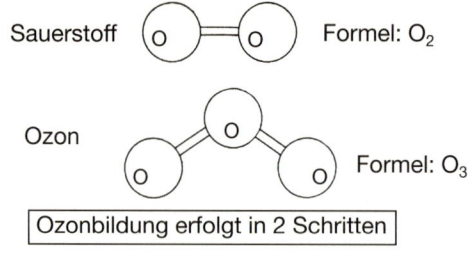

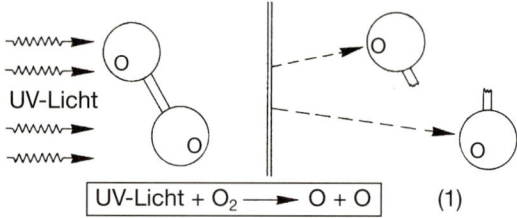

Ozonbildung erfolgt in 2 Schritten

1. Spaltung von O_2 in 2 Atome O

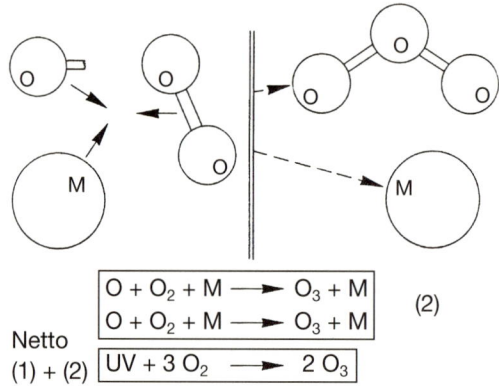

UV-Licht

$$\text{UV-Licht} + O_2 \longrightarrow O + O \qquad (1)$$

2. Anlagerung von O an O_2
(Hierzu ist 3. Stoßpartner M erforderlich)

$$O + O_2 + M \longrightarrow O_3 + M \qquad (2)$$
$$O + O_2 + M \longrightarrow O_3 + M$$

Netto
$(1) + (2)$ $\quad \text{UV} + 3\,O_2 \longrightarrow 2\,O_3$

Abb. 4. Schematische Darstellung der Bildung von Ozon, nach [41]

wobei sich die Zwischenprodukte O herausheben. In einer sauerstoffhaltigen Atmosphäre bildet sich stets Ozon, wenn genügend kurzwellige UV-Strahlung vorhanden ist. Dieses geschieht in der mittleren Atmosphäre, wo die Ultraviolettstrahlung der Sonne nur wenig geschwächt einfällt, das kann man aber auch beim Betrieb einer Höhensonne beobachten.

Im gleichen Maße, wie Ozon gebildet wird, findet ein *Ozon-Abbauprozeß* statt, welcher der Ozon-Bildung entgegenwirkt (Abb. 5). Zum einen wird durch Strahlung Ozon wieder in seine Bestandteile O und O_2 gespalten. Da die Bindungsenergie, die das Ozon-Molekül zusammenhält, etwa 5mal kleiner als diejenige des molekularen Sauerstoffs ist, kann die Ozon-Photolyse bei bis zu etwa 5mal größeren Wellenlängen, nämlich bis zu 1200 nm erfolgen.

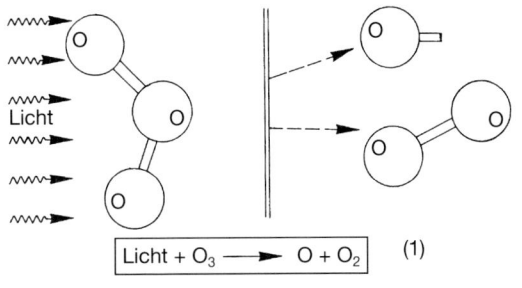

1. Spaltung von O_3 durch Licht

Licht

$$\boxed{\text{Licht} + O_3 \longrightarrow O + O_2} \quad (1)$$

2. Stoßreaktion von O und O_3

$$\boxed{O_3 + O \longrightarrow O_2 + O_2} \quad (2)$$

Netto:
(1) + (2) $\boxed{\text{Licht} + 2\,O_3 \longrightarrow 3\,O_2}$

Abb. 5. Schematische Darstellung der Ozon-Zerstörung in einer reinen Sauerstoff-Atmosphäre, nach [41]

Die Photodissoziationsreaktion

$$\text{Licht} + O_3 \rightarrow O + O_2 \qquad [\text{Gleichung (1) Abb. 5}]$$

läuft also im Gegensatz zu der von Sauerstoff nicht nur mit UV-Strahlung, sondern auch mit sichtbarem Licht ab. Zum anderen ergibt eine Stoßreaktion von einem O-Atom und einem Ozon-Molekül O_3 wieder 2 normale Sauerstoffmoleküle O_2

$$O_3 + O \rightarrow O_2 + O_2 \qquad [\text{Gleichung (2) Abb. 5}].$$

Als Nettobilanz beider ozon-zerstörenden Prozesse erhalten wir:

$$\text{Licht} + 2\,O_3 \rightarrow 3\,O_2.$$

Die Ozonschicht, die wir in der Atmosphäre vorfinden, resultiert aus dem Gleichgewicht zwischen ozon-bildenden und ozon-zerstörenden Reaktionen, wobei die globale Ozon-Verteilung durch Transportprozesse wesentlich mitgeprägt wird.

Der bei der Photolyse von Ozon gebildete atomare Sauerstoff befindet sich im Grundzustand (Triplett-P oder ^{3}P), wenn die Wellenlänge λ des eingestrahlten Lichtes größer als 329 nm ist. Wird die Photolyse durch UV-Strahlung mit Wellenlängen unterhalb 329 nm ausgelöst, so entstehen Sauerstoff-Atome, die sich in einem angeregten Zustand höherer Energie (Singulett-D oder ^{1}D) befinden [42]. Die Reaktionsgleichung (1) der Abb. 5 besteht daher je nach Wellenlänge aus zwei Anteilen:

$$\text{Licht} + O_3 \quad \rightarrow O(^3P) + O_2 \quad \text{für } \lambda > 329 \text{ nm,}$$
$$\text{UV-Licht} + O_3 \rightarrow O(^1D) + O_2 \quad \text{für } \lambda < 329 \text{ nm.}$$

(Im Folgenden soll vereinfachend $O(^3P)$ weiterhin als O, $O(^1D)$ als O* geschrieben werden.)

Diese Aufspaltung bewirkt für die Ozonschicht direkt nur eine geringe Modifikation, da die Rekombinationsreaktion für O* das gleiche Resultat liefert wie die Gleichung (2), nämlich $O_3 + O^* \rightarrow O_2 + O_2$. Außerdem gibt O* seine Anregungsenergie bei Stößen mit Stickstoff- oder Sauerstoff-Molekülen rasch wieder ab und geht dabei in den normalen Grundzustand über.

Indirekt sind aber die angeregten Sauerstoff-Atome von größter Wichtigkeit, denn sie reagieren mit Spurengasen wie N_2O, CH_4 oder H_2O und bilden damit reaktive Radikale wie Stickstoffmonoxid (NO) oder Hydroxyl (OH). So spielt das in der Reaktion $N_2O + O^* \rightarrow NO + NO$ gebildete NO, wie weiter unten erläutert wird, beim katalytischen Abbau von Ozon in der Stratosphäre eine wichtige Rolle. Die Reaktion $H_2O + O^* \rightarrow OH + OH$ ist vor allem in der wasserdampffreien Troposphäre, die wegen des Fehlens energiereicher UV-Strahlung an sich photochemisch träge ist, von größter Bedeutung (s. Abschnitt 3.6).

Ohne UV-Strahlung, die Sauerstoff-Moleküle O_2 photolysiert ($\lambda < 242$ nm) und damit atomaren Sauerstoff O produziert, könnte keine der gezeigten Reaktionen ablaufen. Sind aber einmal „ungerade" Sauerstoff-Komponenten (O, O* und O_3) gebildet, so bleibt das Ozon auch nach Beendigung der Einstrahlung (z. B. in der Nacht oder Polarnacht) erhalten, während der atomare Sauerstoff O und O* über die Stoßreaktionen in O_2 bzw. O_3 übergeführt wird und damit verschwindet. O und O* existieren demnach nur im sonnenbeschienenen Teil der Atmosphäre, O_3 ist dagegen so stabil, daß es auch bis herunter in die Troposphäre verfrachtet wird.

Für den sonnenbeschienenen Teil der Atmosphäre kann man die Einstellzeit des photochemischen Gleichgewichts zwischen „geradem" (O_2) und „ungeradem" Sauerstoff (O, O* und O_3) berechnen. Diese auch Relaxationszeit genannte Größe hängt sowohl von der Sauerstoff-Konzentration wie von der UV-Strahlung und damit von der Höhe ab. Sie beträgt am oberen Rand der Mesosphäre in 80 km Höhe einige Sekunden, im Bereich der Stratopause bei 50 km etwa eine Stunde, in 30 km Höhe bereits einen Monat, und sie nimmt darunter bis zu etwa einem Jahr in 20 km Höhe zu [43]. Die kurzen Relaxationszeiten in der Mesosphäre bedeuten, daß dort zu jedem Zeitpunkt photochemisches Gleichgewicht aller Sauerstoff-Komponenten erwartet werden kann. In der mittleren und vor allem in der unteren Stratosphäre hingegen, wo die Relaxationszeit mit abnehmender Höhe rapide zunimmt, kommen, bedingt durch dynamische Vorgänge, erhebliche Abweichungen vom photochemischen Gleichgewicht vor: Die Dicke der Ozonschicht ist nämlich nicht über dem Äquator, wo die meiste UV-Strahlung zur Verfügung steht, sondern in hohen Breiten am größten.

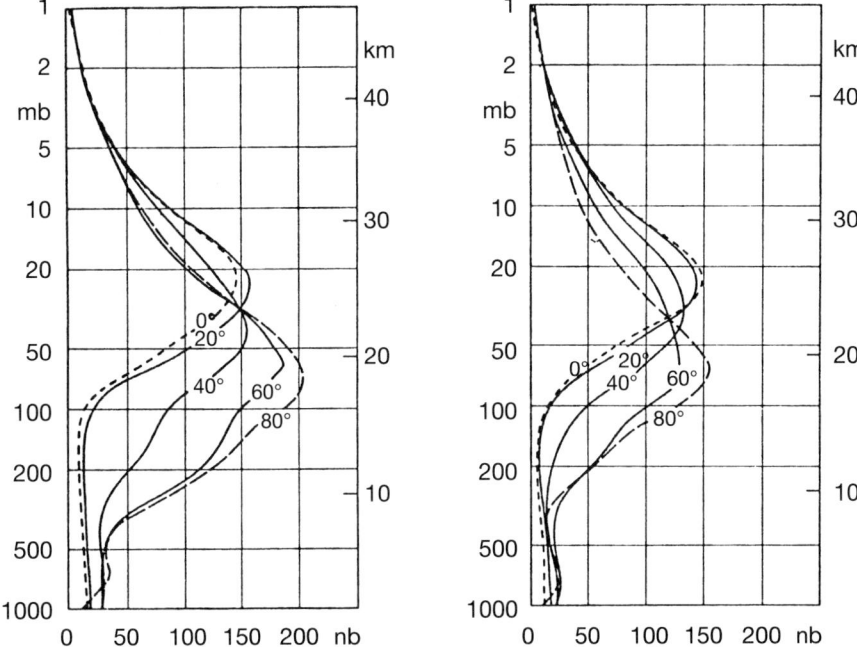

Abb. 6. Mittlere Vertikalverteilung von Ozon für verschiedene geographische Breiten der Nordhemisphäre. Linkes Teilbild: Februar; rechtes Teilbild: August (nach [43]). Der aufgetragene Ozon-Partialdruck in Nanobar gestattet die direkte Berechnung des Volumenmischungsverhältnisses durch Division durch den jeweiligen Gesamtdruck (linke Ordinatenskala). Auf der rechten Ordinatenskala kann die Höhe abgelesen werden

Dies wird aus den in Abb. 6 gezeigten mittleren Vertikalprofilen für verschiedene Breiten der Nordhalbkugel verdeutlicht. Die beiden Teilbilder für Spätwinter (Februar: links) und Spätsommer (August: rechts) veranschaulichen auch die jahreszeitliche Variation der Ozonschicht:

Die Äquatorprofile entsprechen ungefähr der Ozon-Verteilung, die sich ohne Berücksichtigung der Transporte ergeben würde. Man erkennt auch, daß in Höhen oberhalb 25 km der Ozon-Partialdruck von niederen zu hohen Breiten abnimmt, wie es sich nach der reinen Photochemie ergibt. In der unteren Stratosphäre dagegen nimmt der Ozon-Partialdruck zu allen Jahreszeiten, besonders aber im Spätwinter, vom Äquator zum Nordpol hin stark zu. Mit wachsender Breite füllt sich die untere Stratosphäre mehr und mehr mit Ozon, das Konzentrationsmaximum sinkt ab, und es kommt gelegentlich zur Ausbildung eines zweiten Maximums.

Die Ursache für dieses photochemische Ungleichgewicht ist die atmosphärische Zirkulation, welche laufend Ozon entlang geneigter Isentropenflächen (s. Abschnitt 2.5.2) aus dem Hauptquellgebiet, der oberen Stratosphäre der Tropen, polwärts und gleichzeitig in niedrigere Höhen verfrachtet. Als Folge dieser jahreszeitabhängigen dynamischen Prozesse, die im Spätwinter am stärksten ausgeprägt sind, füllt sich die untere Stratosphäre, wie die Abb. 6 verdeutlicht, gegen höhere Breiten mehr und mehr mit Ozon. Dieses kann sich in diesem Höhenbereich wegen der dort außerordentlich langen Relaxationszeit photochemisch geschützt anreichern.

In der Mesosphäre und oberen Stratosphäre oberhalb etwa 35 km, wo die Relaxationszeit nur in der Größenordnung Sekunden bis Stunden beträgt, herrscht photochemisches Gleichgewicht, und die atmosphärische Dynamik hat keinen wesentlichen Einfluß auf die Ozon-Verteilung. So wird dort auch der eben beschriebene Ozon-Abfluß nach unten und in höhere Breiten ständig durch photochemische Neuproduktion von Ozon kompensiert. In der unteren Stratosphäre unterhalb von 20 km wird dagegen die Ozon-Verteilung fast ausschließlich durch die atmosphärische Dynamik bestimmt. Dazwischen, im Höhenbereich zwischen ungefähr 20 km und 35 km, sind photochemische und dynamische Prozesse etwa von gleicher Bedeutung.

Die Dicke der Ozonschicht ergibt sich durch Aufsummieren aller Ozonmoleküle, die sich in einer vertikalen Luftsäule zwischen dem Erdboden und dem Rand der Atmosphäre befinden. Würde man das über den gesamten Höhenbereich verteilte Ozon in einer homogenen Schicht an der Erdoberfläche konzentrieren, hätte diese gemäß Abb. 6 eine Dicke zwischen 2,5 mm am Äquator und 4 bis 5,5 mm in hohen nördlichen Breiten. Die Tatsache, daß die Moleküle der Ozon-Schicht, die sich über den vertikalen Höhenbereich von über 50 km erstreckt, an der Erdoberfläche komprimiert eine nur wenige Millimeter dicke Schicht ergeben würde, zeigt, daß Ozon tatsächlich nur ein Spurengas ist. In der mittleren Atmosphäre liegen seine höchsten Volumenanteile im parts-per-million-Bereich (1 ppm = 10^{-6}), das heißt, in einer Million Luftmoleküle kommen jeweils nur einige Ozon-Moleküle vor.

Die Ozonschichtdicke, die man auch als *Gesamt-Ozonbetrag* bezeichnet, wird seit Ende der fünfziger Jahre von einem weltweiten Netz von Bodenstationen aus laufend gemessen. Einige Meßreihen reichen noch weiter zurück, diejenigen der Stationen Arosa, Oxford und Tromsö sogar bis in die dreißiger Jahre. Mit Hilfe von Quarzglasspektrometern, entwickelt von G. M. B. Dobson, einem britischen Pionier der Ozon-Forschung (Dobson-Spektrometer), seit einigen Jahren zusätzlich mit Filterspektrometern, wird dabei vom Boden aus das Intensitätsverhältnis zweier UV-Spektralbereiche unterschiedlicher Ozon-Absorption gemessen und daraus der Gesamtozonbetrag berechnet. Als Lichtquelle dient dabei sowohl die Sonne selbst wie deren Streulicht aus dem Zenit; letzteres gestattet bei niedrigen Sonnenständen zusätzlich die Bestimmung der vertikalen Ozon-Verteilung mit Hilfe eines analytischen Verfahrens (Umkehrmethode).

Der Nachteil der bodengebunden Techniken, die Konzentration der Stationen in den Industrieländern und das völlige Fehlen von Beobachtungen über den Ozeanen, vor allem auf der Südhalbkugel, wird seit gut 30 Jahren durch globale Ozon-Messungen von Satelliten aus wettgemacht. Gemessen wird hierbei entweder die atmosphärische Infrarotemission im Bereich von 9,6 µm, wo Ozon ebenfalls Strahlung absorbiert, oder die von der Atmosphäre, den Wolken und der Erdoberfläche zurückgestreute UV-Strahlung in zwei Wellenlängenbereichen unterschiedlicher Ozon-Absorption (Nadir-Meßtechnik). Neben diesen Nadirsensoren werden auch Okkultations- und Limbscanningtechniken eingesetzt, bei denen der Satellitensensor bei auf- oder untergehender Sonne tangential die Absorption der Ozonschicht erfaßt bzw. tangential die Infrarotemission des Atmosphärenrandes (Limb) abtastet. Die Infrarottechnik hat dabei den Vorteil, daß sie gegenüber den Verfahren, die Sonnenstrahlung als Lichtquelle benötigen, auch Meßdaten auf der Nachtseite der Erde erzielt.

Die Breitenabhängigkeit der Ozon-Schichtdicke ist in der Farbtafel 1 nach Messungen des „Total Ozone Mapping Spectrometer" (TOMS), eines auf mehreren Satelliten eingesetzten Nadir-Sensors, dargestellt. Die in den Teilbildern dargestellten Polarprojektionen zeigen oben die Nordhemisphäre (Mittelwerte für März) und unten die Südhemisphäre (Mittelwerte für Oktober). Die Schichtdicke ist hier nicht in Millimeter, sondern in Dobson-Einheiten (Dobson Units, DU) angegeben (100 DU entsprechen 1 mm Schichtdicke). In der Frühphase von TOMS war die Ozonschicht noch relativ wenig gestört (1970 bzw. 1971). In den Tropen beträgt die Schichtdicke über das ganze Jahr nahezu konstant etwa 250 DU. Die jahreszeitliche Variation, überwiegend eine Folge der Transportprozesse, ist am stärksten in den mittleren und hohen Breiten ausgeprägt. Auf der Nordhalbkugel nimmt der Gesamtozonbetrag mit wachsender Breite praktisch bis zum Nordpol zu.

Auf der Südhalbkugel nimmt die Ozon-Schichtdicke nur bis zu einem Maximum bei etwa 55 °S zu und von da zum Südpol wieder etwas ab. Diese Asymmetrie im Vergleich zur Nordhalbkugel ist ebenfalls ein dynamischer Effekt und beruht darauf, daß auf Grund der unterschiedlichen Land-See-Verteilung die allgemeine Zirkulation beider Hemisphären nicht symmetrisch abläuft. Über dem Südpol hat die natürliche Ozonschicht mit einer Dicke von 300–330 DU also ein relatives Minimum („natürliches Ozonloch"). Als Folge des anthropogenen Eintrages chlor- und bromhaltiger Verbindungen hat sich dieses Minimum laufend vertieft (Tafel 1, untere Teilbilder); heute werden während des antarktischen Frühjahrs zeitweise weniger als 100 DU gemessen (Ozonloch). Auch auf der Nordhalbkugel (obere Teilbilder) sind deutliche Abnahmen der Ozonschichtdicke zu erkennen (s. Abschnitt 5.5).

2.3.2
Katalytischer Ozon-Abbau

Berechnet man die globale Ozonverteilung nach den bislang diskutierten Sauerstoffreaktionen, die bereits 1930 von S. Chapman [44] formuliert wurden, erhält man etwa 30 % mehr Ozon als tatsächlich in der Atmosphäre gemessen wird. Es müssen also noch andere ozon-zerstörende Prozesse im Spiel sein.

Tatsächlich wurden solche in Form von katalytischen Prozessen identifiziert. Diese laufen größtenteils nach dem Schema, welches in Abb. 7 veranschaulicht ist. Im ersten Schritt reagiert der Katalysator, der hier mit X bezeichnet ist, mit Ozon und bildet das Zwischenprodukt XO und ein Sauerstoffmolekül O_2 (Reaktion (1)). In einem zweitem Schritt reagiert das Zwischenprodukt XO mit einem Sauerstoff-Atom O, wodurch der Katalysator X zurückgebildet wird und ein weiteres Sauerstoffmolekül entsteht (Reaktion (2)). Die Bilanz beider Schritte (1) + (2) zeigt, daß O_3 und O in normalen Luftsauerstoff zurückverwandelt werden, ohne daß der Katalysator X dabei in Mitleidenschaft gezogen wird (katalytischer Zyklus).

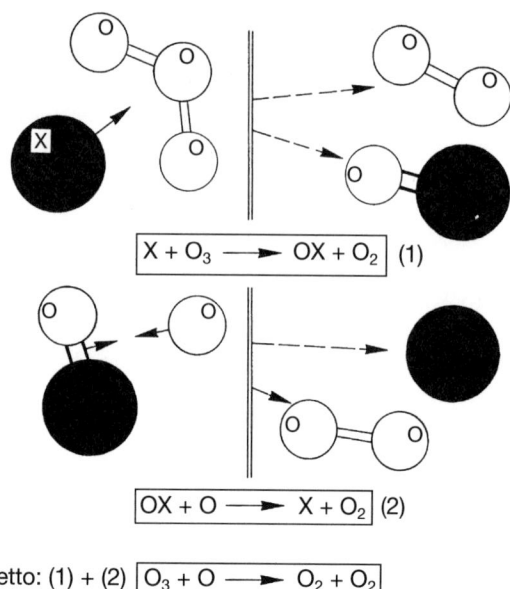

$$X + O_3 \longrightarrow OX + O_2 \quad (1)$$

$$OX + O \longrightarrow X + O_2 \quad (2)$$

Netto: (1) + (2) $\boxed{O_3 + O \longrightarrow O_2 + O_2}$

Abb. 7. Schema der katalytischen Ozon-Zerstörung. X = Katalysator (NO, H, OH, Cl), nach [41]

Als Katalysatoren für diese Prozesse wurden eine Reihe von reaktiven Radikalen identifiziert. In Bezug auf die Ozon-Schicht als Ganzes, also die Schichtdicke, ist der wichtigste natürlich vorkommende Katalysator das Stickoxid NO, das allein eine etwa 25-prozentige Reduktion bewirkt. Die anderen identifizierten Katalysatoren, atomarer Wasserstoff H, das Hydroxyl OH, sowie atomares Chlor Cl teilen sich in etwa 5 % Ozon-Reduktion. Damit ist die Diskrepanz um 30 %, die zwischen berechneter und gemessener Ozon-Schicht klaffte, geklärt.

Der wichtigste natürliche Zyklus ist der „NO_x"-Zyklus, der von Crutzen [47] identifiziert wurde. Er schreibt sich nach dem Schema der Abb. 7

$$
\begin{aligned}
NO + O_3 &\rightarrow NO_2 + O_2 \\
NO_2 + O &\rightarrow NO + O_2 \\
\hline
\text{Netto:} \quad O_3 + O &\rightarrow O_2 + O_2
\end{aligned}
$$

Zusätzlich erlangt unterhalb 30 km, wo die Ozon-Konzentration gegenüber derjenigen des atomaren Sauerstoffs um mehr als vier Größenordnungen überwiegt, der folgende NO_x-Zyklus Bedeutung

$$
\begin{aligned}
NO + O_3 &\rightarrow NO_2 + O_2 \\
NO_2 + O_3 &\rightarrow NO_3 + O_2 \\
NO_3 + \text{Licht} &\rightarrow NO + O_2 \\
\hline
\text{Netto:} \quad O_3 + O_3 + \text{Licht} &\rightarrow 3\,O_2
\end{aligned}
$$

Hierbei entsteht das Zwischenprodukt NO_3, das durch Sonnenlicht bis zu 670 nm Wellenlänge photodissoziiert wird. Ganz analog schreiben sich nach dem Schema in Abb. 7 die „HO_x"- und „ClO_x"-Zyklen, die auf Bates und Nicolet [45] bzw. Stolarski und Cicerone [48] zurückgehen, wobei der Index x die Werte 0, 1 oder 2 annimmt.

Die NO_x-, HO_x- und ClO_x-Radikale entstehen beim Abbau von langlebigen Spurengasen, die aus der Troposphäre stammen und als Quellgase bezeichnet werden (s. Abschnitt 3.5). Verhältnismäßig reaktionsträge und damit stabil in der Troposphäre, gelangen sie durch Mischungsprozesse in die Stratosphäre, wo sie durch UV-Strahlung sowie Reaktionen mit angeregtem atomarem Sauerstoff und OH-Radikalen abgebaut werden.

So entstehen NO_x-Radikale aus dem natürlichen Quellgas Distickstoffoxid (N_2O), das durch Mikroorganismen im Erdboden gebildet wird:

$$N_2O + O^* \rightarrow 2\,NO$$

Quellgase für die HO_x-Radikale sind Wasserdampf (H_2O), Methan (CH_4), Wasserstoff (H_2) und Kohlenmonoxid (CO), und die wichtigsten direkten Bildungsreaktionen sind

$$H_2O + O^* \rightarrow 2\,OH,$$
$$CH_4 + O^* \rightarrow OH + \text{andere Produkte},$$
$$H_2 + O^* \rightarrow H + OH,$$
$$CO + OH \rightarrow CO_2 + H.$$

ClO_x-Radikale entstehen beim Abbau von Methylchlorid (CH_3Cl), das in großen Mengen im Ozean gebildet und an die Atmosphäre abgegeben wird.

$$CH_3Cl + OH \rightarrow Cl + \text{andere Produkte},$$
$$CH_3Cl + \text{UV-Strahlung} \rightarrow Cl + \text{andere Produkte}, \lambda < 220\ \text{nm}.$$

Durch den anthropogenen Eintrag weiterer chlorhaltiger Verbindungen hat sich der atmosphärische Chlorgehalt gegenüber dem natürlichen Chlorpegel aus CH_3Cl bis heute mehr als versechsfacht. Für den hieraus resultierenden Ozonschwund ist die Halogenphotochemie dominierend, die deshalb in Abschnitt 5.5 ausführlicher diskutiert wird. Die wichtigsten der anthropogen eingetragenen halogenierten Kohlenwasserstoffe sind in Abb. 8 zusammen mit den natürlichen Quellgasen dargestellt. Die Quellen der Radikale sind zugleich die Senken der Quellgase. Die Vertikalverteilung der Quellgase, wie sie z.B. in der Abb. 8 nach Messungen in mittleren nördlichen Breiten dargestellt ist, spiegelt diese Prozesse wider: Die Mischungsverhältnisse (Volumenanteile) der Quellgase nehmen von einem etwa höhenkonstanten troposphärischen Wert oberhalb der Tropopause nach oben hin ab. Dieser Abfall ist die Folge der Abbauprozesse, die zur Bildung der Radikale führen. Die Vertikalprofile entsprechen einem stationären Gleichgewicht zwischen den Abbauprozessen und der Nachlieferung von unten auf Grund der atmosphärischen Dynamik. Als einziges Quellgas zeigt CO oberhalb 20 km einen erneuten Anstieg, der auf eine weitere CO-Quelle in größeren Höhen hindeutet. Tatsächlich wird in der oberen Stratosphäre und in der Mesosphäre CO durch Photolyse von CO_2 gebildet, dazu kommt die CO-Produktion aus der Oxidation von Methan (s. Abschnitt 3.5). Der in Abb. 8 gezeigte Anstieg des Mischungsverhältnisses setzt sich bis zur Mesopause fort, wo Werte um

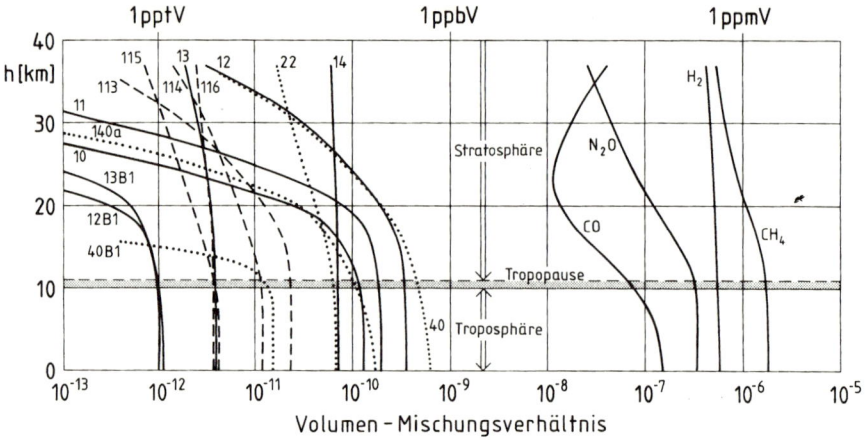

Abb. 8. Vertikalprofile atmosphärischer Quellgase in mittleren nördlichen Breiten nach Analysen stratosphärischer Luftproben. Neben den natürlichen Quellgasen CH_4, H_2, N_2O, CO und CH_3Cl sind halogenierte Kohlenwasserstoffe dargestellt, die aus anthropogenen Quellen stammen. Die Profile sind durch Ziffern gekennzeichnet, die dem internationalen Code für FCKW-, CKW-, H-FCKW- und Halon-Verbindungen entsprechen. Es bedeuten:

10	CCl_4	12Bl	$CBrClF_2$	113	$C_2Cl_3F_3$
11	CCl_3F	13Bl	$CBrF_3$	114	$C_2Cl_2F_4$
12	CCl_2F_2	22	$CHClF_2$	115	C_2ClF_5
13	$CClF_3$	40	CH_3Cl	116	C_2F_6
14	CF_4	40Bl	CH_3Br	140a	$C_2H_3Cl_3$

Diese Darstellung veranschaulicht, daß neben Methylchlorid, CFC-11 und CFC-12 eine ganze Reihe weiterer chlorierter Kohlenwasserstoffe zum stratosphärischen Chlor-Budget beitragen. Die hier gezeigten Profile wurden in den Jahren 1980–1985 gemessen. Seitdem sind die Volumenanteile der meisten halogenierten Kohlenwasserstoffe aus anthropogenen Quellen angewachsen. Ein Vergleich der troposphärischen Anteile mit heutigen Werten kann mit Hilfe der Tabelle 3 vorgenommen werden (nach [49, 51])

1 ppm erreicht werden, die sogar beträchtlich über den troposphärischen Mischungsverhältnissen liegen [52]. Auf die anderen in Abb. 8 gezeigten Quellgase, es handelt sich hierbei fast durchweg um Substanzen anthropogener Herkunft, wird in Abschnitt 5.5 eingegangen.

Der relative Beitrag der katalytischen Reaktionen zum Ozon-Abbau ist sehr unterschiedlich und hängt unter anderem von der Höhe ab. Die NO_x-Zyklen dominieren im unteren Teil der Stratosphäre, wo das Konzentrationsmaximum der Ozon-Schicht liegt. Die HO_x-Zyklen dominieren im oberen Bereich der Stratosphäre und der Mesosphäre, während der ClO_x-Zyklus besonders im Höhenbereich zwischen 30 und 45 km wirksam ist. Heute, nach Erforschung der Prozesse, die mit dem anthropogen verursachten Ozonschwund zusammenhängen, wissen wir, daß neben den hier diskutierten reinen Gasphasenreaktionen zusätzlich heterogene Reaktionen an Wolken- und Aerosolpartikel-Oberflächen stattfinden, die zu erheblichem katalytischen Ozonabbau auch in der unteren Stratosphäre führen. Sinngemäß werden diese in Abschnitt 5.5 erläutert.

2.3.3
Reservoir- und Senkengase

Neben den im vorigen Abschnitt diskutierten Reaktionszyklen werden durch HO_x, NO_x- und ClO_x-Radikale eine Reihe weiterer Reaktionen ausgelöst, die zur Bildung temporärer Reservoire bzw. stabiler Endprodukte führen. So bildet etwa die Reaktion

$$NO_2 + OH + M \rightarrow HNO_3 + M$$

gasförmige Salpetersäure, wodurch gleichzeitig HO_x aus den aktiven Ozonzyklen in Form einer inaktiven Substanz weggepuffert wird. HNO_3 ist damit ein temporäres Reservoir für NO_x und HO_x, die daraus durch Photolyse wieder freigesetzt werden können.

Ganz entsprechend ist Chlornitrat, das in der Reaktion

$$NO_2 + ClO + M \rightarrow ClNO_3 + M$$

gebildet wird, eine Reservoirsubstanz, die zeitweise NO_x und ClO_x aus den aktiven Ozonabbauzyklen wegpuffert. Weitere Reservoirsubstanzen sind Chlorwasserstoff und Wasserstoffperoxid, die durch die Reaktionen

$$Cl + CH_4 \rightarrow HCl + CH_3 \quad \text{und}$$
$$HO_2 + HO_2 \rightarrow H_2O_2 + O_2$$

gebildet werden.

Da die Photolyse der Reservoirsubstanzen UV-Strahlung erfordert, sind diese in der unteren Stratosphäre sehr stabil und können durch Transportprozesse in die Troposphäre gelangen und dort mit dem Niederschlag ausgewaschen werden. Man spricht dann von Senkengasen, denn dieser Verlustmechanismus kompensiert den Zufluß von Quellgasen und schließt damit den Kreislauf. Im stationären Gleichgewicht muß der Zufluß von HO_x-, NO_x- und ClO_x-Verbindungen, die über die Quellgase in die Stratosphäre gelangen, durch einen entsprechenden Verlust über die Senkengase ausgeglichen werden.

Die gleichen Reaktionen, die Reservoirsubstanzen abbauen, nämlich Photolyse sowie Reaktionen mit OH und O*, führen zur Rückbildung der Radikale. Da diese Prozesse nur *im sonnenbeschienenen Teil der Atmosphäre* ablaufen, wächst tagsüber die Konzentration der Radikale auf Kosten der Reservoirsubstanzen, während nachts das Umgekehrte der Fall ist. Im tageszeitlichen Rhythmus findet ein periodisches „Umschaufeln" einer Stoffgruppe zur anderen statt, als dessen Folge starke tageszeitliche Variationen der Konzentrationen dieser kurzlebigen Substanzen auftreten. Entsprechend durchlaufen die HO_x-, NO_x- und ClO_x-Radikale ein Konzentrationsmaximum etwa um Mittag und ein Minimum in der Nacht. Für die Reservoirsubstanzen gilt gerade das Umgekehrte. Sie werden nur am Tage abgebaut und haben deshalb ihr Konzentrationsmaximum in der Nacht.

Abbildung 9 zeigt ein Beispiel, das mit Hilfe eines Modells berechnet wurde [53]. Über der Tageszeit sind die Molekülzahldichten der einzelnen Konstituenten, berechnet für 32 km Höhe und mittlere nördliche Breiten, in einem loga-

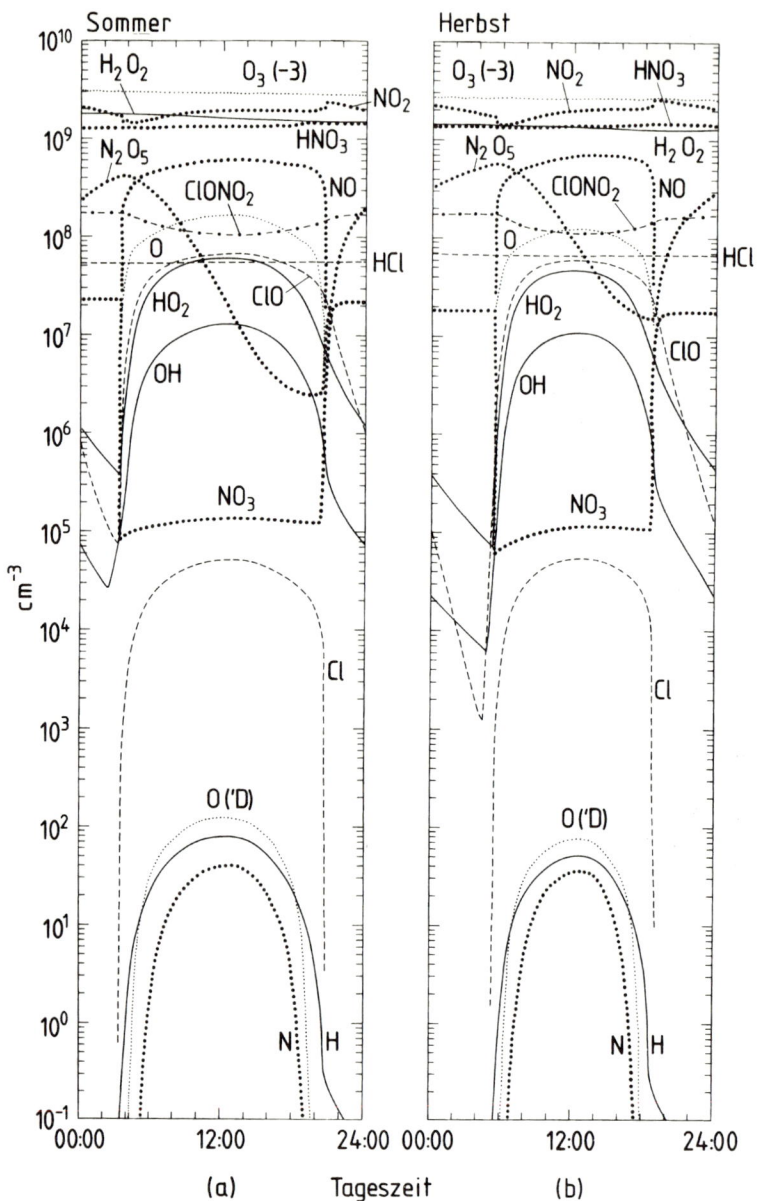

Abb. 9 a, b. Tageszeitliche Variation der Konzentrationen der vom Modell berechneten Konstituenten für 47 °N und 32 km für (**a**) Juni und (**b**) September. Die Konzentrationen für O_3 wurden aus Darstellungsgründen um 3 Zehnerpotenzen reduziert. (Nach [53])

2 Das irdische Treibhaus

rithmischen Maßstab aufgetragen (linkes Teilbild: Sommer, rechtes Teilbild: Herbst). Die Konzentration der Radikale H, Cl, OH und NO wächst rapide bei Sonnenaufgang und steigt bis Mittag weiter an. Der Abfall am Nachmittag und bei Sonnenuntergang ist entsprechend. Die Reservoirsubstanzen N_2O_5 und $ClNO_3$ zeigen dagegen ihr Tagesminimum bei Sonnenuntergang bzw. kurz nach Mittag und ihr Tagesmaximum kurz vor Sonnenaufgang. Die anderen Reservoirsubstanzen HNO_3, HCl und H_2O_2 sind in dem hier gezeigten Höhenbereich relativ stabil, ihre tageszeitliche Variation erlangt erst in größeren Höhen merkliche Amplituden. Auch die Ozon-Konzentration, die hier aus Darstellungsgründen um 3 Zehnerpotenzen reduziert wurde, zeigt erst weiter oben, in der Mesosphäre, eine nennenswerte tageszeitliche Schwankung. Die Abb. 9 vermittelt zugleich einen Überblick über die Konzentrationsverhältnisse der HO_x-, NO_x- und ClO_x-Radikale und Reservoirsubstanzen sowie der ungeraden Sauerstoff-Komponenten zueinander.

Es würde den Rahmen dieses Buches sprengen, die chemischen Prozesse ausführlicher darzustellen. Hier ging es darum, den „roten Faden" der Ozonphotochemie verständlich zu machen, die heterogenen Prozesse werden dabei in Abschnitt 5.5 abgehandelt. Ansonsten sei auf die zitierte Originalliteratur sowie neuere Gesamtdarstellungen verwiesen (z. B. [42, 54]).

2.4
Strahlungsbilanz und Treibhauseffekt

Das Klimasystem Erde erhält seine Energie von der Sonne, die im jährlichen Mittel am oberen Rand der Atmosphäre $S = 1373$ W/m^2 bei senkrechtem Einfall liefert (Solarkonstante, s. Abschnitt 2.2). Der Energieeintrag auf die gesamte sonnenbeschienene Hälfte der Erdkugel ist genau so groß wie derjenige auf eine senkrecht zur Sonnenrichtung aufgespannte Kreisfläche mit dem Erdradius $R = 6370$ km, also $\pi R^2 S = 1{,}75 * 10^{17}$ W.

30 % hiervon werden infolge der globalen Albedo ungenutzt in den Weltraum zurückgestreut, so daß 70 %, also $1{,}225 * 10^{17}$ W, im System genutzt und überwiegend an der Erdoberfläche in Wärme umgewandelt werden. Die Erdoberfläche und die Atmosphäre wiederum strahlen Energie in den Weltraum ab, wobei im Gegensatz zur heißen Sonne, deren Abstrahlung im kurzwelligen Bereich erfolgt (Abb. 2), langwellige Infrarotstrahlung emittiert wird (Abb. 10). Integriert über alle Wellenlängen beträgt der abgestrahlte Energiefluß der Erde σT_0^4, wobei σ die Stefan-Boltzmannkonstante ($5{,}67 * 10^{-8}$ Wm^{-2}K^{-4}) und T_0 die mittlere Oberflächentemperatur der Erde sind. Im stationären Gleichgewicht muß die über die gesamte Erdkugelfläche $4\pi R^2$ abgestrahlte Energie der im Klimasystem umgesetzten Sonnenergie entsprechen, also

$$0{,}7\, S\pi R^2 = 4\pi R^2 \sigma T_0^4.$$

Hieraus ergibt sich $T_0 = 255$ K oder $-18\,°C$.

Tatsächlich liegt die mittlere Temperatur der Erdoberfläche mit $+15\,°C$ um $33\,°C$ höher. Wie Satellitenmessungen belegen, werden im globalen Mittel etwa 240 W/m^2 als Wärmestrahlung in den Weltraum ausgestrahlt. Über die gesamte

Erdoberfläche ergibt dies den Energieverlust von $1{,}225 * 10^{17}$ W, genau so viel, wie durch die Sonnenstrahlung in Wärme umgewandelt wird. Unser Klimasystem befindet sich mithin im Gleichgewicht eingestrahlter und ausgestrahlter Energie. Daß die beobachtete globale Mitteltemperatur dennoch um 33 °C höher ist, als es diesem Strahlungsgleichgewicht entspricht, muß daher eine andere Ursache haben.

Diese Ursache ist das als Treibhauseffekt bezeichnete Phänomen, das darauf beruht, daß die von der Erdoberfläche ausgestrahlte Energie nicht ungehindert in den Weltraum entweicht, sondern in der Atmosphäre teilweise absorbiert und wieder zurückgestrahlt wird. Unsere Atmosphäre enthält Beimengungen von natürlichen „Treibhausgasen", H_2O, CO_2, O_3, N_2O und CH_4 (in der Reihenfolge ihrer Wichtigkeit für den Treibhauseffekt), die in Teilbereichen des Spektrums der thermischen Ausstrahlung der Erde absorbieren und entsprechend ihrer Temperatur reemittieren können. Diese Strahlungsemission der Treibhausgase erfolgt isotrop in alle Richtungen, also auch zur Erde zurück. Diese erhält durch diese „atmosphärische Gegenstrahlung" somit Energie zurück und kann daher eine höhere Gleichgewichtstemperatur aufrechterhalten, als dies ohne Treibhauseffekt der Fall wäre.

Dieser Mechanismus soll anhand des vereinfachten Schemas in Abb. 10 erläutert werden: Das von einem schwarzen Körper der Temperatur T emittierte Strahlungsspektrum wird durch das Planck'sche Strahlungsgesetz beschrieben

$$B(\lambda, T) = \frac{2hc^2}{\lambda^5} \frac{1}{\mathrm{Exp}\left(\dfrac{hc}{\kappa \lambda T}\right)^{-1}}$$

mit λ = Wellenlänge und den Konstanten
$\quad$ h = $6{,}62612 * 10^{-34}$ Js (Planck'sches Wirkungsquantum)
$\quad$ c = $2{,}99792 * 10^8$ ms^{-1} (Lichtgeschwindigkeit)
$\quad$ κ = $1{,}38065 * 10^{-23}$ JK^{-1} (Boltzmann-Konstante).

Die Erdoberfläche kann bezüglich dieser thermischen Strahlung praktisch als schwarz angesehen werden, denn für Wellenlängen oberhalb 4 μm ist die Albedo aller Oberflächentypen im Gegensatz zum kurzwelligen Strahlungsbereich (vgl. Tabelle 4 in Abschnitt 2.2) verschwindend gering, das Absorptionsvermögen also praktisch 100 %. Das Spektrum der ausgestrahlten Energie wird daher durch das Planck'sche Gesetz beschrieben, und die der mittleren Oberflächentemperatur von 288 K entsprechende Planck'sche Kurve ist in Abb. 10 aufgetragen. Allgemein gilt für die Abstrahlung aber das Kirchhoff'sche Gesetz, wonach die bei der Wellenlänge λ tatsächlich abgestrahlte Energie $E(\lambda, T)$ mit dem nach der Planckbeziehung $B(\lambda, T)$ berechneten Wert über das Emissionsvermögen $\varepsilon(\lambda)$ verknüpft ist gemäß

$$E(\lambda, T) = \frac{\varepsilon(\lambda)}{100} B(\lambda, T)$$

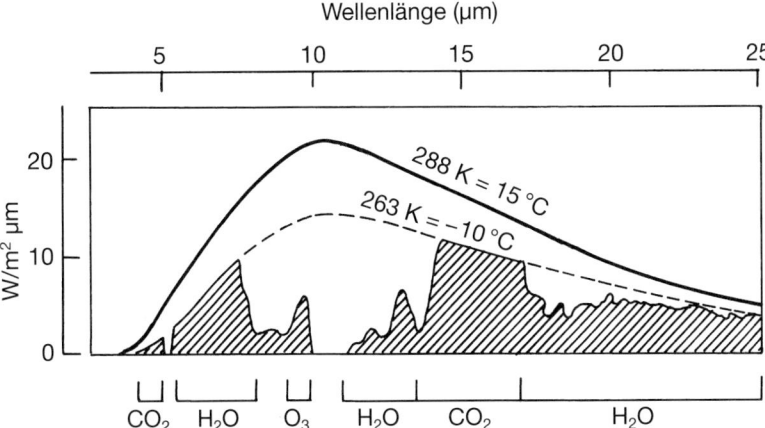

Abb. 10. Spektrum der von der Erdoberfläche (Temperatur 288 K) abgegebenen thermischen Strahlung mit Absorptionsbereichen der wichtigsten Treibhausgase. Die gestrichelte Kurve zeigt das Spektrum der thermischen Strahlung für 263 K

Das Emissionsvermögen $\varepsilon(\lambda)$ ist gleich dem Absorptionsvermögen $a(\lambda)$ mit

$$0\% \leq \varepsilon(\lambda) = a(\lambda) \leq 100\%.$$

Für einen schwarzen Strahler wie die Erdoberfläche ist $a(\lambda)$ über das gesamte Infrarotspektrum nahezu 100%. Mithin ist $E(\lambda, T) = B(\lambda, T)$ für alle Wellenlängen, das Spektrum der abgestrahlten Energie entspricht der Planck'schen Kurve für die Oberflächentemperatur T, und der gesamte über das Spektrum abgestrahlte Energiefluß berechnet sich nach Stefan-Boltzmann zu σT^4.

Die atmosphärischen Treibhausgase sind jedoch in ihrem Absorptionsvermögen selektiv; sie sind daher nicht schwarz, weil sie nur in den in Abb. 10 markierten Wellenlängenbereichen absorbieren, in anderen jedoch transparent sind. Entsprechend können sie auch nur in diesen markierten Absorptionsbereichen Strahlung emittieren.

In Abb. 10 ist eine zweite Planck'sche Kurve für 263 K bzw. −10 °C gestrichelt dargestellt. Angenommen, diese Temperatur herrsche in einer bestimmten Höhe, z.B. 3000 m, dann würde ein schwarzer Strahler in dieser Höhe das gestrichelt gezeichnete Spektrum abstrahlen, etwa eine Wolke, die praktisch als schwarzer Strahler betrachtet werden kann. Bei klarem Himmel gibt es aber nur die Treibhausgase, die nur in den schraffierten Bereichen absorbieren. Ihre Emission ist gemäß dem Kirchhoff'schen Gesetz durch die Hüllkurve über die schraffierten Bereiche schematisch dargestellt. Die Strahlungsemission erfolgt isotrop in alle Raumrichtungen, in den oberen Halbraum (aufwärts gerichteter Strahlungsfluß) und in den unteren Halbraum (abwärts gerichteter Strahlungsfluß).

Tatsächlich haben wir aber nicht nur in einer einzigen Schicht den hier beschriebenen Strahlungsumsatz, sondern Absorption und Emission erfolgen in allen Höhen von der untersten Bodenschicht bis zum Rand der Atmosphäre.

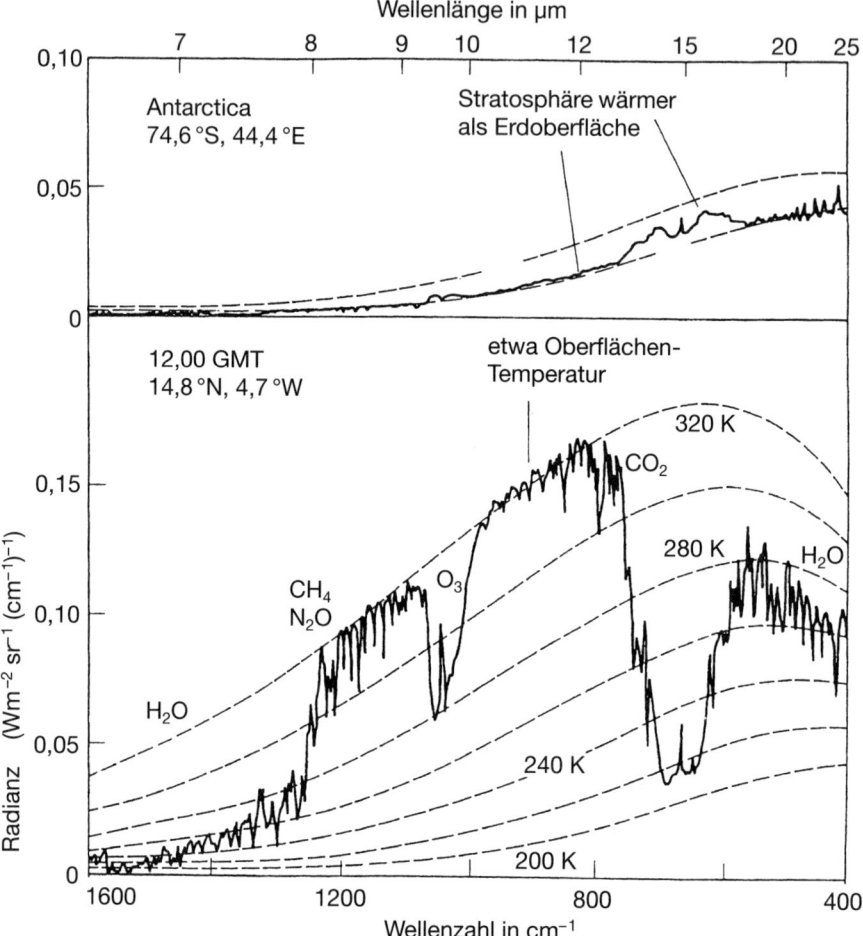

Abb. 11. Vom Satelliten aus beobachtete Emissionsspektren der Erde für die Tropen (unteres Teilbild) und die Antarktis (oberes Teilbild), nach [35, 55]

Jede Schicht empfängt aufwärts gerichtete Strahlung von der Erdoberfläche und den unter ihr liegenden Schichten sowie abwärts gerichtete Strahlung der darüberliegenden Schichten. Sie emittiert wiederum gemäß ihrer Temperatur in den gezeigten Absorptionsbereichen der Treibhausgase nach unten und nach oben gerichtete Strahlungsflüsse, die in den darunter- bzw. darüberliegenden Schichten wie beschrieben umgesetzt werden.

Der in der untersten Atmosphärenschicht resultierende abwärts gerichtete Strahlungsfluß ist die atmosphärische Gegenstrahlung, die global und langzeitlich gemittelt 326 W/m² beträgt. Von den 384 W/m², die von der Erdoberfläche emittiert werden, gehen als resultierender aufwärts gerichteter Strahlungsfluß der obersten Atmosphärenschicht lediglich 240 W/m² in den Weltraum verloren (Abb. 12). Zwischen ca. 8 μm und 12 μm wird die von der Erde abgestrahlte Energie praktisch ungehindert in den Weltraum durchgelassen. In diesem „atmosphärischen Fenster" ist Ozon bei wolkenfreiem Himmel der einzige Absorber. Da sich das meiste Ozon jedoch in der Stratosphäre befindet, ist die Treibhauswirkung der natürlichen Ozonschicht gering (s. Abb. 10). Die zunehmende Akkumulation von photochemisch aus anthropogen emittierten Vorläufersubstanzen gebildetem Ozon in der Troposphäre führt aber zu einer klimawirksamen Verstärkung des Treibhauseffektes (s. Abschnitt 5.1).

Abbildung 11 zeigt Emissionsspektren terrestrischer Strahlung, die vom Satelliten aus über einem kalten polaren Gebiet (oberes Teilbild) und im Bereich der Tropen (unteres Teilbild) gemessen wurden. Gestrichelt sind einige Planck'sche Kurven für relevante Temperaturen eingezeichnet. Im Bereich des atmosphärischen Fensters zwischen 8 und 12 μm erhält der Satellitensensor Strahlung, die von der Erdoberfläche emittiert wird, sieht man einmal von der Ozonbande bei 9.6 μm ab. Die gemessenen Strahlungsflüsse geben somit direkte Information über die jeweiligen Oberflächentemperaturen, die im oberen Teilbild etwa 200 K, im unteren Teilbild 320 K betragen. Tatsächlich werden globale Temperaturverteilungen heute operationell auf diese Weise von Satellitensensoren gewonnen. Im Bereich der Wasserdampfbande kommt in den Tropen der Großteil der Strahlung aus der mittleren Troposphäre, wo die Temperaturen 240 bis 270 K betragen. Im Bereich der CO_2-Banden um 15 μm herum erfaßt der satellitengetragene Sensor überwiegend Strahlung aus der Stratosphäre. Im Falle der extrem kalten Antarktis (oberes Teilbild) zeigen die Strahlungsflüsse der CO_2-Banden, daß die Stratosphäre sogar wärmer als die Erdoberfläche ist.

Eine Vorstellung von den globalen und langzeitlich gemittelten Strahlungsflüssen vermittelt das Schema der Abb. 12. Der Energieeintrag über die Solarkonstante liefert, global gemittelt, 343 W/m² (Dies ist $1/4$ der Solarkonstante, da sich die auf die Kreisscheibe mit dem Erdradius R senkrecht einfallende Strahlung auf die Kugelfläche der Erde verteilt). 30 % davon, also 103 W/m², werden von den Luftmolekülen, den Wolken und der Erdoberfläche ungenutzt in den Weltraum zurückgestreut (globale Albedo), 86 W/m² werden in der Atmosphäre absorbiert, und nur 45 %, also 154 W/m² werden an der Erdoberfläche in Wärme umgewandelt.

Die thermische Ausstrahlung der Erdoberfläche ist mit 384 W/m² sogar 12 % höher als der solare Energieeintrag in das System. Tatsächlich kommen aber 327 W/m² als atmosphärische Gegenstrahlung zurück (Treibhauseffekt), so daß die effektive Ausstrahlung der Erdoberfläche lediglich 57 W/m² beträgt. Der Fluß langwelliger Wärmestrahlung, den das Klimasystem Erde in den Weltraum abgibt, beträgt, wie Satellitenmessungen bestätigen, im globalen Mittel 240 W/m². Damit ist das System im Gleichgewicht eingestrahlter und ausgestrahlter Energie. Die Energiebilanz an der Erdoberfläche liefert im globalen Mittel einen Überschuß von 96 W/m², der durch Verdunstung von Wasser (V) als latente Energie (75 W/m²) sowie turbulente Flüsse fühlbarer Wärme (F, 21 W/m²) in die Atmosphäre abgeführt wird.

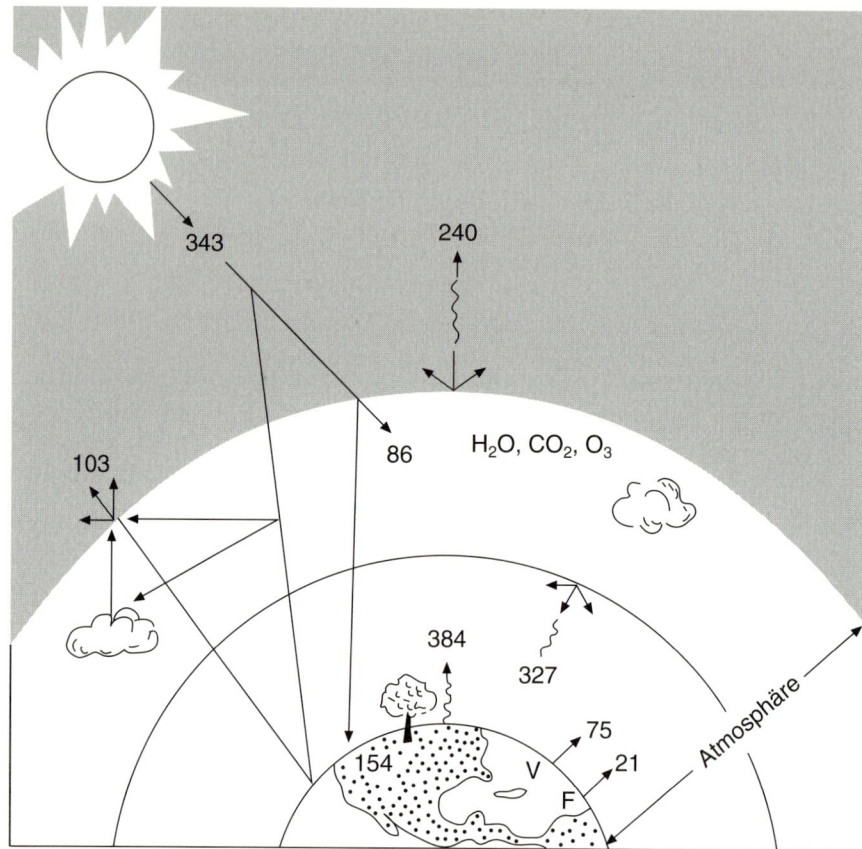

Abb. 12. Global gemittelte Energiebilanz des irdischen Treibhauses. Kurzwellige Strahlungs- flüsse: gerade Pfeile; thermische Strahlungsflüsse: geschlängelte Pfeile; V und F bezeichnen die global gemittelten Flüsse latenter (V) und fühlbarer (F) Wärme. Einheiten: W/m²

2.5
Dynamische Prozesse

2.5.1
Die allgemeine Zirkulation der Atmosphäre

Die im vorigen Abschnitt diskutierten Energieterme beziehen sich auf globale Mittelwerte. Tatsächlich weisen, wie Abb. 13 veranschaulicht, die extraterrestri- schen Strahlungsflüsse eine starke Abhängigkeit von der geographischen Breite auf. Die absorbierte solare Strahlung hat in den Tropen, bei nahezu senkrechtem Einfall, die höchsten Werte und nimmt zu den Polen, mit flacher werdenden Ein- fallswinkeln und gleichzeitig wachsender Albedo, stark ab. Die emittierte terre- strische Strahlung, die im Wesentlichen von der Temperaturverteilung abhängt, zeigt eine geringere Variabilität. Die höchsten Werte treten in den Subtropen,

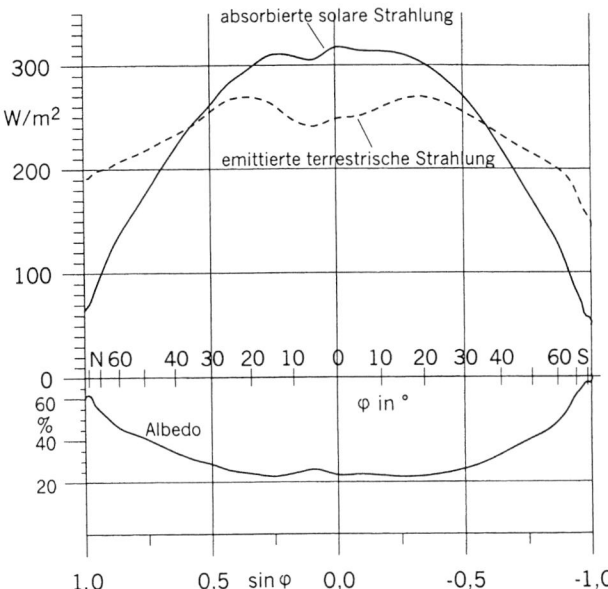

Abb. 13. Breitenmittel der kurzwelligen extraterrestrischen Strahlungsbilanz (= vom System Erde-Atmosphäre absorbierte solare Strahlung; ausgezogen), der negativen langwelligen extraterrestrischen Strahlungsbilanz (= vom System Erde-Atmosphäre emittierte terrestrische Strahlung; gestrichelt) und der globalen Albedo (unten). Den Daten liegen Messungen (von den polumlaufenden Satelliten NOAA-9 und NOAA-10 aus) im Rahmen des Earth Radiation Budget Experiment (ERBE) zugrunde. Die Daten sind zeitliche Mittelwerte für 4 volle Jahre, genau von Februar 1985 bis Januar 1989. Quelle: NASA Langley Research Center, Hampton, Virginia, USA (nach [35])

vor allem über den subtropischen Wüsten auf, wo wegen geringer Wolkenbedeckung und niedriger Luftfeuchte die effektive Ausstrahlung besonders stark ist. Die Breitenmittel der Albedo nehmen, bedingt durch die variable Verteilung der Land- und Ozeanflächen, von etwas über 20 % in den Tropen bis zu etwa 60 % über den eisbedeckten Polgebieten zu.

Zwischen etwa 35°N und S weist Abb. 13 einen Überschuß zugeführter Energie, also eine positive, in höheren Breiten beider Hemisphären hingegen eine negative Strahlungsbilanz aus. Dabei ist der Gesamtüberschuß dem Gesamtdefizit zahlenmäßig gleich, was in Abb. 13 durch die sich exakt kompensierenden Differenzflächen über und unter der gestrichelten Kurve zum Ausdruck kommt. Die in sin φ geteilte Abszisse trägt dabei den mit wachsender Breite kleiner werdenden Breitenkreisen Rechnung.

Dieses Ungleichgewicht der Strahlungsbilanz kann nur dadurch aufrechterhalten werden, daß Wärme von niedrigen in höhere Breiten transportiert wird. Andernfalls würden die Tropen immer wärmer und die Regionen höherer Breiten immer kälter werden. Dieser Ausgleich erfolgt durch die allgemeine Zirkulation in der Atmosphäre und im Ozean, also durch atmosphärische Windsysteme und Meeresströmungen.

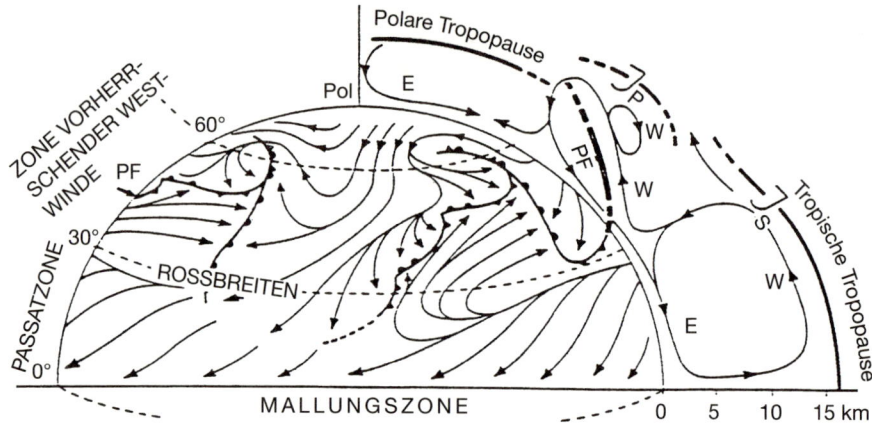

Abb. 14. Schematische Darstellung der Allgemeinen Zirkulation der Troposphäre

Ein direkter meridionaler Energieaustausch über eine meridionale Luft-zirkulation zwischen niederen und hohen Breiten, also eine Strömung, die aus einer Hebung in der äquatorialen Tiefdruckrinne, einer polwärts gerichteten Strömung in höheren Schichten, Absinken am Pol und dann einer äquatorwärts gerichteten Strömung an der Erdoberfläche besteht, ist wegen der Erdrotation unmöglich. Die Erde rotiert mit einer Umlaufperiode $T = 86164\,s$ (Sterntag), was einer Winkelgeschwindigkeit $\omega = 2\pi/T = 7{,}292 * 10^{-5}\,s^{-1}$ entspricht. Hierdurch wird jede Bewegung mit der Geschwindigkeit v senkrecht zur Bewegungsrich-tung durch eine Scheinkraft abgelenkt, die auf der Nordhalbkugel nach rechts, auf der Südhalbkugel nach links (bezogen auf die Bewegungsrichtung) wirkt. Die Horizontalkomponente dieser „Corioliskraft" beträgt in Abhängigkeit von der geographischen Breite φ

$$C = 2\omega * v * \sin\varphi.$$

Sie verschwindet daher am Äquator und ist über den Polen am größten. Daher kann sich nur in niederen Breiten, wie Abb. 14 veranschaulicht, eine direkte meridionale Zirkulationszelle ausbilden, die aber wegen der mit $\sin\varphi$ anwach-senden Corioliskraft nur bis zu den Subtropen (etwa 30° Breite) reicht. Im obe-ren Zweig dieser nach Hadley benannten Zelle werden die polwärts strömenden Winde zunehmend nach rechts, also nach Osten abgelenkt, so daß eine West-strömung entsteht. Die bodennah aus dem Subtropenhoch zurückfließenden Winde werden nach Westen abgelenkt und stellen die Passate dar, die auf der Nordhalbkugel von NO, auf der Südhalbkugel von SO in die auch als Mallungs-zone bezeichnete innertropische Konvergenzzone (ITCZ) einströmen.

Der weitere Energieaustausch zwischen den Subtropen und der polaren Atmosphäre ist wesentlich komplizierter und kann hier nur angedeutet werden (der Leser sei auf entsprechende Lehrbücher verwiesen, z. B. [35 oder 56]): In der in mittleren Breiten vorherrschenden Westströmung bilden sich planetare Wel-len und Wirbel, die zyklonal (die Tiefs) oder antizyklonal (die Hochs) drehen.

Die Zyklonen transportieren auf ihrer Ostseite (Vorderseite) Warmluft polwärts, auf ihrer Rückseite Kaltluft äquatorwärts, bei den Antizyklonen ist es umgekehrt. Als unmittelbare Folge der planetaren Wellen bilden sich die Fronten als Grenzflächen unterschiedlich temperierter Luftmassen, an denen wiederum die Zyklonen entstehen. In Abb. 14 ist die für das Zirkulationsgeschehen mittlerer Breiten besonders wichtige Polarfront (PF), welche die subtropische Warmluft gegen die subpolare Kaltluft abgrenzt, mit Zyklonen und ihrem Strömungsfeld schematisch dargestellt. In der kalten polaren Troposphäre herrschen östliche Strömungen mit Absinken über dem Pol vor.

2.5.2
Vermischung und Lebensdauern von Spurengasen

Die Troposphäre ist *das unterste Stockwerk der Atmosphäre*, in dem sich das *Wettergeschehen* abspielt. Ihre Obergrenze, die Tropopause, liegt in der Tropenzone im Mittel in etwa 18 km, in mittleren Breiten zwischen 10 und 15 km, und in der Polarregion in etwa 8 km Höhe. Damit umfaßt die Troposphäre etwa 80 bis 90% der Gesamtmasse der irdischen Lufthülle. Die Troposphäre enthält die Luft, die wir atmen, und das Wasser, das wir trinken. Natürliche Quellgase, im Erdboden und im Ozean von Mikroorganismen produziert, werden an die Troposphäre abgegeben und vermischen sich darin. Es ist aber auch die Troposphäre, in die wir die *Abgase* unserer Zivilisation, aus Fabriken, Kraftwerken, Heizungsanlagen und Kraftfahrzeugen ablassen.

Die atmosphärischen Windsysteme bewirken, neben dem beschriebenen Transport fühlbarer und latenter Wärme, auch die Ausbreitung von Gasen und Partikeln, die aus natürlichen und anthropogenen Quellen in die Atmosphäre emittiert bzw. als Sekundärprodukte darin gebildet werden. Dabei sind chemische und photochemische Prozesse eng mit der Dynamik verzahnt, und je nach Lebensdauer kann die Ausbreitung über unterschiedlich große Strecken erfolgen. Dabei versteht man unter der „Lebensdauer" die Zeit, über die eine bestimmte Substanz in der Atmosphäre Bestand hat, bevor sie durch chemische Prozesse abgebaut oder durch Auswaschen oder Deposition an der Erdoberfläche daraus entfernt wird. Sie ist mathematisch als die Zeit definiert, während der die Konzentration auf den e-ten Teil (e = 2,72) der ursprünglichen Konzentration abnimmt, nachdem alle Quellen dieser Substanz abgeschaltet wurden.

Ausbreitung und Durchmischung erfolgen nach sehr unterschiedlichen Zeitskalen. Die untersten 1 bis 2 km der Atmosphäre sind sehr gut durchmischt. In dieser atmosphärischen „Mischungsschicht" findet dank turbulenter und konvektiver Transporte eine Vertikalvermischung innerhalb von Minuten bis Stunden statt. Der Vertikalaustausch mit der darüberliegenden freien Troposphäre erfolgt innerhalb von Tagen bis Wochen und folgt damit ähnlichen Zeitskalen wie die zonale Ausbreitung entlang eines Breitenkreises. Noch länger dauert es, nämlich ein bis zwei Monate, bis ein Spurenstoff innerhalb einer Hemisphäre auch meridional homogen vermischt ist (hemisphärische Durchmischungszeit). Ein bis zwei Jahre sind erforderlich, bis eine globale Vermischung in der Troposphäre erreicht ist. Diese relativ lange „interhemisphärische Durchmischungszeit" beruht darauf, daß die innertropische Konvergenzzone,

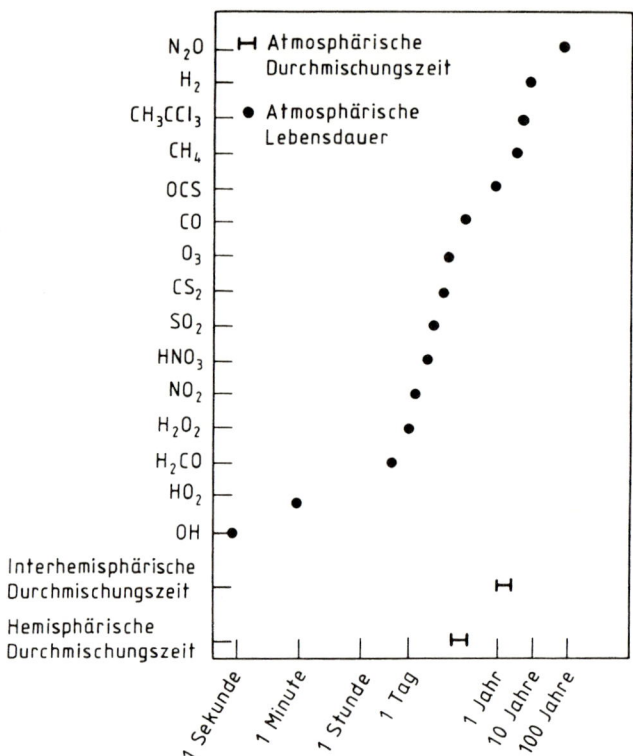

Abb. 15. Atmosphärische Lebensdauern von Spurengasen variieren von einer Stunde bis zu einem Jahrhundert (nach [59])

in der intensive aufsteigende Luftbewegung und hochreichende Konvektion vorherrscht, für die interhemisphärische Durchmischung wie eine Sperrschicht wirkt.

Während die Winde dafür sorgen, daß die atmosphärischen Bestandteile gleichmäßig verteilt werden, sind die Vorgänge, die Substanzen umwandeln oder aus der Atmosphäre entfernen, oft höchst variabel in bezug auf Raum und Zeit. Dies hat zur Folge, daß die Verteilung je nach Art der Substanz mehr oder weniger von der Gleichverteilung abweichen kann. Um beurteilen zu können, ob für die Verteilung die Durchmischung oder z. B. photochemische Reaktionen dominierend sind, muß man die atmosphärische Lebensdauer der betreffenden Substanz mit der Durchmischungszeit vergleichen.

Bestandteile, deren Lebensdauer viele Jahre beträgt, verweilen damit lange genug in der Atmosphäre, um von den Winden über den ganzen Globus gleichmäßig verteilt zu werden. Ihre globale Verteilung ist auch dann nahezu homogen, wenn die Quellen und Senken von Region zu Region variieren. Mit einer Lebensdauer von ungefähr 120 Jahren (s. Abb. 15) fällt das Quellgas N_2O zum Beispiel in diese Kategorie. Auch CO_2 hat mit etwa 100 Jahren eine lange atmosphärische Lebensdauer. Substanzen wie Kohlenmonoxid, deren Lebensdauer einige Monate beträgt, können innerhalb einer Hemisphäre gut durchmischt sein, aber Konzentrationsunterschiede zwischen den Hemisphären aufweisen. Die Konzentration kurzlebiger Konstituenten wie OH und HO_2, deren Lebensdauer weniger als eine Stunde beträgt, wird nahezu ausschließlich durch die lokalen Produktions- und Abbaumechanismen bestimmt. Sie befinden sich damit im photochemischen Gleichgewicht, bei dem Produktions- und Abbauraten gleich sind. Die Konzentration solcher Substanzen kann in dem Maße, in dem sich Produktions- oder Abbauraten ändern, beträchtliche räumliche und zeitliche Variationen aufweisen. Die bereits von Junge [57] abgeleitete Beziehung, wonach die raum-zeitliche Variabilität eines Spurengases um so größer ist, je kürzer dessen Lebensdauer ist, konnte für eine Vielzahl atmosphärischer Konstituenten bestätigt werden [58].

Auf Grund biologischer, geologischer und anthropogener Prozesse werden, wie in den Kapiteln 3 und 5 näher erläutert wird, Gase und Partikel von der Erdoberfläche an die Atmosphäre abgegeben. Sowohl in Bezug auf die Art der Substanzen als auf die Emissionsraten ist die Erdoberfläche aber alles andere als homogen zu nennen. So emittieren die kontinentalen Vegetations- und Klimazonen wie etwa die tropischen Regenwälder, die Laubwälder der gemäßigten Zonen, Sümpfe, Marschen und Wüsten ganz spezifische Arten von Substanzen.

Selbst die Ozeane sind in dieser Hinsicht nicht einheitlich. Noch extremer als bei den natürlichen Prozessen wirkt sich die globale Inhomogenität der Quellen bei den anthropogenen Emissionen aus, die sich überwiegend auf die Ballungszentren der Industrienationen in Europa, Nordamerika und Ostasien, zunehmend auch einiger Länder der Dritten Welt, konzentrieren, während über weiten Gebieten der Ozeane praktisch keinerlei Abgasemission erfolgt. Inwieweit die emittierten Gase, ganz gleich, ob es sich um Substanzen natürlicher oder anthropogener Herkunft handelt, nur lokal, regional oder global eine Rolle spielen, hängt ausschließlich von ihrer troposphärischen Lebensdauer ab.

Das Wettergeschehen in Verbindung mit dem Wasserkreislauf aus Verdunstung, Wolkenbildung und Niederschlag ist der wichtigste Reinigungsmechanismus der Atmosphäre. Partikel und wasserlösliche Gase sind direkt bei den Prozessen der Wolkenbildung beteiligt, sie werden mit dem Niederschlag ausgewaschen und somit aus der Atmosphäre entfernt. Ihre Lebensdauer in der Troposphäre ist daher kurz und beträgt im Mittel nur wenige Tage bis Wochen.

2.5.3
Ausbreitung in höheren Atmosphärenschichten

Langlebige Substanzen, die nicht oder nur teilweise in der Troposphäre abgebaut werden, gelangen durch Mischungsprozesse in die höheren Atmosphärenschichten. Da jedoch die Temperaturen oberhalb der Tropopause wieder ansteigen, wirkt die Stratosphäre wie eine riesige Inversionschicht, die den direkten Vertikalaustausch stark behindert. Nur in den Tropen gelangt Troposphärenluft über Aufwärtstransporte weit in die Stratosphäre. Der Vertikalaustausch innerhalb der Stratosphäre erfolgt außerhalb der Tropen über quasi horizontale Luftbewegung entlang geneigter Isentropen (Flächen gleicher potentieller Temperatur, s. Abb. 16).

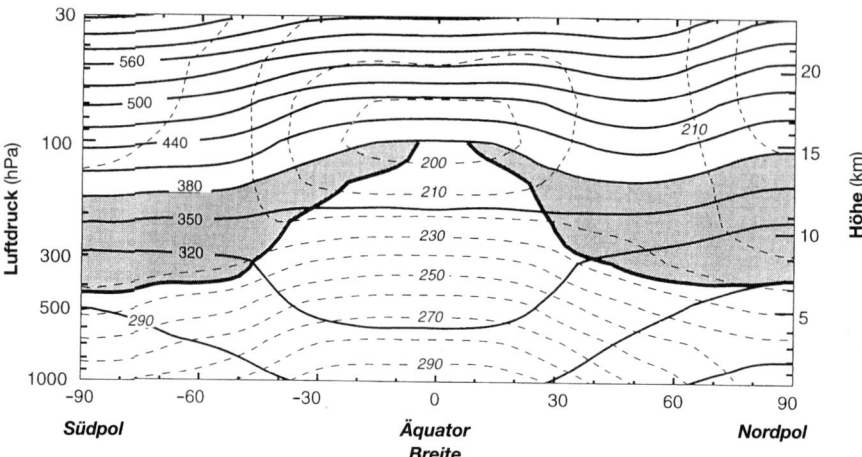

Abb. 16. Breiten-Höhenschnitt der Atmosphäre für Januar 1993 mit zonal gemittelten Linien potentieller (durchgezogen) und tatsächlicher Temperatur (gestrichelt) in K. Die fettgezeichnete Linie markiert die 2-PVU-Linie der potentiellen Vorticity, die außerhalb der Tropen die Tropopause annähert. Die schraffierten Bereiche markieren die „untere Stratosphäre", deren Isentropen die Tropopause schneiden (nach [65])

Die Natur dieser Transportprozesse ist bekannt, wobei wesentliche Informationen aus dem Studium der Ausbreitung radioaktiver Spaltprodukte atmosphärischer Kernwaffentests gewonnen werden konnten. So konnte Newell [60] zeigen, daß in weiten Bereichen der unteren und mittleren nördlichen Stratosphäre ein polwärts gerichteter Transport vorherrscht, der mit einem Absinken der Luftmassen verbunden ist. Ein Sinken um einige Kilometer ist dabei mit einem Horizontaltransport von tausenden von Kilometern verbunden. Man spricht daher, da der Neigungswinkel der Ausbreitungsebene so gering ist, von einem quasi-horizontalen Transport. Dieser ist in der Sommerhemisphäre nur schwach, in der Winterhemisphäre aber stark ausgeprägt, weil dann die polare Stratosphäre von einer winterlichen Zyklone mit signifikantem Absinken von Luftmassen dominiert wird (polare Vortex, s. Abschnitt 5.5).

Dieses schon von Brewer und Dobson [61] konzipierte Zirkukationsschema der Stratosphäre, nämlich Aufwärtstransporte über den Tropen, polwärts gerichteter Transport und Absinken über dem Winterpol, ist dank globaler Meßdaten von Satelliten und verbesserter Modelle modifiziert und verfeinert worden. So ist der quasi-horizontale Transport besonders in mittleren Breiten der Winterhemisphäre effektiv, wo zusätzlich das Brechen atmosphärischer Wellen den Vertikalaustausch verstärkt, während er durch Barrieren in den Subtropen behindert wird [62]. Dadurch kommt es zu der als „Tape-Recorder-Effekt" bezeichneten Jahresschwankung der Tropopausentemperatur in den Tropen, die sich in einer periodischen Variation der stratosphärischen Methan- und Wasserdampfverteilung manifestiert [63]. Ferner dominiert die sogenannte Quasi-Biennial Oscillation (QBO), eine mit einer Periode von etwa 28 Monaten abwärts propagierende Folge östlicher und westlicher Winde, die Variabilität der äquatorialen Stratosphäre und moduliert so den stratosphärischen Austausch bis hin zu den Polen [64].

Die in Abb. 16 gezeigte Breiten-Höhen-Verteilung der Temperatur (gestrichelt) zeigt als durchgezogene Linien zusätzlich die potentielle Temperatur (Isentropen). Der graue Bereich der untersten Stratosphäre zwischen der 380 K-Isentrope und der als dicke Linie gezeichneten Tropopause markiert den Bereich, in dem die Isentropen die Tropopause schneiden. Nur in diesem Bereich kann ein stratosphärisch-troposphärischer Austausch unmittelbar erfolgen [66]. In die oberhalb der 380 K-Isentrope gelegenen Stratosphärenschichten kann troposphärische Luft nur über die Aufwinde in den Tropen gelangen.

Dies kann durch Messungen der stratosphärischen Vertikalverteilung von CO_2 mit Hilfe ballongetragener Geräte direkt nachgewiesen werden: Der CO_2-Gehalt der Troposphäre nimmt als Folge anthropogener Verbrennung fossiler Energieträger sowie Brandrodung (s. Abschnitt 3.4) jährlich um etwa 1,5 ppm zu. Mit einer atmosphärischen Lebensdauer von etwa 100 Jahren ist CO_2 so langlebig, daß es auch in die höheren Atmosphärenschichten gemischt wird. Deshalb nimmt auch in 25 bis 35 km Höhe der stratosphärische CO_2-Gehalt um ca. 1,5 ppm pro Jahr zu, er ist aber stets um etwa 9 ppm niedriger als der troposphärische CO_2-Anteil. Hieraus folgt zum einen, daß die Zeitkonstante für diesen Transport 5 bis 6 Jahre beträgt, aus der Form der stratosphärischen CO_2-Profile kann zusätzlich geschlossen werden, daß der CO_2-Transport in diesen Höhenbereich nur über die Aufwinde in den Tropen erfolgt sein kann [67].

Gegenüber dieser relativ langen Zeitkonstante für die Mischung bis hinauf in die Stratosphäre verläuft der umgekehrte Prozeß wegen der Abwärtstransporte in weiten Bereichen der außertropischen Stratosphäre wesentlich schneller. So zeigen Messungen radioaktiver Spaltprodukte, die bei atmosphärischen Explosionen thermonuklearer Bomben mit dem Rauchpilz direkt in die Stratosphäre eingetragen wurden, Zeitkonstanten zwischen 1,1 und 1,5 Jahren für das Abklingen dieser Störungen [68]. Innerhalb dieser Zeit werden in die Stratosphäre eingebrachte Substanzen in die Troposphäre gemischt, wobei wasserlösliche Gase oder Aerosole wie die o.g. radioaktiven Spaltprodukte mit dem Niederschlag ausgewaschen werden. Auch die Anzahl der Sulfataerosolpartikel, die sich in der Stratosphäre nach kräftigen Vulkaneruptionen erhöht, klingt mit einer Zeitkonstanten zwischen 1 und 1,5 Jahren ab (s. Abschnitt 3.7).

Mischungsprozesse und Turbulenzen sind auch oberhalb der Stratosphäre wirksam. Natürlich erfordert eine Durchmischung vom Boden aus in immer größere Höhen auch mehr Zeit, bis in die Mesophäre etwa 10 bis 15 Jahre. Die obere Grenze der durchmischten Atmosphäre liegt etwas oberhalb 100 km Höhe, wo der Temperaturanstieg zur Thermosphäre beginnt. Man nennt diese Grenze Turbopause als Obergrenze der „Turbosphäre" oder „Homosphäre". Die gesamte Homosphäre ist durch Transportprozesse vollständig durchmischt, so daß die Zusammensetzung der Luft in allen Höhen unabhängig vom Molekulargewicht der Bestandteile gleich ist. Dies setzt natürlich voraus, daß die betreffende atmosphärische Lebensdauer groß gegen die Mischungszeit in die betreffende Höhe ist. So ist der Anteil von Stickstoff, Sauerstoff und der Edelgase in 100 km Höhe der Gleiche wie am Erdboden. Dies würde auch für CO_2 gelten, wenn keine anthropogene CO_2-Zunahme stattfände. Auch die FCKW-Verbindungen und

Halone (s. Abschnitt 5.5), die mit Molekulargewichten von bis zu 200 g/mol um ein Vielfaches schwerer als Luft (29 g/mol) sind, gelangen durch Mischungsprozesse in die höheren Atmosphärenschichten. Eine Entmischung atmosphärischer Bestandteile unter Einfluß der Schwerkraft findet erst oberhalb der Turbopause statt.

2.6
Das Wasser der Erde

2.6.1
Bedeutung des Wassers

Flüssiges Wasser und Leben sind zwei untrennbar miteinander verbundene Begriffe. Im Wasser liegt der Ursprung allen irdischen Lebens, das ohne Wasser nicht existieren kann. Wasser wird zur Photosynthese benötigt und ist unverzichtbarer Baustoff lebender Zellen. Dank seiner molekularen Dipolstruktur ist Wasser ein ideales Lösungsmittel und befördert alle lebensnotwendigen Stoffe und Spurenelemente durch Flüsse und Meere wie durch sämtliche Organismen. Auch im menschlichen Körper sorgt Wasser für den Transport von Gasen, Salzen, Fetten und Hormonen und hält damit die vielfältigen lebenswichtigen Prozesse aufrecht, für die jeder Mensch täglich zwei bis drei Liter Wasser benötigt.

Im Gegensatz zu fast allen Stoffen vergrößert Wasser beim Übergang von der flüssigen in die feste Phase sein Volumen: Eis nimmt etwa 9 % mehr Raum ein als flüssiges Wasser, aus dem es entsteht. Entsprechend ist die Dichte von Eis fast 9 % geringer als die Dichte flüssigen Wassers; diese ist bei 4 °C am größten (Dichteanomalie von Süßwasser). Dies erklärt, warum Eis auf dem Wasser schwimmt und Gewässer von oben her zufrieren. Andernfalls wären die Ozeane vermutlich seit Jahrmillionen von Grund auf vollständig gefroren. Die mit dem Gefrieren einhergehende Volumenvergrößerung erklärt die Sprengwirkung des Wassers, welche die Verwitterung von Gesteinen und die Bodenbildung beschleunigt.

Neben dieser unmittelbaren Bedeutung für das Leben spielt Wasser im Klimasystem eine fundamentale Rolle. In Abschnitt 2.4 wurde bereits seine Funktion als wichtigstes Treibhausgas sowie das Ausmaß der Verdunstung von Wasser diskutiert. Im globalen Mittel werden 75 W/m^2, insgesamt also $3{,}8 * 10^{16}$ W hierfür aufgewandt, das ist fast die Hälfte der Solarenergie, die an der Erdoberfläche umgesetzt wird. Diese gigantische Energiemenge, etwa 3000mal mehr, als dem heutigen technischen Energieverbrauch der gesamten Menschheit entspricht, wird als latente Energie im Wasserdampf gespeichert und mit den Luftströmungen mitgeführt. Dort, wo der Wasserdampf durch Abkühlung zur Sättigung gelangt, etwa durch Hebung der Luft an Gebirgen oder Fronten oder durch Konvektion, setzt Kondensation und Wolkenbildung ein, und die latente Energie wird wieder freigesetzt. Dies kann tausende von Kilometern entfernt von den Verdunstungsgebieten der Fall sein.

2.6.2
Der globale Wasserkreislauf

Das meiste Wasser verdunstet aus den subtropischen Ozeanen, die meisten Niederschläge fallen dagegen im Bereich der inneren Tropen sowie in mittleren
Breiten, während die Niederschläge in den Subtropen gering sind und die subtropischen Bereiche der Kontinente Wüsten- bzw. Halbwüstencharakter haben.
Es findet ein großräumiger Wasserdampftransport über die Passate einerseits
sowie die an die planetaren Wellen der mittleren Breiten gekoppelten Windsysteme andererseits statt. Damit ist der atmosphärische Wasserdampftransport
eingebettet in die allgemeine Zirkulation der Atmosphäre, und die mit dem
Wasserdampf transportierte latente Energie trägt wie der Transport fühlbarer
Wärme zum globalen Energieaustausch bei (s. Abschnitt 2.5.1).
Die Hauptmasse des Wassers der Erde befindet sich als Salzwasser in
den Ozeanen (s. Tabelle 5). Wegen seines Salzgehaltes von etwa 0,35 % ist es
für den Gebrauch als Trink- oder Bewässerungswasser nicht geeignet. Nur
etwa 3,5 % liegen als Süßwasser vor, etwa die Hälfte davon jedoch gebunden
in Form von Eis, das weite Gebiete der Antarktis und Grönlands sowie einige
Hochgebirgsflächen bedeckt. Der für menschliche Nutzung verfügbare Süß-
wasseranteil macht höchstens 1 % des gesamten Wasservorkommens aus. Wasser ist daher ein knappes Gut, das zu besonderer Sorgfalt und Sparsamkeit ver-
pflichtet.
Der atmosphärische Wassergehalt ist vergleichsweise gering und würde, falls
alles niederschlagsfähige Wasser gleichzeitig ausregnen würde, eine Wasserschicht von nur 2,5 cm an der Erdoberfläche ergeben. Aus einer global gemittelten jährlichen Niederschlagshöhe von etwa 100 cm folgt, daß das Wasser der
Atmosphäre pro Jahr 40mal ausgetauscht wird und die mittlere Verweilzeit eines
Wassermoleküls in der Atmosphäre 9,1 Tage beträgt. Die gleiche mittlere Verweilzeit erhält man, wenn man das atmosphärische Wasservorkommen von
12 900 km² (Tabelle 5) durch die mit $3,8 * 10^{16}$ W Solarenergie pro Jahr auf der
Erde verdunstete Wassermenge dividiert (Verdunstungswärme: 2440 Ws/g).

Tabelle 5. Die Wasservorräte der Erde (nach Baumgartner und Liebscher [69])

Teil der Hydrosphäre	Areal 10^6 km²	Wasservolumen km³	Schichtdichte in m auf Areale verteilt	Globus verteilt	Anteil %
Total	510	1 385 984 610	2718	2718	100,00
davon Süßwasser	149	35 029 210	235	68	3,46
Weltmeer	361	1 338 000 000	3705	2635	96,54
Eis und Schnee	16	24 364 100	1460	48	1,76
Grundwasser	135	23 400 000	174	46	1,69
Oberflächengewässer	149	189 990	1,3	0,4	0,013
Bodenfeuchte	82	16 500	0,2	0,03	0,001
Atmosphäre	510	12 900	0,025	0,025	0,001
Organismen	510	1 120	0,002	0,002	0,001

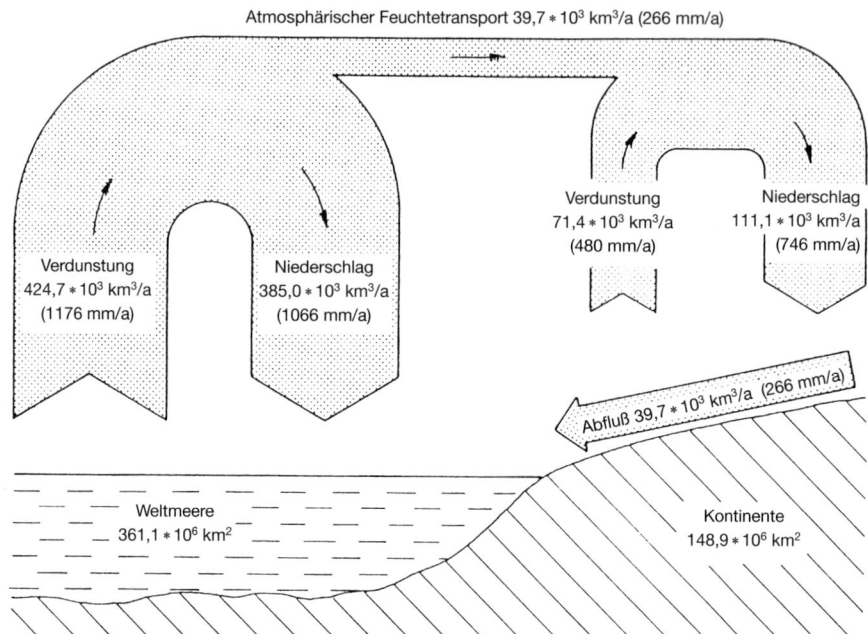

Abb. 17. Schematische Darstellung des Wasserkreislaufes der Erde, nach [69]

Hieraus folgt, daß sich das irdische Wasser in einem permanenten Kreislauf befindet, der aus Verdunstung, atmosphärischem Feuchtetransport und Niederschlag besteht (Abb. 17). Über den Ozeanen überwiegt die Verdunstung gegenüber dem Niederschlag, so daß ein Netto-Feuchtetransport zu den Kontinenten erfolgt, der dort über den Abfluß der Flüsse zurück ins Meer ausgeglichen wird. Dieser Wasserkreislauf ist zum einen eine Wärmemaschine, in der große Energiemengen umgesetzt und als latente Wärme mit den Windsystemen verfrachtet werden. Er ist aber auch eine gewaltige Destillationsanlage, die laufend Süßwasser, überwiegend aus den salzhaltigen Ozeanen, verdunstet und für den Niederschlag bereitstellt.

Aus den in Abb. 17 gegebenen Werten für die Glieder des globalen Wasserkreislaufs folgt, daß die unterschiedlichen Land-/Wasserbedeckungen der Hemisphären zu unterschiedlichen hemisphärischen Wasserbilanzen führen müssen. Die Südhalbkugel, wo die Ozeanflächen überwiegen, hat einen Wasserdampfüberschuß; die Nordhalbkugel hat dagegen einen Niederschlagsüberschuß, der durch einen entsprechenden Wasserdampfübertritt über den Äquator aus der Südhemisphäre gedeckt wird. Entsprechend dem Unterschied der hemisphärischen Verdunstungshöhen von 151 mm/Jahr regnen über der Nordhalbkugel demnach $18 * 10^3$ km^3 mehr ab, als es dem der Nordhemisphäre eigenen Wasserzyklus entsprechen würde [69]. Dieser Niederschlagsgewinn gelangt über den Abfluß in die Meere der Nordhalbkugel und fließt mit den Meeresströmungen wieder zurück zur Südhemisphäre. Die über den interhemisphärischen Wasserdampftransport eingebrachte latente Energie ist eine zusätzliche

Energiequelle für die atmosphärische Zirkulation der Nordhalbkugel. Sie steht in Zusammenhang mit dem jahreszeitlich bedingten Übergreifen des Südostpassates über den Äquator und ist daher für die Monsunentwicklung von großer Bedeutung (s. Abschnitt 2.8.3).

2.6.3
Klimaeinfluß der Ozeane

Für das Klimasystem sind die Ozeane und ihre Strömungen von fundamentaler Bedeutung. Da die Wärmespeicherungskapazität von Wasser etwa 1000mal höher als die von Luft ist, wird die Lufttemperatur über dem Ozean und benachbarten Landgebieten durch die Temperatur des Oberflächenwassers gesteuert. Infolge der thermischen Trägheit des Ozeans werden Temperaturschwankungen zwischen Tag und Nacht und im Laufe der Jahreszeiten bis zu einem gewissen Grad ausgeglichen.

Auf Grund seiner wärmespeichernden Eigenschaft können im Ozean Energien über große Entfernungen transportiert werden. Der Transportmechanismus wird durch Windsteme ausgelöst, welche die Oberflächenströmung der Meere antreiben. Südost- und Nordostpassat treiben jeweils eine Strömung nördlich bzw. südlich des Äquators an, den Nördlichen bzw. Südlichen Äquatorialstrom (Abb. 18), welche Oberflächenwasser im tropischen Atlantik, Pazifik und Indischen Ozean jeweils nach Westen führen. Durch die Kontinente kommt es zur Ablenkung dieser Strömungen: so wird etwa der Südäquatorialstrom im Südatlantik als Brasilstrom nach Süden abgeführt, während der Nordäquatorialstrom in der Karibischen See nach Norden längs der Nordamerikanischen Küste als

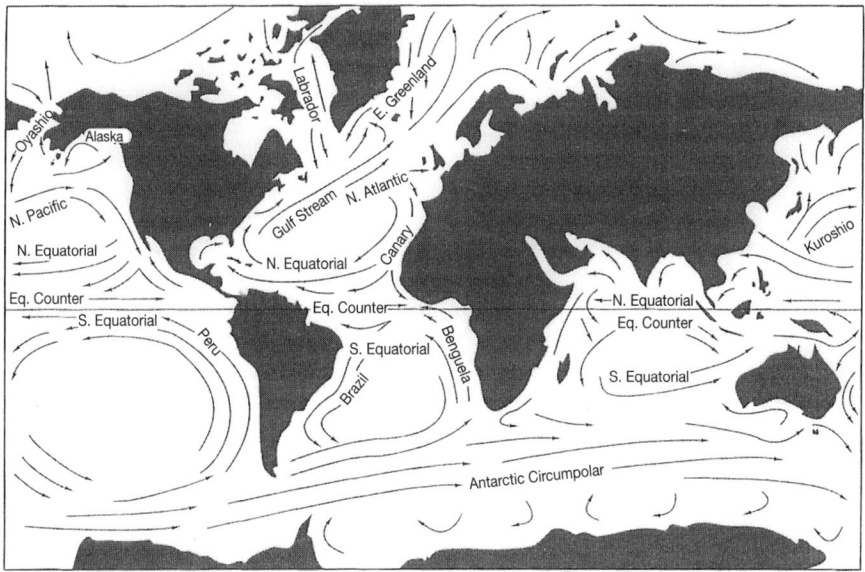

Abb. 18. Die wichtigsten Meeresströmungen, nach [70]

Florida- oder Golfstrom verläuft, welcher sich im Nordatlantikstrom fortsetzt, der warmes Wasser bis nach Nordwesteuropa verfrachtet [70].

Ein ständiger Wasserzufluß erfordert auch einen Ablauf. Das Nordpolarmeer hat seinen wesentlichen Abfluß längs Ostgrönland, wo der kalte Ostgrönlandstrom mit dichtem Packeis aus dem Polarbassin ausfließt. Kaltes Wasser aus der Antarktis wird über den Humboldtstrom entlang der Westküste Südamerikas äquatorwärts transportiert:

Die typischen Geschwindigkeiten dieser Oberflächenströmungen betragen 1 bis 5 km/h (Größenordnung 1000 km/Monat), wobei Interaktionen von Wärmeaustausch (Temperaturprofil, Salzgehalt), Wind, Corioliskraft und vor allem Küstenlinien und Inseln eine Rolle spielen. An einigen Küsten treibt der Wind das Oberflächenwasser von der Küste weg, was zur Folge hat, daß es durch kaltes Auftriebswasser ersetzt wird, etwa an der Westküste Perus oder an der Westküste des südlichen Afrikas.

Im Gegensatz zu Süßwasser ist Meerwasser bei –3.5 °C am dichtesten und darüber leichter. Da es je nach Salzgehalt bei etwa –1,9 °C gefriert, hat es keine Dichteanomalie und zeigt daher ein anderes Durchmischungsverhalten als Süßwasser. Kälteres Meerwasser sinkt immer ab, woraus eine stabile Schichtung in warmen, Durchmischung in kalten Breiten erfolgt. Wegen der Wärmeabgabe an die Atmosphäre kühlt das mit den warmen Oberflächenströmen in hohe Breiten geführte Wasser ab und sinkt in die Tiefe. Da neben der Temperatur auch der Salzgehalt die Dichte bestimmt, spricht man von thermohalinen Prozessen, bei denen Dichteunterschiede der Motor ozeanischer Konvektion und Tiefenströmungen sind. So sinkt im Nordwestatlantik sehr dichtes kaltes, salzreiches Oberflächenwasser in die Tiefe, wo es sich langsam nach Süden bis in die antarktischen Gewässer bewegt und verteilt. Die Oberflächenströmungen, also auch der

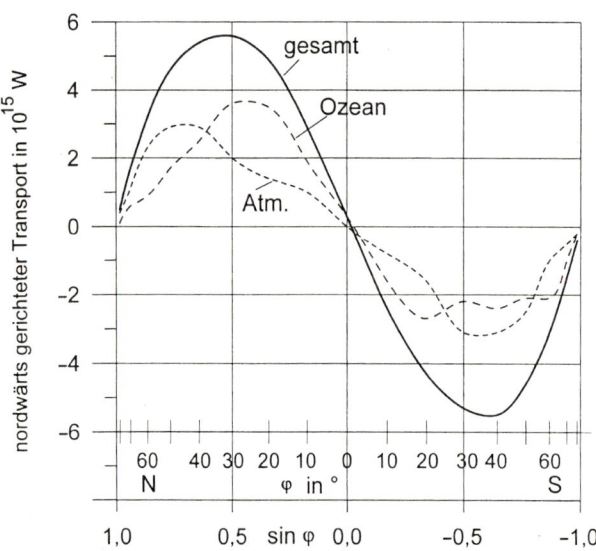

Abb. 19. Aufteilung des gesamten nordwärts gerichteten Energietransportes in einen atmosphärischen und einen ozeanischen Anteil, nach [35]

2 Das irdische Treibhaus

Golfstrom und der Nordatlantikstrom, sind Bestandteile dieser thermohalinen Zirkulation, die sich als das große „marine Förderband" (oceanic conveyer belt) durch alle Ozeane zieht [71].

Tatsächlich bewegen die Meeresströmungen enorme Energien. Ihre Wassermenge entspricht etwa dem 50-fachen aller Flüsse [72]. Wie Abb. 19 ausweist, ist der meridionale Energietransport durch den Ozean von gleicher Größenordnung wie derjenige durch die atmosphärische Zirkulation. Damit sind die Meeresströmungen für den Ausgleich des meridionalen Ungleichgewichtes der Energiebilanz von gleicher Bedeutung wie die atmosphärischen Windsysteme.

2.7
El Niño: Tropisches Phänomen mit weltweiten Auswirkungen

2.7.1
El Niño, La Niña und die Walker-Zirkulation

Gegen Ende des neunzehnten Jahrhunderts beobachtete Hildebrandsson, daß quasiperiodische Luftdruckschwankungen in Sydney, Australien gegenphasig zu solchen in Buenos Aires in Argentinien verlaufen. Wenig später konnte Lockyer diese Luftdruck-Oszillation bestätigen und ihre Periode zu etwa 3,8 Jahren bestimmen. Als Sir Gilbert Walker 1904 seine Amtszeit als Generaldirektor der Observatorien in Indien antrat, war dort die große Hungersnot von 1899/1900, verursacht durch das Ausbleiben des Monsuns (s. Abschnitt 2.8.3), noch in deutlicher Erinnerung. Walker suchte nach Möglichkeiten, die Veränderlichkeit des Monsuns vorherzusagen und untersuchte dazu Zusammenhänge zwischen Wetterabläufen im pazifischen Raum, in Indien und Südostafrika im Zusammenhang mit der gegenläufigen Luftdruckschwankung in Südamerika und im Indo-Australischen Gebiet, für die er den Namen „Südliche Oszillation" (SO) prägte [73].

Da Walker keine Erklärung für die von ihm gefundenen Zusammenhänge geben konnte, gerieten diese in Vergessenheit. Sie fanden erst im Verlauf des Internationalen Geophysikalischen Jahres 1957/58 erneutes Interesse, als Berlage auf der Basis längerer Meßreihen über Korrelationen zwischen Luftdruckvariationen in Djakarta, Indonesien und einer Vielzahl anderer Stationen zeigen konnte, daß der Luftdruck im südöstlichen Pazifik steigt (bzw. fällt), wenn er in Südostasien fällt (bzw. steigt). Diese Schaukelbewegung wird durch eine Verschiebung von Luftmassen ausgelöst, wobei der „südliche Oszillationsindex" (SOI) die jeweilige Luftdruckverteilung beschreibt. SOI ist als Luftdruckdifferenz zwischen den Osterinseln bzw. Tahiti und Darwin in Nordaustralien definiert: bei positivem (negativem) SOI herrscht hoher (niedriger) Luftdruck auf Tahiti und niedriger (hoher) in Darwin [74]. Dies wiederum rührt daher, wie Bjerknes [75] als Erster erkannte, daß im Oberflächenwasser des tropischen Pazifik ein starker zonaler Temperaturgradient herrscht. Dieser geht zurück auf den Humboldtstrom (Perustrom), den der Südostpassat von der südamerikanischen Küste wegtreibt, wodurch dort kaltes Tiefenwasser aufsteigt mit der Folge, daß im tropischen Ostpazifik relativ kühles Oberflächenwasser um etwa 20 °C vorherrscht. Das warme Oberflächenwasser wird durch die Passate nach Westen getrieben, so daß im Westpazifik, z. B. im indonesischen Raum, Wassertemperaturen von bis zu 30 °C angetroffen werden.

Dadurch bildet sich eine thermisch angetriebene zonale Zirkulationszelle, in der warme Luft über dem Westpazifik aufsteigt und über dem Ostpazifik absinkt und die Bjerknes Walker zu Ehren als „Walkerzirkulation" bezeichnete. In diesem Stadium ist der Luftdruck über dem kalten Wasser vor der südamerikanischen Küste höher als über dem warmen Westpazifik. Absinkende Luft in der Walkerzirkulation und die Temperaturinversion, die über dem kalten Wasser auftritt, verhindern die Niederschlagsbildung, so daß hier Küstenwüsten entstanden sind. Umgekehrt führen die aufsteigenden Luftmassen über dem warmen Wasser des Westpazifik zu hochreichender Konvektion und ergiebigen Niederschlägen.

Die unterschiedliche Ausbildung der Walkerzirkulation bewirkt die Schaukelbewegung der Luftmassen, die als SO beobachtet wird. Dabei führt die intensive Wechselwirkung mit der meridionalen Hadleyzirkulation (s. Abschnitt 2.5.1) zu einem Regelmechanismus, bei dem sich „El Niño" und „La Niña" als Extremphasen quasi-periodisch abwechseln: Im Normalzustand läuft die Walkerzirkulation wie beschrieben ab, und die Passate treiben mit dem Südäquatorialstrom das Oberflächenwasser von der südamerikanischen Küste zum Westpazifik, wo demzufolge der Meeresspiegel um ca. 40 cm höher steht (Abb. 20 B). Auf seinem Weg wird das Wasser durch Sonneneinstrahlung erwärmt, so daß die Oberflächentemperatur von Osten nach Westen zunimmt. Auch die Tiefe der Sprungschicht, welche die durchmischte Deckschicht des Ozeans von den kalten Tiefenschichten abgrenzt, nimmt nach Westen zu. Die Oberflächenneigung bewirkt einen Druckgradienten, der einen Wasserstrom nach Osten antreibt. Wegen des kräftigen Südäquatorialstroms kann dieser aber nicht an der Oberfläche fließen sondern ist als äquatorialer Unterstrom im Bereich der Sprungschicht wirksam.

Kalte Oberflächentemperaturen im tropischen Ostpazifik verstärken die Walkerzirkulation, gleichzeitig schwächen sie aber die meridionale Hadleyzirkulation und führen zu einer Luftdruckabnahme im Subtropenhoch und damit zu einer Abschwächung der Passate. Dadurch nimmt der Auftrieb kalten Tiefenwassers ab, und der Südäquatorialstrom wird schwächer. Es kommt im tropischen Pazifik zu einer großräumigen Temperaturerhöhung des Oberflächenwassers, die noch dadurch verstärkt wird, daß der äquatoriale Unterstrom in geringere Wassertiefen gelangt und warmes Wasser buchstäblich nach Osten zurückschwappt. Dies ist die El Niño-Phase (Abb. 20 D), bei der das zonale Temperaturgefälle im Pazifik weitgehend aufgehoben ist. Das hat zur Folge, daß sich das Niederschlagsgebiet von Westen nach Osten verlagert, so daß über Südamerika heftiger Regen niedergeht, während Indonesien unter Dürre leidet.

Der großräumig warme tropische Pazifik wiederum verstärkt die meridionale Hadleyzirkulation, läßt den Luftdruck des Subtropenhochs steigen und führt damit zu kräftigeren Passaten, die das warme Wasser nach Westen treiben, kaltes Tiefenwasser vor der südamerikanischen Küste aufsteigen lassen und damit die normale Walkerzirkulation wieder herstellen. Im Extremfall besonders starker Passate spricht man heute von „La Niña", der „kalten Schwester" von El Niño

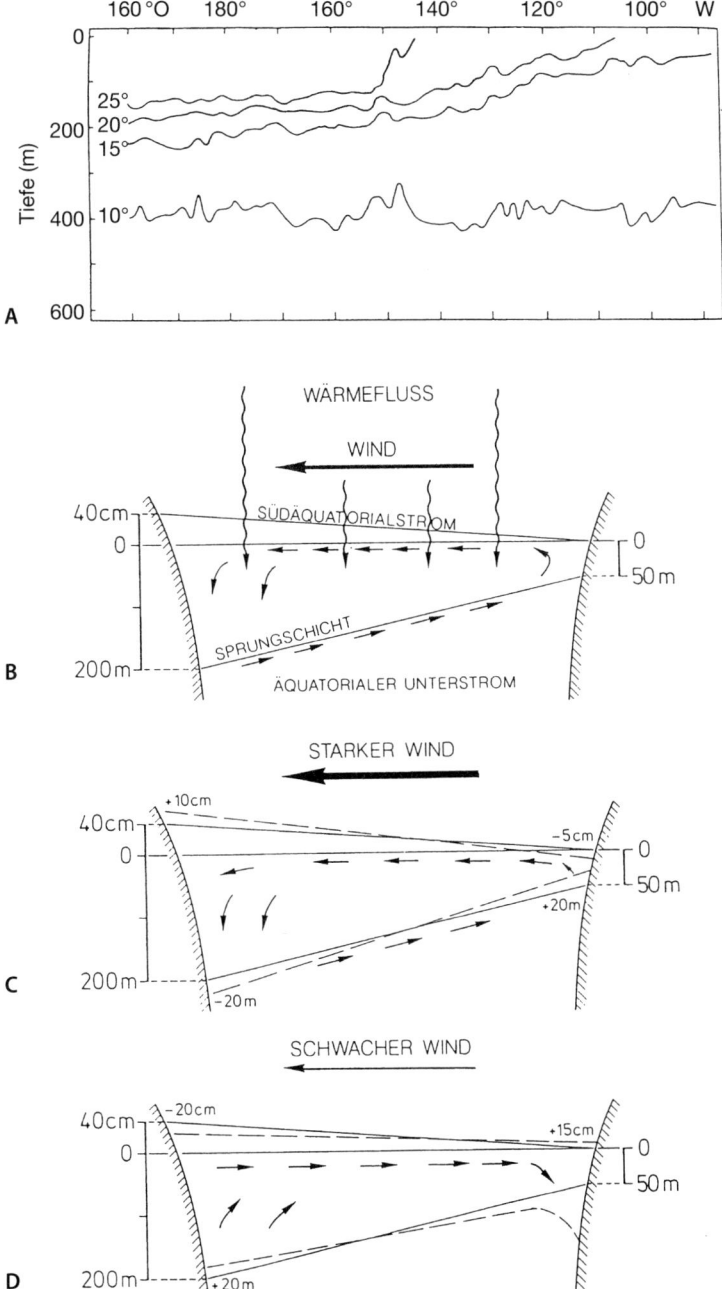

Abb. 20. Vertikalschnitt der Wassertemperatur im äquatorialen Pazifik aus Meßdaten (**A**) und schematische Darstellung der Wirkung unterschiedlich starker Winde auf die Zirkulation und die Neigung der Meeresoberfläche sowie der Sprungschicht. (**B**) Mittelwert, (**C**) bei starken Passatwinden während La Niña, (**D**) bei schwachen Passatwinden während El Niño; nach [74]

(Abb. 20 C), bei der weite Teile des östlichen tropischen Pazifik von Kaltwasser bedeckt sind. Dies wiederum schwächt die meridionale Hadleyzirkulation und damit auch die Passate, so daß der beschriebene Zyklus erneut beginnen kann [74–76] (s. auch Farbtafel 2).

2.7.2
Weltweite Auswirkungen von El Niño

Schon im 19. Jahrhundert beobachteten peruanische Fischer, daß das kalte und fischreiche Wasser des Humboldtstroms gelegentlich durch eine warme Strömung ersetzt wurde, was jedesmal zu einer drastischen Verminderung der Fänge führte. Da dieses Phänomen regelmäßig um die Weihnachtszeit auftrat, gaben sie ihm den Namen „Corriente del Niño" (Christkind-Strömung). Tatsächlich ist El Niño ein Phänomen, das nicht nur über die instrumentelle Periode seit etwa 1850 aus direkten Messungen [77], sondern heute auch aus indirekten Proxydaten über zehntausende von Jahren zurückverfolgt werden kann. So kann aus den jährlichen Zuwächsen von Korallen in Papua Neuguinea nachgewiesen werden, daß El Niño mindestens seit 130 000 Jahren als periodisches Phänomen der Wechselwirkung zwischen dem tropischen Ozean und der Atmosphäre abläuft [78].

Die Wechselwirkung des Ozeans mit der atmosphärischen Zirkulation, die sich als El Niño/Südliche Oszillation (kurz: ENSO) manifestiert, ist die stärkste Quelle natürlicher Variabilität im gesamten Klimasystem der Erde. Dabei ist bemerkenswert, daß ein ENSO-ähnliches Phänomen im äquatorialen Atlantik nicht beobachtet wird, obwohl es an der südafrikanischen Westküste auch eine kalte Meeresströmung gibt. Vermutlich ist dies eine Frage der richtigen Dimensionen: Nur der Pazifikraum ist groß genug, daß sich eine Walkerzirkulation ausbilden kann, über deren Wechselwirkung mit den Haydleyzellen sich die ENSO-Schaukel ausbildet.

Obwohl ENSO seinen Ursprung im tropischen Pazifik hat, sind seine Auswirkungen nicht nur in den Tropen sondern weltweit zu beobachten. Diese „Telekonnektionen" rühren vor allem daher, daß die Wechselwirkung der Walkerzirkulation mit den Hadleyzellen die Subtropen und damit auch die über die planetaren Wellen angekoppelten Zirkulationssysteme der mittleren Breiten beeinflußt.

In Südostasien kann sich durch El Niño, bedingt durch die Verlagerung der tropischen Konvektionszonen in den Zentralpazifik, kein starker Land-See-Gradient zwischen dem Indischen Ozean und dem Himalaya aufbauen. Es kommt zur Abschwächung bis hin zum Ausbleiben des Monsuns mit Niederschlagsdefiziten und entsprechenden Dürren. In Indonesien und Australien kommt es während El Niño-Perioden zu Trockenheit und Waldbränden. El Niño-bedingte Niederschlagsdefizite wurden auch in Südostafrika und dem äquatorialen Westafrika, in der Karibik sowie in Brasilien beobachtet [77].

Eine Vielzahl außerhalb der Tropen beobachteter Klimaanomalien sind auf ENSO-Telekonnektionen zurückzuführen, etwa Trockenperioden im Südwesten [79], Überflutungen dagegen in anderen Gebieten der USA [80], Niederschlagsanomalien in der Türkei [81] und in Israel [82]. Interessant ist der vermutete

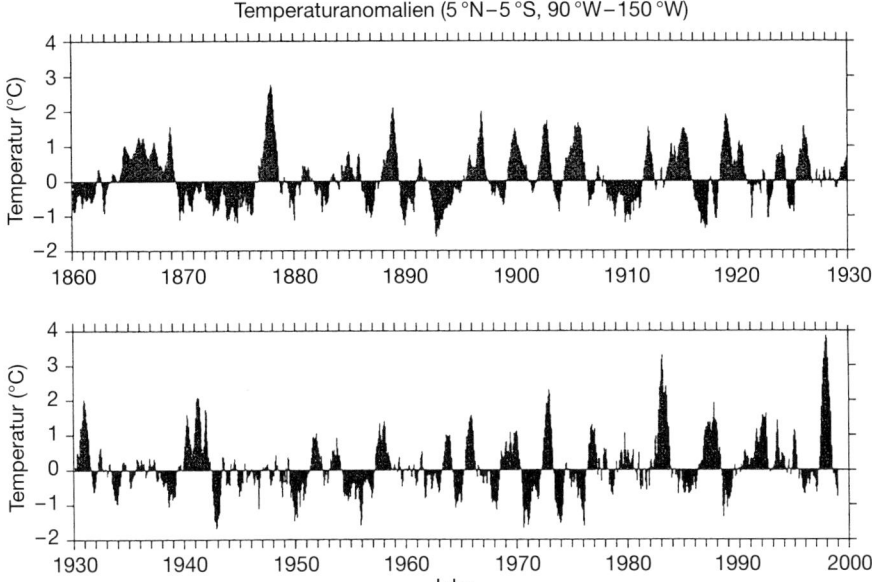

Abb. 21. Temperaturanomalien im Oberflächenwasser des tropischen Pazifik (5 °N – 5 °S, 90 °W – 150 °W), 1860 – 1991; nach [83]

ENSO-Einfluß auf den Wasserstand des Kaspischen Meeres, des größten Binnensees der Welt. Infolge Abnahme der Niederschläge im Einzugsgebiet der Wolga, aus deren Zufluß das Kaspische Meer zu über 80 % gespeist wird, ging der Wasserstand zwischen 1930 und 1970 um 2,9 m zurück. Während dieser Zeit traten zweimal über längere Jahre (1933 – 1938 und 1944 – 1950, s. Abb. 21) keine El Niño-Ereignisse auf. Seit 1978 ist der Wasserstand wieder um 2,5 m angestiegen; in dieser Zeit hat die Häufigkeit und vor allem die Intensität von El Niño mit den beiden „Jahrhundertereignissen" 1982/83 und 1997/98 deutlich zugenommen. ENSO-bedingte Veränderungen der nordatlantischen und mediterranen Zyklonentrajektorien könnten die Ursache für diese Wasserstandsgänge des Kaspischen Meeres sein [84].

Auch der Wasserstand des Nil, seit mehr als 5000 Jahren gemessen und damit die längste schriftlich festgehaltene hydrologische Meßreihe überhaupt, zeigt in seinen Schwankungen klar den Einfluß von El Niño. Die Frequenz der El Niño-Jahre zeigt neben starken kurzzeitigen Fluktuationen ein quasi-periodisches Auf und Ab in Zeitskalen von Jahrhunderten, die sich zwischen 0,5 und 3,5 Ereignissen pro Dekade bewegen. Über die letzten 20 Jahre war die Häufigkeit von El Niño-Jahren gegenüber dem langzeitigen Mittel besonders hoch [85].

Für das Klima in Europa könnte der ENSO-Einfluß auf den Golfstrom von Bedeutung sein. Dieser wird in seiner Bahn zum einen durch die „Nordatlantik-Oszillation" (NAO) beeinflußt, welche den vorherrschenden Witterungsverlauf des nordatlantischen Winters über einen Index beschreibt, der aus der Luftdruckdifferenz zwischen Portugal und Island abgeleitet ist [86]. Zum anderen zeigen Beobachtungen über die letzten 30 Jahre, daß der Golfstrom nach ENSO-Ereignissen regelmäßig nach Norden verschoben wird [87]. Damit hat der äquatoriale Pazifik steuernden Einfluß auf Zirkulation und Witterung im nordatlantisch-europäischen Bereich. Interessant ist in diesem Zusammenhang auch der Befund, daß dem historischen El Niño von 1789–93 ein NAO-gesteuerter ungewöhnlich kalter Winter (1787/88) in Europa vorherging, dem ein spätes und regnerisches Frühjahr und anschließend extreme Sommerdürre folgten. Die hieraus resultierenden katastrophalen Ernteausfälle und Hungersnöte waren vermutlich Mitauslöser der Französischen Revolution [88].

Seit Ende der 70er Jahre ist eine Tendenz zu häufigeren und stärkeren El Niño-, jedoch geringern La Niña-Ereignissen zu erkennen (s. Abb. 21). Nach dem Jahrhundert-El Niño 1982/83 und dem 1990–95 bislang längsten beobachteten ENSO-Ereignis [89] ist der El Niño von 1997/98 der stärkste, der jemals beobachtet wurde [83]. Seine Auswirkungen, Dürren und Waldbrände, Stürme, Starkregen und Überschwemmungen in vielen Teilen der Welt (s. Farbtafel 3) verursachten Schäden von über 33 Mrd. US Dollar und kosteten 23 000 Menschen das Leben [90].

Am schwersten war das Gebiet am West- und Ostrand des Pazifiks zwischen 35 °N und 35 °S betroffen. Südamerika führt die Statistik der Naturkatastrophen, überwiegend Unwetter, Starkregen, Überschwemmungen und Erdrutsche, an. Es folgen Nordamerika, wo Stürme und Unwetter große Schäden anrichteten, sowie Mexiko und die Karibik, wo starke Dürre zu Waldbränden und Ernteausfällen führte. Im westpazifischen Raum verursachte extreme Trockenheit infolge ausbleibender Niederschläge in Kambodscha, Malaysia, Indonesien und in Ostaustralien großflächige Wald- und Buschbrände sowie Ernteausfälle. In Afrika waren Starkregen und Überschwemmungen in Kenia und Tansania, dagegen Dürre im östlichen Südafrika zu verzeichnen [91].

El Niño mit seinen Folgen beeinflußt am stärksten die Volkswirtschaft der Länder im Pazifikraum, davon ausgehend jedoch die Weltwirtschaft insgesamt, da die Industrieländer auf Rohstoffe wie Fisch, Kakao, Kaffee, Getreide und Sojabohnen aus Südamerika und Indonesien angewiesen sind. Steigende Preise infolge Verknappung sind jedoch weniger schlimm als die Exporteinbußen der meist ärmeren Länder, deren nationale Volkswirtschaften hierdurch ins Wanken geraten können. Leidtragende ist in erster Linie die häufig am Existenzminimum lebende Zivilbevölkerung. So verursachte zum Beispiel der El Niño von 1997/98 in Peru einen Produktionsrückgang von Fischmehl, dem wichtigsten Exportprodukt, um mehr als 40 %, was umgerechnet 1,2 Mrd. Dollar weniger Einnahmen bedeutete. Offensichtlich ist auch die Auswirkung von Ernteausfällen infolge von Dürren und Überflutungen. Unter den Folgen der durch den El Niño von 1997/98 ausgelösten Hungersnot hatten 200 Mio Menschen zu leiden [90].

Bei Wald- und Buschbränden werden neben CO_2 und Ruß große Mengen von Stickstoffoxiden, Kohlenmonoxid und unverbrannten Kohlenwasserstoffen emittiert, die Vorläufersubstanzen für die Bildung von Ozon und anderen Photosmogprodukten sind. Die El Niño-bedingte Biomasseverbrennung vernichtet also nicht nur wertvolle Waldbestände, sie beeinflußt zusätzlich die atmosphärische Zusammensetzung und damit Photochemie und Treibhauswirkung. Auf diesen Aspekt wird in Abschnitt 5.2 eingegangen.

2.8
Die Klimazonen der Erde

2.8.1
Wetter und Klima, Klimafaktoren

Das globale Klima resultiert aus der geographischen Verteilung umgesetzter solarer Strahlungsenergie und deren Umverteilung durch Winde und Meeresströmungen. Unter Klima verstehen wir dabei die Verhältnisse in der bodennahen Luftschicht, die der Mensch, die Pflanzen- und Tierwelt als unmittelbare Umwelt erleben. Es hat weltweit eine enorme räumliche und zeitliche Variabilität, deren Systematik aus der allgemeinen Zirkulation der Atmosphäre (s. Abschnitt 2.5.1) und den Ozeanströmungen (s. Abschnitt 2.6.3) verständlich wird.

Klima wird durch Klimaparameter charakterisiert, die mit Hilfe statistischer Verfahren aus der Vielfalt täglicher Wetterereignisse berechnet werden, oder einfach: Klima ist das Wetter, das wir an einem bestimmten Ort erwarten. Informationen über das Wetter liefern die Wetterdienste, welche die meteorologischen Elemente Luftdruck, Wind, Temperatur, Luftfeuchte und Strahlung, die das Wetter als Momentanzustand der Atmosphäre beschreiben, an vielen Stationen messen. Natürlich sind für jeden Ort bestimmte Wetterereignisse normal; diese liegen nahe dem Mittelwert über die Verteilung aller beobachteten Situationen. Andere Wettertypen mögen extremer sein und daher seltener vorkommen. Insgesamt bestimmt die Häufigkeitsverteilung der über eine bestimmte Zeit gemessenen Klimaparameter die Klimavariabilität des betreffenden Ortes. Wenn zum Beispiel die Temperatur über eine genügend lange Zeit gemessen wird, kann die Temperatur dieser Station durch den Mittelwert und die Varianz angegeben werden. Entsprechend kann mit den anderen meteorologischen Parametern, z.B. Niederschlag, Luftfeuchte, Strahlung, Bewölkung, Wind usw. verfahren werden, um eine vollständige Charakterisierung des Klimas dieses Ortes zu erzielen.

Bei derartigen Statistiken spielt jedoch der Faktor Zeit eine immense Rolle: Wie lang müssen die Zeitreihen sein, um aus den Einzelmessungen repräsentative Klimaparameter zu gewinnen? Sie müssen lang genug sein, um das Spektrum der vorkommenden Wetterlagen zu erfassen, jedoch nicht zu lang, da sich das Klima über die Mittelungsperiode verändern kann. Die meteorologische Weltorganisation (World Meteorological Organization, WMO) hat daher die Klima-Normalperiode von 30 Jahren empfohlen. Angesichts des sich seit einigen Jahrzehnten rasch ändernden globalen Klimas (s. Abschnitt 5.6) machen Klimadaten nur Sinn, wenn angegeben ist, auf welche Referenzperiode sie sich beziehen. Die meisten heute im Umlauf befindlichen Klimatabellen, Klimadiagramme und Klimakarten beziehen sich auf die Klima-Normalperiode 1931–1960. Jüngste Studien zur globalen Erwärmung [92] diskutieren Veränderungen gegenüber Mittelwerten über die Periode 1961–1990, während die meisten Untersuchungen zum Paläoklima (s. Abschnitt 4.3) Klimadaten früherer Normalperioden als Referenz benutzen.

Für viele Anwendungen hat die Normalperiode jedoch auch Nachteile, etwa weil sie Änderungen kürzerer Perioden unterdrückt. Beispiele hierfür sind

Klimaschwankungen in der Sahelzone mit Perioden zwischen 10 und 15 Jahren oder die El Niño-bedingten Niederschlagsschwankungen im pazifischen Raum. Klimadaten und die hieraus gewonnenen Schlußfolgerungen hinsichtlich periodischer und nichtperiodischer Veränderungen, Trends usw. können erheblich verfälscht werden, wenn statistische Verfahren eingesetzt werden, die nicht den jeweiligen Gegebenheiten entsprechen [93].

Wichtigster Faktor für die Einteilung der Klimazonen der Erde ist zunächst die geographische Breite, die schon seit altersher zur Einteilung in tropische, gemäßigte und polare Klimazonen benutzt wird. Neben dieser Grobgliederung, die aus dem Einfallswinkel solarer Strahlung resultiert, sind weitere Einflußgrößen wichtig.

Der Einfluß des Ozeans rührt zum einen daher, daß Wasser und Land auf den Strahlungshaushalt unterschiedlich reagieren: Während die Energie der absorbierten Globalstrahlung sich im Wasser rasch über eine bis zu 100 m mächtige Schicht verteilt, spielt sich die tägliche Temperaturschwankung auf dem Festland bis maximal 1 m Tiefe ab. Da Wasser zudem eine höhere spezifische Wärme als die gängigen Bodentypen besitzt, reagiert der Ozean infolge seiner größeren Wärmespeicherfähigkeit nur träge auf Änderungen der Strahlungsbilanz. Maritimes Klima zeigt daher einen ausgeglicheneren Temperaturgang als kontinentales Klima, wobei dieser Effekt in der warmen Tropenluft sehr gering ist, mit wachsender Breite aber rasch an Bedeutung gewinnt. Das Maß der Maritimität bzw. Kontinentalität wird durch Indexzahlen ausgedrückt, die sich überwiegend aus Jahres- und Tagesschwankungen der Temperatur ableiten [94]. Der ozeanische Einfluß macht sich ferner über hohe Luftfeuchte sowie kalte und warme Meeresströmungen bemerkbar.

Der Einfluß des Reliefs wirkt sich in mehrfacher Weise aus: Zum einen nimmt die Temperatur in der Regel mit der Höhe ab, damit auch der Wasserdampfgehalt der Luft. Andererseits stellen Gebirge für die Luftströmungen eine Barriere dar, was auf der Luvseite Aufgleiten, Abkühlung, Wolkenbildung und Niederschlag, auf der Leeseite dagegen Absinken, Erwärmung und Trockenheit zur Folge haben kann (Föhneffekt). Dieser Effekt wirkt sich klimatisch besonders stark aus, wenn mächtige Gebirgsketten quer zur vorherrschenden Luftströmung stehen, wie die Rocky Mountains oder die außertropischen Anden im Westwindgürtel der Nord- bzw. Südhemisphäre, auf deren Ostseite niederschlagsarme bis wüstenähnliche Verhältnisse anzutreffen sind. Durch die Barrierewirkung wird auch der ozeanische Einfluß auf diese Kontinente abgeschirmt.

In Mitteleuropa dagegen, das ohne abschirmende Küstengebirge im Westen offen ist, reicht der maritime Einfluß weit in den Kontinent hinein, bis etwa nach Polen. Die mit dem warmen Golfstrom/Nordatlantikstrom herantransportierte Wärme macht sich vor allem im Winterhalbjahr bemerkbar und schafft im westlichen Europa ein sehr viel milderes und ausgeglicheneres Klima, als es der geographischen Breite allein entspricht. Das gebirgige Skandinavien wiederum hat nur auf der Westseite bis zum Küstengebirge maritimes Klima. Auf der Rückseite, etwa in Finnland, herrschen kontinentale Verhältnisse.

Für das Leben auf der Erde, für Pflanzenwachstum, Landwirtschaft und die Ansprüche der Menschen ist neben der Temperatur die Verfügbarkeit von Süßwasser der wichtigste Klimafaktor. Diese hängt direkt von der Häufigkeit und

Ergiebigkeit der Niederschläge ab, vermindert um den Wasserverlust durch Verdunstung. Ob an einem Ort über einen bestimmten Zeitraum feuchte (humide) oder trockene (aride) Bedingungen herrschen, ergibt sich daraus, ob während dieses Zeitraumes die Niederschlagsmenge größer oder kleiner als die (theoretisch) verdunstete Wassermenge ist. Letzte berechnet sich über unterschiedliche Verdunstungsformeln, wobei gängige Ariditätsindices sich im Wesentlichen aus der Temperatur ableiten. So wird etwa bei der heute vielbenutzten Klimaklassifikation nach Köppen und Geiger [94] ein Trockenklima (klassifiziert als B-Klima) ausgewiesen, wenn die Summe des jährlichen Niederschlages N in cm mit dem Zahlenwert T_m des Jahresmittels der Lufttemperatur eine der folgenden Relationen erfüllt:

$$N < 2 (T_m + 14) \quad \text{bei Sommer-Niederschlag}$$
$$N < 2 T_m \quad \text{bei Winter-Niederschlag}$$

Der Zuschlag von 14 bei Sommer-Niederschlag trägt dabei dem höheren Verdunstungsverlust im Sommer Rechnung. Auch den recht anschaulichen Klimadiagrammen nach Walter und Lieth [35], welche mittlere Jahresgänge von Temperatur und Niederschlag darstellen, liegt ein ähnlicher Zusammenhang zwischen Temperatur und Verdunstung zugrunde (Abb. 22). Dank der entsprechenden Ordinatenteilung, bei der 10 °C einem Monatsmittel des Niederschlages von 20 mm zugeordnet ist, können humide Monate (Niederschlagskurve oberhalb der Temperaturkurve, schraffierter Bereich) und aride Monate (Niederschlagskurve unterhalb der Temperaturkurve, punktierter Bereich) direkt abgelesen werden.

2.8.2
Das Klima der Tropen

Das Klimagebiet der inneren Tropen ist geprägt durch das Fehlen thermischer Jahreszeiten: Die Temperaturen bleiben das ganze Jahr über fast gleich, und die Tagesschwankungen sind größer als die Jahresschwankungen. Mit zunehmender Breite nehmen auf den Kontinenten die Jahresschwankungen zu und erreichen an der Grenze der Tropenklimate eine Amplitude von etwa 10 °C, genausoviel wie dort die Tagesamplitude beträgt. In den Tiefländern entspricht diese Grenze beiderseits des Äquators der 18 °C-Isotherme, die auch die Grenze der A-Klimate nach der Klassifikation von Köppen und Geiger ist (Farbtafel 4). Niederschläge werden in dieser Region durch Konvektion, Wellenstörungen („Easterly Waves"), tropische Stürme und Monsune ausgelöst, die mit dem Zenitstand der Sonne variieren und nur in Bereichen der inneren Tropen über das ganze Jahr hinweg humide (f) Bedingungen schaffen. Diese Gebiete, die nach Köppen und Geiger mit Af klassifiziert sind, umfassen weite Teile des Amazonasbeckens, das Kongobecken und Indonesien. Gebiete mit Trockenzeiten im Winter bzw. Sommer sind durch w bzw. s als zweitem Buchstaben klassifiziert.

Neben den warmen Tropen der Tiefländer gibt es die kühlen bis kalten Tropen der Gebirgsregionen. Auch hier gibt es praktisch keine Jahreszeitenschwankung der Temperaturen. Diese liegen je nach Höhenlage und Exposition jedoch

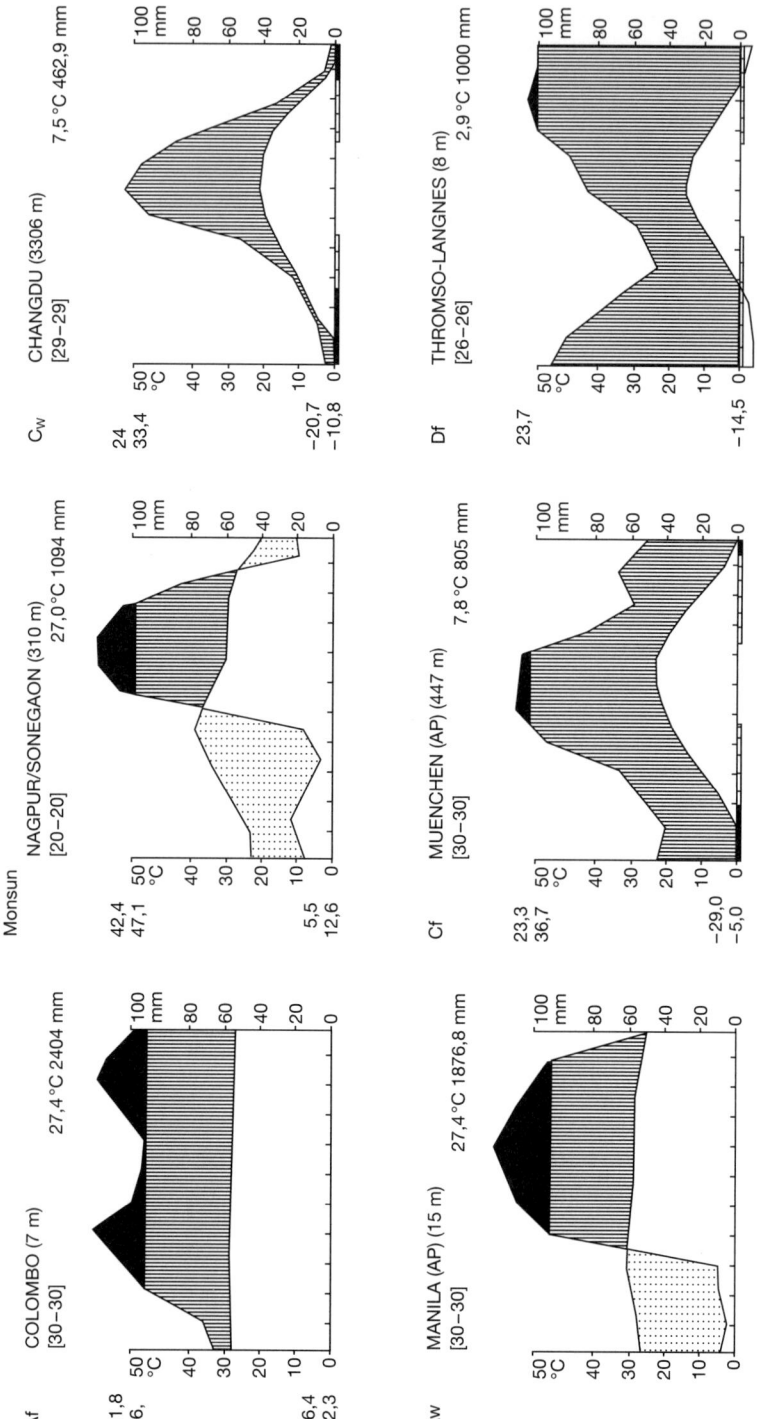

Abb. 22. Beispiele von Klimadiagrammen nach Walter und Lieth, berechnet für die Periode 1931 – 1960. Für jedes Teilbild stehen in der oberen Zeile neben dem Stationsnamen die Jahresmittel, in Klammern unter der Station die Anzahl der Beobachtungsjahre für Temperatur und Niederschlag. Extremwerte der Temperatur (mittleres tägliches Maximum und absolutes Maximum: oben, mittleres tägliches Minimum und absolutes Minimum: unten) sind neben der linken Ordinate angegeben. Humide Jahreszeit: schraffiert, aride Jahreszeit: gepunktet. Monatsmittel des Niederschlages oberhalb 100 mm sind um Faktor 10 reduziert (schwarze Bereiche). Für weitere Erläuterungen s. [35]

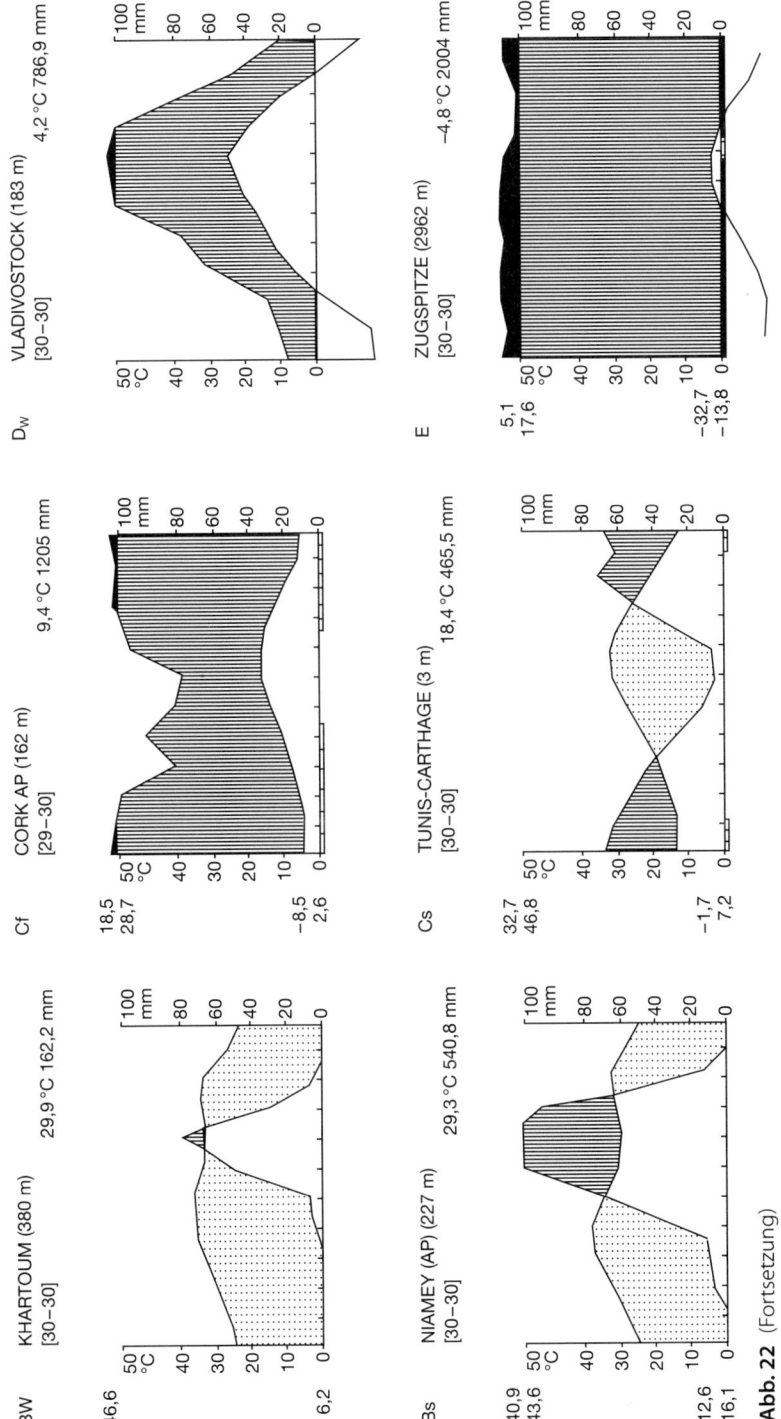

Abb. 22 (Fortsetzung)

absolut niedriger, so daß diese Regionen nicht dem A-Klima zugerechnet werden können. Besonders kraß fällt die Klima-Zonierung im Bereich der tropischen Anden aus, wo von feuchtem Regenwaldklima (Af) östlich des Gebirges über Wüstenklima (BW) an der Pazifikküste, gemäßigtes C-Klima und quasiboreales D-Klima in den höheren Gebirgsregionen bis hin zu Schnee- und Eisklima (E) oberhalb 5500 bis 6000 m praktisch sämtliche Klimazonen der Erde auf engstem Raum nebeneinander anzutreffen sind (s. Farbtafel 4).

Jenseits der A-Klimate schließen sich mit wachsender Breite die mit B klassifizierten Trocken-Klimazonen an. Wie in den Aw-Gebieten fallen in den halbtrockenen Steppenregionen (BS) die Niederschläge etwa zur Zeit des zenitalen Sonnenstandes. Sie nehmen mit wachsender Breite ab, so daß in den anschließenden Wüstengebieten (BW) ganzjährig aride Bedingungen herrschen. Hier, beiderseits der Wendekreise befinden sich die größten Wüsten der Erde, die Sahara, die arabische und die australische Wüste. Die Trockenheit ist eine Folge der allgemeinen Zirkulation und resultiert aus dem großräumigen Absinken der Luftmassen in den Subtropenhochs. Das Zusammentreffen absinkender Luft mit den Passaten führt zur Ausbildung einer persistenten Inversion, die vor allem über den Meeresflächen durch die äquatorwärts strömende relativ kühle Meeresluft stabilisiert wird. Diese Passatinversion, deren Höhe von knapp 1000 m an den Wendekreisen bis 2000 m im Bereich der ITCZ ansteigt, verhindert die Ausbildung hochreichender Konvektion und ist mitverantwortlich für die Trockenzeiten in der Passatzone [95].

Das aride Passatklima ist besonders stark auf den Westseiten Afrikas und Amerikas ausgeprägt, wo kalte Meeresströmungen in Wechselwirkung mit den Passaten kaltes Tiefenwasser hochquellen lassen. Dieses gelangt mit dem nördlichen und südlichen Äquatorialstrom (s. Abb. 18) nach Westen und erwärmt sich dabei, so daß die Passatinversion im westlichen Pazifik und Atlantik verschwindet. Es kommt bei Wassertemperaturen oberhalb 26 °C auch in der Passatströmung zu Niederschlägen, und der Trockengürtel erfährt über Mittelamerika, den Westindischen Inseln, den Philippinen und an den Küsten von China und Hinterindien eine deutliche Unterbrechung. Dort, wo der Passat gegen hohe Gebirge prallt, kann er zu einem ausgesprochenen Regenbringer werden, etwa auf Hawaii, den Fidschi- und Samoa-Inseln sowie an den Küstengebirgen in Guatemala, Nicaragua und Costa Rica, wo im Luv mehr als 5000 mm Jahresniederschlag gemessen werden.

Dort, wo das Oberflächenwasser wärmer als 26 °C ist, können neben den Easterly Waves tropische Stürme entstehen, die als Wärmetiefs ihre Energie aus der bei der Wolkenbildung freiwerdenden Kondensationswärme beziehen. Besonders starke Stürme werden je nach Region als tropische Zyklone, Taifun oder Hurricane bezeichnet. Ihr Durchmesser, innerhalb dessen feuchtwarme Meeresluft auf Kreisbahnen spiralig in die Höhe gerissen wird, ist mit einigen hundert Kilometern klein. Dadurch läßt die Zentrifugalkraft der mit 150 km/h und mehr umlaufenden Winde im Zentrum (Auge) des Sturms den Bodenluftdruck extrem absinken. So wurde 1971 mit 884 hPa (Hektopascal, entspricht zahlenmäßig der früher gebräuchlichen Einheit Millibar) der tiefste jemals auf der Erde angetroffene Luftdruck im Auge des Taifuns „Irma" östlich der Philippinen gemessen [35]. Derartige Zyklonen wandern mit der östlichen Luftströmung nach Westen. Da sie ohne ständige Nachlieferung von Kondensationswärme nicht bestehen können, zerfallen sie, sobald ihre Zugbahn über größere Landmassen führt. In den Küstenbereichen und auf Inseln können sie jedoch verheerende Schäden anrichten [95].

2.8.3
Monsune

Monsune (aus arabisch „mausim" = Jahreszeit) sind großräumige Windsysteme mit halbjährlichem Richtungswechsel, die durch jahreszeitbedingte thermische Unterschiede zwischen Land und Meer entstehen. Doch anders als die im tageszeitlichen Rhythmus ablaufenden Land/Seewind-Zirkulationszellen, die unmittelbar den thermisch bedingten Luftdruckschwankungen zwischen Tag und Nacht folgen und die sich über maximal einige zehn Kilometer beiderseits der Küstenlinie an vielen Küsten beobachten lassen, umfassen die Monsun-Zirkulationszellen mit einigen tausend Kilometern erhebliche Dimensionen. Dadurch werden die Monsune zum einen durch andere Windsysteme, etwa die Passate, überlagert. Zum anderen kommt die ablenkende Corioliskraft ins Spiel, was die Verhältnisse noch komplizierter macht. Monsune werden vor allem als Folge der Hitzetiefs beobachtet, die sich durch sommerliche Aufheizung der Wüsten um die kalifornische Golfregion, der Sahara, der zentralasiatischen Trockengebiete und Australiens aufbauen. Im Golf von Guinea und an der australischen Nordküste wird dadurch ein Sommermonsun angefacht, dessen Windrichtung aus Südwest bzw. Nordwest den Passatwinden diametral entgegengerichtet ist. Am stärksten ist der Sommermonsun in Indien und Hinterindien ausgeprägt, wo neben dem thermischen Kontrast zwischen Kontinent und Meer zusätzlich das riesige Hochland von Tibet die Monsunbildung beeinflußt. Dadurch kommt es sogar zum Übertritt des Südostpassates über den Äquator und dessen Umlenkung in südwestliche Monsunwinde, die über dem Indischen Ozean Wasser aufnehmen, das auf dem Kontinent ausregnet. Der Sommermonsun ist der wichtigste Wasserspender dieser Region, die andernfalls permanent aride Verhältnisse zu verzeichnen hätte. Starke El Niño-Ereignisse (s. Abschnitt 2.7.2) können dazu führen, daß der Sommermonsun abgeschwächt wird oder sogar ganz ausbleibt.

Mit der herbstlichen Abkühlung des asiatischen Kontinents stellt sich der trockene Wintermonsun ein, der mit nordöstlichen Windrichtungen praktisch nicht vom Nordostpassat zu unterscheiden ist [94, 95].

2.8.4
Außertropische Klimate

In den warmgemäßigten Klimazonen (C-Klimate nach Köppen-Geiger, s. Farbtafel 4) liegen die Temperaturen der kältesten Monate zwischen −18 °C und +3 °C. Die Jahrestemperaturamplitude, welche größer als die tägliche Temperaturschwankung ist, nimmt mit zunehmender Kontinentalität zu. Die Polarfront und die an ihr generierten Zyklonen bestimmen den Zufluß von Warmluft bzw. Kaltluft, der an einem gegebenem Ort innerhalb weniger Stunden zu erheblichen Temperatursprüngen führen kann. Im Unterschied zu den frontenlosen

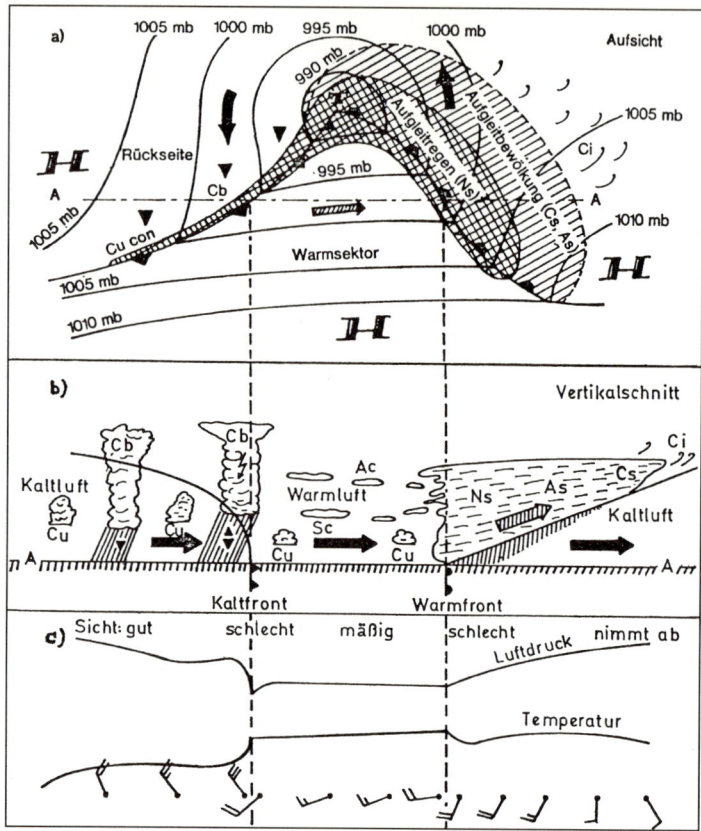

Abb. 23. Idealzyklone nach V. Bjerknes; a) in Aufsicht, b) im Vertikalschnitt, c) Luftdruck-, Temperatur- und Windverlauf längs der Linie A — - — A [35]

tropischen Zyklonen, deren Durchmesser wenige hundert Kilometer nicht übersteigt, liegt die Dimension der außertropischen Zyklonen mit einigen tausend Kilometern im mesoskaligen Bereich. Während ihr Luftdruck im Kern selten unter 950 hPa absinkt, wodurch nicht ganz so extreme Windgeschwindigkeiten wie bei Taifunen erreicht werden, können orkanartige Stürme, die weit in die Kontinente hineinwandern können, allein schon wegen ihrer Dimension erhebliche Schäden verursachen.

Für die Wolken- und Niederschlagsbildung spielen Zyklonen, neben konvektiven Prozessen und Gewitterbildung sowie orographischen Niederschlägen im Luv von Gebirgen, eine wichtige Rolle (s. Abb. 23): An der Warmfront gleitet warme Luft auf Kaltluft auf, während sich die Rückseitenkaltluft an der Kaltfront unter die Warmluft schiebt. Wolken entstehen dabei, wie aus den Vertikalschnitten ersichtlich ist, vor der Warmfront und an sowie hinter der Kaltfront. Ausfallender Regen im Bereich der Warmfront ist wegen des sanften Aufgleitens kleintropfig und andauernd, er fällt dagegen an der Kaltfront infolge heftigerer Aufwinde meist schauerartig und in größeren Tropfen.

Im Winterhalbjahr sind die zyklonalen Niederschläge am ergiebigsten und erreichen dann auch den mit Cs klassifizierten Bereich des Mittelmeerklimas. Dieses ist im Sommer trocken, weil dann der Einfluß der Subtropenhochs weiter polwärts reicht. Mit zunehmender Kontinentalität nehmen die zyklonalen Niederschläge ab. Weite Gebiete Mitteleuropas erhalten so wegen des bis etwa nach Polen reichenden maritimen Einflusses im Winter überwiegend zyklonale, im Sommer überwiegend konvektive Niederschläge, so daß der Jahresgang insgesamt ausgeglichen ist und in allen Monaten humide Bedingungen herrschen (Cf-Klima).

Polwärts der C-Klimate schließen sich die borealen subarktischen D-Klimazonen an, die weite Bereiche Nord- und Nordosteuropas, Sibiriens, Kanadas und Alaskas umfassen. Hier ist Vegetation gerade noch möglich, da mindestens ein Monat pro Jahr mit Temperaturen oberhalb der Vegetationsschwelle von $+10\,°C$ vorkommt. Der Jahresgang der Temperatur kann für kontinental geprägte Gebiete extrem sein: sowohl in Nordkanada wie in Sibirien kann die Wintertemperatur bis $-60\,°C$ absinken mit der Folge, daß dort dann riesige stationäre Hochdruckgebiete entstehen, welche die atmosphärische Winterzirkulation beeinflussen. Im Sommer verschwinden diese Kältehochs wieder, und die Temperaturen können bis über $+20\,°C$ ansteigen. Weite Gebiete der D-Klimazone werden durch Permafrost beherrscht: Der Boden bleibt in der Tiefe permanent gefroren und taut nur während der Sommermonate an der Oberfläche mehr oder weniger tief auf.

Westeuropa verdankt, wie schon erwähnt, sein günstiges C-Klima in einem Breitenbereich, in dem anderswo D-Klimate vorherrschen, der Wärmezufuhr durch den Nordatlantikstrom. D-Klimate kommen auf der Südhalbkugel nur in einigen Hochgebirgslagen der Anden vor. Schließlich folgen polwärts die mit E bezeichneten Eisklimate. (Dem Leser, der sich ausführlicher über die Klimazonen informieren möchte, sei [94] und die hierin zitierte Originalliteratur empfohlen.)

3 Die Rolle der Biosphäre im Klimasystem

3.1
Geo-Biosphäre und Hydro-Biosphäre

Die Biosphäre umfaßt die oberflächennahe Schicht der Erde, in der sich das Leben abspielt. Sie gliedert sich in die Geo-Biosphäre der Landflächen einschließlich der von Pflanzen durchwurzelten Bodenschicht sowie in die Hydro-Biosphäre, welche die Ökosysteme der Ozeane, Flüsse und Seen umfaßt. Die Evolution der Biosphäre ist untrennbar mit derjenigen der Atmosphäre, der Hydrosphäre und der Lithosphäre verbunden, und die Stoffverteilung in diesem gekoppelten biogeochemischen System wird durch eine Vielzahl von Stoffkreisläufen bestimmt. Dadurch ist die belebte Erde grundverschieden von toten Planeten, die sich nahezu im thermodynamischen Gleichgewicht befinden. Die biologische Aktivität baut vielmehr ein thermodynamisches Ungleichgewicht auf, das sich unter anderem darin manifestiert, daß in der Atmosphäre O_2, N_2 und H_2O koexistieren, daß brennbare Landbiomasse in direktem Kontakt mit Luftsauerstoff steht und daß saure Konstituenten der Atmosphäre, wie CO_2, H_2CO_3, SO_2, H_2SO_4 und HNO_3 (s. Abschnitt 5.3) neben basischen Anteilen eruptiver wie auch sedimentärer Gesteine, z. B. FeS_2 und $CaCO_3$, bestehen können.

Der Biosphäre kommt somit eine ganz besondere Rolle zu. Sie kann unter Einschluß der sich in ihr abspielenden Dynamik als globales Ökosystem aufgefaßt werden, als Wirkungsgefüge von Lebewesen und deren anorganischer Umwelt, das bis zu einem gewissen Grade zur Selbstregulierung befähigt ist. So bilden etwa nach der Gaia-Hypothese [2] alle biologischen Organismen mit dem Planeten eine quasi-lebende Einheit (Gaia, das griechische Wort für Mutter Erde), welche sich selbst regulieren und entwickeln kann. Die herausragende Rolle des Lebens kommt auch in der Schöpfungsgeschichte zum Ausdruck.

In jedem Fall ist zur Aufrechterhaltung des thermodynamischen Ungleichgewichtes eine permanente Zuführung von Energie erforderlich. Die Biosphäre erhält diese Energie als Strahlungsenergie von der Sonne, und autotrophe Mikroorganismen und grüne Pflanzen bilden damit über chemische Reaktionen (Chemosynthese) sowie Photosynthese energiereiche organische Verbindungen, also Biomasse. Diese Primärproduktion ist entscheidend für die Dynamik und Vielfalt eines Ökosystems, denn sie steht am Anfang einer Aufeinanderfolge von Organismen, die durch mehrere Schritte von „Fressen" und „Gefressenwerden" wie die Glieder einer Kette miteinander verknüpft sind. Am Anfang dieser Nahrungskette, auf der ersten Trophiestufe, stehen die Primärproduzenten. Sie erzeugen in Form von Biomasse quasi das Betriebskapital, durch das auch die übrigen lebenden Komponenten des Systems über die Weitergabe energiehaltiger, organischer Substanzen versorgt werden. Pflanzenfresser (Herbivore) als Primärkonsumenten bilden die zweite und die Fleischfresser (Carnivore), die die Pflanzenfresser verzehren, die dritte Trophiestufe. In jedem Ökosystem endet die Kette schließlich mit dem Endkonsumenten, dem „Gipfel"- oder „Spitzenraubtier", das die höchste trophische Stufe einnimmt.

Auf jeder Trophiestufe geht ein erheblicher Teil (50–90%) der als Biomasse gebundenen Energie durch Atmung in Form von Wärme verloren. Für die Primärproduzenten heißt dies, daß nur etwa 10–50% der Primärproduktion tatsächlich als „Nettoprimärproduktion" (NPP) dem Ökosystem zur Verfügung stehen. Wegen dieser stoffwechselbedingten Verluste auf allen Trophiestufen kann eine Nahrungskette nicht beliebig lang sein. Die Anzahl ihrer Glieder ist beschränkt und liegt meist bei 4 bis 5. Neben den Produzenten und Konsumenten sind die Destruenten die dritte wichtige Organismengruppe eines Ökosystems. Sie zersetzen organische Substanzen, zerlegen sie in ihre Ausgangsstoffe und schließen damit die Stoffwechselkreisläufe [96].

Geo-Biosphäre und Hydro-Biosphäre unterscheiden sich grundlegend hinsichtlich ihrer Dimensionen, Struktur und Funktion. Die Hydro-Biosphäre umfaßt alle aquatischen Ökosysteme in Seen, Flüssen und im Ozean. Sie reicht bis in die größten Tiefen der Meere und umfaßt damit, zumal der Ozean 71% der Erdoberfläche bedeckt, ein gigantisches Volumen. Die Primärproduzenten sind hier überwiegend autotrophe Algen, die einen Teil des Planktons ausmachen und sich durch Teilung außerordentlich rasch vermehren. Ihre pflanzliche Biomasse (Phytomasse) ist die Basis für die sich anschließende Nahrungskette, die über Mikro- und Makro-Plankton bis hinauf zu Fischen und im Wasser lebenden Säugetieren und Vögeln führt. Der größte Teil des Ozeans, vor allem das dunkle Tiefenwasser, ermöglicht keine Primärproduktion und stellt gewissermaßen eine biologische Wüste dar. Dennoch ist die Primärproduktion der Hydrobiosphäre, die zu mehr als 80% in den flachen Schelfgebieten und im Oberflächenwasser abläuft, mit 60 Mrd t/Jahr bzw. 1,7 t/ha/Jahr insgesamt relativ hoch. Die gebildete Phytomasse wird aber im Zuge der Nahrungskette rasch in sekundäre Produkte, also tierische Biomasse (Zoomasse) überführt. Dadurch macht die Phytomasse im Ozean trotz relativ hoher Produktion nur 0,17 Mrd t bzw. 0,005 t/ha aus, während die Zoomasse mit 2,5 Mrd t bzw. 0,075 t/ha 15mal größer ist. Aus dem üppigen Pool der ozeanischen Zoomasse bedient sich auch der Mensch, sozusagen als Spitzenraubtier der Nahrungskette.

Die Hydro-Biosphäre ist auch ein bedeutendes Reservoir für CO_2: Die im Oberflächenwasser der Ozeane gelöste Menge an CO_2 ist etwa sechsmal größer als die in der Atmosphäre enthaltene. Dies ist für die Stabilisierung des atmosphärischen CO_2-Gehaltes wichtig. In den wärmeren Meeresgebieten findet zudem die Bildung von Calcium-Carbonat statt, das im Sediment abgelagert wird (s. Abschnitt 3.4).

Die Geo-Biosphäre umfaßt die bodennahe Schicht der Landoberflächen, also 29% der Erdoberfläche, deren Verteilung auf die Hemisphären asymmetrisch ist. Dazu kommt die Pedosphäre, der über der obersten Schicht der Lithosphäre aufliegende durchwurzelte Boden. Obwohl die Geo-Biosphäre nur eine dünne Haut über den Landflächen ausmacht, ist ihre Primärproduktion mit 172 Mrd t/Jahr insgesamt etwa 3mal, mit 12,8 t/ha/Jahr bezogen auf die Fläche sogar 7,5mal größer als diejenige der Ozeane.

Die Primärproduzenten sind hier überwiegend höhere Pflanzen, deren Biomasse (Phytomasse) nur zu einem kleinen Teil der Photosynthese dient. Ein erheblicher Teil der insgesamt großen Phytomasse gehört zu ausgedehnten Sproß-, Stamm- und Wurzelsystemen ohne Chlorophyll. Dies gilt besonders für Waldbestände, die heute mit etwa 36 Mio km² 25 % der Landfläche bedecken. Nur ein kleiner Teil der gebildeten Phytomasse, zwischen 1 und 5 %, dient Konsumenten als Nahrung, so daß die tierische Biomasse (Zoomasse) in der Regel weniger als 1 % der Phytomasse ausmacht. Landökosysteme sind also vielschichtiger strukturiert und weisen damit erheblich mehr Phytomasse pro Fläche und daher eine höhere Produktion auf als die aquatischen. Die gesamte Phytomasse der Landflächen beträgt 2400 Mrd t bzw. 180 t/ha, fast 1000mal mehr als die gesamte Biomasse im Ozean. Damit kommt den Landpflanzen bezüglich der biogeochemischen Wechselbeziehungen eine ungemein wichtige Rolle zu.

3.2
Vegetationszonen und globale Biomasseverteilung

Die Zusammensetzung und Verbreitung der natürlichen Landvegetation wird durch Standortfaktoren bestimmt, von denen Klima und Bodentypus die wichtigsten sind. Der Bodentypus hängt zum einen vom jeweiligen Muttergestein ab, die Bodenbildung wird aber ganz wesentlich durch die klimatischen Verhältnisse geprägt. Somit ist letztlich das Klima der entscheidende Standortfaktor.

Die Einteilung der Landflächen in Vegetationszonen (Biome) orientiert sich daher durchweg an den klimatischen Gegebenheiten, nämlich Wärme und verfügbarem Wasser, wie sie zum Beispiel in den Klimadiagrammen nach Walter und Lieth (Abb. 22) anschaulich dargestellt sind. Die Klimaklassifikation nach Köppen und Geiger (s. Abschnitt 2.8), benutzt zur Unterscheidung der Klimagebiete Schwellentemperaturen, die direkten Bezug zum Pflanzenwachstum haben. So ist etwa die + 18 °C-Isotherme, welche die Grenze der tropischen A-Klimate darstellt, als „Palmengrenze" definiert, während die Grenze der D-Klimate zu den Eisklimaten (E) die Grenze des Waldwachstums ist: Wald gibt es nur dort, wo mindestens ein Monatsmittel der Temperatur größer als 10 °C ist. A-, C- und D-Klimate sind so definiert, daß sie genügend Wärme und Niederschlag für hochstämmigen Baumwuchs bieten. Besonders in den ganzjährig feuchten Gebieten dieser Klimazonen (Zusatzbuchstabe f) wachsen die größten Biomasseproduzenten dieser Erde, die tropischen Regenwälder (Klimazone Af), die Wälder der feuchtgemäßigten Klimazone Cf und die borealen Wälder (Df).

Die natürliche Verbreitung einer Pflanzenart läßt sich grundsätzlich an Hand von Ökogrammen abschätzen, wie sie Ellenberg [98] zum Beispiel für die wichtigsten waldbildenden Baumarten Mitteleuropas aufgestellt hat. In Pflanzengesellschaften spielen neben den Standortfaktoren aber auch die Konkurrenzbeziehungen zu anderen Arten, also der Wettbewerb um Ressourcen wie Licht, Raum, Wasser und Nährstoffe, eine wichtige Rolle. Die natürliche Verbreitungsgrenze einer Art ist dort erreicht, wo durch die sich ändernden Umweltbedingungen ihre Wettbewerbsfähigkeit bzw. Konkurrenzkraft so stark herabgesetzt wird, daß sie von anderen Arten verdrängt werden kann.

Wärme und Wasser fördern das Pflanzenwachstum und damit die Biomasseproduktion. Extreme Hitze, Frost und Wassermangel bedeuten Streß und damit eine Selektion zu entsprechend angepaßten Arten. Die günstigsten klimastreßfreien Bedingungen herrschen in den feuchten Tropen, wo die größte Artenvielfalt überhaupt angetroffen wird. Es ist eine der ökologischen Gesetzmäßigkeiten, daß die Biodiversität, also die Zahl der Arten pro Fläche, von den Tropen zu hohen Breiten stark abnimmt. Während im artenreichsten Land der Erde, in Brasilien, ca. 55 000 unterschiedliche Blütenpflanzen vorkommen, gibt es in Deutschland nur 2600, in Finnland sogar nur mehr 1040 [97].

Von allen Biomen der Erde besitzt der Wald die größte Fähigkeit, Biomasse zu akkumulieren. Dies ist eine Folge der Langlebigkeit von Bäumen und ihrer Eigenart, die jährlichen Holzzuwächse über lange Zeiträume zu konservieren. Wälder, die heute mit etwa 36 Mio km^2 ein Viertel der gesamten Landoberfläche der Erde bedecken, speichern 90% der lebenden Biomasse, sie repräsentieren damit praktisch die Geobiosphäre. Rein klimatisch gesehen, könnten Wälder noch sehr viel größere Landgebiete bedecken und damit erheblich mehr Biomasse binden, als dies heute der Fall ist. Dies wird aus dem Vergleich der in Abb. 24 dargestellten potentiellen natürlichen (oberes Teilbild) und der realen Vegetation (unteres Teilbild) deutlich. Die borealen (kaltgemäßigten) Nadelwälder der nördlichen Breiten, die sich von Alaska bis nach Sibirien erstrecken und auch die Nadelwaldstufen der großen Gebirgsketten (Himalaya, Rocky Mountains) mit einschließen, können heute, abgesehen von Teilen Skandinaviens, noch weitgehend als Naturwälder bezeichnet werden. Ihre mittlere Nettoprimärproduktion von Phytomasse beträgt 7,5 t/ha/a, was eine Phytomasse von etwa 200 t/ha ergibt (Tabelle 6).

Die Wälder der gemäßigten Breiten mit den immergrünen Nadelbäumen und den sommergrünen Laubbäumen existieren nur fleckenhaft in einer durch andere Landnutzung geprägten Vegetationszone. Diese Wälder sind mit wenigen Ausnahmen keine Naturwälder mehr sondern Wirtschaftwälder, die der Mensch mit dem Ziel der Holzproduktion begründet hat. Ihre Artenzusammensetzung weicht zum Teil erheblich von der klimabedingten natürlichen Vegetation ab. So haben etwa in Mitteleuropa überwiegend Buchenwälder die natürliche Vegetationsdecke geprägt, bevor der Mensch durch Rodung und Nutzung von Wald das Bild tiefgreifend veränderte. Die meist einförmig aufgebauten Wirtschaftwälder Mitteleuropas haben sich zwar im Allgemeinen als hoch produktiv erwiesen (s. Tabelle 6), jedoch geht diese Produktivität einher mit großer Instabilität hinsichtlich Stürmen und Schädlingsbefall. Hier hat sich in den letzten Jahren ein Umdenken vollzogen, indem einförmige Monokulturen zunehmend in artenreichere „naturnahe" Bestände überführt werden.

Die größten Biomasseproduzenten sind mit Abstand die besonders vielfältigen Wälder der Tropen mit immergrünen und wechselgrünen Feucht- und Trockenwäldern. Diese sind weitgehend Naturwälder, deren Flächenanteil jedoch infolge Brandrodung ständig zurückgeht (s. Abschnitt 5.2). Mit einer Nettoprimärproduktion von 30 t/ha/a baut allein der tropische Regenwald ein System auf,

Potentielle natürliche Vegetation

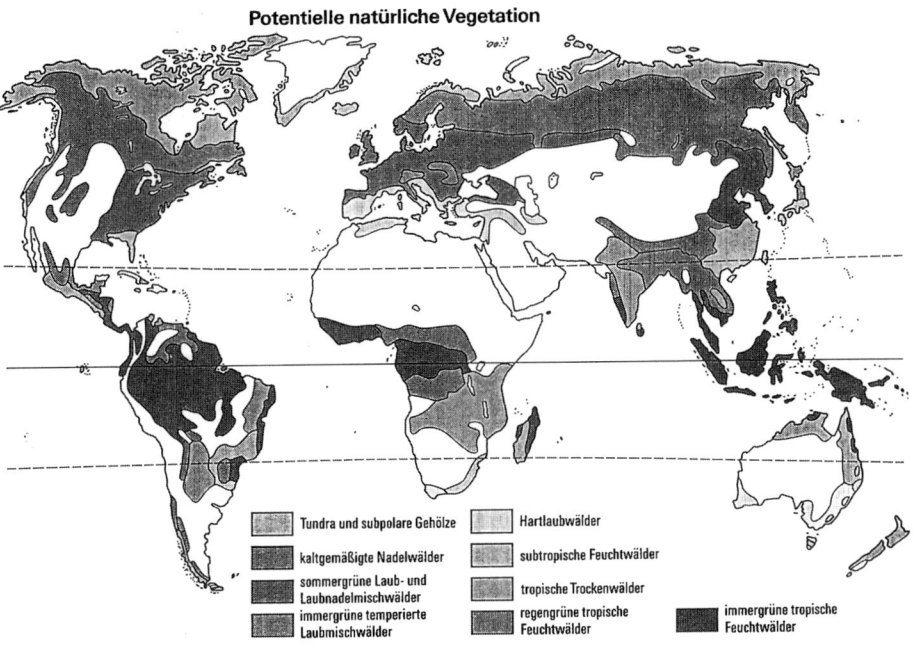

- Tundra und subpolare Gehölze
- kaltgemäßigte Nadelwälder
- sommergrüne Laub- und Laubnadelmischwälder
- immergrüne temperierte Laubmischwälder
- Hartlaubwälder
- subtropische Feuchtwälder
- tropische Trockenwälder
- regengrüne tropische Feuchtwälder
- immergrüne tropische Feuchtwälder

Reale Vegetation

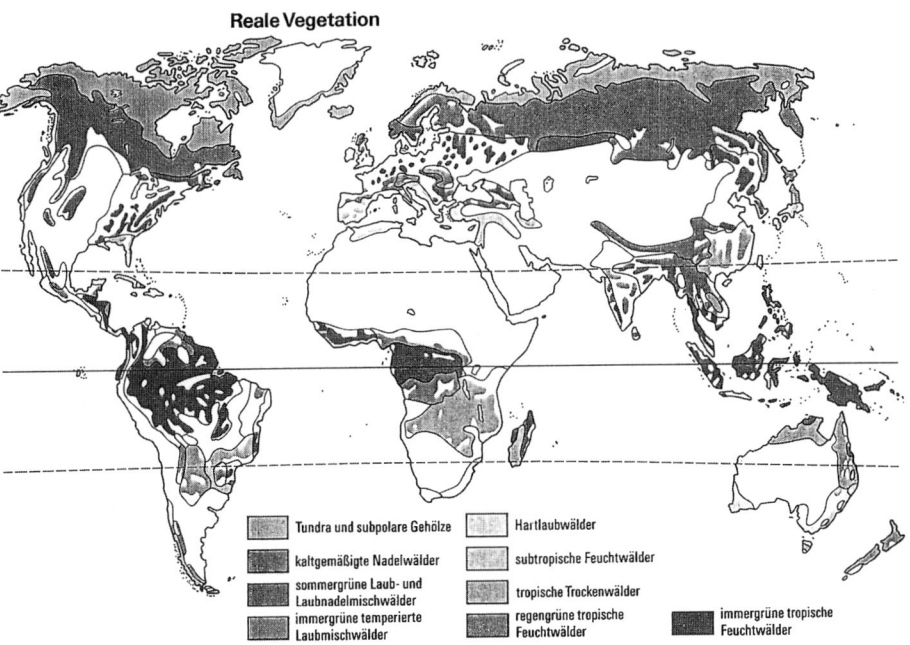

- Tundra und subpolare Gehölze
- kaltgemäßigte Nadelwälder
- sommergrüne Laub- und Laubnadelmischwälder
- immergrüne temperierte Laubmischwälder
- Hartlaubwälder
- subtropische Feuchtwälder
- tropische Trockenwälder
- regengrüne tropische Feuchtwälder
- immergrüne tropische Feuchtwälder

Abb. 24. Globale Verteilung der potentiellen natürlichen (oberes Teilbild) und der realen Vegetation (unteres Teilbild), nach [99]

Tabelle 6. Nettoprimärproduktion (NPP), Biomasse und Zersetzungszeit einiger Ökosystem-Typen (nach [100]). Da der Kohlenstoffgehalt der Biomasse etwa 45–50% ausmacht, können die tabellierten Produktions- und Vorratswerte direkt in C-Einheiten umgerechnet werden

Typ	NPP t/ha/a	lebende Bio-masse t/ha	Streu-produk-tion t/ha/a	Streu-vorrat t/ha	Halb-wertszeit Streuzer-setzung [a]	Abbau-zeit 99% Streu [a]	Humus t/ha
Tundra	1,5	10	1,5	44	23	167	100
Borealer Nadelwald	7,5	200	7,5	35	3,3	24	140
Gemäßigter Laubwald	11,5	350	11,5	15	0,9	6,5	180
Gemäßigtes Grasland	7,5	18	7,5	5	0,5	3,3	
Savanne	9,5	45	9,5	3	0,2	1,6	40
Tropischer Regenwald	30	500	30	5	0,1	0,8	40

das mit 500 t/ha Phytomasse (Tabelle 6) etwa ein Drittel der gesamten Land-phytomasse ausmacht.

Tabelle 6 zeigt Nettoprimärproduktion (NPP) und Phytomasse (lebende Biomasse) der wichtigsten Waldtypen im Vergleich mit anderen Ökosystem-Typen. Der größte Teil der NPP wird im Laufe eines Jahres wieder als Pflanzenstreu abgestoßen und gelangt in den Boden. Der Begriff Streu umfaßt die Gesamtheit aller abgestorbenen Pflanzenteile, also Blätter, Nadeln, Wurzeln und Zweige, Blüten, Früchte usw., die in den Pool der toten (postmortalen) Biomasse gelangen. Die Streu wird auf dem Boden und im Boden zersetzt, wobei eine Vielzahl von Prozessen ineinandergreift, bis die Biomasse schließlich in ihre mineralischen Endprodukte überführt ist (Mineralisierung, s. Abschnitt 3.4). In der Regel wird die Streu durch die Bodenfauna zerkleinert und dann von Bodenbakterien und Pilzen biochemisch umgesetzt. Der zeitliche Ablauf der Streuzersetzung kann durch ein Exponentialgesetz beschrieben werden, dessen Zeitkonstante (Zersetzungsrate) ganz wesentlich von den Klimafaktoren Temperatur und Feuchte abhängt.

Im tropischen Regenwaldklima ist die Zersetzungsrate sehr hoch, die Halbwertszeit für die Streuzersetzung beträgt weniger als 2 Monate (0,1 a), und die jährlich anfallende Streu ist nach 9 Monaten (0,8 a) nahezu vollständig mineralisiert. Daher ist der Streuvorrat gegenüber der lebenden Biomasse vernachlässigbar gering. Selbst wenn die tote Biomasse aus verrottenden Bäumen addiert wird, macht die gesamte tote Biomasse immer noch weniger als 10% der lebenden Biomasse aus. Im tropischen Regenwald besteht das Reservoir der Biomasse also fast ausschließlich aus lebender Phytomasse.

Zu den kühleren Klimazonen hin wird die Zersetzungsrate geringer, und es kann sich zunehmend ein Pool von Streu und toter Biomasse im Boden akkumulieren. So macht die tote Biomasse für den gemäßigten Laubwald etwa 50%, für den borealen Nadelwald sogar fast 100% der lebenden Biomasse aus. Damit bindet der Wald der gemäßigten Zonen insgesamt pro ha sogar mehr Biomasse und damit Kohlenstoff als der tropische Regenwald, dessen NPP etwa 40% höher ist (s. Tabelle 6).

Auf die Rolle des Waldes als Kohlenstoffspeicher werden wir in Abschnitt 3.3.2 zurückkommen. Die globale Verteilung der jährlichen Netto-Primärproduktion ist in Farbtafel 5 dargestellt.

3.3
Wald als Klimafaktor

3.3.1
Direkte Klimawirkung des Waldes

Während die Zusammensetzung und Verbreitung der natürlichen Vegetation durch Standortfaktoren, vor allem die klimatischen Bedingungen, geprägt wird, wirkt umgekehrt die Pflanzendecke in mannigfacher Weise auf das Klima zurück. Dies gilt in besonderem Maße für die Wälder der Erde, die nach Ausdehnung, Höhe, Struktur und Biomassegehalt unter allen Pflanzengesellschaften eine herausragende Rolle spielen.

Waldluft und Waldklima sind Begriffe, die seit jeher positiv besetzt sind, wobei diese Einstufung wegen unzureichender objektiver Bewertungskriterien und zum Teil falscher Vorstellungen lange wohl eher subjektiv vorgenommen wurde. So herrschte noch zu Beginn des 20. Jahrhunderts die Vorstellung, Waldluft sei ozonreich und daher der menschlichen Gesundheit besonders zuträglich [101]. In der Tat finden wir heute in Waldgebieten meist höhere Ozonkonzentrationen als in Ballungszentren und entlang der größeren Verkehrsachsen, wo die Vorläufersubstanzen zur Ozonbildung emittiert werden (s. Abschnitt 5.1). Aber das, was im Wald riecht, ist nicht Ozon (von griech. Ozein: das Riechende), sondern überwiegend ein Gemisch verschiedener flüchtiger Kohlenwasserstoffe, die von den Bäumen emittiert werden (s. Abschnitt 3.5). Und das Wohltuende der „ozonreichen" Waldluft wird wohl eher auf das ausgeglichene Waldklima, das Hitze- und Kälteextreme mildert, zurückzuführen sein. So wird etwa ein Großstädter, der während einer sommerlichen Hitzeperiode aus der versiegelten urbanen Wärmeinsel in den benachbarten Wald geht, die „kühle" Waldluft als besonders angenehm empfinden.

Es ist das besondere Verdienst Rudolf Geigers, daß er Messungen über Strahlung, Temperatur, Feuchte, Wind und Niederschlag aus vielen Quellen zusammengetragen und daraus Gesetzmäßigkeiten zum Einfluß des Waldes auf Klima und Wasserhaushalt abgeleitet hat [102]. Geigers Buch ist auch heute noch Standard, obwohl die darin enthaltenen Meßreihen inzwischen mehr als ein halbes Jahrhundert zurückliegen. Unter Waldklima (s. auch [102–105]) versteht man allgemein das Klima im Stammraum eines ausgewachsenen Bestandes, das sich, von der freien Atmosphäre durch ein mehr oder weniger geschlossenes Kronendach abgeschirmt, gleichsam in einem abgeschlossenen Luftraum ausbildet.

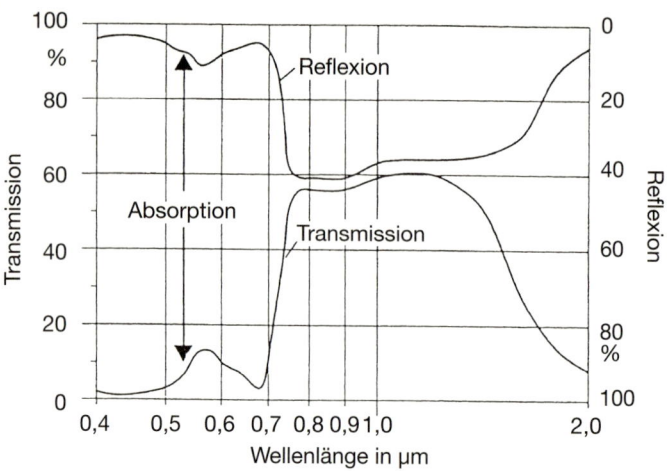

Abb. 25. Absorptions-, Reflexions- und Durchlässigkeitseigenschaften eines Pappelblattes (nach [35])

Das Kronendach absorbiert den größten Teil der einfallenden Globalstrahlung. Die Absorptions-, Reflexions- und Durchlässigkeitseigenschaften eines Blattes sind in Abb. 25 über der Wellenlänge aufgetragen. Grüne Blätter oder Nadeln absorbieren am stärksten im Wellenbereich zwischen 0,4 und 0,7 μm. Die Strahlung dieses Bereiches wird auch für die Photosynthese benötigt, weshalb man den integralen Strahlungsfluß zwischen 0,4 und 0,7 μm als photosynthetisch aktive Strahlung (Photosynthetically Active Radiation, PAR) bezeichnet. Oberhalb des Bestandes macht PAR rund die Hälfte der Globalstrahlung G aus. Von Blattschicht zu Blattschicht nimmt PAR infolge Absorption von den oberen Kronenbereichen, der „Sonnenkrone", bis in die unteren Kronenbereiche, die „Schattenkrone", ab. Da die längerwelligen Spektralbereiche von G ab ca. 0,8 μm nur geringfügig absorbiert werden, nimmt somit G beim Durchgang durch die Baumkrone nicht nur ab, sondern ändert gleichzeitig seine spektrale Zusammensetzung in Richtung längerer Wellenlängen. Zu einer Änderung des Spektrums kommt es auch innerhalb des PAR-Bereiches, weil grünes Licht mit Wellenlängen zwischen 0,5 und 0,6 μm geringer absorbiert, dafür aber stärker reflektiert und durchgelassen wird als Strahlung anderer PAR-Bereiche (s. Abb. 25). Dies ist auch der Grund dafür, daß das menschliche Auge Strahlung im Wald als grün empfindet.

Die Photosyntheseleistung von Blättern bzw. Nadeln hängt vom PAR-Fluß ab. Da die maximale Photoproduktion bereits bei etwa $^1/_{10}$ der Beleuchtungsstärke voller Sonneneinstrahlung erreicht wird (Lichtsättigung), können die oberen 3 bis 4 Blattschichten bei Sonnenschein mit fast voller Leistung produzieren. Tieferliegende Blattschichten produzieren wegen der Abnahme von PAR zunehmend weniger, und in der Schattenkrone wird schließlich der Lichtkompensationspunkt erreicht, bei dem die durch Photosynthese gewonnene Energie nur noch den Energieverlust durch Atmung aufbringt. Weitere Blattschichten „lohnen" sich nicht und werden daher auch nicht gebildet. In der Regel liegt die

Grenze bei maximal 5 bis 6 Schichten, was einem (doppelseitigen) „Blattflächenindex" (BFI) von 10 bis 12 entspricht [106]. Nadelwälder, z. B. Fichtenbestände, können dank geringer PAR-Ansprüche einen BFI bis 20 erreichen. Die Oberfläche der Blätter bzw. Nadeln ist aber nicht nur für Photosynthese und Atmung sondern auch für die Verdunstung von Wasser und das Ausfiltern atmosphärischer Beimengungen wichtig. Der BFI gibt dabei an, um welchen Faktor die aktive Oberfläche gegenüber der Bodenfläche des betreffenden Bestandes vergrößert ist.

Die in den Blattorganen absorbierte Sonnenstrahlung wird aber nur zu einem äußerst geringen Teil zur Photosynthese ausgenutzt. Maximal 2 % dienen der Bruttoprimärproduktion, so daß bei Berücksichtigung der Atmungsverluste nicht wesentlich mehr als 1 % in die Nettoprimärproduktion fließt und Biomasse bildet. Pro Gramm gebildeter Trockenmasse (Energieäquivalent 20 kJ) muß die Pflanze aber etwa 400 g Wasser transpirieren (Energieäquivalent 1000 kJ), das mit den gelösten Nährstoffen aus dem Boden in die Blattorgane gesaugt wird. Etwa die Hälfte der absorbierten Sonnenstrahlung wird benötigt, um diesen Transpirationsprozeß zu betreiben. Die andere Hälfte wird als Wärme abgestrahlt [72].

Die Wassermenge, die ein Wald transpiriert, kann bis zu 50 % des jährlichen Niederschlages ausmachen (Tabelle 7). Dazu kommt die Interzeption, also die direkte Verdunstung von Niederschlagswasser aus den Baumkronen. Durch Benetzung der Blätter/Nadeln, Zweige und Äste werden je nach Baumart bis zu 3 mm Niederschlag im Kronenbereich gespeichert, was im jährlichen Mittel zu einer Verminderung des Bestandesniederschlages gegenüber dem Freilandniederschlag um 15 % bis 35 % führt. Mit der Gesamtverdunstung, die damit bis zu 85 % des jährlichen Niederschlages ausmachen kann, erreichen Wälder fast die Verdunstungswerte reiner Wasserflächen. Sie reichern die Atmosphäre mehr mit Wasserdampf an als alle anderen Landflächen und stellen damit im Sommer effektive Kühlflächen dar, weil dann große Anteile der absorbierten Sonnenenergie zur Verdunstung aufgezehrt werden. Im Winter sind Waldflächen, vor allem nach Schneefall, relativ warm, weil sie dann kaum transpirieren und weil die teilweise schneefreien Baumkronen durch ihre geringe Albedo höhere Strahlungseinnahmen ermöglichen als das stark reflektierende Umland.

Tabelle 7. Wasserbilanzterme verschiedener Pflanzenbestände, nach [102, 103]. Jahresmittel von Interzeption I, Kronendurchlaß K, Stammabfluß St, Bestandsniederschlag B, Transpiration T und Gesamtverdunstung GV jeweils in %, bezogen auf Jahresniederschlagsmenge, Speicherkapazität S in mm

Bestandsart	S	I	K	St	B	T	GV
nackter Boden					100		20−35
Rasen							40−55
Buchenwald	1−2	15−25	55−70	10−15	65−85	40−50	55−75
Fichtenwald	2−4	20−35	60−75	<1	60−75	40−50	50−75
trop. Regenwald	2−3	15−30	65−70	5−15	70−85	45−55	60−85

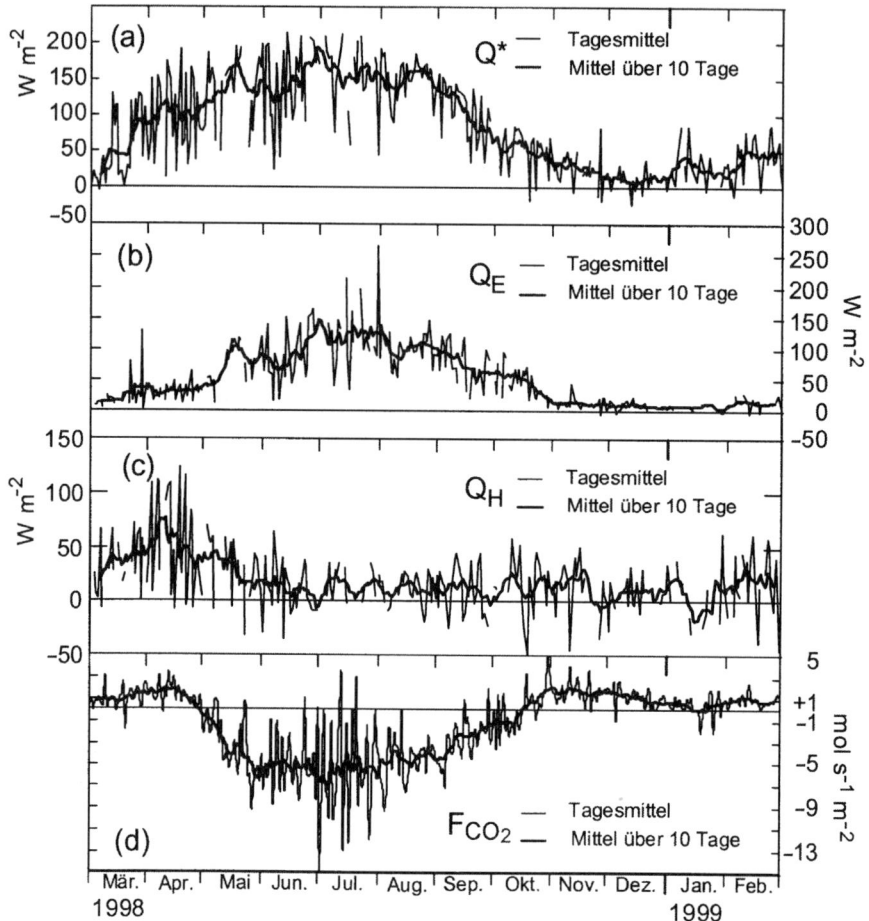

Abb. 26. Jahresgang der CO_2- und Energieflüsse über einem Laubmischwald: (a) Strahlungsbilanz, (b) latente Energie, (c) fühlbare Energie, (d) CO_2-Fluß, nach [107]

Diese Dämpfung jahreszeitlicher Klimaextreme, die der Wald in seiner Umgebung induziert, findet auch unmittelbar im Waldinnern statt. Da der Großteil der einfallenden Globalstrahlung bereits in der Sonnenkrone umgesetzt wird, verbleibt für die Erwärmung des Waldbodens nur ein kleiner Anteil, der zudem überwiegend zur Verdunstung von Wasser verbraucht wird. Umgekehrt ist die effektive thermische Ausstrahlung des Waldbodens verschwindend gering, da das geschlossene Kronendach eine der Bodenausstrahlung fast gleich große Gegenstrahlung liefert. Der tägliche Gang der Temperatur ist daher besonders an Strahlungstagen im Stammraum wesentlich ausgeglichener als im Freiland oder im oberen Kronenraum. Das Gleiche gilt auch für die jahreszeitlichen Temperaturschwankungen. Gegenüber dem Freiland ist das Klima im Waldesinnern bezüglich seiner Extreme somit ausgeglichener.

Das Zusammenspiel von Strahlung, Photosynthese und Verdunstung ist recht eindrucksvoll in den Abb. 26 und 27 dargestellt, welche Ergebnisse mikrometeorologischer Messungen über einem ausgedehnten Laubwaldgebiet (Ahorn, Buche, Eiche, Hickory) im US-Staat Indiana (39,3 °N) wiedergeben. Neben Strahlungsgrößen und meteorologischen Parametern wurden die Vertikalflüsse von CO_2, fühlbarer und latenter Energie gemessen, deren jahreszeitliche und tageszeitliche Variationen mit denen der Strahlungsbilanz in den Abb. 26 bzw. 27 aufgetragen sind [107].

Im Winter ist der CO_2-Fluß (Teilbild 26 d) positiv, denn CO_2 fließt dann infolge Respiration der Bäume in die Atmosphäre zurück. Mit Beginn der Vegetationszeit (Mitte April) nimmt der CO_2-Fluß ab und wird zunehmend negativ, da über die Photosynthese der Wald CO_2 aus der Atmosphäre entnimmt. Gleichzeitig wird der Fluß fühlbarer Energie Q_H(c), der bis dahin proportional zur Strahlungsbilanz Q^*(a) zugenommen hatte, von dieser entkoppelt und geht auf kleine Werte zurück, während der Fluß latenter Energie Q_E(b) ansteigt. Die durch Strahlung angebotene Energie wird mit Fortschreiten der Photosyntheserate, dargestellt durch den negativen CO_2-Fluß, also zunehmend durch Transpiration verbraucht, während der Strom fühlbarer Energie auf niedrigem Niveau verbleibt. Im Herbst, mit Abklingen der Photosynthese, kehren sich die Prozesse wieder um, und ab Ende Oktober, nachdem das Laub gefallen ist, fließt CO_2 wieder an die Atmosphäre zurück (s. auch Abb. 30 in Abschnitt 3.4.1).

Typische Tagesgänge sind in Abb. 27 dargestellt, die zusätzlich Informationen über PAR enthält: Im Winter (Dezember) bis zum Beginn der Vegetationsperiode (April) wird die über Q^* gelieferte Sonnenenergie vorwiegend in fühlbare Wärme Q_H übergeführt, während wegen des Fehlens der Transpiration nur wenig latente Wärme Q_E aus Interzeptions- und Bodenverdunstung stammt. Während dieser Zeit ist der CO_2-Fluß positiv und hat praktisch keinen Tagesgang. Mit Einsetzen der Photosynthese zeigt F_{CO_2} den typischen Tagesgang mit negativen Werten am Tage (CO_2-Aufnahme durch Photosynthese) und positiven in der Nacht (CO_2-Abgabe durch Respiration). Gleichzeitig steigt mit der Transpiration am Tage der Strom latenter Energie Q_E stark an, während Q_H zurückfällt (Juni/ August). Gegen Ende der Vegetationszeit zeigt das Teilbild für Oktober noch einen schwachen Tagesgang der Photosynthese, bevor die winterlichen Verhältnisse wieder hergestellt sind.

Der wichtigste Einfluß des Waldes auf das Klima ist neben der thermischen sicherlich seine Regulationswirkung auf den Wasserhaushalt. Die hohen Verdunstungsraten bedingen, daß der Wasserabfluß, der je nach den klimatischen Bedingungen zwischen 25 und 50 % des Jahresniederschlages ausmacht, gegenüber unbewaldeten Flächen (50–75 %) erheblich reduziert ist. Darüber hinaus gewährleistet der gut durchwurzelte Waldboden in der Regel, daß der Bestandesniederschlag gut und tief in den Boden eindringt und nicht oberflächlich abfließt. Dadurch ist der Wald trotz seines hohen Eigenwasserverbrauchs ein guter Wasserspeicher, der Starkregenspitzen ausgleicht und Bodenerosion verhindert.

Im tropischen Regenwald Brasiliens beträgt die Gesamtverdunstung mehr als 75 % des Jahresniederschlages: Diese hohe Verdunstung gewährleistet, daß die jährlichen Niederschlagsmengen des gesamten Amazonasbeckens, die vom Atlantik her gespeist werden, etwa gleich sind, obwohl die westlichen Teile meh-

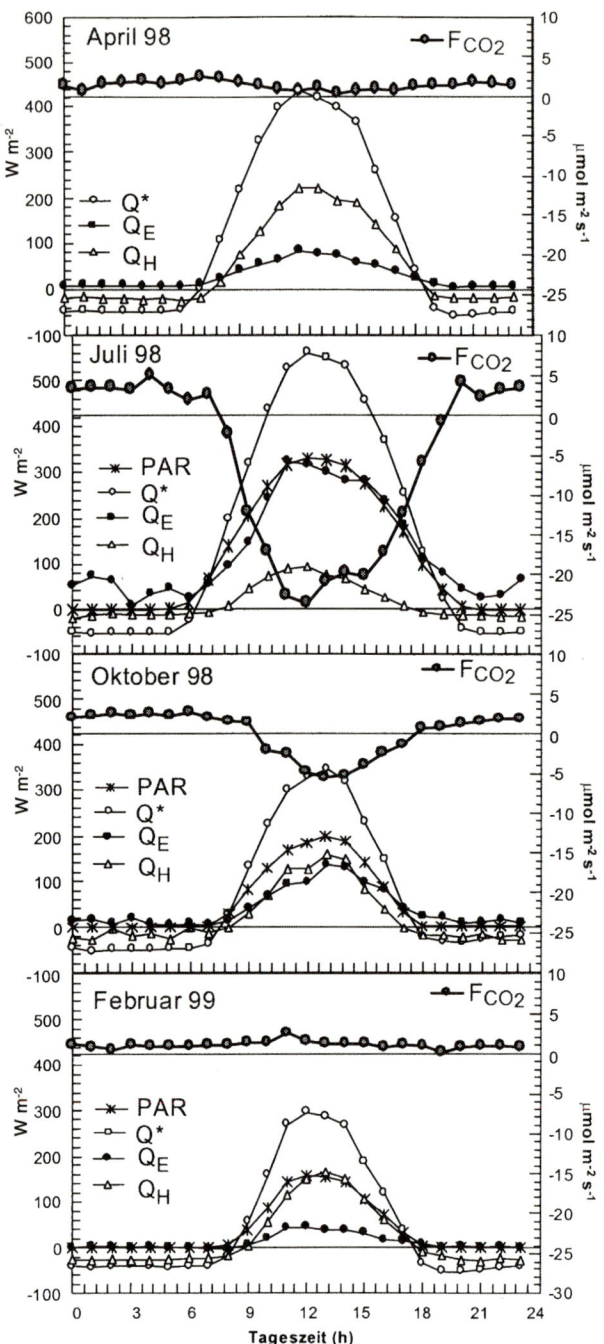

Abb. 27. Tagesgänge der Strahlungsbilanz Q*, der Flüsse latenter (Q_E) und fühlbarer Energie (Q_H) und CO_2-Fluß über einem Laubmischwald für verschiedene Jahreszeiten. PAR = Photosynthetisch aktive Strahlung; nach [107]

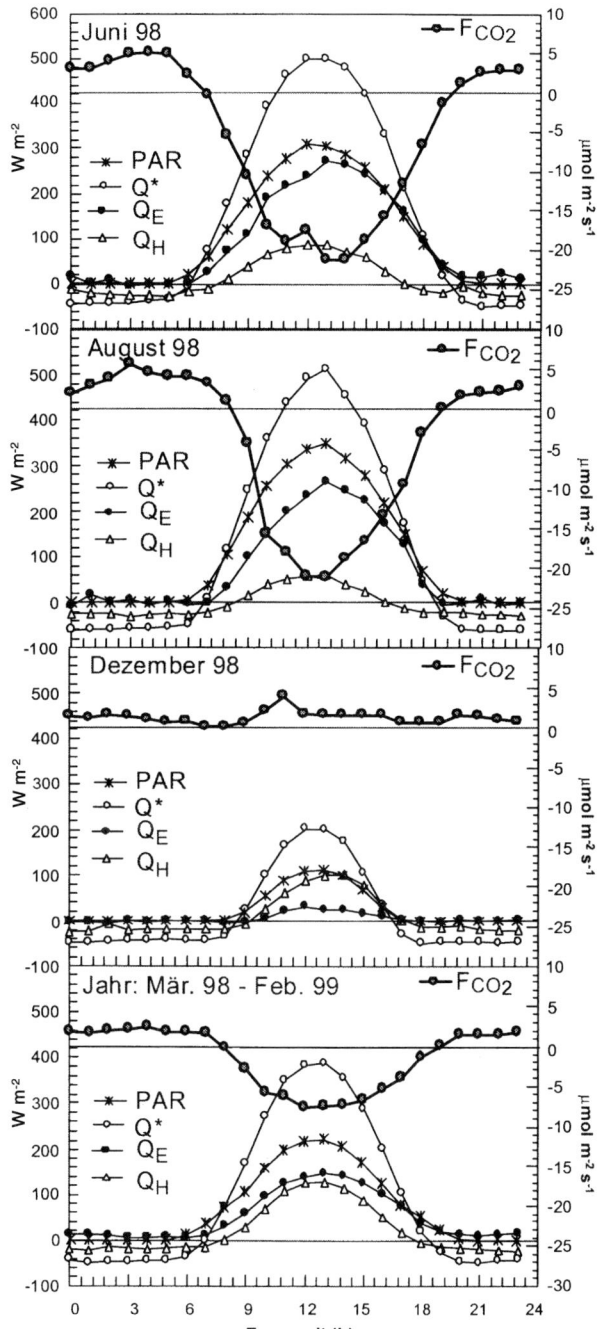

Abb. 27 (Fortsetzung)

rere 1000 km vom Atlantik entfernt sind. In einem wiederholten Kreislauf zwischen Niederschlag und Wiederverdunstung fällt ein Wassermolekül bis zu achtmal in einem Regentropfen zu Boden, bis es schließlich die Anden erreicht. Würde der Regenwald Brasiliens vollständig vernichtet, ginge die Verdunstung erheblich zurück, und es käme zu einer von Ost nach West fortschreitenden Reduktion der Niederschläge. Modellrechnungen zeigen, daß eine totale Entwaldung des Amazonasgebietes die jährlichen Niederschläge um bis zu 800 mm/Jahr reduzieren würde. Gleichzeitig würden die Temperaturen um bis zu 2,5 °C ansteigen [108]. Eine entsprechende Modellstudie für den tropischen Regenwald Afrikas zeigt Niederschlagsreduktionen um bis zu 300 mm/Jahr [109].

Neben dem Strahlungs- und Wasserhaushalt wird auch das Strömungsfeld des Windes durch Wälder stark beeinflußt. Zum einen stellt ein Wald ein Hindernis dar, das die Strömung abbremst. Es kommt im Luv zur Ausbildung einer Grenzschicht und Abhebung des Strömungsfeldes. Im Bestand sind die Windgeschwindigkeiten in der Regel sehr niedrig. Zum anderen sind Wälder die mit Abstand rauhesten natürlichen Oberflächen, was zu Turbulenzen und intensivem Austausch zwischen dem abgehobenen Strömungsfeld über dem Bestand und der Bestandesluft führt. Dadurch wird Wasserdampf aus dem Wald abgeführt, und Luftbeimengungen können auf Grund der großen Nadel- bzw. Blattoberfläche adsorbiert und damit ausgefiltert werden. Wald läßt Aerosolpartikel sedimentieren und verhindert ihr Wiederaufwirbeln und den Weitertransport. Damit haben Wälder auch für die Luftreinhaltung eine große Bedeutung.

3.3.2
Der Wald als Kohlenstoffspeicher

Wälder bedecken etwa ein Viertel der gesamten Landfläche der Erde und speichern 90 % der lebenden Biomasse. Diese wiederum speichert den Kohlenstoff, der als CO_2 bei der Photosynthese aus der Atmosphäre aufgenommen wurde, und daher sind Wälder immer und überall Kohlenstoffspeicher. 1 t Biomasse (Trockensubstanz) enthält etwa 0,45 t C und produziert bei der Verbrennung oder Verwesung 1,65 t CO_2. Mit $560 * 10^9$ t C (Milliarden t bzw. Gt) speichern alle Landpflanzen (Wälder 90 % davon) etwa drei Viertel des Kohlenstoffs, der sich in Form von CO_2 in der Atmosphäre befindet (s. Abschnitt 3.4.1). Dazu kommt mit 1500 Gt C der Pool toter Biomasse (Nekromasse) und daraus gebildetem Humus im Boden. Bei der Photosynthese nehmen Pflanzen pro Jahr ca. 120 Gt C in Form von CO_2 aus der Atmosphäre auf und geben, sofern Gleichgewichtsbedingungen herrschen, die gleiche Menge bei der Atmung und Verwesung toter Biomasse als CO_2 an die Atmosphäre zurück. Dieses Gleichgewicht ist heute erheblich gestört:

Zum einen gelangen durch Verbrennung fossiler Kohle-, Öl- und Erdgasvorräte zusätzlich etwa 6 Gt C/Jahr als CO_2 in die Atmosphäre. Zum anderen werden pro Jahr etwa 200 000 km^2 Wald, vor allem in den Tropen, vernichtet. Dadurch wird zusätzlich mindestens 1 Gt C/Jahr als CO_2 freigesetzt. Insgesamt fließen infolge anthropogener Aktivitäten somit 7 Gt C/Jahr zusätzlich in die Atmosphäre, von denen 4 Gt C/Jahr je zur Hälfte durch den Ozean sowie verstärktes Wachstum der Landpflanzen aufgenommen werden, so daß netto etwa

3 Gt C/Jahr übrig bleiben, die zu einem kontinuierlich fortschreitenden Anstieg des atmosphärischen CO_2-Gehaltes führen (s. Abschnitt 3.4.1). Dieser verstärkt den atmosphärischen Treibhauseffekt und führt zu globalen Klimaveränderungen (s. Abschnitt 5.6).

Der Wald als Kohlenstoffspeicher kann zur Verminderung der atmosphärischen CO_2-Zunahme beitragen. Dies setzt aber voraus, daß die Speicherkapazität zunimmt und nicht, wie in den vergangenen Jahrzehnten zu verzeichnen war, durch Waldvernichtung laufend geringer wird. Allein wenn es gelänge, die Brandrodung tropischer Primärwälder zu beenden, könnte der anthropogene CO_2-Eintrag in die Atmosphäre um mehr als 1 Gt C/Jahr vermindert werden.

Gegenwärtig existieren noch rund 15 Mio km^2 Wald in den Tropen. Das ist ungefähr die Hälfte des ursprünglich vorhandenen Tropenwaldbestandes. Würde das bisherige Ausmaß der Brandrodung auch in Zukunft fortgesetzt, wären innerhalb von 75 Jahren die meisten Wälder in den Tropen verschwunden. Unabhängig von den Begleiterscheinungen dieses Prozesses, Degradation der Böden, Erosion, Dezimierung bzw. Vernichtung vieler Pflanzen- und Tierarten sowie regionaler Klimaveränderungen würden hierdurch weitere 200 Gt C als CO_2 in die Atmosphäre gelangen. Vorrangiges Ziel der internationalen Staatengemeinschaft (s. Kyoto-Protokoll, 6.2) müßte es daher sein, die großflächige Vernichtung tropischer Wälder zu beenden. Die meisten dieser Wälder sind Primärwälder, deren CO_2-Aufnahme und -Abgabe durch Zuwachs sowie Absterbeprozesse ausgeglichen ist, die also netto CO_2-neutral sind. Sie speichern aber große Kohlenstoffmengen, die bei ihrer Vernichtung in Form von CO_2 in die Atmosphäre gelangen.

Eine zusätzliche Kohlenstoffbindung setzt die Schaffung neuer Wälder sowie den Umbau bestehender Wälder in Richtung vermehrter Kohlenstoffspeicherung voraus. Unterstellt man, daß ein heranwachsender Wald pro Jahr etwa 2 t C/ha für seine Nettoprimärproduktion aufnimmt [110], müßte man 15 Mio km^2 aufforsten, um die 3 Gt C/Jahr zu binden, die den gegenwärtigen CO_2-Anstieg in der Atmosphäre ausmachen. Diese Fläche von 15 Mio km^2 Neuaufforstung entspräche gerade der Fläche bereits vernichteter tropischer Wälder. Selbst wenn es gelänge, was zur Zeit undenkbar ist, diese riesige Fläche aufzuforsten, könnte die Netto-CO_2-Aufnahme dieses zusätzlichen Waldes nur so lange anhalten, bis dieser ausgewachsen ist und das Gleichgewicht von CO_2-Aufnahme und -Abgabe erreicht hat.

Grundsätzlich ist Aufforstung aber ein eminent wichtiges Mittel zur CO_2-Bindung, das überall dort eingesetzt werden sollte, wo freie Flächen hierfür zur Verfügung stehen. Dies können aus der Produktion genommene landwirtschaftliche Flächen sein, unproduktive oder erosionsgefährdete Standorte sowie devastierte Flächen jeglicher Art. Neben der Schaffung neuer Wälder kann aber auch durch kohlenstoff-ökologische Optimierung der Bewirtschaftung der Kohlenstoffvorrat in bestehenden Wäldern erhöht werden. Dies gilt besonders für Wirtschaftswälder, die auf nachhaltige Weise bewirtschaftet werden, indem ihnen in bestimmten zeitlichen Intervallen soviel Holz entnommen wird, wie nachgewachsen ist. Bei hoher Produktivität sind Wirtschaftwälder somit zunächst CO_2-neutral. Ihre C-Speicherkapazität kann aber durch geeignete waldbauliche Maßnahmen zu höheren Werten optimiert werden [110].

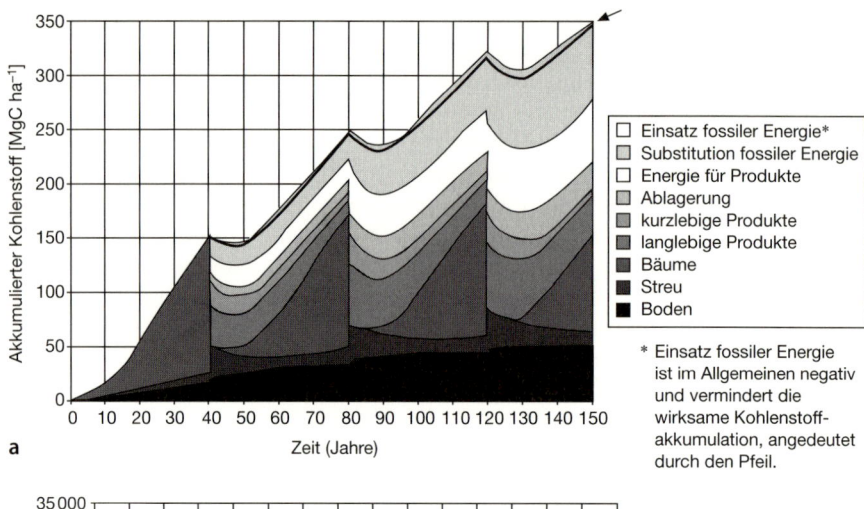

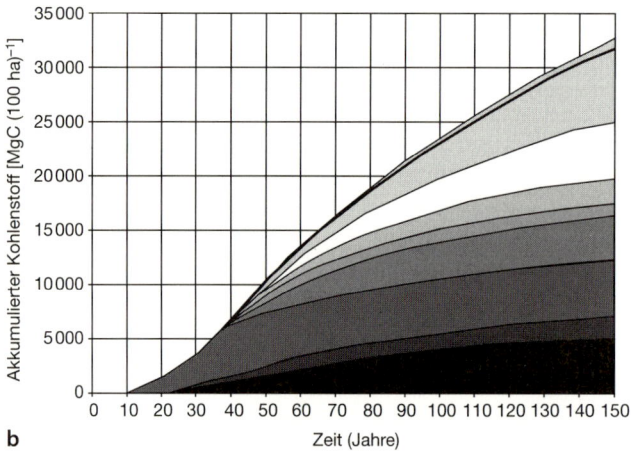

Abb. 28. Kohlenstoffökologische Abläufe in einem Wirtschaftswald, wie man ihn sich nach Aufforstung von unbestockten Flächen als Kyoto-Wald vorstellen kann.
Teilbild a: Entwicklung eines Bestandes über 4 Umtriebszeiten je 40 Jahre.
Teilbild b: der gleiche Prozeß, dargestellt für eine ganze Betriebsklasse von 100 ha.
Jährliche Aufforstung: 2,5 ha, C-Bindung 3 t/ha Jahr, nach [110, 111]

Aber nicht nur der lebende C-Speicher Wald ist wichtig. Indem in bestimmten zeitlichen Abständen Holz geerntet wird, setzt sich im Holz und in Holzprodukten die Speicherwirkung fort. Nachhaltig genutzter Wirtschaftswald ist eine stetige Quelle für den Rohstoff Holz. Jedes hölzerne Produkt – sei es ein Möbelstück oder ein Holzhaus – stellt für die Dauer seiner Nutzung eine Vergrößerung des Waldspeichers dar. Eine Vergrößerung dieses Produktspeichers trägt zur Reduktion der CO_2-Emission bei. Ein weiterer günstiger Effekt entsteht durch die Substitution energieaufwendiger Materialien durch Holz. Werden etwa Aluminium, Stahl, Beton oder Ziegel durch Holz ersetzt, führt dies zu einer Vermeidung von CO_2-Emissionen aus fossilen Energieträgern (Materialsubstitution). Und schließlich werden CO_2-Emissionen vermieden, wenn zur Wärme- oder Kraftgewinnung statt fossiler Energieträger Holz verfeuert wird (Energie-substitution). Alles Holz aus Wirtschaftswäldern muß einer Nutzung zugeführt werden, die von einfacher Verwendung als Brennholz über den ganzen Umfang hölzerner Produkte bis zu deren energetischen Nutzung am Ende ihrer techni-schen Lebenszeit reicht. Erst Wald- und Holzwirtschaft gemeinsam erbringen die volle klimaökologische Ausnutzung des im Wald steckenden klimarelevan-ten Potentials [110].

Es gibt heute schon, vor allem auf der Nordhalbkugel, große Wirtschaftswäl-der. Als Folge massiver Bevölkerungszunahme wird die Fläche solcher Wirt-schaftswälder weltweit zunehmen, vor allem durch Rehabilitierung übernutzten und devastierten Waldes in den Tropen. Im Sinne des Kyoto-Protokolls ist es dabei wichtig, die durch Wald- und Holzwirtschaft gemeinsam erbrachte kli-maökologische Ausnutzung durch optimale Waldbehandlung zu gewährleisten. Abbildung 28 veranschaulicht, wie die Kohlenstoffakkumulation in einem Wirt-schaftswald, der nach Aufforstung von unbestockten Flächen als Kyoto-Wald auf-wächst, erfolgt. Das obere Teilbild zeigt die Entwicklung eines Bestandes über 4 Umtriebszeiten von 40 Jahren, nach denen jeweils eine Holzernte stattfindet. Der Kohlenstoffspeicher umfaßt neben den lebenden Bäumen Streu und Bodenhu-mus, kurz- und langlebige Holzprodukte und die Energieeinsparung durch Material- und Energiesubstitution. Das untere Teilbild stellt den gleichen Pro-zeß für die ganze Betriebsklasse von 100 ha dar, bei dem jährlich 2,5 ha aufge-forstet werden. Durch Zusammenwirken des Wald- und Holzspeichers ist selbst nach 150 Jahren, bei einer Speicherwirkung von 350 tC/ha, noch keine Sättigung erreicht.

3.4
Biogeochemische Kreisläufe

Die sechs Elemente Kohlenstoff (C), Wasserstoff (H), Sauerstoff (O), Stickstoff (N), Phosphor (P) und Schwefel (S) sind die Hauptbestandteile aller lebenden Organismen und machen zusammen etwa 95 % der Biosphäre aus. Organisches Gewebe besteht überwiegend aus Kohlehydraten und Wasser. Stickstoff ist in pflanzlichen und tierischen Proteinen enthalten, wobei das C/N-Verhältnis der meisten Organismen bei etwa 50 liegt. Phosphor wird für Adenosin-Triphosphat (ATP)-Moleküle benötigt, die den Energietransfer bei der Photosynthese besor-gen, und Schwefel gehört neben den Spurenelementen Calcium (Ca), Magne-sium (Mg) und Kalium (K) zu den lebensnotwendigen Nährstoffen. Für die Ele-mente C, N und S ist die Atmosphäre die Hauptquelle, während P, Ca, Mg und K über die Gesteinsverwitterung in die Böden gelangen. Das lebensnotwendige Wasser wird über den Wasserkreislauf (s. Abschnitt 2.6.2) bereitgestellt. Die Biosphäre steht somit in Wechselwirkung mit der Atmosphäre, dem Ozean und der Erdkruste. Die Stoffverteilung in diesem System wird durch Stoff-Flüsse zwischen den Teilbereichen geregelt, die Bestandteile globaler Kreisläufe sind. Die wichtigsten dieser biogeochemischen Kreisläufe sind in den folgenden Abschnitten beschrieben.

3.4.1
Der globale Kohlenstoffkreislauf

Für die Biosphäre und alle biosphärischen Fragestellungen steht der Kohlenstoffkreislauf im Mittelpunkt des Interesses: Biomasse besteht überwiegend aus Kohlenstoff, und über die Photosynthese wird Sonnenenergie in organischen Molekülen, die als Energiequelle der Biosphäre zur Verfügung stehen, gespeichert und gleichzeitig Sauerstoff produziert. Kohlenstoff- und Sauerstoffkreisläufe sind daher untrennbar miteinander verbunden.

Die Erde enthält knapp 10^{23} g Kohlenstoff (100 Millionen Gigatonnen, 1 Gt = 10^9 t), von denen der weitaus überwiegende Teil in den Sedimenten begraben ist, nämlich 65 Mio Gt Carbonat- und 10 Mio Gt organischer Kohlenstoff (s. Abb. 29). Die Summe der aktiven C-Pools nahe der Erdoberfläche macht dagegen nur etwa 40 000 Gt aus. Davon ist der überwiegende Teil, nämlich 38 000 Gt, im Ozeanwasser gelöstes CO_2 (dissolved inorganic carbon, DIC), das eine enorme Pufferkapazität für Schwankungen des atmosphärischen CO_2

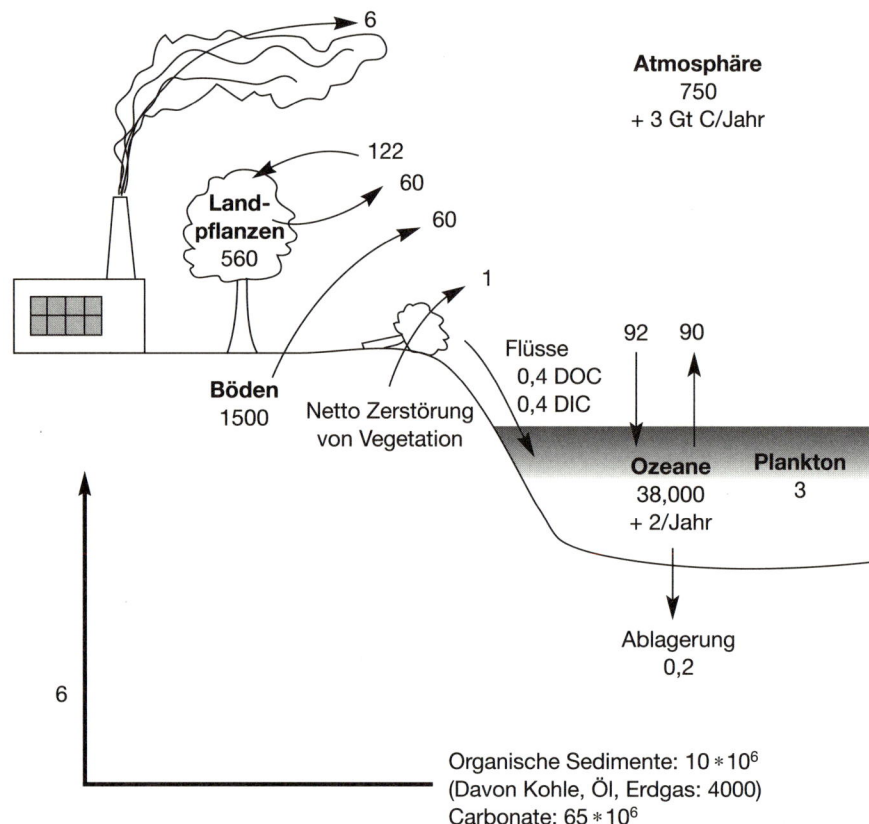

Abb. 29. Globaler Kohlenstoffkreislauf, nach [112, 113]. Poolgrößen in Mrd t C (Gt C), Flußgrößen in Mrd t C/Jahr (Gt C/Jahr)

3 Die Rolle der Biosphäre im Klimasystem

besitzt. Die Atmosphäre enthält 750 Gt, lebende Pflanzen 560 Gt und die Böden 1500 Gt aus toter organischer Substanz.

Die größten C-Flüsse werden zwischen der Atmosphäre und der Vegetation einerseits sowie zwischen der Atmosphäre und dem Ozean andererseits ausgetauscht. Bei einer Nettoprimärproduktion der Landpflanzen von 60 Gt C/Jahr (das entspricht einer Biomassebildung von etwa 120 bis 135 Gt Biomasse/Jahr, s. Tabelle 6) werden 120 Gt C/Jahr via Photosynthese aus dem atmosphärischen CO_2-Pool entnommen und 60 Gt C/Jahr über die Atmung wieder zurückgegeben. 60 Gt C/Jahr werden über die Zersetzung toter organischer Substanz aus Böden freigesetzt, so daß insgesamt der Kreislauf geschlossen ist. Bei einer Nettoaufnahme von 60 Gt C/Jahr bedeutet dies, daß im Prinzip alle 12,5 Jahre sämtliche CO_2-Moleküle in der Atmosphäre einmal die Biosphäre durchlaufen.

Die Tatsache, daß bei der Photosynthese zusätzlich 2 Gt C/Jahr (insgesamt also 122 Gt C/Jahr) aus der Atmosphäre entnommen werden, zeigt, daß der Kreislauf zur Zeit nicht ausgeglichen ist. Infolge Verbrennung fossiler Energieträger sowie Zerstörung von Wald gelangen pro Jahr etwa 7 Gt C als CO_2 zusätzlich in die Atmosphäre, von denen 2 Gt C durch zusätzliche Biomasseproduktion kompensiert werden (s. Abschnitt 5.6.5).

Der jährliche CO_2-Austausch der Atmosphäre mit den Ozeanen macht 90 Gt C/Jahr aus. Bei einer Nettoprimärproduktion von 27 Gt C/Jahr durch Plankton [112] würde etwa $^1/_3$ hiervon durch Photosynthese, $^2/_3$ durch Lösung und Wiederabgabe von CO_2 aus dem Oberflächenwasser mit der Atmosphäre ausgetauscht. Insgesamt fließt das atmosphärische CO_2 etwa alle 8 Jahre einmal durch den Ozean. Dennoch ist die atmosphärische Lebensdauer von CO_2 mit etwa 100 Jahren erheblich länger. Dies liegt daran, daß der schnelle Austausch nur mit dem Oberflächenwasser des Ozeans stattfindet, in dem 1000 Gt C enthalten sind. Das Abklingen einer Störung, z.B. des anthropogenen CO_2-Eintrages, erfordert aber, daß das zusätzliche CO_2 in den tiefen Ozean gelangt. Die Austauschzeit der Oberflächenschicht mit dem tiefen Ozean ist mit etwa 350 Jahren aber so langsam, daß tatsächlich eine so lange Zeitkonstante für CO_2 resultiert. Die Aufnahmerate des Ozeans für CO_2 hängt also wesentlich von der Mischung zwischen Oberflächen- und Tiefenwasser ab. Ein perfekt durchmischter Ozean könnte bis zu 6 Gt C/Jahr aufnehmen und damit den anthropogenen CO_2-Eintrag in die Atmsophäre kompensieren [118].

Immerhin werden von den +7 Gt C/Jahr, die durch menschliche Aktivitäten in die Atmosphäre gelangen, 2 Gt C/Jahr in das Tiefenwasser abgeführt und so aus dem Verkehr gezogen. Mit 2 Gt C/Jahr, die vermutlich zusätzlich in der Biosphäre gebunden werden (s.o.), beträgt damit der Nettoanstieg des atmosphärischen C-Pools „nur" 3 Gt C/Jahr. Trotzdem führt dieser atmosphärische CO_2-Anstieg zu einer kontinuierlich anwachsenden Treibhauswirkung und damit zu Klimaveränderungen, auf die in Kapitel 5.6 näher eingegangen wird. Seit Beginn der Industrialisierung ist der atmosphärische C-Pool bereits von etwa 590 Gt C (285 ppm CO_2) auf heute 750 Gt C (360 ppm CO_2, 1995) angewachsen.

0,2 Gt C/Jahr sind in Abb. 29 für die Ablagerung angesetzt. Darunter sind Carbonate und organischer Kohlenstoff subsummiert, die als Sediment abgelagert werden. Nimmt man an, daß der langsame C-Austausch mit der Erdkruste im Gleichgewicht ist, müßte ein gleichgroßer C-Fluß durch Sedimentverwitterung,

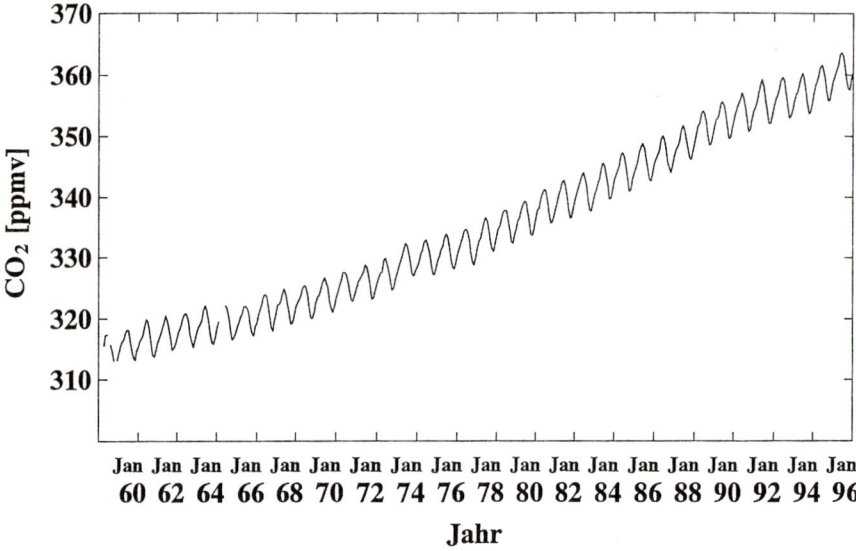

Abb. 30. Verlauf des atmosphärischen CO_2-Anteils (Monatsmittel) an der Station Mauna Loa, Hawaii, nach [115]

Vulkanismus usw. in die Atmosphäre zurückgelangen. Vulkane liefern 0,02 bis 0,05 Gt C/Jahr [112], so daß dieser Fluß größenordnungsmäßig plausibel ist. Dies würde heißen, daß die Umwälzzeit der Sedimente $75 * 10^6/0,02$ Jahre = 375 Mio Jahre beträgt.

Förderbare Kohle-, Erdöl- und Erdgasvorräte machen nur etwa 1‰ der organischen Sedimente, also 4000 Gt C aus. Durch Verbrennung von zur Zeit 6 Gt C/Jahr wird der Kohlenstoffkreislauf empfindlich gestört, denn diese Rate ist gegenüber der Gesamt-Sedimentbildung mit 0,2 Gt C/Jahr 30mal schneller und sogar etwa 200mal schneller, wenn man den Anteil der organischen Kohlenstoffsedimente betrachtet. Das Problem der anthropogenen Störung liegt also darin, daß der Mensch Kohle, Öl und Gas, zu deren Bildung hunderte von Millionen Jahren erforderlich waren, in erheblich kürzeren Zeiträumen verbrennt.

Der CO_2-Austausch zwischen Atmosphäre und Biosphäre ist aus Meßreihen des atmosphärischen CO_2-Gehaltes qualitativ direkt abzulesen (Abb. 30). Diese zeigen einen sehr regelmäßigen Jahresgang mit einem Maximum im Winter und einem Minimum im Sommer. Mit Beginn der Vegetationszeit im Frühjahr wird durch pflanzliche Photosynthese der Atmosphäre CO_2 entzogen, was zu einem Abfall des atmosphärischen CO_2 führt. Umgekehrt wird nach Ende der Vegetationszeit CO_2 an die Atmosphäre zurückgegeben, und CO_2 steigt zum Winter hin wieder an. Für die CO_2-Meßstation auf dem Mauna Loa (19 °N) beträgt die Amplitude dieser jährlichen Oszillation etwa 6 ppm, was einem Transfer von 13 Gt C entsprechen würde, die pro Jahr als CO_2 zwischen Atmosphäre und Biosphäre ausgetauscht werden. Daß dieser Wert nicht einfach der globalen Austauschrate von 60 Gt C/Jahr (Abb. 29) entspricht, liegt daran, daß Photosynthese und Respiration auf der Erde nicht überall synchron verlaufen und daß der CO_2-Austausch mit dem Ozean überlagert ist. Eine Quantifizierung erfordert den Einsatz globaler Biosphärenmodelle (s. z.B. [116, 117]). Neben dem Jahresgang zeigen die CO_2-Kurven der Abb. 30 einen kontinuierlichen Anstieg, der auf den anthropogenen CO_2-Eintrag zurückzuführen ist.

Ein geringer Teil des in der Biosphäre umgesetzten Kohlenstoffs gelangt in Form anderer Kohlenstoff-Verbindungen in die Atmosphäre. Methan (CH_4) entsteht bei der Vergärung von Biomasse unter anaeroben Bedingungen. Etwa 100 Millionen t C/Jahr werden als CH_4, überwiegend aus den Feuchtgebieten, emittiert [119]. Gegenüber den CO_2-Flüssen ist diese CH_4-Emission etwa 3 Größenordnungen kleiner und damit für den Kohlenstoffkreislauf an sich unbedeutend. CH_4 ist aber ein effektives Treibhausgas und spielt auch in photochemischen Prozessen in der Atmosphäre eine wichtige Rolle (s. Abschnitt 3.6).

Ein erheblicher Teil des bei der Vergärung von Biomasse produzierten Methans ist nicht in die Atmosphäre gelangt, sondern liegt in Form sogenannter Methanhydrate am Meeresgrund und in Dauerfrostböden vor. Methanhydrate sind feste Einschlußverbindungen aus Wasser und Methan, bei denen das CH_4 in einer Kristallstruktur fester H_2O-Moleküle, die über Wasserstoffbrücken verbunden sind, eingeschlossen ist. Derartige Strukturen setzen spezielle Druck-Temperaturbedingungen voraus, die im Ozean bei einer Wassertemperatur von 4 °C ab einer Wassertiefe von 400 bis 500 m gegeben sind. Vor allem an den Kontinentalabhängen, wo durch hohe Planktonproduktivität große Mengen von Biomasse verfügbar sind, haben sich im Laufe der Erdgeschichte bis zu 1000 m mächtige Hydratschichten gebildet. In kleineren Mengen kommt Methanhydrat auch in den Dauerfrostböden Rußlands und Kanadas vor. Man schätzt, daß in Methanhydraten im Ozean und im Dauerfrost zusammen zwischen 7500 und 10 000 Gt C gebunden sind. Das ist etwa doppelt so viel, wie der Kohlenstoffpool der fossilen Energieträger ausmacht (Abb. 29) [120–122].

Bei Erwärmung und unter Normaldruck schmilzt das Eis, und Methangas wird freigesetzt. Die aus einem Gashydratbrocken entweichende CH_4-Menge reicht aus, um eine dauerhafte Flamme zu erzeugen, die bis zur vollständigen Zersetzung des Brockens brennt. Von dieser schon lange bekannten Labor-Kuriosität rührt der Name „brennendes Eis" her. Die großen Methanyhdratvorräte stellen einerseits einen bedeutenden Kohlenstoffspeicher, andererseits aber für das irdische Treibhaus eine latente Gefahr dar, denn eine globale Erwärmung wird vermutlich CH_4 daraus freisetzen, das den Treibhauseffekt weiter verstärken wird.

Eine weitere C-Verbindung, deren natürliche Emissionsrate gegenüber den CO_2-Flüssen gering ist, ist Kohlenmonoxid (CO). Es entsteht überwiegend bei der Verbrennung von Biomasse und der Oxidation von Kohlenwasserstoffen und spielt in der atmosphärischen Photochemie, besonders bei der Ozonbildung, eine wichtige Rolle (s. Abschnitt 5.1). Schließlich sei auf die Vielzahl reaktiver Kohlenwasserstoffe hingewiesen, die von Pflanzen emittiert werden und die Photochemie beeinflussen (s. Abschnitt 3.5).

3.4.2
Der globale Stickstoffkreislauf

Stickstoff macht etwa 78 % unserer Lufthülle aus. Damit ist die Atmosphäre mit $4 * 10^{21}$ g N ($4 * 10^{15}$ t N oder 4 Mrd. Mt N) der größte irdische Stickstoffpool (Abb. 31). Dagegen sind die Stickstoffmengen, die in den Landpflanzen und der abgestorbenen Biomasse akkumuliert sind, mit $3,5 * 10^{15}$ g N (3500 Mt N) bzw. $100 * 10^{15}$ g N (100 000 Mt N) relativ klein. Die mittleren C/N-Verhältnisse der lebenden und abgestorbenen terrestrischen Biomasse betragen damit 160 bzw. 15. Für alle lebenden Organismen ist Stickstoff eines der unverzichtbaren Elemente. Aber nicht der reaktionsträge Stickstoff selbst aus dem schier unerschöpflichen Vorrat in der Atmosphäre kann im Stoffwechsel verwertet werden, sondern er muß zuvor „fixiert", also in verwertbare Substanzen wie Ammonium (NH_4^+) und Nitrat (NO_3^-) umgewandelt werden. Natürliche Stickstoff-Fixierung erfolgt durch Blitze, durch Blaualgen und durch Bakterien, vor allem in Symbiose mit bestimmten Pflanzen wie Leguminosen.

Bei der elektrischen Entladung in Blitzen entstehen Stickstoffoxide NO_x, die mit OH zu HNO_3 reagieren (s. Abschnitt 3.6) und mit dem Niederschlag als

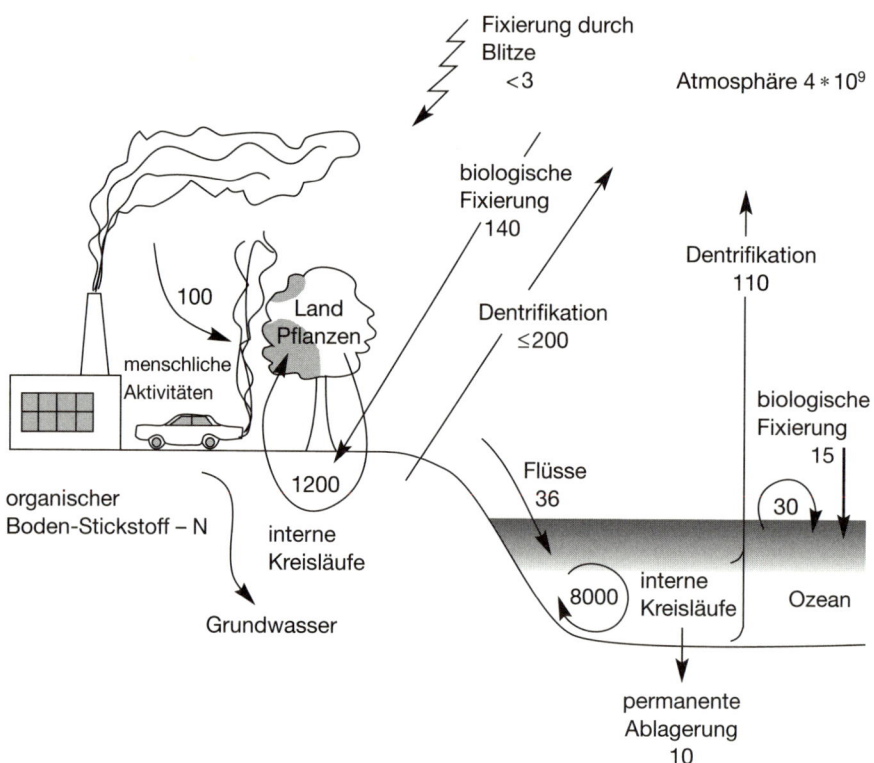

Abb. 31. Globaler Stickstoff-Kreislauf, nach [112]. Flüsse in Mio t N/Jahr (Mt N/Jahr), Poolgrößen in Mt N

Nitrat in die Biosphäre gelangen. Die Stickstoffmenge, die pro Jahr durch Blitze fixiert wird, ist nur ungenau bekannt und dürfte zwischen 5 und 20 Mt liegen [126]. Sie ist gegenüber der biologischen Fixierung von 140 Mt N/Jahr jedoch so gering, daß die Diskrepanzen für das globale Stickstoffbudget keine große Rolle spielen dürften. Bei dieser werden Ammonium und Nitrat im Boden produziert und stehen damit für die Aufnahme über die Wurzeln den Pflanzen direkt zur Verfügung. Die globale Rate von 140 Mt N/Jahr entspricht einem mittleren Eintrag von 10 kg N/Jahr pro Hektar Landfläche.

Die Nettoprimärproduktion der gesamten Landvegetation macht 60 Gt C/Jahr aus. Bei einem C/N-Verhältnis von 50 würde diese ein Stickstoffäquivalent von 1200 Mt N/Jahr erfordern, etwa 8mal mehr, als durch Stickstoff-Fixierung aus der Atmosphäre zur Verfügung steht. Es wird daher angenommen, daß der meiste Stickstoff über interne Kreisläufe zwischen lebender und abgestorbener Biomasse direkt zirkuliert (Abb. 31). Dabei kommt es zu ständigen Verlusten durch Denitrifikation (Reduktion von NO_3^-) und Nitrifikation (Oxidation von NH_4^+). Außerdem gelangt ein Anteil gelöster Ammonium- und Nitratverbindungen in die Gewässer. Diese Verluste müssen durch Stickstoff-Fixierung aus der Atmosphäre kompensiert werden.

Menschliche Aktivitäten beeinflussen den Stickstoffkreislauf erheblich: Etwa 80 Mt N werden pro Jahr in Form von Ammonium-Kunstdünger auf landwirtschaftlichen Nutzflächen ausgebracht [112], und 20 Mt N/Jahr gelangen als Stickstoffoxide (NO_x) aus Verbrennungsprozessen, überwiegend aus Kraftfahrzeugen, in die Atmosphäre [123] und nach Umwandlung in Nitrat in den Boden. Dazu kommt der Anbau zusätzlicher Leguminosen als Feldfrüchte, welche die biologische Stickstoff-Fixierung verstärken. Insgesamt gelangen somit mehr als 100 Mt N/Jahr aus anthropogenen Quellen in die Biosphäre. Das sind etwa 40% des gesamten Stickstoffeintrages.

Der atmosphärische Teil des Kreislaufs wird über Prozesse der Stickstoffmineralisierung toter organischer Substanz geschlossen. Diese wird durch Bodenbakterien zunächst zu NH_4^+ ammonifiziert und durch wieder andere Bakterien zu NO_3^- oxidiert (Nitrifikation). Pflanzen können sowohl NH_4^+ wie NO_3^- direkt aufnehmen. Denitrifizierende Bakterien reduzieren schließlich NO_3^- zu Stickstoff (N_2), wodurch es dem Bodenkreislauf verlorengeht und an die Atmosphäre zurückgegeben wird. Über die Denitrifikation der Geobiosphäre fließen bis zu 200 Mt N/Jahr als N_2 zurück in den atmosphärischen Pool.

Als Nebenprodukt bakterieller Nitrifikation entsteht Stickstoffmonoxid (NO), das als Gas in die Luft entweicht. Zwischen 1 und 3% des zirkulierenden Stickstoffs fließt somit als NO in die Atmosphäre, was global einer natürlichen NO-Quelle von etwa 10 Mt N/Jahr entspricht [124]. Die NO-Abgabe von Böden wird durch Bodentemperatur und -Feuchte gesteuert und ist besonders hoch, wenn die Nitrifikation durch Applikation von Ammoniumdünger stimuliert wird [125]. Umgekehrt nehmen bei hohen atmosphärischen NO-Konzentrationen Böden NO auf, wirken also als NO-Senke. Die NO-Konzentration, bei der NO durch den Boden weder aufgenommen noch abgegeben wird, bezeichnet man als Kompensationspunkt. Da die NO-Anteile in Reinluftgebieten ohne nennenswerte anthropogene NO-Quellen mit maximal 10 ppb unter dem Kompensationspunkt liegen, stellen die meisten Landökosysteme natürliche NO-Quellen dar. NO ist ein Spurengas, das in der Ozon-Photochemie eine wichtige Rolle spielt (s. Abschnitt 5.1).

Bei der bakteriellen Denitrifikation entsteht als Nebenprodukt, neben geringen Mengen von NO, als weitere wichtige Stickstoffverbindung Distickstoffoxid oder Lachgas (N_2O). Das Verhältnis N_2/N_2O hängt unter anderem vom pH-Wert und den Anteilen von NO_3^- und O_2 als Oxidationsmitteln im Boden ab und variiert in weiten Grenzen. Der heute akzeptierte Medianwert von 22 [112] bedeutet, daß knapp 5 % des bei der Denitrifikation gebildeten Stickstoffs in Form von N_2O in die Atmosphäre gelangen. N_2O ist ein effektives Treibhausgas. Es wird in der Troposphäre nicht abgebaut und gelangt daher in die Stratosphäre, wo es die Quelle für NO_x-Radikale ist, die in katalytischen Zyklen Ozon zerstören (s. Abschnitt 2.3.2).

Im ozeanischen Teil des globalen Stickstoffkreislaufs sind die internen Kreisläufe noch ausgeprägter als in den terrestrischen Ökosystemen. Der geringe Zufluß von 36 Mt N/Jahr durch die Flüsse stellt die Hauptquelle für den Ozean dar, während die biologische Fixierung nur 15 Mt N/Jahr ausmacht. Dafür werden 8000 Mt N/Jahr unmittelbar im Meer umgewälzt, das heißt, der aus totem Plankton freiwerdende Stickstoff wird von den in der direkten Umgebung lebenden Organismen direkt wieder aufgenommen. Auch ein Großteil des mit dem Niederschlag eingetragenen Stickstoffs (30 Mt N/Jahr) wird rezirkuliert, stammt also aus dem Oberflächenwasser, das ihn vorher an die Luft abgegeben hatte.

Während Photosynthese und interne Stickstoff-Flüsse auf die Oberflächenschicht der Ozeane beschränkt sind, bildet das Tiefenwasser mit abgesunkenen Resten toter Organismen, Exkrementen usw. mit $570 * 10^3$ Mt N einen relativ großen Stickstoffpool. Da hiervon nur 10 Mt N pro Jahr im Sediment abgelagert werden, muß der größte Teil des Stickstoffeintrages in den Ozean durch Denitrifikation als N_2 in die Atmosphäre zurückfließen. Global beträgt der N_2-Fluß aus dem anaeroben Tiefenwasser 110 Mt N/Jahr.

Die Denitrifikation schließt den Stickstoffkreislauf. Sieht man von dem anthropogenen N-Eintrag ab, werden etwa 200 Mt N/Jahr in der globalen Biosphäre umgesetzt. Damit wird der gesamte Luftstickstoff alle 20 Mio Jahre einmal mit der Biosphäre ausgetauscht. Die Biosphäre selbst speichert nur eine geringe Stickstoffmenge. Ohne Denitrifikation, durch die N_2 an die Atmosphäre zurückfließt, würde daher vermutlich unter Verbrauch des gesamten Luftsauerstoffs ein Teil des Stickstoffs in Nitrat umgewandelt und mit den Flüssen in die Meere befördert [26]. Das komplizierte Zusammenspiel biologischer Prozesse, das die biogeochemischen Zyklen miteinander koppelt, ist daher nötig, um die Lebensbedingungen auf unserem Planeten aufrecht zu erhalten.

3.5
Spurengase aus biogenen Quellen

Ein geringer Teil des in der Biosphäre umgesetzten Stickstoffs und Kohlenstoffs wird in Form von N_2O bzw. CH_4, CO und anderen Kohlenstoff-Verbindungen an die Atmosphäre abgegeben. Mengenmäßig sind diese für die globale Stickstoff- bzw. Kohlenstoffbilanz nicht wichtig. N_2O und CH_4 sind aber Treibhausgase mit starker Klimawirksamkeit. Außerdem spielen sie, wie auch CO, Halomethane und Kohlenwasserstoffe, in der Ozonphotochemie eine wichtige Rolle. In den folgenden Abschnitten soll daher ein kurzer Abriß der Budgets und wichtigsten Wirkungspfade dieser Substanzen gegeben werden.

Distickstoffoxid (Lachgas) N₂O

Knapp 5% des bei der Denitrifikation gebildeten Stickstoffs wird in Form von N_2O an die Atmosphäre abgegeben [112]. Global werden ca. 300 Mt N pro Jahr durch Denitrifikation gebildet (Abb. 31). Demnach müßten etwa 15 Mt N/Jahr in Form von N_2O entstehen. Der globale Stickstoffkreislauf und damit das N_2O-Budget ist nicht ausgeglichen, da durch menschliche Aktivitäten etwa 100 Mt N/Jahr zusätzlich in die Biosphäre eingetragen werden, die entsprechend zu erhöhter N_2O-Freisetzung führen. Natürliche und anthropogene N_2O-Quellen sind in Tabelle 8 aufgelistet. Die Summe der anthropogenen Quellen macht mit 8 Mt N/Jahr (Schwankungsbereich: 5…10 Mt N/Jahr) fast genau so viel aus wie die natürliche Freisetzung von N_2O aus Böden und aus dem Ozean zusammen. Dabei stellen die anthropogenen N_2O-Emissionen im Grunde überwiegend auch natürliche Quellen dar, die eine Folge anthropogener NH_4^+- und NO_3^--Einträge in die Biosphäre sind. Allein die durch landwirtschaftliche Praktiken wie Brandrodung, künstliche Düngung, Bewässerung und Viehzucht verursachten Emissionsraten von N_2O summieren sich auf über 5 Mt N/Jahr. Vermutlich stellen auch die globale Erwärmung sowie Änderungen in der Landnutzung zusätzliche N_2O-Quellen dar (Tabelle 8).

N_2O ist ein effektives Treibhausgas (GWP = 310), das sich wegen fehlender Abbauprozesse in der Troposphäre wie ein Edelgas verhält. Zusätzlich über

Tabelle 8. Globales N_2O-Budget: Natürliche und anthropogene Quellen sowie photochemischer Abbau in Mt N/Jahr, nach [124, 127–129]. (Zur Umrechnung in Mt N_2O: Multiplikation mit 44/28 = 1,57)

	Bereich	Mittelwert
Emission aus Böden		6
Emission aus dem Ozean		3
Summe natürlicher Quellen		**9**
Brandrodung, Biomasseverbrennung	0,2 – 3	1,6
Stickstoffdünger	0,4 – 3	1,0
Fäkalien, Gülle	0,3 – 3	1,5
Bewässerung	0,8 – 2	0,8
Viehzucht	0,3 – 1	0,5
Kraftverkehr	0,1 – 2	0,8
Nylon-Herstellung		0,7
Globale Erwärmung	0,1 – 1	0,3
Landnutzungsänderungen		0,7
Summe anthropogener Quellen	**5 – 10**	**8**
N₂O-Quellen insgesamt		**17**
photochemischer Abbau in der Stratosphäre	**9 – 16**	**12,5**

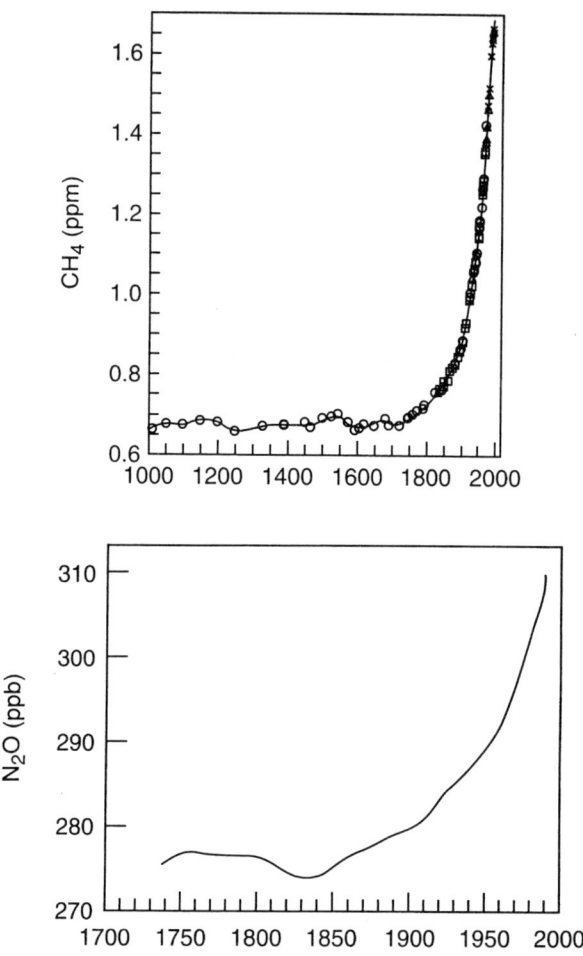

Abb. 32. Verlauf der atmosphärischen Anteile von CH_4 und N_2O über die letzten Jahrhunderte, nach [136]

anthropogene Effekte emittiertes N_2O akkumuliert sich daher in der Atmosphäre, was zu einem N_2O-Anstieg führt. Dieser setzte gegen Ende des 19. Jahrhunderts ein, nachdem, wie die Analysen von Gaseinschlüssen in Eisborkernen zeigen, über mehr als 3000 Jahre ein recht konstanter N_2O-Pegel von 284 ppb bestand [127]. Der heutige N_2O-Anteil beträgt 315 ppb, bei einem jährlichen Zuwachs von 0,8 ppb (Abb. 32). Diese Zunahme entspricht einem Stickstoffäquivalent von etwa 4 Mt N/Jahr.

N_2O wird in der Stratosphäre durch UV-Photolyse und Reaktionen mit angeregten Sauerstoffatomen abgebaut (s. Abschnitt 2.3.2). Die in Abb. 8 dargestellte gemessene Vertikalverteilung von N_2O zeigt, daß dieser Abbau tatsächlich erfolgt. Hieraus ergibt sich eine atmosphärische Lebensdauer von über 120 Jahren, wenn man den atmosphärischen N_2O-Pool (315 ppb entsprechen etwa

1500 Mt N) durch die in Tabelle 8 gegebene Abbaurate dividiert. Diese lange Lebensdauer und das Fehlen troposphärischer Abbauprozesse bewirken, daß trotz erheblicher geographischer Inhomogenität der Quellen weltweit eine nahezu totale Gleichverteilung von N_2O gemessen wird.

Das globale N_2O Budget ist heute prinzipiell verstanden, auch wenn bezüglich der einzelnen Glieder zum Teil erhebliche Unsicherheiten bestehen. Immerhin sind im Rahmen der in Tabelle 8 gegebenen Schwankungsbreiten aber globale Quellen und Senken mit dem beobachteten N_2O-Anstieg in der Atmosphäre im Einklang. Neben N_2O wird durch Bodenbakterien auch Stickstoffmonoxid (NO) gebildet. Die biogene NO-Emission ist bezüglich ihres N-Anteils der N_2O-Emission vergleichbar [124]. NO wird aber mit O_3 rasch zu NO_2, dieses wiederum mit OH zu HNO_3 oxidiert, das wasserlöslich ist und im Niederschlag ausregnet (s. Abschnitt 3.6). Bei einer resultierenden atmosphärischen Lebensdauer von nur 2–3 Tagen können NO_x aus biogenen Quellen daher nur geringe Konzentrationen aufbauen, die meist unter 1 ppb liegen. Die bei Verbrennungsprozessen emittierten Stickstoffoxide können sich in Ballungsräumen dagegen zu NO_x-Anteilen über 100 ppb anreichern (s. Abschnitt 5.1).

Methan (CH$_4$)

Methan ist ein wichtiges Spurengas, das zum einen die Photochemie der Troposphäre und Stratosphäre direkt beeinflußt und zum anderen auf Grund seiner Absorptionseigenschaften zum atmosphärischen Treibhauseffekt beiträgt (GWP = 21). Es wird bei der Vergärung von Biomasse unter anaeroben Bedingungen gebildet und entsteht daher in Sümpfen, Marschen, tropischen Regenwäldern und Tundragebieten, im Ozean, aber auch im Verdauungstrakt von pflanzenfressenden Tieren, insbesondere Wiederkäuern. Auch Termiten wurden als CH_4-Produzenten identifiziert [131]. Aus diesen natürlichen Quellen werden weltweit zwischen 100 und 150 Mt C/Jahr an die Atmosphäre abgegeben [119].

Durch Naßfeldkulturen, vor allem Reisfelder, sowie die Haltung von Rindern hat der Mensch die natürlichen Methanquellen erheblich verstärkt. Heute fließen als Folge von Reisanbau und Massentierhaltung zusammen etwa 140 Mt C/Jahr als Methan in die Atmosphäre, praktisch genauso viel wie aus natürlichen Quellen (Tabelle 9). Dazu kommen weitere 45 Mt C/Jahr, die bei der Brandrodung, sowie 30 Mt C/Jahr, die aus Müllhalden freigesetzt werden. Durch Abbau und Verarbeitung von Kohle, Erdöl und Erdgas gelangen weitere 60 Mt C/Jahr als Methan in die Atmosphäre. Mit insgesamt 275 Mt C/Jahr sind die anthropogenen Methanquellen damit etwa doppelt so ergiebig wie die natürlichen.

Der wichtigste Verlustmechanismus für Methan ist die Reaktion mit OH in der Troposphäre

$$CH_4 + OH \rightarrow CH_3 + H_2O,$$

die eine Kette weiterer Reaktionen einleitet, die schließlich zur Bildung von CO, CO_2 und H_2 führen (Methan-Oxidationskette). Die Abschätzung der jährlichen CH_4-Abbaurate über diesen Prozess erfordert die Kenntnis der globalen OH-Verteilung. Mit den heute bekannten Werten (s. Abschnitt 3.6) ergibt sich eine globale troposphärische CH_4-Senke zwischen 200 und 800 Mt CH_4/Jahr bzw. 150 bis 600 Mt C/Jahr (Tabelle 9).

Tabelle 9. Globales CH_4-Budget: Natürliche und anthropogene Quellen sowie photochemischer Abbau in Mt C/Jahr, nach [130, 132]. (Zur Umrechnung in Mt CH_4: Multiplikation mit $16/12 = 1,33$)

	Bereich	Mittelwert
Sümpfe, Marschen	75–150	85
Seen	1–20	5
Ozeane	5–15	10
andere natürliche Quellen, z. B. Termiten [65]	10–75	30
Summe natürlicher Quellen	**91–260**	**130**
Rinder	50–75	60
Reisfelder	45–130	80
Biomasseverbrennung	40–75	45
Müllhalden	25–50	30
Kohlebergbau	20–35	25
Erdgas	20–40	35
Summe anthropogener Quellen	**200–405**	**275**
CH_4-Quellen insgesamt	**291–665**	**405**
photochemischer Abbau durch OH	**150–600**	**400**

Das nicht in der Troposphäre abgebaute Methan, etwa 10 % der am Boden jährlich produzierten Menge, gelangt durch Mischungsprozesse in die Stratosphäre, wo die folgenden drei Verlustreaktionen ablaufen:

$$CH_4 + OH \rightarrow CH_3 + H_2O$$
$$CH_4 + O^* \rightarrow CH_3 + OH,$$
$$CH_4 + O^* \rightarrow H_2CO + H_2.$$

Die erste dieser Reaktionen leitet die o. g. Methanoxidationskette ein, bei der neben CO und CO_2 auch H_2O entsteht. Für die trockene Stratosphäre, deren Wassergehalt durch die tiefe Tropopausentemperatur geregelt wird, stellt daher die Methanoxidation eine weitere H_2O-Quelle dar. Bei der zweiten Reaktion wird neben dem Methylradikal OH produziert, das beim katalytischen Ozonabbau wichtig ist. Bei der dritten Reaktion entsteht neben dem Quellgas H_2 Formaldehyd (H_2CO), das auch als Zwischenprodukt bei der Methan-Oxidationskette gebildet wird und letztlich zur Bildung von CO, CO_2 und H_2 führt.

Beim heutigen Methananteil von 1750 ppb (Tabelle 3) macht die Gesamtmenge Methan in der Atmosphäre etwa 4 Gt CH_4 entsprechend 3 Gt C aus. Nimmt man als Mittelwert für den Abbau durch OH 400 Mt C/Jahr, so ergibt sich daraus eine Lebensdauer von 7,5 Jahren. Diese Zeit ist lang gegenüber den atmosphärischen Durchmischungszeiten. Obwohl die Methanquellen überwiegend auf den Kontinenten liegen, ist CH_4 in der Troposphäre dennoch recht homogen verteilt, mit nur geringfügig niedrigeren Werten in der Südhemisphäre. Die Vertikalverteilung von CH_4 ist in Abb. 8 gezeigt.

Als Folge der anthropogenen CH_4-Freisetzung hat sich der atmosphärische Methangehalt seit Beginn der Industrialisierung mehr als verdoppelt (s. Abb. 32).

Die heutige Zunahme beträgt etwa 1%/Jahr [133]. Zwischen 7500 und 10 000 Gt C sind als CH_4 in Gashydraten in Meeressedimenten und Dauerfrostböden gebunden. Es ist damit zu rechnen, daß bei einer globalen Erwärmung CH_4 aus diesen Gaseinschlüssen in die Atmosphäre entweicht und die CH_4-Zunahme verstärkt (s. Abschnitt 3.4.1).

Kohlenmonoxid (CO)

Kohlenmonoxid ist ein reaktives Spurengas, das vor allem bei der photochemischen Ozonbildung eine wichtige Rolle spielt. Seine natürlichen Quellen sind die Oxidation von CH_4 sowie anderer Kohlenwasserstoffe biogener Herkunft, während die direkte Emission offensichtlich relativ unbedeutend ist. Die wichtigsten anthropogenen CO-Quellen sind die unvollständige Verbrennung von Kohle, Erdöl und Erdgas sowie die Biomasseverbrennung, die zusammen mit etwa 450 Mt C/Jahr 42% aller CO-Quellen ausmachen (Tabelle 10).

Über die Reaktionen

$$CO + OH \rightarrow CO_2 + H$$

werden 90–95% des CO in der Troposphäre in CO_2 übergeführt. Dabei wird OH verbraucht und über die Folgereaktion

$$H + O_2 + M \rightarrow HO_2 + M$$

HO_2 produziert, das für die photochemische Ozonbildung wichtig ist (s. Abschnitt 5.1). CO hat damit einen bedeutenden Einfluß auf die OH-Konzentrationen, also das atmosphärische Oxidationspotential, das sich bei zunehmendem (abnehmendem) CO vermindert (vergrößert) [134]. Die Reaktion mit OH bestimmt die atmosphärische Lebensdauer von CO, die entsprechend von einigen Wochen bis zu einigen Monaten variiert.

Als Folge dieser kurzen Lebensdauer ist die globale CO-Verteilung höchst variabel. Mit Ausnahme der Methanoxidation sind die natürlichen und anthropogenen CO-Quellen überwiegend auf die Kontinente konzentriert. Damit weist der troposphärische CO-Gehalt der Südhalbkugel, sieht man von direkten Abgasfahnen von Waldbränden ab, mit Werten zwischen 50 und 100 ppb deutlich

Tabelle 10. Globales CO-Budget: Natürliche und anthropogene Quellen in Mt C/Jahr, nach [135]

	Mt CO/Jahr	Mt C/Jahr
Methanoxidation	760	325
Oxidation biogener Kohlenwasserstoffe	683	295
Summe natürlicher Quellen	**1443**	**620**
Verbrennung fossiler Energieträger	300	130
Biomasseverbrennung	748	320
Summe anthropogener Quellen	**1048**	**450**
CO-Quellen insgesamt	**2491**	**1070**

niedrigere Werte als die Nordhemisphäre auf, wo je nach Luftverschmutzung bis zu 500 ppb auftreten können. Die photochemische Kopplung von CO und OH bedingt auch, daß in Reinluftgebieten CO einen deutlichen Jahresgang zeigt mit einem Maximum (Minimum) im Winter (Sommer), wenn der atmosphärische OH-Gehalt am geringsten (höchsten) ist [134].

Längere Meßreihen, die seit Ende der siebziger Jahre existieren, zeigen weltweit einen Anstieg des atmosphärischen CO-Gehaltes von etwa 1 %/Jahr bis zu einem Maximum, das 1986–1988 erreicht war. Seitdem ist keine wesentliche Änderung erfolgt [136]. Die kurze Lebensdauer von CO erklärt auch, warum im allgemeinen das CO-Mischungsverhältnis mit zunehmender Höhe bereits in der Troposphäre abnimmt, während langlebige Quellgase bis zur Tropopause nahezu homogen verteilt sind (s. Abb. 8).

Wasserstoff (H_2)

Molekularer Wasserstoff trägt wie Methan und Kohlenmonoxid zur Produktion von HO_x-Radikalen in der Stratosphäre bei. Er entsteht photochemisch bei der Methan-Oxidation sowie bei der Oxidation höherer Kohlenwasserstoffe wie der Terpene und Isoprene, die von bestimmten Pflanzenarten, insbesondere Waldbäumen, emittiert werden. Diese photochemische Quelle macht etwa 30 bis 50 % der globalen Gesamtproduktion von H_2 aus. Weitere 25 bis 35 % entstehen bei der unvollständigen Verbrennung in Automobilen, während die Verbrennung von Biomasse mit etwa 20 % zum H_2-Budget beiträgt. Damit sind natürliche und anthropogene H_2-Quellen von gleicher Größenordnung (s. Tabelle 11).

Ein geringer Anteil von H_2 entsteht auch bei der biologischen Stickstoff-Fixierung. Im anaeroben Milieu wird H_2 nämlich von einer Vielzahl von Mikroorganismen produziert. Von diesen wird H_2 jedoch gern als Elektronendonator aufgenommen, so daß insgesamt der biologische Abbau gegenüber der Produktion

Tabelle 11. Globales H2-Budget: Natürliche und anthropogene Quellen und Senken in Mt H_2/Jahr, nach [138, 140]

	Bereich	Mittel
Methanoxidation	10–15	12,5
Oxidation höherer Kohlenwasserstoffe	10–35	22,5
Biologische N_2-Fixierung	2–5	3,5
Ozeane	4	4
Summe natürlicher Quellen	**26–49**	**42,5**
Automobile und Industrie	20	20
Biomasseverbrennung	10–25	17,5
Summe anthropogener Quellen	**30–45**	**37,5**
H_2-Quellen insgesamt	**56–104**	**80**
Oxidation durch OH	5–10	7,5
H_2-Aufnahme von Böden	70–110	90
H_2-Senken insgesamt	**75–120**	**97,5**

überwiegt. Dieser biologische Abbau im Boden ist in der Tat so effektiv, daß er allein etwa 90 % der globalen H_2-Senke ausmacht. Der dominierende photochemische Abbauprozeß für H_2 in der Troposphäre ist die Reaktion mit OH-Radikalen, die mit etwa 10 % an der H_2-Senke beteiligt ist:

$$H_2 + OH \rightarrow H_2O + H \qquad \text{(s. Tabelle 11)}$$

Der photochemische Abbau in der Stratosphäre, vorwiegend über die Reaktion

$$H_2 + O^* \rightarrow H + OH \qquad \text{(s. Abschnitt 2.3.2)}$$

ist mit nur 1 bis 2 % im Budget dieses Quellgases fast zu vernachlässigen. Dennoch ist dieser Abbau stärker, als es nach dem in Abb. 8 gezeigten mittleren Vertikalprofil für H_2 den Anschein hat, das oberhalb der Tropopause nur einen äußerst schwachen Abfall des H_2-Mischungsverhältnisses zeigt. Der Grund liegt darin, daß H_2 über den Abbau von Methan produziert wird, wodurch der Verlust von H_2 teilweise kompensiert wird.

Aus den globalen Produktions- und Abbauraten von H_2 läßt sich eine grobe Budgetabschätzung vornehmen: Bei einem mittleren globalen H_2-Anteil von 560 ppb [137] macht die Gesamtmenge Wasserstoff in der Atmosphäre 180 Mt aus. Dividiert man diese durch den Mittelwert aus globalen Quellen und Senken (Tabelle 11), erhält man eine atmosphärische Lebensdauer von fast exakt 2 Jahren. Wie bei CH_4 und CO wird auf der Nordhalbkugel wesentlich mehr H_2 produziert als auf der Südhalbkugel. Die Lebensdauer von 2 Jahren entspricht gerade der interhemisphärischen Durchmischungszeit und erklärt das N/S-Konzentrationsgefälle: Mit 575 ppb enthält die Atmosphäre der Nordhemisphäre etwa 5 % mehr H_2 als die Südhemisphäre, wo 550 ppb gemessen werden. Innerhalb jeder Hemisphäre ist H_2 recht homogen vermischt. Als Folge anthropogener Quellen steigt der atmosphärische H_2-Gehalt um 0,6 %/Jahr an [139].

Methylchlorid (CH_3Cl)
Methylchlorid (Chlormethan) ist das einzige natürliche Quellgas, das nennenswerte Beiträge zum atmosphärischen ClO_x-Budget liefert (die Rolle anthropogener Halogenverbindungen wird in Abschnitt 5.5 diskutiert). Mit einem mittleren troposphärischen Anteil von etwa 550 ppt macht die Gesamtmenge von CH_3Cl 4,6 Mt aus.

Methylchlorid wird durch Reaktionen mit OH abgebaut, was einer globalen Senke von 3,7 Mt/Jahr entspricht [141]. Die hieraus resultierende atmosphärische Lebensdauer von 1,3 Jahren ist lang genug, um einen Teil des troposphärischen CH_3Cl in die Stratosphäre gelangen zu lassen. Dies wird auch durch die in Abb. 8 gezeigte Vertikalverteilung veranschaulicht.

Bis vor wenigen Jahren bestand die Auffassung, daß CH_3Cl hauptsächlich aus dem tropischen Ozean an die Atmosphäre abgegeben wird. Neuere und systematischere Untersuchungen zeigen jedoch, daß die ozeanische Quelle höchstens 0,5 Gt/Jahr ausmachen kann [143]. Die Verbrennung von Biomasse stellt eine weitere Quelle von etwa 0,5 Gt/Jahr dar, während 0,6 Gt/Jahr durch biologische Prozesse in Böden und durch Emissionen bestimmter Pilzarten zum atmosphärischen Budget von CH_3Cl beitragen [141]. Mit zusammen 1,6 Gt/Jahr machen diese Quellen aber weniger als die Hälfte dessen aus, was die Senke von 3,7 Mt/Jahr kompensieren und damit den atmosphärischen CH_3Cl-Anteil aufrechterhalten kann. Zwischen den Quellen und Senken von Methylchlorid bestehen also erhebliche Diskrepanzen, die nicht geklärt sind. Weitere Chlorverbindungen aus überwiegend natürlichen Quellen sind Chloroform ($CHCl_3$) und Dichlormethan (CH_2Cl_2), deren Beiträge zum globalen atmosphärischen Chlorbudget aber sehr gering sind [142, 144].

Methylbromid (CH_3Br)
Methylbromid (Brommethan) ist das einzige natürliche Quellgas, das signifikant zum atmosphärischen BrO_x-Budget beiträgt (die Rolle weiterer Bromverbindungen aus anthropogenen Quellen wird in Abschnitt 5.5 diskutiert). Mit einem mittleren troposphärischen Anteil von etwa 10 ppt macht die Gesamtmenge von CH_3Br $160 * 10^3$ t (160 kt) aus.

Der wichtigste Abbauprozeß von CH_3Br ist die Oxidation durch OH, die eine globale Senke von 205 kt/Jahr ergibt. Daraus errechnet sich eine atmosphärische Lebensdauer für CH_3Br von etwa 0,8 Jahren. Berücksichtigt man zusätzliche Abbauprozesse in Böden und im Ozean, erscheint eine Lebensdauer von 0,7 Jahren realistisch [145]. Damit gelangt ein Teil des troposphärischen CH_3Br in die Stratosphäre, was auch durch die Vertikalverteilung in Abb. 8 veranschaulicht wird. Erhebliche Unsicherheiten bestehen hinsichtlich der Quellen von Methylbromid. Während bis vor wenigen Jahren der Ozean mit einer Emission von etwa 100 kt/Jahr als Hauptquelle betrachtet wurde, zeigen neuere Messungen, daß zwar weite Teile des Ozeans CH_3Br an die Atmosphäre abgeben, daß andere Bereiche dagegen aber CH_3Br aufnehmen und damit als Senke wirken. Insgesamt ergibt sich damit, daß die Ozeane netto wohl eher eine Senke für CH_3Br darstellen und zwischen 37 und 133 kt/Jahr (Mittelwert 77 kt/Jahr) aufnehmen. Wie bei CH_3Cl besteht auch hier erheblicher Forschungsbedarf.

Einigermaßen gut sind die anthropogenen CH_3Br-Quellen bekannt, die mit etwa 20 kt/Jahr aus der Verbrennung von Biomasse, mit 41 kt/Jahr aus der Schädlingsbekämpfung in der Landwirtschaft sowie 5 kt/Jahr aus der Verbrennung von Benzin sowie industriellen Anwendungen stammen [146]. Die heute bekannten Quellen reichen aber bei weitem nicht aus, um den globalen Abbau von CH_3Br zu kompensieren.

Aus der Tatsache, daß der CH_3Br-Gehalt der Nordhemisphäre 30% über dem der Südhemisphäre liegt, kann geschlossen werden, daß die CH_3Br-Quellen auf der Nordhemisphäre überwiegen. Ohne anthropogene Emissionen dürfte der natürliche CH_3Br-Gehalt der Troposphäre bei etwa 7 ppt liegen. Bromoform ($CHBr_3$) und Dibrommethan (CH_2Br_2) sind weitere Bromverbindungen, die durch biologische Prozesse gebildet und an die Atmosphäre abgegeben werden. Ihre globale Wirkung ist jedoch gegenüber der von CH_3Br gering [145].

Biogene Kohlenwasserstoffe
Flüchtige organische Verbindungen (Volatile Organic Compounds oder VOCs) sind Bestandteile aller lebenden Organismen und damit Teil der Biosphäre. Ihre Emission erfolgt aus den Blatt- und Nadelorganen und macht weltweit einige hundert Mt/Jahr aus (s. Tabelle 12). Damit ist die Emission biogener VOCs men-

Tabelle 12. Geschätzte globale Emission biogener VOCs in Mt/Jahr, nach [153]

Quelle	Isopren	Monoterpene	Andere VOCs
Wälder	460	115	500
Böden	40	13	50
Blumen	0	2	2
Ozean	1	< 0,001	10
Tiere	0,003	< 0,001	0,003
Anthropogene Quellen	0,01	1	93
Summe	**~ 500**	**~ 130**	**~ 650**

genmäßig bedeutender als die VOC-Emission aus anthropogenen Quellen [147]. Das Spektrum der identifizierten biogenen VOCs ist äußerst vielfältig und umfaßt mehr als 40 000 Verbindungen, deren Vorkommen und Verteilung innerhalb einiger hunderttausend Pflanzen extrem stark variiert. Wälder, die etwa 90 % der lebenden Biomasse ausmachen, stellen damit auch die weitaus bedeutendsten Quellen biogener VOCs dar, und der Duft „gesunder Waldluft" rührt von eben diesen Kohlenwasserstoffverbindungen her.

Trotz der großen Vielfalt des Spektrums der Substanzen konzentrieren sich die meisten Untersuchungen auf wenige Substanzgruppen, nämlich das Hemiterpen (C_5) Isopren, Monoterpene (C_{10}), einige Alkane, Alkene, Alkohole sowie deren Reaktionsprodukte (siehe Übersichtsartikel [147–151]).

Isopren (2-Methyl-1,3-Butadien, C_5H_8) stellt mengenmäßig die wichtigste biogene VOC-Verbindung dar. Mit etwa 500 Mt/Jahr liegt die globale Isoprenemission in der gleichen Größenordnung wie das globale Methanbudget. Typische Isopren-Emittenten sind Laubbäume, aber auch Büsche, Farne, Ginster und zahlreiche Pflanzen und Gehölze im tropischen Regenwald.

Monoterpene sind $C_{10}H_{16}$-Verbindungen, deren C-Atome in Ring-Kettenkombinationen angeordnet sind. Ihre wichtigsten Vertreter sind α- und β-Pinen, Camphen, Limonen und Caren. Monoterpene werden vor allem von Nadelbäumen abgegeben, aber auch von Eichen, Obstbäumen sowie einigen Gehölzen der tropischen Wälder [150, 153–155].

Die Emission von Isopren wie auch der Monoterpene nimmt mit steigender Temperatur zu. Licht scheint hauptsächlich die Monoterpen-, weniger die Isoprenemission zu beeinflussen. Die Konzentrationen biogener VOCs, die im Bereich bis zu einigen ppb liegen, zeigen daher typischerweise einen ausgeprägten Tagesgang mit Maximalwerten am Mittag [151, 152]. Neben Isopren und den Monoterpenen umfassen die biogenen VOCs einige Alkane und Alkene sowie sauerstoffhaltige organische Verbindungen wie Alkohole [156, 157]. Die meisten biogenen VOCs sind ungesättigte Kohlenwasserstoffe mit einer oder mehreren Doppelbindungen. Sie sind daher sehr reaktiv und werden durch OH rasch oxidiert; typische troposphärische Lebensdauern liegen im Bereich von Minuten bis zu einigen Stunden [159]. Die Oxidation durch OH ergibt neben CO, dessen globale Quellen zu fast 30 % aus dieser Oxidation gespeist werden (s. Tabelle 10), eine Vielzahl von Sekundärprodukten wie Aldehyde, Carbonyle, Ketone, Furane oder Säuren. Häufig gefundene Sekundärverbindungen sind Methylvinylketon

(MVK), Methacrolein (MACR) und 3-Methylfuran, die bei der Isoprenoxidation gebildet werden [152]. Oft ist es schwierig, gemessene VOCs primär emittierten oder sekundär gebildeten Substanzgruppen zuzuordnen, und viele Reaktionspfade sind noch unerforscht.

Weitgehend unverstanden ist auch die Photooxidation von VOCs, die zur Bildung von Partikeln führt. Man kennt das Aerosol-Bildungspotential von Monoterpenen schon lange [159], und große Waldgebilde wie der Great Smoky Mountains Nationalpark im US-Staat North Carolina sind dafür bekannt, daß an Sonnentagen die ansonsten reine Luft durch Aerosolpartikel getrübt wird. Durch Experimente in einer Smogkammer konnte gezeigt werden, daß aus Isopren und auch aus β-Pinen tatsächlich durch Photoreaktionen Partikel gebildet werden [158].

Biogene VOCs haben auf Grund ihrer kurzen Lebensdauer an sich nur regionalen Einfluß. Durch das bei ihrer Oxidation gebildete CO erlangen sie aber globale Bedeutung. Eine weitere wichtige Komponente kommt hinzu, seit durch menschliche Aktivitäten der atmosphärische Gehalt an Stickstoffoxiden und damit die photochemische Ozonbildung in vielen Teilen der Welt zugenommen hat (s. Abschnitt 5.1).

3.6
Photochemische Prozesse –
das atmosphärische Oxidationspotential

Die Bestandteile unserer Lufthülle sind durchweg stabile Verbindungen, die chemisch nicht miteinander reagieren können. Das gilt für die Hauptbestandteile, für die Edelgase wie für die Spurengase biogener Herkunft gleichermaßen. Eine direkte Oxidation atmosphärischer Konstituenten ist nicht möglich, was auf den ersten Blick überraschen mag, enthält die irdische Lufthülle doch immerhin einen stattlichen Sauerstoff-Anteil von fast 21 Vol.-%. In der vorliegenden molekularen Form ist dieser Sauerstoff aber ungeeignet, diese Oxidation bei den vorherrschenden atmosphärischen Temperaturen und Drucken zu bewirken, denn die chemische Bindung der beiden Sauerstoff-Atome im Molekül ist recht stabil. Um diese Bindung aufzubrechen, wird Energie benötigt, die in der mittleren Atmosphäre in Form von UV-Strahlung mit Wellenlängen kürzer als 242 nm zur Verfügung steht (s. Abschnitt 2.3). Die kurzwellige UV-Strahlung wird aber vollständig in der Mesosphäre und Stratosphäre absorbiert, weshalb in der Troposphäre nur langwelliges UV mit Wellenlängen größer als 290 nm einfällt.

Freie Radikale besitzen in ihrer äußeren Elektronenschale ein ungepaartes Elektron und haben damit das Bestreben, ein weiteres Elektron aufzunehmen. Sie können deshalb für atmosphärische Spurengase ein effektives Oxidationsmittel darstellen. In der Troposphäre ist es vor allem das OH-Radikal, das diese Oxidation bewirkt. Das Hydroxyl OH wird deshalb auch das Wasch- oder Reinigungsmittel der Atmosphäre genannt, weil es Spurengase, die überwiegend in niedrigen Oxidationsstufen an die Atmosphäre abgegeben werden, durch Oxidation in wasserlösliche Substanzen verwandelt, die mit dem Niederschlag ausgewaschen werden. Beispiele hierfür sind die Oxidation von NO/NO$_2$ zu Nitrat oder H$_2$S/SO$_2$ zu Sulfat. OH ist auch das wichtigste Oxidationsmittel für Kohlenwasserstoffe und bestimmt ingesamt die chemische Zeitkonstante im Ablauf biogeochemischer Kreisläufe.

Die Produktion des OH-Radikals wird durch die Photolyse von Ozon eingeleitet (s. Abschnitt 2.3). Der Volumenanteil von Ozon in der Troposphäre variiert zwischen 10 und 100 parts per billion (1 ppb = 10^{-9}), ist also 100 bis 1000mal geringer als in der stratosphärischen Ozonschicht. Von dort wird O$_3$ durch Mischungsprozesse laufend in die Troposphäre verfrachtet, wo es durch Oxidationsreaktionen an der Erdoberfläche abgebaut wird. Aus dem natürlichen Zufluß von der Stratosphäre und dem Abbau am Boden resultieren troposphärische Ozonanteile zwischen 10 und 20 ppb, die auch in historischen Ozonmessungen gegen Ende des 19. Jahrhunderts dokumentiert sind [160–162]. Seitdem hat der troposphärische Ozonanteil in vielen Regionen infolge photochemischer Produktion aus anthropogen freigesetzten Vorläufersubstanzen erheblich zugenommen. Ozonpegel von 100 ppb und mehr sind im „Photosmog" keine Seltenheit (s. Abschnitt 5.1.2).

Die Photolyse von O$_3$ produziert, wenn die Wellenlänge des eingestrahlten Lichts größer als 329 nm ist, Sauerstoffatome im Grundzustand (^{3}P) gemäß

$$O_3 + \text{Licht } (329 \text{ nm} < \lambda < 1200 \text{ nm}) \rightarrow O(^3P) + O_2,$$

die sofort mit molekularem Sauerstoff wieder zu Ozon rekombinieren

$$O(^3P) + O_2 + M \rightarrow O_3 + M.$$

Im nahen Ultraviolett, für Wellenlängen kleiner als 329 nm, liefert die Ozonphotolyse aber energetisch angeregte Sauerstoff-Atome (^{1}D), die hier wie in Abschnitt 2.3.1 mit O* bezeichnet werden

$$O_3 + \text{UV } (\lambda < 329 \text{ nm}) \rightarrow O^* + O_2.$$

Die meisten angeregten Sauerstoff-Atome werden durch Stoßreaktionen mit Stickstoff- oder Sauerstoff-Molekülen wieder in den Grundzustand übergeführt

$$O^* + M \rightarrow O(^3P) + M,$$

und O(^{3}P) rekombiniert mit O$_2$ sofort wieder zu O$_3$. Ein kleiner Teil der angeregten Sauerstoffatome reagiert jedoch mit Wasserdampf, dessen Volumenanteil in der Troposphäre immerhin im Promillebereich liegt, und bildet damit OH:

$$O^* + H_2O \rightarrow 2\,OH.$$

Diese Reaktionskette stellt den wichtigsten Produktionsprozeß für Hydroxyl-Radikale in der Troposphäre dar.

OH reagiert mit den kohlenstoffhaltigen Quellgasen CO und CH$_4$, die dadurch zu CO$_2$ bzw. CO (und damit letztlich auch zu CO$_2$) aufoxidiert werden. Die primären Reaktionen hierfür sind

1. $OH + CO \rightarrow CO_2 + H$
2. $OH + CH_4 \rightarrow CH_3 + H_2O.$

In der ersten Reaktion wird dabei atomarer Wasserstoff gebildet, der sich mit Sauerstoff gemäß

$$H + O_2 + M \rightarrow HO_2 + M$$

zum *Hydroperoxyl*-Radikal HO_2 verbindet. Dieses bestimmt neben anderen Peroxy-Radikalen und dem OH den Abblauf der Photosmogreaktionen, die zur verstärkten Bildung von O_3 führen (s. Abschnitt 5.1). HO_2 bildet über die Reaktionen

$$HO_2 + OH \rightarrow H_2O + O_2,$$
und
$$HO_2 + HO_2 \rightarrow H_2O_2 + O_2$$

die Senkengase H_2O und H_2O_2, die im Niederschlag ausgewaschen werden.

Die zweite Reaktion führt über eine Reihe von Zwischenschritten zur Bildung von CO, das dann durch OH zu CO_2 vollständig aufoxidiert wird (Methanoxidationskette). Dabei wird das Verhältnis von HO_2 und OH ganz wesentlich durch die Konzentration von O_3 und NO bestimmt. In Reinluft dominiert die Reaktion

$$HO_2 + O_3 \rightarrow 2\,O_2 + OH,$$

so daß die CO-Oxidation zu CO_2 in der Kette

$$
\begin{aligned}
CO + OH &\rightarrow H + CO_2 \\
H + O_2 + M &\rightarrow HO_2 + M \\
HO_2 + O_3 &\rightarrow 2\,O_2 + OH \\
\hline
\text{Netto:}\quad CO + O_3 &\rightarrow CO_2 + O_2
\end{aligned}
$$

abläuft, bei der pro Oxidationsschritt ein O_3-Molekül abgebaut wird.

Bei Anwesenheit von Stickstoffoxiden (NO_x) gewinnt die Reaktion

$$HO_2 + NO \rightarrow NO_2 + OH$$

an Bedeutung. In einer durch NO_x verschmutzten Luftmasse führt die CO-Oxidation daher zu der Kette

$$
\begin{aligned}
CO + OH &\rightarrow H + CO_2 \\
H + O_2 + M &\rightarrow HO_2 + M \\
HO_2 + NO &\rightarrow OH + NO_2 \\
NO_2 + \text{Licht } (\lambda < 420\,nm) &\rightarrow NO + O \\
O + O_2 + M &\rightarrow O_3 + M \\
\hline
\text{Netto:}\quad CO + 2\,O_2 + \text{Licht } (\lambda < 420\,nm) &\rightarrow CO_2 + O_3,
\end{aligned}
$$

bei der pro Oxidationsschritt ein O_3-Molekül produziert wird. Der Übergang von der Ozonsenke (Reinluft) zur Ozonquelle vollzieht sich bei einem Stickoxid/Ozon-Konzentrationsverhältnis von $[NO]/[O_3] = 2 * 10^{-4}$ [163], das über dem größten Teil Nordamerikas und Europas permanent weit überschritten ist. In Gebieten ohne anthropogene NO_x-Quellen herrschen weitgehend Reinluftverhältnisse, da die biogene NO-Emission allein nur NO_x-Anteile im ppt-Bereich aufbauen kann. In Ballungsräumen können dagegen über 100 ppb vorkommen.

Mit Hilfe von Modellen können diese photochemischen Prozesse simuliert und die OH-Konzentrationen in der Troposphäre berechnet werden. Im Mittel über die Jahres- und Tageszeiten ergeben sich dabei zwischen 10^5 und 10^7 OH-Moleküle pro Kubikzentimeter, wobei die höchsten Werte in den Tropen vorkommen. Dieses OH-Maximum in niederen Breiten ist die Folge der hohen Luftfeuchtigkeit dieser Region sowie des höheren Strahlungsflusses, der zu vermehrter O*-Bildung führt [165].

Die direkte Messung von OH ist angesichts seiner geringen Konzentration einerseits und seiner großen Reaktivität andererseits sehr schwierig. Erste Messungen [164–166] bestätigen die mit Hilfe von Modellen berechneten tageszeitlichen Variationen von OH und zeigen, daß die photochemischen Prozesse grundsätzlich verstanden sind.

Einen indirekten Test ermöglichen die Messungen der globalen Verteilung von Methylchloroform (CH_3CCl_3). Diese Substanz wurde bis 1992 in großen Mengen weltweit als Lösungsmittel im Trockenreinigungsgewerbe benutzt, und neben dieser anthropogenen Emission sind keine natürlichen Quellen bekannt (s. Abschnitt 5.5). Da Methylchloroform in der Atmosphäre praktisch nur durch OH abgebaut wird, bestimmt die OH-Konzentration seine Lebensdauer. Aus langjährigen Meßreihen der globalen Verteilung von CH_3CCl_3 in Bodenluft konnte die atmosphärische Lebensdauer von Methylchloroform bestimmt werden. Im globalen Mittel ergab sich hierbei ein Wert von etwa 5 Jahren, was gut mit den bekannten Emissionsdaten und Trends im Einklang ist [167, 168].

Das Hydroxyl-Radikal initiiert eine Fülle weiterer Reaktionen in der Troposphäre. Neben Reaktionen mit NO_x-Radikalen, die in Abschnitt 5.1 erläutert werden, sollen hier noch Prozesse erwähnt werden, die im atmosphärischen Schwefelkreislauf (s. Abschnitt 3.7) eine Rolle spielen. Durch biologische und geologische Prozesse werden eine Reihe von reduzierten Schwefelverbindungen in die Atmosphäre emittiert, so z.B. Schwefelwasserstoff (H_2S), Schwefelkohlenstoff (CS_2) oder Carbonylsulfid (OCS). Diese werden in mehreren Reaktionsschritten zu Schwefeldioxid (SO_2) aufoxidiert, wobei zumindest für H_2S gesichert ist, daß OH bei dieser Oxidation beteiligt ist. SO_2 hat eine Lebensdauer von nur einigen Tagen. Es wird nach einer Reihe von Prozessen, die alle über die Oxidation von SO_2 zu Sulfat (SO_4^{2-}) und dessen Einschluß in Wolkentropfen und Aerosole laufen, als Schwefelsäure (H_2SO_4) im Niederschlag ausgeregnet. Diese Oxidationsketten werden durch Reaktionen mit OH eingeleitet. Das bei der Verbrennung von schwefelhaltiger Kohle und Öl zusätzlich in die Atmosphäre emittierte Schwefeldioxid wird wie das natürliche SO_2 zu Sulfat aufoxidiert. Als Folge nimmt der Säuregehalt der Niederschläge in den betroffenen Regionen zu (Saurer Regen, s. Abschnitt 5.3).

Abbildung 33 veranschaulicht, in welcher Weise die Photochemie des OH-Radikals die Oxidation von Spurengasen in der Troposphäre und damit deren Auswaschen reguliert. Fett gezeichnet sind die Reaktionspfade, die für die OH-Konzentration selbst von Bedeutung sind; die dünn gezeichneten Reaktionspfade sind nicht unmittelbar für die OH-Konzentration, wohl aber für die beteiligten Reaktanten wichtig. Die gestrichelten Reaktionspfade bezeichnen

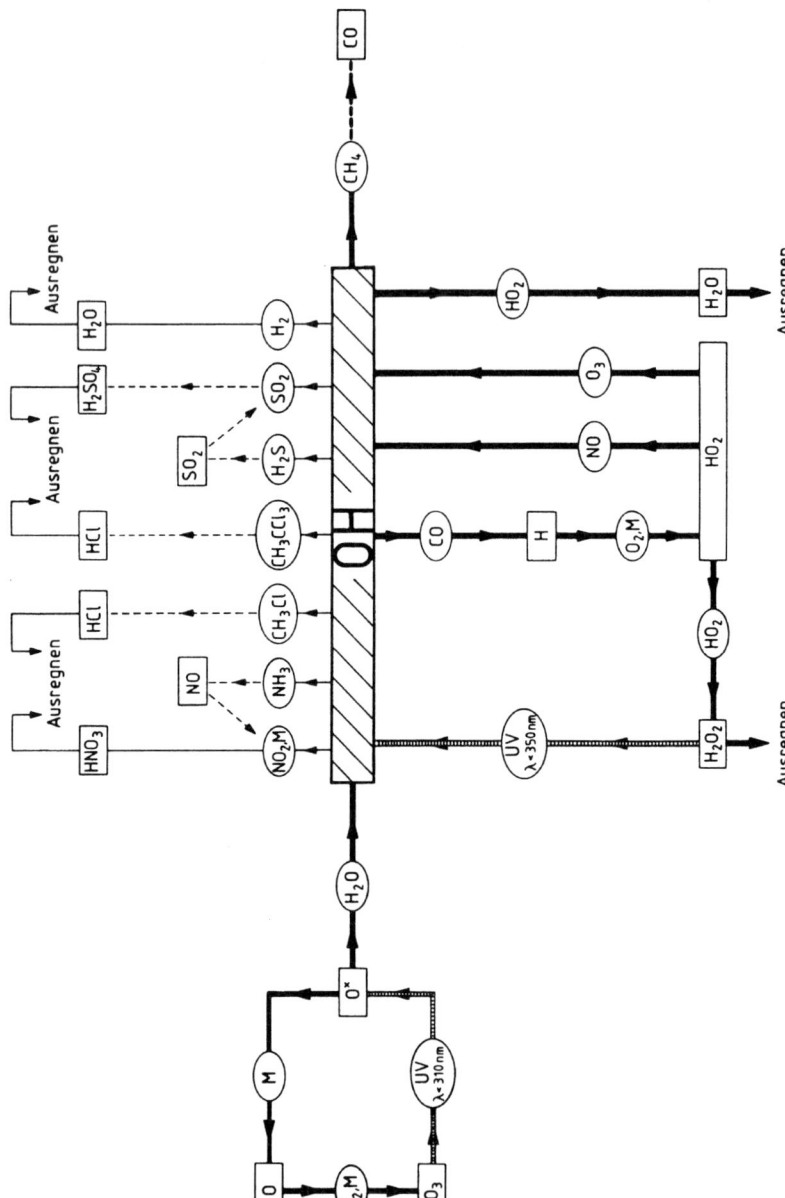

Abb. 33. Die Photochemie des OH-Radikals bestimmt die Spurengaszusammensetzung der Troposphäre. Die Bildung von OH durch angeregte Sauerstoff-Atome O*, die Photolyseprodukte von Ozon sind, ist die „Initialzündung" für den Ablauf dieser chemischen Prozesse; nach [41]

Reaktionsketten, die in mehreren Schritten ablaufen. Diese schematische Darstellung veranschaulicht, wie wichtig das OH-Radikal für die Reinigung unserer Atmosphäre ist, indem es Schadstoffe aufoxidiert und dadurch in wasserlösliche Substanzen umwandelt, die mit dem Niederschlag ausgewaschen werden können. Ozon wiederum liefert in Form der angeregten Sauerstoff-Atome die Initialzündung für alle diese Prozesse, denn ohne die permanente Produktion von O* gäbe es in der Troposphäre keine OH-Radikale.

3.7
Schwefelkreislauf, Sulfataerosol und Vulkanismus

Der irdische Schwefel stammt aus Eruptivgesteinen, überwiegend Pyrit (FeS_2). Durch Ausgasen und Verwitterungsprozesse ist im Laufe der Erdgeschichte ein großer Teil davon in die Atmosphäre gelangt, dort oxidiert und als Sulfat (SO_4^{2-}) im Ozean gelöst und als Sediment abgelagert worden. Schwefel gehört zu den lebenswichtigen Elementen aller Organismen. Er wird als SO_4^{2-} assimiliert, reduziert und in organischen Schwefel, eine wichtige Komponente der Proteine, umgewandelt.

Schwefel kommt in Oxidationsstufen $+6$ (in SO_4^{2-}) bis -2 (in Sulfiden) vor, und wie beim Stickstoffkreislauf (s. Abschnitt 3.4.2) sind es Mikroorganismen, die Oxidations- und Reduktionsprozesse steuern. So wird unter anaeroben Bedingungen Sulfat reduziert, wodurch reduzierte Gase wie H_2S in die Atmosphäre entweichen bzw. Pyrit als Sediment abgelagert wird. Umgekehrt werden reduzierte Schwefelverbindungen in Gegenwart von Sauerstoff durch Mikroorganismen oxidiert. Die Gesamtmenge des im aktiven Kreislauf verfügbaren Schwefels beträgt $8{,}72 * 10^{21}$ g S und ist damit mengenmäßig der Gesamtmenge an Stickstoff ($4 * 10^{21}$ g N) vergleichbar. Doch während sich der meiste Stickstoff in der Atmosphäre befindet, liegt der Schwefel überwiegend in den Sedimenten bzw. als gelöstes Sulfat im Ozean vor (s. Tabelle 13). In der Atmopshäre befindet sich nur ein verschwindend kleiner Schwefelpool, da gasförmige Verbindungen wie H_2S oder SO_2 rasch oxidiert werden und innerhalb weniger Tage als Sulfat ausregnen. Die einzige langlebige Schwefelverbindung in der Atmosphäre ist Carbonylsulfid (COS), dessen Volumenanteil von etwa 500 ppt einem atmosphärischen Schwefelpool von $2{,}8 * 10^{12}$ g S entspricht. Die in Pflanzen und im Humus gebundenen Mengen an Schwefel sind mit $8{,}5 * 10^{15}$ g S bzw. $15{,}5 * 10^{15}$ g S den entsprechenden Stickstoffpools vergleichbar.

Tabelle 13. Aktive Schwefelpools nahe der Erdoberfläche (nach [112])

Reservoir	10^{18} g S
Atmosphäre	0,0000028
Ozean	1280
Sedimente	7440
Landpflanzen	0,008 5
Bodenhumus	0,015 5
Gesamtmenge	**8720**

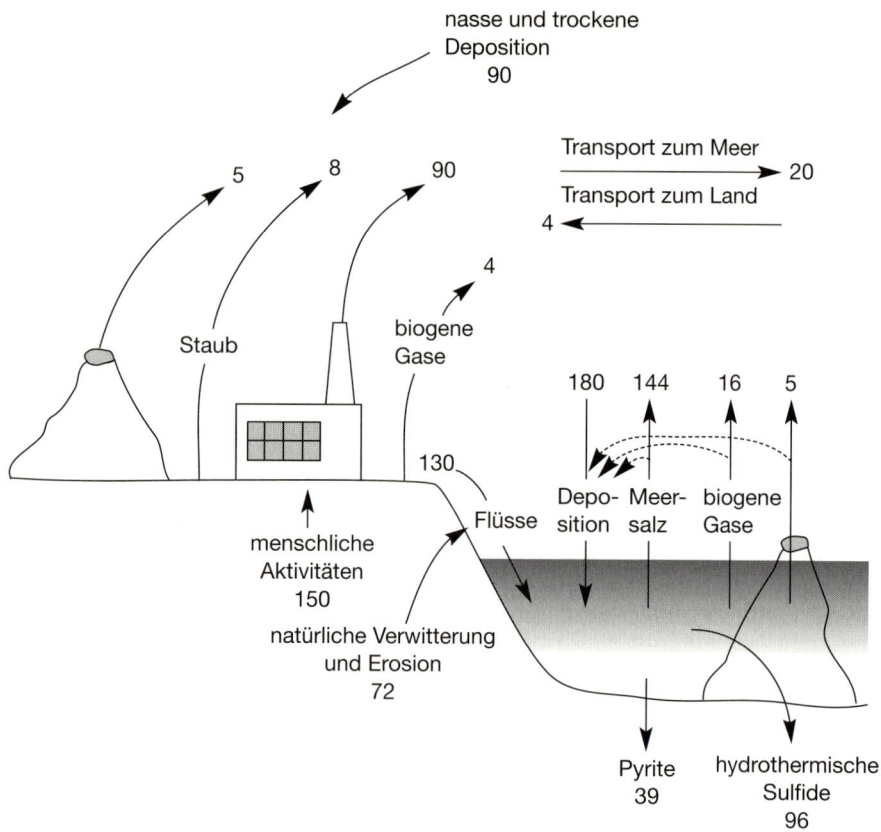

Abb. 34. Globaler Schwefelkreislauf, nach [112]. Die jährlichen Flußgrößen sind in Einheiten 10^{12} g S/Jahr bzw. Mt S/Jahr angegeben

Der globale Schwefelkreislauf ist in Abb. 34 schematisch dargestellt. Da der atmosphärische Pool so gering ist, werden lediglich Flußgrößen angegeben, wobei der jährliche Eintrag von Schwefelverbindungen in die Atmosphäre und der entsprechende Austrag einander kompensieren müssen. Bezüglich der Flußgrößen in 10^{12} g S/Jahr bzw. Mt S/Jahr bestehen noch erhebliche Unsicherheiten [112]: Biogene Emissionen der Landflächen, überwiegend in Form von Schwefelwasserstoff (H_2S), Dimethylsuflid ((CH_3)$_2$S) und Carbonylsulfid (COS) aus Sümpfen und anaeroben Böden machen etwa 1 Mt S/Jahr aus. Dazu kommen 3 Mt S/Jahr, die bei Waldbränden freigesetzt werden, so daß die gesamte biogene Emission 4 Mt S/Jahr beträgt.

Biogene Quellen der Ozeane machen etwa 16 Mt S/Jahr aus, überwiegend Dimethylsulfid (DMS), das bei der Zersetzung abgestorbener Phytoplankton-Zellen gebildet wird [169], sowie geringe Mengen von COS. Mit ca. 15 Mt S/Jahr ist DMS die bedeutendste natürliche Quelle gasförmiger Schwefelverbindungen überhaupt. Infolge rascher Oxidation mit OH beträgt seine atmosphärische Lebensdauer aber nur 1 Tag, so daß der meiste als DMS emittierte Schwefel in Form von Sulfat direkt in den Ozean zurückgelangt. Der Ozean ist auch eine bedeutende Quelle für sulfathaltige Aeorosole, die aber größtenteils durch Niederschlag und trockene Deposition direkt wieder in den Ozean eingetragen werden. Damit stellen die anthropogenen Schwefelemissionen in Form von SO_2 mit ca. 90 Mt S/Jahr die bedeutendste Schwefelquelle für die Atmosphäre dar. Die in der Literatur zitierten Werte variieren zwischen 50 und 100 Mt S/Jahr mit einer Tendenz zu abnehmenden Emissionen als Folge zunehmend wirksamer Abgasvorschriften. Das gebildete Sulfat gelangt innerhalb weniger Tage durch nasse (Niederschlag) und trockene Deposition zur Erdoberfläche zurück, wobei hinsichtlich der Aufteilung in kontinentale und maritime Deposition große Unsicherheiten bestehen. Episodische Ereignisse wie Vulkanausbrüche und Staubstürme liefern signifikante Beiträge zum globalen Schwefelkreislauf, sind aber schwierig zu quantifizieren. Aus der Deposition von SO_4 im Eis der Antarktis kann der vulkanische Beitrag über die letzten Jahrhunderte abgeschätzt werden [170]. Hiernach hat die gewaltige 1815 erfolgte Eruption des Tambora 50 Mt S in die Atmosphäre eingetragen. Größere Eruptionen wie die des Mt. Pinatubo (15. Juni 1991) setzten zwischen 5 und 10 Mt S frei [171]. Ein mittlerer jährlicher Fluß von etwa 10 Mt S/Jahr ergibt sich durch Mittelung über die vulkanischen Emissionen vieler Jahre, wobei die Beiträge der kontinentalen und maritimen Quellen jeweils mit 50 % angesetzt sind [172–174]:

Wüstenböden sind die Quelle von Gips ($CaSO_4 * 2 H_2O$), der in atmosphärischen Stäuben enthalten ist. Während größere Partikel, die bei Staubstürmen aufgewirbelt werden, nur über kurze Strecken transportiert werden, können kleine Partikel großräumig über den Globus verteilt werden. Der globale Schwefeleintrag in die Atmosphäre durch Staubstürme dürfte im Mittel etwa 8 Mt S/Jahr betragen.

Mit einem Volumenanteil von etwa 500 ppt [175] ist COS die häufigste, dank einer atmosphärischen Lebensdauer von fast 5 Jahren zugleich auch die langlebigste Schwefelverbindung in der Atmosphäre. Aus biogenen Quellen gelangen pro Jahr ca. $0,8 * 10^{12}$ g S (0,8 Mt S) in die Atmosphäre, wobei kontinentale und ozeanische Quellen etwa gleichgroße Beiträge liefern. Etwa die Hälfte davon wird durch Pflanzen und Böden wieder aufgenommen, so daß eine globale Netto-Quelle von ca. 0,4 Mt S/Jahr verbleibt [176].

Die OH-Oxidation führt in der Reaktionskette

$$COS + OH \rightarrow CO_2 + HS$$
$$HS + O_2 \quad \rightarrow SO_2 + H$$

zur Bildung von CO_2 und SO_2, das in weiteren Schritten zu Sulfat oxidiert wird. Die OH-Oxidation von COS macht aber nur eine Senke von ca. 0,15 Mt S/Jahr aus, so daß die restlichen 0,25 Mt S/Jahr in die Stratosphäre gelangen. Dies wird auch durch Messungen bestätigt: von den insgesamt 2,8 Mt S des atmosphärischen COS-Pools befinden sich 0,4 Mt S in der Stratosphäre [176]. In der Stratosphäre wird COS durch UV-Strahlung photolysiert. Der in der Reaktion

$$COS + \text{UV-Strahlung} \ (\lambda < 260 \ nm) \rightarrow S + CO$$

freigesetzte atomare Schwefel reagiert mit O_2 rasch zu SO_2, das mit OH in mehreren Schritten zu H_2SO_4 oxidiert wird. Gasförmige Schwefelsäure konnte in der

Stratosphäre in Form einer H_2SO_4-Schicht direkt nachgewiesen werden. Ihr Konzentrationsmaximum mit etwa 10^7 cm^{-3} liegt in etwa 35 km Höhe [177].

Durch Übersättigung in der Gasphase findet laufend die Bildung von Partikeln statt, die in der Stratosphäre überwiegend als „heteromolekulare Nukleation" mit H_2O-Molekülen abläuft. Dabei erfolgt die spontane Anlagerung von H_2SO_4 an H_2O-Moleküle und ein Größenwachstum durch sukzessives Verschmelzen solcher H_2SO_4/H_2O-Cluster (homogene Nukleation). H_2SO_4/H_2O-Cluster wachsen auch an existierenden Partikeln, sogenannten Kondensationskernen (heterogene Nukleation). Die Größenverteilung des so gebildeten stratosphärischen Sulfataerosols hat ein Konzentrationsmaximum bei etwa 0,15 μm Radius [178]. Wesentlich größer können die Teilchen nicht werden, denn mit zunehmender Größe wächst die Sedimentationsrate rapide an. Die stratosphärische Aufenthaltszeit von Partikeln um 0,15 μm Radius beträgt etwa 1 bis 1,5 Jahre (s. Abschnitt 2.5.3).

Der natürliche Zufluß von COS in die Stratosphäre führt also zur Bildung einer natürlichen Schicht von Sulfat-Aerosolpartikeln, deren Konzentrationsmaximum je nach geographischer Breite zwischen 17 und 24 km Höhe variiert. Diese Schicht, die nach ihrem Entdecker auch als Junge-Schicht bezeichnet wird [179], hat für den Klimahaushalt und für die Photochemie der Stratosphäre, besonders den katalytischen Ozonabbau (s. Abschnitt 5.5), große Bedeutung.

Durch Vulkaneruptionen gelangen neben CO_2 und H_2O große Mengen SO_2 und Vulkanasche in die Atmosphäre. Schwache Ausbrüche beeinflussen nur die Troposphäre, und das zusätzlich gebildete Sulfat und die Aschenpartikel werden innerhalb weniger Tage mit den Niederschlägen ausgewaschen. Bei starken Eruptionen gelangen jedoch vulkanische Gase und Partikel in die Stratosphäre. Das eingetragene SO_2 führt dort zu verstärkter Bildung von Sulfataerosol, wobei H_2O und Aschepartikel das Teilchenwachstum begünstigen. Die stratosphärischen Aerosoldichten können dadurch erheblich anwachsen, wie die Ergebnisse langjähriger Messungen mit ballongetragenen Teilchenzählern verdeutlichen: Nach größeren Eruptionen wie der des Fuego (1974), des Mt. St. Helens (1980) oder des El Chichon (1987) stieg die Partikeldichte innerhalb kürzester Zeit um den Faktor 10 und mehr über diejenige des ungestörten „Hintergrundaerosols" an (Abb. 35).

Die Verteilung der vulkanischen Aerosolwolke in der Stratosphäre kann mit satelliten-getragenen Sensoren (z. B. SAGE, TOMS oder ISAMS) global verfolgt werden [181]. Von Bodenstationen aus kann aus rückgestreuten LIDAR-Signalen auf die stratosphärische Teilchendichte geschlossen werden [182]. Die globalen Auswirkungen der vulkanischen Partikel hängen unter anderem vom Ort der Eruption ab: Bei Ausbrüchen in mittleren und hohen Breiten verteilt sich die vulkanische Wolke vorwiegend in der jeweiligen Hemisphäre (z. B. Mount St. Helens, 1980, 46,2 °N). Bei Ausbrüchen in Äquatornähe wird die Ausbreitung in die jeweilige Winterhemisphäre durch die Phase der QBO bestimmt (s. Abschnitt 2.5.3). Bei östlicher QBO ist die meridionale Durchmischung behindert (z. B. El Chichon, 1982, 17,3 °N), und die vulkanischen Aerosole verteilen sich zunächst nur zonal, bevor später eine meridionale Durchmischung erfolgt [181]. Insofern stellt die Eruption des Mt. Pinatubo (15.06.1991, 15 °N) auf den Philippinen ein besonderes Ereignis dar: Diese Eruption war nicht nur das stärkste

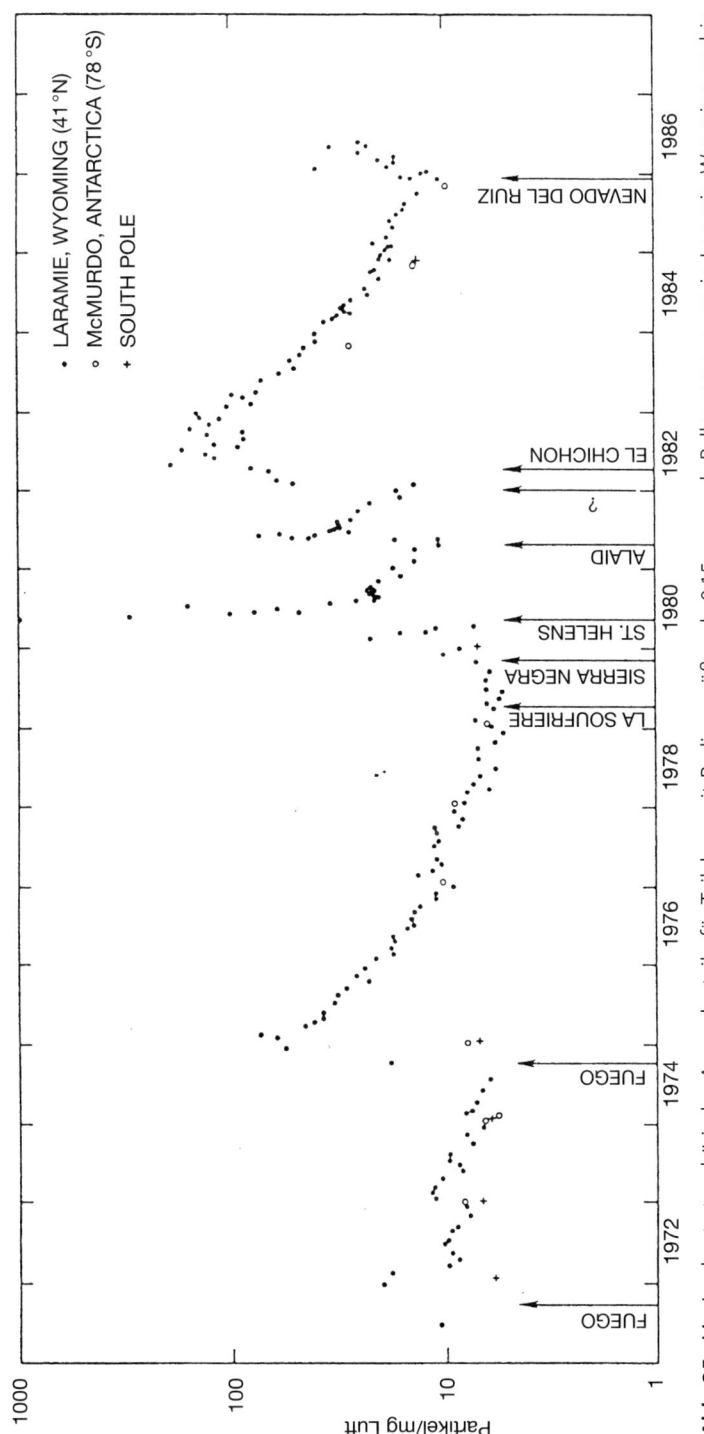

Abb. 35. Maximale stratosphärische Aerosolanteile für Teilchen mit Radien größer als 0,15 μm nach Ballonmessungen in Laramie, Wyoming und in der Antarktis. Die Zeitpunkte größerer Vulkaneruptionen sind durch Pfeile markiert; nach [180]

Vulkanereignis des 20. Jahrhunderts überhaupt, durch das 30 Mt Vulkanaerosole in der Stratosphäre produziert wurden. Sie war auch außergewöhnlich insofern, als eine ungemein schnelle meridionale Ausbreitung der Vulkanwolke erfolgte, obwohl der Ausbruch während der Ostphase der QBO stattgefunden hatte. Die Wolke konnte in Japan bereits am 28.06., in Süddeutschland am 01.07.1991, also nur etwa 2 Wochen nach der Eruption auf den Philippinen, identifiziert werden [182]. Insgesamt führte der Ausbruch des Pinatubo zu einer weltweit beobachteten starken Erhöhung des stratosphärischen Aerosolgehaltes.

Die Einführung großer Mengen von Vulkanaerosol beeinflußt den globalen Strahlungshaushalt erheblich. Die Sulfatpartikel verursachen aber nicht nur die Erscheinung farbiger Sonnenuntergänge, die besonders nach der Eruption des Pinatubo weltweit zu beobachten waren. Sie haben vor allem klimatische Auswirkungen, denn zusätzliche Teilchen erhöhen die atmosphärische Albedo. Dies hat eine Reduktion der Globalstrahlung und damit Abkühlung der unteren Atmosphäre zur Folge. Umgekehrt führt die Erhöhung des kurzwelligen Strahlungsflusses oberhalb der Aerosolschicht in der Stratosphäre zu einer Erwärmung [183]. Die Pinatubo-Wolke hat, wie Satellitenmessungen ergaben, zwischen 5 °S und 5 °N zeitweise Abkühlungsraten bis zu -8 W/m^2 ergeben [181]. Dies ist weitaus mehr, als dem positiven Strahlungsantrieb durch den anthropogen verursachten Zusatztreibhauseffekt entspricht (s. Abschnitt 5.6). Tatsächlich zeigen globale Klimadaten nach starken Vulkanausbrüchen Temperaturanomalien, mit bis zu einigen Zehntel Grad Abkühlung am Boden und entsprechenden Erwärmungen in der Stratosphäre um 20 km Höhe [185]. Nach dem Ausbruch des Pinatubo wurden in dieser Höhenschicht zeitweise positive Temperaturanomalien sogar bis zu 3,5 °C beobachtet [186].

Da das vulkanische Sulfataeorosol aussedimentiert, ist die vulkanische Klimawirkung zeitlich begrenzt. Ist nach einer Eruption die maximale Partikeldichte erreicht, nimmt diese innerhalb von ca. 12 Monaten auf den e-ten Teil ab (s. Abschnitt 2.5.2), und innerhalb etwa 3 Jahren ist, wenn keine weiteren Eruptionen erfolgen, das Niveau des Hintergrundaerosols wieder erreicht [180]. Dies gilt für die in Abb. 35 aufgetragenen Partikel mit Radius größer als 0,15 µm, für kleinere Aerosolteilchen ist die atmosphärische Aufenthaltszeit geringfügig länger. Offensichtlich klingt, wie Modellrechnungen gezeigt haben [184], die durch Vulkanaerosol induzierte Klimastörung langsamer ab als die Aerosoldichte. Dadurch kann es zu länger anhaltenden Klimaanomalien kommen, besonders wenn sich mehrere starke Vulkanausbrüche in Folge ereignen. Um die Klimaanomalien der Vergangenheit zu erklären, ist daher auch die Rekonstruktion historischer Vulkanereignisse wichtig. Aus dem Sulfateinschluß im Grönland-Eis konnte eine recht präzise Rekonstruktion für die letzten 2100 Jahre erstellt werden [187] (s. Abschnitt 4.2).

4 Natürliche Klimavariationen – Die wechselvolle Klimageschichte der Erde

4.1 Neoklimatologie und Paläoklimatologie

Die Erde und damit das globale Klimasystem sind über 4,5 Milliarden Jahre alt. Sie haben sich über diese Zeit entwickelt und verändert, und von daher sind Klimaänderungen im Verlauf der Erdgeschichte etwas ganz Natürliches.

Die Komponenten des Klimasystems, Atmosphäre, Lithosphäre, Biosphäre, Hydrosphäre und Kryosphäre (s. Abb. 36) stehen durch den Austausch von Energie und Stoffen in enger Wechselwirkung miteinander. Die im Klimasystem umgesetzte Energie wird durch die Sonne geliefert. Es liegt auf der Hand, daß periodische und nichtperiodische Schwankungen dieses Energieflusses Einfluß

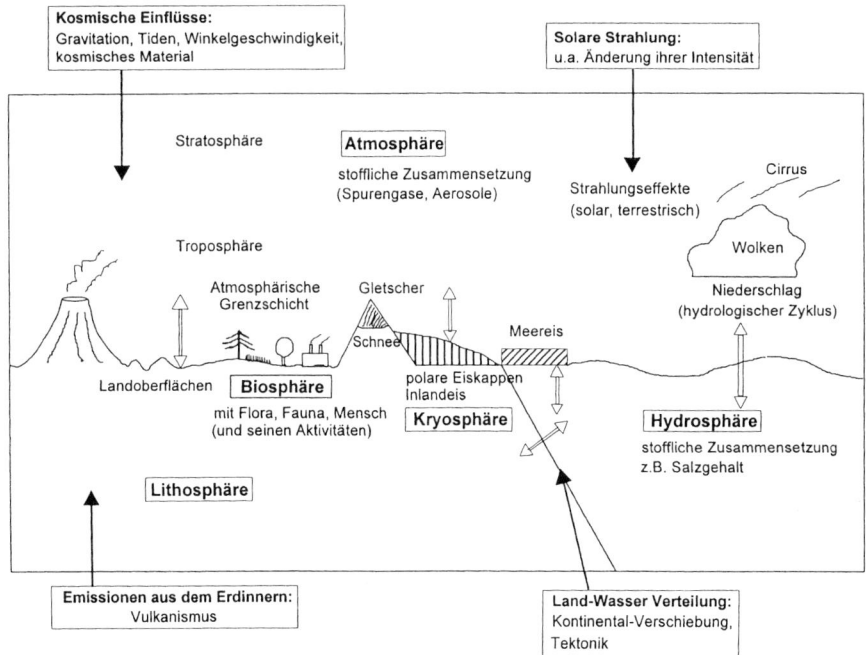

Abb. 36. Das globale Klimasystem und seine internen und externen Einflußgrößen; nach [35]

auf das irdische Klima haben. Andere kosmische Einflußgrößen sind Gravitation und Gezeiten, ausgelöst von anderen Himmelskörpern, sowie kosmisches Material, z.B. Meteoritenstaub, der einen Teil der stratosphärischen Aerosole ausmacht. Aber auch aus dem Erdinnern heraus wird das Klimasystem beeinflußt, etwa durch Vulkanismus, tektonische Prozesse und Gebirgsbildungen bis hin zur Verschiebung der Kontinente.

Zum Verständnis des Klimasystems sind Untersuchungen der in der Vergangenheit abgelaufenen Klimavariationen eine wichtige Voraussetzung. Auch die Güte der Klimamodelle, mit denen wir die zukünftige Klimaentwicklung vorausberechnen, muß daran gemessen werden, wie gut diese das Klima der Vergangenheit und seine raum-zeitlichen Veränderungen berechnen können.

Exakte Klimadaten, die auf direkten Messungen beruhen, decken nur einen kurzen Abschnitt der Klimageschichte ab. Das Thermometer wurde 1611 von Galileo, das Barometer 1643 von Torricelli erfunden, und erste Meßreihen wurden damit 1654 bis 1670 in Florenz erzielt. Die berühmte Temperaturmeßreihe vom Hohenpeißenberg, einer in 1000 m Höhe im bayerischen Voralpenland gelegenen Station, reicht bis 1781 zurück und ist die längste Datenreihe einer Bergstation überhaupt. Mitte bis Ende des 18. Jahrhunderts wurden kontinuierliche Klimamessungen an vielen anderen überwiegend europäischen Stationen sowie einigen Orten im Osten der USA aufgenommen. Eine hinreichend globale Abdeckung in Form lückenloser Zeitreihen, zumindest der bodennahen Lufttemperatur, besteht aber erst seit etwa 1860 [188]. Das Zeitalter der „Neoklimatologie", also der auf gesicherten direkten Messungen beruhenden Klimadaten, umfaßt somit nur etwa die letzten 150 Jahre.

Informationen über die Klimaverhältnisse früherer Epochen können aus historischen Aufzeichnungen gewonnen werden, z.B. antiken Inschriften, Tagebüchern, Annalen und Chroniken, wissenschaftlichen Schriften sowie Akten von Regierungen, Verwaltungen und Kirchen. Die ältesten historischen Klimainformationen stammen aus Ägypten, wo die Flutwasserspiegel des Nil bis etwa 3000 v. Chr. aus Steininschriften zurückverfolgt werden können. Aufzeichnungen aus China, in denen über Fluten, Trockenheiten, extreme Kälte- und Hitzejahre berichtet wird, gehen bis 1700 v. Chr. zurück. Für Südeuropa und den Mittelmeerraum sind Klimainformationen aus historischen Dokumenten seit etwa 500 v. Chr., für Zentral- und Nordeuropa etwa seit der Zeitwende verfügbar. Die Schwierigkeit liegt bei allen diesen Datenquellen in der Quantifizierung: welche Temperaturen ordnet man qualitativen Angaben wie „große Hitze, extreme Kälte, kühles oder warmes Wetter" usw. zu. Das Gleiche gilt für Hinweise und Angaben zu Dürreperioden, Fluten, Stürmen, Überschwemmungen und dergleichen. Entsprechend ungenau sind die hieraus rekonstruierten Temperaturen und Niederschlagsmengen.

Viel genauer sind dagegen historische Aufzeichnungen über die Dauer des Zufrierens von Gewässern, die Zahl der Schneefalltage oder die Daten des letzten Schneefalls im Frühjahr. Hier können Zusammenhänge dieser Daten mit Temperaturen während der instrumentellen Periode bestimmt und damit Temperaturreihen in die vorinstrumentelle Zeit hinein mit relativ guter Genauigkeit rekonstruiert werden. Recht genaue Temperaturreihen lassen sich auch aus phänologischen Datenreihen ableiten, deren längste, in der für jedes Jahr das Eintrittsdatum der Kirschblüte in Kyoto aufgezeichnet ist, bis in das neunte Jahrhundert zurückreicht. Trotz großer Datenlücken ist die Kyoto-Meßreihe wegen ihrer Länge von Interesse. Auch aus anderen phänologischen Aufzeichnungen, etwa über den Zeitpunkt von Aussaat und Ernte verschiedener Feldfrüchte, sind Temperaturreihen abzuleiten. Interessant sind in diesem Zusammenhang Aufzeichnungen über den Zeitpunkt der Weinlese in Frankreich, in der Schweiz und in der südlichen Rheinregion, die bis etwa 1500 zurückreichen [189].

Man bezeichnet das Klima der vorinstrumentellen Zeit als Paläoklima. Paläoklimadaten sind Angaben über Temperatur, Niederschlag und andere Klimaparameter, die nicht aus direkten Messungen abgeleitet sondern aus sogenannten Proxy-(Stellvertreter-)Daten rekonstruiert wurden. So sind die historischen Aufzeichnungen und Dokumente Proxies für die daraus rekonstruierten Klimadatenreihen. Neben diesen benutzt die Paläoklimatologie heute eine Vielzahl biologischer, geologischer und glaziologischer Proxies, welche die Rekonstruktion der irdischen Klimageschichte über mehr als 3 Milliarden Jahre zurück erlauben. Moderne Analytik, isotopenphysikalische Verfahren und Datierungsmethoden haben hier in den letzten Jahren zu einer geradezu stürmischen Entwicklung geführt und unser Wissen über das Paläoklima und damit unser Verständnis über das Funktionieren des Klimasystems einen großen Schritt vorangebracht.

4.2
Methoden der Paläoklimatologie

Viele biologische und nichtbiologische Systeme werden bei ihrer Entstehung, ihrem Wachstum und anderen Veränderungen von Klimaparametern beeinflußt. Wenn diese Systeme von der Zeit ihrer Entstehung bzw. Formung bis in die Gegenwart konserviert wurden, kann die paläoklimatische Information daraus gewonnen werden. Beispiele solcher Proxies sind etwa die Weiten der jährlichen Wachstumsringe von Bäumen, die Informationen über Temperatur und Niederschlag enthalten, die Schichten mariner Sedimente, aus denen Temperaturen, Salzgehalte und Strömungen im Ozean abgeleitet werden können, oder Gletschereis-Bohrkerne, die neben der atmosphärischen Spurengaszusammensetzung auch die Temperatur früherer Zeitalter zu rekonstruieren gestatten. Dabei ist das interssierende Klimasignal oft schwach und von vielen nichtklimatischen Einflüssen überlagert.

Allen Verfahren ist gemeinsam, daß zur Extraktion der paläoklimatischen Informationen eine Eichung erforderlich ist. Hierzu müssen die Abhängigkeiten der Systeme von Klimaparametern an Hand exakter Klimadaten der instrumentellen Periode bestimmt werden. Bei der Anwendungen solcher Eichfunktionen wird dabei vorausgesetzt, daß die für die jüngste Zeit ermittelten Zusammenhänge auch für die untersuchten Proben gelten, was zu Fehlern führen kann [190]. Unabdingbar ist ferner eine Datierung der untersuchten Systeme und Proben, damit die Proxydaten zeitlich eingeordnet werden können.

Heute angewandte Datierungsmethoden lassen sich in vier Kategorien einteilen: radioisotopische Methoden, die auf radioaktiven Zerfall in der Probe basieren, paläomagnetische Methoden, bei denen sich die Zeitskala an den

Umkehrpunkten des Erdmagnetfeldes orientiert, chemische Methoden, die auf zeitabhängigen chemischen Veränderungen in der Probe, und biologische Methoden, die auf dem Wachstum von Organismen beruhen [189].

Die *Radiocarbon-Methode (¹⁴C-Methode)* beruht darauf, daß in der Atmosphäre neben dem normalen Kohlenstoff (^{12}C) ein geringer Anteil des schwereren Isotops ^{14}C in CO_2 vorkommt. Dieses entsteht durch Neutronenbeschuß der kosmischen Strahlung aus Luftstickstoff gemäß der Beziehung

$$^{14}_{7}N + ^{1}_{0}n \ \rightarrow \ ^{14}_{6}C + ^{1}_{1}H$$

In dieser gebräuchlichen Notierung bezeichnet der obere Index die Massen-, der untere Index die Ladungszahl, welche die chemische Eigenschaften des Elements bestimmt.

$^{14}_{6}C$ ist radioaktiv und zerfällt mit einer Halbwertszeit von $5{,}73 * 10^3$ Jahren zu N gemäß

$$^{14}_{6}C \ \rightarrow \ ^{14}_{7}N + \beta.$$

^{14}C ist also ein β-Strahler, der pro Zerfall ein Elektron (β-Teilchen) freisetzt. Über geologische Zeiträume muß sich ein Gleichgewicht zwischen Bildung und Zerfall von ^{14}C in der Atmosphäre eingestellt haben. Da Pflanzen bei der Photosynthese CO_2 aufnehmen, enthalten sie in ihrer Biomasse daher genau den Anteil an radioaktivem ^{14}C, der auch in der Atmosphäre herrscht. Wie Libby, der Erfinder der ^{14}C-Methode feststellte, sind daher alle Pflanzen radioaktiv und, da Tiere und der Mensch von Pflanzen leben, auch diese. Mithin ist alles Lebendige radioaktiv [191]. Stirbt die Pflanze, endet die Photosynthese und daher der Kohlenstoffaustausch mit der Atmosphäre, und ^{14}C zerfällt im toten Pflanzenmaterial mit der o.g. Halbwertszeit. Aus der Radioaktivität organischer Proben, z.B. Holz, Leder oder Knochen, läßt sich daher bestimmen, wann die Photosynthese beendet war, woraus das Alter direkt abgeleitet werden kann. Eine Schwierigkeit der Datierung liegt darin, daß das atmosphärische $^{14}C/^{12}C$-Verhältnis nicht, wie ursprünglich angenommen wurde, konstant bleibt. Die zeitlichen ^{14}C-Fluktuationen müssen daher über eine Eichkurve korrigiert werden, die mit Hilfe anderer Datierungsmethoden gewonnen wurde und das wahre Alter aus dem ^{14}C-Alter der Probe abzulesen gestattet. Diese Eichkurve reicht heute bis etwa 45000 Jahre zurück [192].

Ein anderes radioisotopisches Datierungsverfahren ist die *Kalium-Argon-Methode ($^{40}K/^{40}Ar$)*. Sie basiert darauf, daß beim radioaktiven Zerfall von ^{40}K, das neben den stabilen Kalium-Isotopen ^{39}K und ^{41}K in kleinen Mengen in der Erdkruste existiert, das Isotop ^{40}Ar gebildet wird (s. Abschnitt 1.1). Das Verhältnis $^{40}K/^{40}Ar$ ist daher ein Maß für das Alter der Probe. Durch Erhitzen wird das Gas ^{40}Ar ausgetrieben, so daß sich das Verfahren besonders gut für vulkanische Gesteine eignet, die unmittelbar nach der Eruption kein ^{40}Ar enthalten. Mit der Zeit wird aus ^{40}K neues ^{40}Ar gebildet, das zur Datierung des Eruptionszeitpunktes benutzt werden kann. Wegen der langen Halbwertszeit des ^{40}K-Zerfalls (s. Tabelle 14) kann die Methode praktisch auf keine Proben angewandt werden, die jünger als etwa 100000 Jahre sind. Auch die Datierung mittels Isotopen der Uranzerfallsreihe eignet sich nur für entsprechend alte Proben.

Tabelle 14. Halbwertszeiten von Radioisotopen, die zur paläoklimatischen Datierung verwendet werden

Isotop	Halbwertszeit [Jahre]
^{14}C	$5{,}73 * 10^3$
^{238}U	$4{,}51 * 10^9$
^{235}U	$0{,}71 * 10^9$
^{40}K	$1{,}31 * 10^9$

Paläomagnetische Verfahren basieren darauf, daß das Magnetfeld der Erde im Abstand einiger 10^5 Jahre seine Polarität umkehrt. Diesen globalen Umkehreffekten sind quasi-periodische Magnetfeldänderungen geringerer Amplitude überlagert, die aus der Wanderung der magnetischen Pole resultieren. Eisenverbindungen in geschmolzener Lava nehmen, wenn diese erstarrt, eine Magnetisierung an, die sich parallel zum herrschenden Magnetfeld orientiert. Da sich das Alter vulkanischer Gesteine mit der Kalium-Argon-Methode bestimmen läßt, können die Umkehrzeitpunkte des Magnetfeldes wie die überlagerten quasiperiodischen Schwankungen zur Synchronisation und Datierung auch anderer paläomagnetischer Erscheinungen benutzt werden. So können Sedimentschichten in Seen und auch Ozeansedimente datiert werden, denn magnetische Partikel orientieren sich beim Absinken durch das Wasser an der jeweils herrschenden Magnetfeldrichtung. Auch eisenhaltige Tone konservieren, wenn sie beim Brennen heiß genug werden, beim Abkühlen eine Magnetisierung in Richtung des Erdmagnetfeldes. Viele archäologische Stätten haben auf diese Weise wertvolle geomagnetische Informationen über tausende von Jahren bewahrt.

Unter den *chemischen Datierungsverfahren* hat vor allem die Aminosäuren-Datierung Bedeutung erlangt. Da alle Lebewesen Aminosäuren enthalten, ist diese Datierung für organische Einschlüsse, etwa in Sedimenten oder Löss-Schichten, geeignet. Das Verfahren beruht darauf, daß die Aminosäuren des lebenden Organismus aus optisch linksdrehenden (L) Isomeren bestehen, die nach dem Absterben in rechtsdrehende (D) Isomere umgewandelt werden. Aus dem D/L-Verhältnis, das nach dem Tod des Organismus mit der Zeit zunimmt, kann der Zeitpunkt des Absterbens bestimmt werden. Diese Datierungsmethode, bei der nur kleinste Substanzmengen im Milligrammbereich benötigt werden, wurde bislang zur Altersbestimmung von Muscheln, Mollusken, Foraminiferen (einzellige Tiefsee-Schalentiere), Korallen und Holzresten eingesetzt. Da die D/L-Konversion temperaturabhängig ist, sind zur genauen Datierung Informationen über den Temperaturverlauf am Meßort notwendig. Andererseits bietet die Methode, wenn eine unabhängige zusätzliche Datierung, etwa mit der ^{14}C-Methode durchgeführt werden kann, die Möglichkeit, die Temperaturverhältnisse zu rekonstruieren. Die Zeitskala reicht dabei bis zu 10^6 Jahren zurück.

Bei den *biologischen Datierungsverfahren* werden die Größen einzelner Pflanzenarten als Index für das Alter des Substrates, auf dem diese wachsen, benutzt. Hier werden vor allem langsam wachsende Flechten benutzt, die sich zur Datierung von Gletscherständen, der Ausdehnung permanenter Schneebedeckung und Gewässerständen in der Tundrazone bewährt haben.

Paläoklimatologen stehen heute vielfältige Methoden zur Verfügung, das Klima vergangener Epochen zu rekonsturieren. Als Proxies eignen sich erhaltene Strukturen, die durch periodisches Wachstum oder Ablagerungen im jahreszeitlichen Rhythmus gebildet wurden, etwa Baumringe, Korallen, Eis oder Sedimente aller Art.

Es wurde schon früh erkannt, daß die von Jahr zu Jahr variirende *Weite von Baumringen* klimatische Informationen enthält und zur Datierung von Holz benutzt werden kann. So verfiel Douglass [193], der seine Hypothese über den Einfluß der Sonnenaktivität auf den Niederschlag testen wollte und dazu sehr lange Niederschlagsmeßreihen benötigte, auf die Idee, die Ringweite von Bäumen der trockenen südwestlichen USA als Proxy für die Niederschlagsvariationen zu benutzen. Mit Holz von archäologischen Stätten bis hin zu frisch gefällten Bäumen konnte er eine beachtliche Datenreihe gewinnen und dabei Pionierarbeit für die Entwicklung der Dendrochronologie, welche Baumringsequenzen zur Datierung, und der Dendroklimatologie, welche die Baumringweiten als Proxy für Klimaparameter benutzt, leisten.

Stammscheiben der meisten Bäume gemäßigter Zonen zeigen eine mehr oder weniger konzentrisch angeordnete Folge hellerer und dunklerer Ringe (Farbtafel 6). Diese repräsentieren die saisonalen Zuwächse und bestehen im allgemeinen aus Sequenzen großer dünnwandiger Zellen, dem Frühholz, sowie dichter gepackten dickwandigen Zellen, dem Spätholz. Frühholz und Spätholz zusammen bilden den jährlichen Zuwachs, eben den Baumring. Die mittlere Ringbreite ist eine Funktion vieler Variablen, neben Baumart, Alter und Bodenbedingungen vor allem der Klimafaktoren Temperatur, Niederschlag, Sonnenstrahlung und Wind. So gesehen kann ein Baum als Filter betrachtet werden, der eine Folge jährlicher Witterungsmuster in eine Sequenz von Ringen entsprechender Breite überträgt, die im Holz gespeichert wird und im Detail später, im Extremfall tausende von Jahren später, analysiert werden kann. Neben der Ringweite wird auch die Holzdichte und ihre Variationen als Klimaproxy, vor allem zur Bestimmung langfristiger Temperaturänderungen, verwendet [195].

In jedem Falle ist zur zeitlichen Zuordnung eine Datierung der Ringe erforderlich. Dies geschieht durch Abzählen, wobei Fixpunkte bekannt sein müssen. Diese sind Jahre extrem enger oder weiter Wuchssringe, die z.B. besonders trockenen bzw. feucht-warmen Witterungsverhältnissen während der Vegetationsperiode entsprechen und als Weiserjahre bezeichnet werden. Durch Synchronisierung der zeitlichen Muster der Weiserjahre bekannter Chronologien mit solchen unbekannter Zeitfolgen lassen sich, beginnend mit der Gegenwart, Baumringchronologien bis weit zurück in die Vergangenheit erstellen, mit deren Hilfe Holzfunde, etwa von archäologischen Fundstellen, datiert werden können. Die ältesten Chronologien reichen heute bis etwa 2000 v. Chr. zurück und vermitteln Einblicke etwa in die Geschichte der Königsdynastien Anatoliens, Ägyptens und Mesopotamiens [196]. Die Datierung noch älterer Holzproben erfolgt üblicherweise mit Hilfe der ^{14}C-Methode [197]. Die Dendroklimatologie liefert Informationen über Temperaturen und Niederschläge mit jährlicher, oft sogar jahreszeitlicher Auflösung. Sie ist in den Tropen wegen des Fehlens ausgeprägter Jahreszeiten nur bedingt anwendbar. Für mittlere und hohe Breiten ist sie eine der wichtigsten Informationsquellen zum Klimaverlauf der letzten 1000

Jahre (s. Abschnitt 4.3). Einzelne Datenreihen reichen bis mehr als 10 000 Jahre zurück.

Aus dem *Wachstum von Korallen* können wichtige Informationen über die Temperatur des Oberflächenwassers, Salzgehalt und Strömungen im Ozean gewonnen werden. Eine 800 Jahre umspannende Meßreihe von einem Korallenriff in Bermuda zeigt, daß dort der jährliche Zuwachs invers von der Wassertemperatur abhängt, da kaltes nährstoffreiches Tiefenwasser das Wachstum begünstigt [198]. Umgekehrt zeigen Korallen von den Galapagos-Inseln eine Zunahme der jährlichen Zuwüchse mit höheren Temperaturen des Oberflächenwassers [199]. Mit Hilfe der *Sauerstoffisotopen-Fraktionierung (${}^{18}O$-Methode)* können dabei aus den Zuwächsen präzise Temperaturen abgeleitet werden, die sogar die saisonalen Schwankungen wiedergeben [200]. Sauerstoff kommt auf der Erde in Form der drei stabilen Isotope ${}^{16}O$, ${}^{17}O$ und ${}^{18}O$ vor, deren relative Anteile 99,76 %, 0,04 % bzw. 0,2 % betragen. Demnach enthalten auch die Moleküle des Ozeanwassers diese Sauerstoffisotope gemäß dieser Proportion, und das Verhältnis ${}^{18}O/{}^{16}O$ dient als Referenz (Standard Mean Ocean Water oder SMOW). Im Ozeanwasser gelöstes CO_2 kann Sauerstoffisotope mit dem Wasser austauschen gemäß

$$^1H_2{}^{18}O + {}^{12}C^{16}O_2 \rightleftarrows {}^1H_2{}^{16}O + {}^{12}C^{16}O^{18}O,$$

so daß bei der biologischen Carbonatbildung das Verhältnis ${}^{18}O/{}^{16}O$ in der jeweiligen Korallenschicht von SMOW abweicht. Diese Fraktionierung ist temperaturabhängig und ist somit eine hervorragende Proxygröße zur Rekonstruktion der Temperatur [189].

Die Akkumulation früherer Schneefälle im Eis der Arktis und Antarktis sowie Hochgebirgsgletschern der Anden und des Himalaya stellt ein überaus ergiebiges Archiv für paläoklimatische Untersuchungen dar. Neben Informationen über Niederschlagsmengen, die Firn- und Eisbildung sowie Eismassenbilanzen geben *Bohrkerne im Eis* vor allem Aufschlüsse über Temperatur und Zusammensetzung der Luft. Paläoklimatische Informationen aus Eisbohrkernen reichen von der Gegenwart bis mehr als 400 000 Jahre zurück. Sie zeigen eindrucksvoll das Zusammenspiel globaler Temperaturvariationen mit den variablen Anteilen der Treibhausgase CO_2, CH_4 und N_2O über den größten Teil des quartären Eiszeitalters.

Temperaturen werden dabei aus der *Untersuchung stabiler Isotope*, vor allem *Deuterium und ${}^{18}O$*, abgeleitet. Normaler Wasserstoff ${}^1H$ und schwerer Wasserstoff ${}^2H$ (Deuterium) kommen in relativen Anteilen von 99,98 % bzw. 0,016 % vor. Neben normalem Wasser ${}^1H_2{}^{16}O$ sind für die paläoklimatische Isotopenanalyse vor allem die beiden schweren Formen des Wassers, ${}^1H^2H^{16}O$ oder HDO und ${}^1H_2{}^{18}O$ wichtig. Beide werden bei der Verdunstung gegenüber dem SMOW im Wasserdampf abgereichert. Bei der Kondensation werden die schweren Komponenten im Kondensat dagegen angereichert [201]. Hieraus ergibt sich ein Zusammenhang zwischen den HDO- und $H_2{}^{18}O$-Anteilen im Kondensat und der Temperatur, die zur Rekonstruktion der Temperatur aus dem Eis benutzt wird. Auch der ${}^{18}O$-Anteil in den Lufteinschlüssen wird zur Bestimmung der Temperatur benutzt.

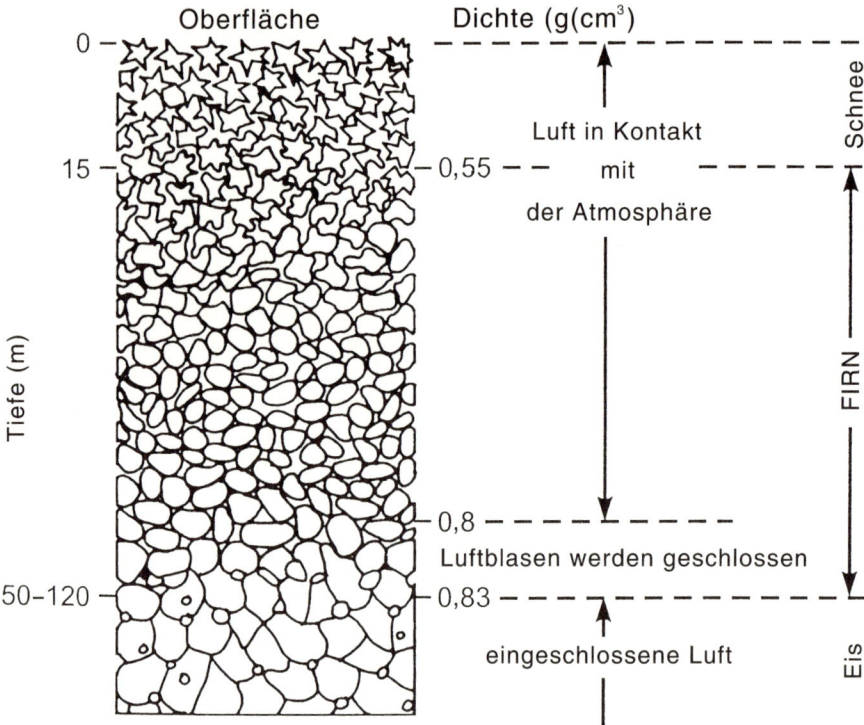

Abb. 37. Gaseinschlüsse in Gletschereis. Je nach Schnee-Akkumulationsrate kann es bis zu 2500 Jahre dauern, bis die Lufteinschlüsse versiegelt sind und nicht mehr in Kontakt mit der Atmosphäre stehen; nach [189, 202]

Eisbohrkerne sind extrem wichtige Archive für die Zusammensetzung der Atmosphäre früherer Zeitalter, die aus der Analyse der *Lufteinschlüsse im Eis* rekonstruiert werden kann. Ein Problem dabei ist, daß die Luft in diesen Einschlüssen jünger ist als das umgebende Eis. Dies liegt daran, daß in frisch gefallenem Schnee und den darunterliegenden dichteren Firnschichten immer noch ein Luftaustausch mit der Atmosphäre stattfindet, der erst mit der Versiegelung der Luftblasen im Übergang zum Eis beendet ist (Abb. 37). Je nach Schnee-Akkumulationsrate beträgt diese zeitliche Versetzung zwischen 50 Jahren in schneereichen und 2500 Jahren in schneearmen Regionen. Die atmosphärischen Gehalte der Treibhausgase CO_2, CH_4 und N_2O sowie die Anteile von Nitrat, Sulfat und Staubpartikeln, die erst seit etwa 40 Jahren direkt gemessen werden, können damit über die Analyse der Luftblasen im Eis über einige 10^5 Jahre rekonstruiert werden [203]. Dabei bieten Schichten deutlich überhöhter Sulfatanteile, die auf starke Vulkaneruptionen zurückzuführen sind, wertvolle Hilfe bei der Datierung der jährlichen Eisschichten, die ähnlich wie bei der Dendrochronologie durch Abzählen erfolgt, sowie bei der Synchronisierung unterschiedlicher Bohrkerne [189].

Sedimente im Ozean stellen weitere wichtige Quellen paläoklimatischer Information dar. Jedes Jahr akkumulieren einige Milliarden Tonnen Sediment in den Meeresbecken, die ein Archiv der klimatischen Bedingungen nahe der Meeresoberfläche und der angrenzenden Kontinente sind. Sie bestehen aus Schichten anorganischen Materials, das von den Kontinenten auf die Ozeane geweht wird, und Überbleibseln von Lebewesen, die im Oberflächenwasser (z. B. Plankton) bzw. auf dem Meeresgrunde (z. B. benthische Foraminiferen) gelebt haben. Während mit Hilfe von Isotopenanalysen der organischen Bestandteile, überwiegend mit der ^{18}O-Methode, Wassertemperaturen und Salzgehalte rekonstruiert werden können, liefern die anorganischen Sande und Tone Informationen über Meeresströmungen und Sandstürme.

Da die Ozeane mehr als 70 % der Erdoberfläche ausmachen, liefern marine Sedimente entsprechend weltweite Informationen zum Paläoklima, die bis 180 Millionen Jahre zurückreichen. Wichtige Informationen stammen dabei aus der ^{18}O-Analyse in benthischen Foraminiferen, welche die Rekonstruktion der kontinentalen Eismassen und damit der Höhe des Meeresspiegels erlauben: Mit zunehmender Vergletscherung während der Eiszeiten reicherte sich ^{18}O im Ozean und damit in den am Meeresgrunde lebenden Organismen an, und der Meeresspiegel sank. Umgekehrt führte abschmelzendes Eis während der Warmzeiten zum Anstieg des Meeresspiegels und Verdünnung, also Abreicherung von ^{18}O [204].

Auch *Sedimente*, die sich *in Binnenseen* abgelagert haben, enthalten wichtige Proxies zur Rekonstruktion des Paläoklimas. Struktur, chemische Zusammensetzung und Einschlüsse von pflanzlichen und tierischen Organismen geben Aufschluß über Temperatur, Niederschlag und Verdunstung. So konnten aus den Ablagerungen in einem See in Yucatan Klimadaten abgeleitet werden, die bis etwa 7000 v. Chr. zurückgehen. Sie zeigen eine Periode extremer Trockenheit etwa zwischen 800 und 1000, die zeitlich mit dem Zusammenbruch der klassischen Zivilisation der Maya zusammenfällt [205].

Sandsteininformationen, gewissermaßen verfestigte Sanddünen, geben Aufschluß über Niederschläge und Winde [206]. Aus anderen kontinentalen Sedimenten wie *Löss-Schichten*, die sich besonders nach Eiszeiten akkumuliert haben, wenn das sich zurückziehende Eis unbewachsene Landflächen freigab, können Informationen über den Wechsel von Eiszeiten und Warmzeiten gewonnen werden [207]. Auch *geomorphologische Erscheinungen* wie z. B. Gletscherspuren und -Ablagerungen, welche die Dimensionen der Eismassen und deren zeitliche Veränderungen zu rekonstruieren gestatten, stellen wichtige Klima-Proxies dar.

Die Paläoklimatologie hat in den vergangenen 20 Jahren eine stürmische Entwicklung erlebt, die unser Wissen über das Klima vergangener Zeitalter erheblich vorangebracht hat. Jede Methode ist mit großen Schwierigkeiten und mehr oder weniger großen Unsicherheiten verbunden. Die Fülle der Methoden, die zeitlich und räumlich überlappende Untersuchungen und damit eine Kontrolle der Ergebnisse gestatten, und die hervorragende internationale Kooperation in der Forschung haben aber zu einem schon recht konsistenten Bild über die Klimageschichte der Erde geführt.

4.3
Klima und Klimaänderungen im vergangenen Millennium

Unser Wissen über das globale Klima des vergangenen Jahrtausends stammt, neben direkten Meßdaten über die letzten 100 bis 150 Jahre, überwiegend aus paläoklimatischen Untersuchungen an Baumringen, Korallen und Eisbohrkernen sowie historischen Aufzeichnungen. Am besten kennen wir heute den Verlauf der Temperaturen, der aus der Kombination unterschiedlicher, zum Teil zeitlich hochauflösender Proxies, in globalen „Multiproxy-Netzwerken" recht genau rekonstruiert werden kann. Eine Diskussion der zahlreichen Originalarbeiten hierzu würde den Rahmen dieses Buches sprengen; daher sei hier stellvertretend auf [189] sowie die Übersichtsartikel von Mann [208], Crowley [209], Briffa et al. [195], Jones et al. [211], und die darin zitierte Originalliteratur verwiesen.

Der jüngste Bericht des „Intergovernmental Panel on Climate Change" (IPCC), der auf diesen wissenschaftlichen Quellen basiert, präsentiert den Temperaturverlauf auf der Nordhalbkugel, der in Farbtafel 7 dargestellt ist. Aufgetragen sind Abweichungen der Temperatur gegenüber dem Mittel der Klimanormalperiode 1961–1990, wobei die direkten Meßdaten der letzten 100 Jahre rot, die aus Baumringen, Korallen, Eisbohrkernen und historischen Aufzeichnungen abgeleiteten Werte blau eingezeichnet sind. Für diese ist zusätzlich der grau unterlegte 95%-Konfidenzbereich angegeben, der dem Doppelten der Standardabweichung um die rekonstruierten (blauen) Temperaturwerte entspricht. Aus den von Jahr zu Jahr stark schwankenden Werten wurde die schwarze geglättete Kurve durch übergreifende Mittelbildung über jeweils 40 Jahre berechnet. Diese zeigt auf den ersten Blick quasi-periodische Schwankungen mit Perioden von einigen Dekaden bis zu säkularen Variationen. Während der Epoche zwischen ca. 1000 und 1350 herrschten geringfügig höhere, zwischen 1450 und 1700 etwas niedrigere Temperaturen. Man bezeichnet diese Zeiträume als „Mittelalterliches Klimaoptimum" bzw. „Kleine Eiszeit", obwohl die Temperaturdifferenz dazwischen im hemisphärischen Mittel kaum mehr als 0,2 °C betragen hat.

Das Ausmaß und die Andauer der Erwärmung im 20. Jahrhundert ist eine Erscheinung, die alles übertrifft, was an Temperaturvariabilität über die letzten 1000 Jahre auf der Nordhalbkugel abgelaufen ist. Sie kann nicht einfach als „Erholung von der kleinen Eiszeit" interpretiert werden, denn hier handelt es sich immerhin um einen Temperaturanstieg um mehr als 0,6 °C. Die Temperaturen der letzten Dekade sind außerhalb des 95%-Konfidenzintervalls der statistischen Temperaturungenauigkeit, selbst wenn man mit den wärmsten Perioden in der ersten Hälfte des Millenniums vergleicht. Sie liegen also deutlich außerhalb des „Rauschens der natürlichen Klimaschwankungen" über das gesamte Jahrtausend. Der größte Teil dieser Erwärmung muß als Reaktion des Klimasystems auf die anthropogene Emission klimarelevanter Treibhausgase interpretiert werden, auf die in Abschnitt 5.6 näher eingegangen wird.

Die Temperaturdifferenz zwischen dem mittelalterlichen Klimaoptimum und der kleinen Eiszeit, die aus den für die gesamte Nordhemisphäre rekonstruierten Temperaturmitteln resultiert, ist erstaunlich gering angesichts der offensichtlich gravierenden Folgen dieser natürlichen Klimaveränderung. Immerhin

müssen um das Jahr 1000 herum im Gebiet des Nordatlantik so günstige Klimabedingungen geherrscht haben, daß Wikinger auf Island und Grönland Siedlungen begründeten und den Nordatlantik bis an die Ostküste Nordamerikas
explorierten. Als Wikingerzeit bezeichnet man die Periode zwischen etwa 800
und 1100, die insgesamt durch mildes Klima charakterisiert wird. Auf der anderen Seite wurden die Siedlungen in Grönland im 15. Jahrhundert, möglicherweise als Folge der beginnenden Kleinen Eiszeit, wieder aufgegeben [213]. In
Kanada führte die Abkühlung, wie Pollenanalysen belegen, zu einer Veränderung der Artenzusammensetzung von Wäldern. So wurde die bis etwa 1400 vor-
herrschende wärmeliebende Buche zunächst durch Eichen, später durch Kie-
fernarten verdrängt [214]. In Europa führte die Kleine Eiszeit dazu, daß überall
in den Hochgebirgen die Gletscher vorrückten, ein Vorgang, der bis zum Einsetzen der starken Erwärmung im 19. Jahrhundert anhielt. Vermutlich waren das
mittelalterliche Klimaoptimum und die Kleine Eiszeit im Bereich des Nordatlantik, in Europa und Kanada regional viel stärker ausgeprägt, als es den hemisphärischen Mittelwerten entspricht. Vieles deutet daraufhin, daß ein Großteil
dieser regionalen Klimavariationen auf die Ozeanzirkulation und ihre Wechselwirkung mit der Nordatlantik-Oszillation (NAO) zurückzuführen ist. So könnten das mittelalterliche Klimaoptimum und die Kleine Eiszeit zum Teil eine Folge
der sich über Jahrhunderte verändernden NAO sein [208]. Dies würde auch
erklären, warum es sich hier nicht um über Jahrhunderte anhaltende globale
Warm- bzw. Kälteperioden handelt, sondern vielmehr um einen Wechsel von
Wärme- und Kälteanomalien unterschiedlicher geographischer Ausprägung,
mit der Tendenz zu insgesamt höheren Temperaturen um die Jahrtausendwende
bis etwa 1300 und tieferen Temperaturen zwischen 1450 und 1700 [215].

Es ist schon früh vorgeschlagen worden, daß die beobachteten Klimaanomalien eine Folge der veränderlichen solaren Strahlungseinflüsse sein könnten.
Neben dem 11jährigen Aktivitätszyklus (Schwabezyklus, s. Abb. 3) zeigt die
Sonne längerperiodische Variationen im Rhythmus von Jahrhunderten. Helle
Fackeln und dunkle Sonnenflecken treten häufiger zu Zeiten hoher solarer Aktivität auf, sie sind seltener zu Zeiten ruhiger Sonne. Zwischen etwa 1645 und 1715
kam die Sonnenaktivität fast vollständig und längerfristig zum Erliegen. Es liegt
nahe, dieses „Maunder-Minimum" [216] kausal mit der Kleinen Eiszeit in Verbindung zu bringen. Tatsächlich ist es gelungen, den 11jährigen Schwabe-Zyklus
und dessen langperiodische Schwankungen bis 1610 zu rekonstruieren [217].
Da die Änderungen des solaren Strahlungsflusses durch Fackeln und Sonnenflecken seit 1980 direkt gemessen wurden, kann über diese Eichung der Verlauf
der Solarkonstante aus der rekonstruierten Aktivität bis 1610 zurückverfolgt
werden (Abb. 38, oberes Teilbild). Demnach ist die Solarkonstante seit dem
Maunder-Minimum bis heute um 0,24% angestiegen. Sehr viel stärker ist der
entsprechende Anstieg um 1,42% im UV-Bereich (unteres Teilbild), der jedoch
für die Troposphäre und das bodennahe Klima kaum von Bedeutung sein dürfte
(s. Abschnitt 2.2). Auch zu Beginn des 19. Jahrhunderts zeigt die Solarkonstante
einen starken und längeren Einbruch, der mit einer Phase deutlich abnehmender Temperaturen zeitlich übereinstimmt (Farbtafel 7). 1816 ist als besonders
kaltes Jahr, als „das Jahr ohne Sommer", überliefert, und auch die Folgejahre
waren ungewöhnlich kalt [208]. Möglicherweise hat auch das 1815 durch den

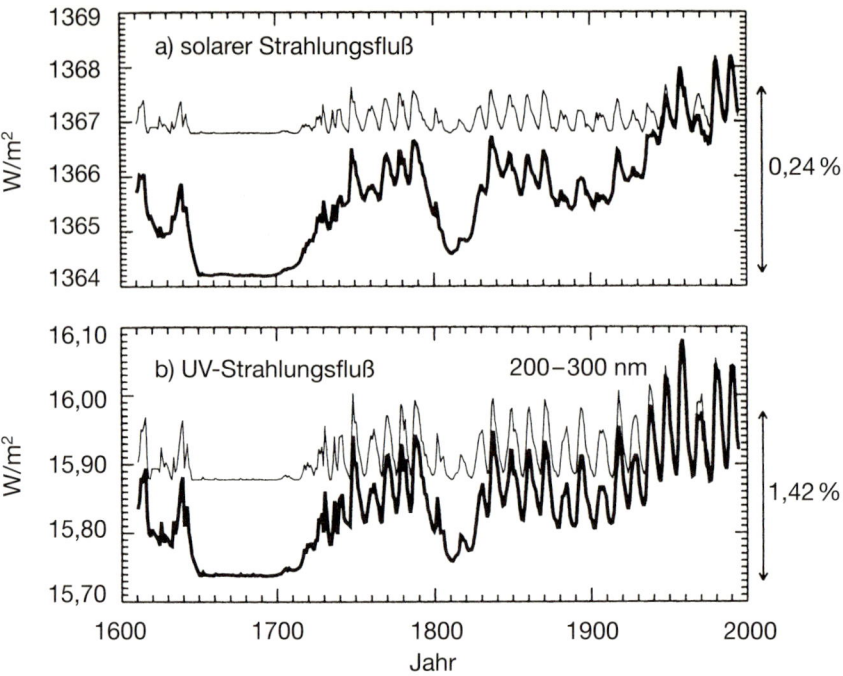

Abb. 38. Rekonstruktion des Verlaufes der Solarkonstanten (Teilbild a) und des UV-Strahlungs-flusses (Teilbild b) von 1610 bis heute; nach [217]

Ausbruch des indonesischen Vulkans Tambora in die Atmosphäre eingetragene Vulkanaerosol zu dieser Abkühlung beigetragen.

Inzwischen konnte der solare Strahlungsfluß über das gesamte vergangene Millennium rekonstruiert und gezeigt werden, daß dieser zwischen etwa 1100 und 1300, also während des Klimaoptimums, fast genauso hoch war wie heute [209]. Dabei wurde die Sonnenaktivität über die Konzentration kosmogener Isotope wie ^{14}C und ^{7}Be in Baumringen und Eisbohrkernen bestimmt. Beide entstehen in der Atmosphäre durch Kernreaktionen mit Neutronen der galaktischen kosmischen Strahlung, deren Fluß durch den „Sonnenwind" beeinflußt wird. Dieser wiederum besteht aus geladenen Teilchen, überwiegend Protonen und Elektronen, die von der heißen Sonnenkorona abfließen und damit die galaktische kosmische Strahlung mehr oder weniger von der Erde abschirmen. Zu Zeiten hoher Sonnenaktivität ist der Sonnenwind kräftig, mithin der kosmische Neutronenfluß und damit die atmosphärische ^{14}C- und ^{7}Be-Bildung schwach. Umgekehrt wird bei geringerer Sonnenaktivität infolge stärkerer Neutronenflüsse mehr ^{14}C und ^{7}Be gebildet. Es bemerkenswert, wie deutlich die ^{14}C- und ^{7}Be-Signaturen in Baumringen und Eisbohrkernen den Verlauf der solaren Aktivität widerspiegeln [209].

Neben Veränderungen des solaren Strahlungsflusses tragen Vulkaneruptionen zu Klimavariationen bei. Bei starken Ausbrüchen werden neben Asche gasförmige Schwefelverbindungen bis in die Stratosphäre getragen und dort in Sulfataerosol umgewandelt (s. Abschnitt 3.7). Asche- und Sulfatpartikel erhöhen die Albedo und führen somit zu einer Abkühlung am Erdboden, die etwa 1 Jahr nach der Eruption am stärksten ist und danach wegen der Sedimentation der Partikel innerhalb von etwa 2 Jahren wieder abklingt. Nach den stärksten Vulkanausbrüchen der instrumentellen Periode, Krakatau (1883), Santa Maria (1902), Agung (1963) und Pinatubo (1991) wurden globale Abkühlungen zwischen 0,1 °C und 0,2 °C beobachtet [218]. Da vulkanisches Aerosol im Eis konserviert wird, können aus dem Sulfatgehalt in Eisbohrkernen Vulkanausbrüche früherer Zeitalter nicht nur datiert, sondern bezüglich ihrer Stärke über Vulkanindices auch quantifiziert werden.

Berechnungen mit einem Klimamodell, das von den rekonstruierten solaren Strahlungsflüssen angetrieben wird, ergibt für das vergangene Millennium einen Temperaturverlauf, der bis ca. 1900 mit dem in Farbtafel 7 gezeigten, aus Klima-Proxies abgeleiteten Temperaturschwankungen recht gut übereinstimmt. Bei zusätzlicher Berücksichtigung von Vulkaneruptionen über rekonstruierte Vulkanindices sind berechnete und „gemessene" Temperaturen nahezu identisch [209]. Daraus folgt, daß das globale Klima und seine Schwankungen zwischen 1000 und 1900, mithin auch das mittelalterliche Klimaoptimum sowie die Kleine Eiszeit, nahezu ausschließlich durch die Solarkonstante und ihre aktivitätsbedingten geringfügigen Schwankungen, zu einem geringen Teil zusätzlich durch vulkanische Aktivität bestimmt waren. Regionale Abweichungen dürften auf die atmosphärische Zirkulation und ihre Wechselwirkung mit Ozeanströmungen zurückzuführen sein.

Der starke und offensichtlich fortschreitende Temperaturanstieg seit etwa 1900, um insgesamt 0,6 °C bis heute, kann nicht mit Änderungen der Solarkonstanten erklärt werden. Zwar deuten gefundene Zusammenhänge der Temperaturveränderungen mit den solaren Zykluslängen [219, 220] bzw. Strahlungsflüssen [221] darauf hin, daß ein solarer Einfluß besteht. Dieser erklärt insbesondere die dem Anstieg überlagerten Schwankungen [212]. Die globale Erwärmung insgesamt auf Temperaturen, die heute weit oberhalb dessen liegen, was im Lauf der letzten 1000 Jahre vorgekommen ist, geht jedoch überwiegend auf die anthropogene Emission von treibhauswirksamen Gasen zurück (s. Abschnitt 5.6).

4.4
Eiszeiten und Warmzeiten: Ursachen der Vereisungszyklen

Im Jahre 1836 begann der Schweizer Naturforscher Louis Agassiz, die Bewegung von Alpengletschern zu untersuchen. Er deutete Moränen sowie die vielerorts anzutreffenden Findlinge mit Kratz- und Schleifspuren als Zeugen früherer Vergletscherung. Bald darauf wurde erstmals die Hypothese aufgestellt, daß Eiszeiten durch astronomische Faktoren verursacht werden. So behauptete 1842 der französische Mathematiker Adhémer, Veränderungen in der Dauer der warmen und kalten Jahreszeiten lösten periodische Vergletscherungen aus. Auch wenn Adhémer irrte, so griff 1875 der Schotte Croll diese Idee auf und ergänzte sie. Er erkannte, daß die Sonneneinstrahlung durch drei Orbitaleigenschaften der Erde beeinflußt wird: die Neigung der Erdachse und die Form der Umlaufbahn um die Sonne, von denen die Intensität der Jahreszeiten abhängt, sowie die Präzessionsbewegung der Erdachse, die das Zusammenspiel zwischen diesen beiden bestimmenden Faktoren regelt [222]. Es war schließlich der jugoslawische Astronom Milutin Milanković, der 1920 diese Hypothese auf eine mathematisch fundierte Basis stellte [40].

Die Erdachse ist gegenüber der Ebene der Erdumlaufbahn, der Ekliptik, um etwa 23,5° geneigt. In einem Zyklus von 41000 Jahren schwankt diese Neigung zwischen 21,5 und 24,5°. Je größer die Neigung, um so ausgeprägter sind die Jahreszeiten auf den beiden Halbkugeln der Erde. Auch die Bahnellipse der Erde um die Sonne ändert sich periodisch, ihre Exzentrizität variiert innerhalb 100000 Jahren zwischen einem Minimal- und einem Maximalwert. Je größer die Exzentrizität, um so stärker variiert der Abstand der Erde von der Sonne innerhalb eines Jahres. Eine dritte astronomische Fluktuation regelt das Zusammenspiel zwischen beiden Effekten: die Präzession der Erdachse, die innerhalb von ca. 23000 Jahren einen vollen Kreis gegen den Fixsternhimmel beschreibt (Abb. 39). Milanković berechnete, daß durch die Überlagerung dieser drei Faktoren die sommerliche Sonneneinstrahlung in nördlichen Breiten um etwa 20 % variieren kann. Er folgerte, daß sich so in Zeiten kühler Sommer und milder Winter die großen Eisschilde über den nördlichen Kontinenten ausdehnen, und er berechnete sogar die Folge der letzten Vereisungszyklen.

Heute bestätigen Ergebnisse paläoklimaotologischer Untersuchungen, daß Milenković's Theorie, die inzwischen durch A. Berger [223] neu berechnet und präzisiert worden war, grundsätzlich richtig ist. Klimaproxies in Eisbohrkernen und Meeressedimenten zeigen, daß vor etwa 30 Millionen Jahren die Antarktis erstmals von Eis überzogen wurde, daß seit etwa 4 Millionen Jahren größere Vereisungen auch in der Nordhemisphäre auftraten und daß sich seit etwa 2 Millionen Jahren, mit Beginn des quartären Eiszeitalters, ein Wechsel von Kaltzeiten mit ausgedehnten Vereisungen (Glaziale) und Warmzeiten mit Gletscherrückgang (Interglaziale) vollzieht, der in Einklang mit den nach Milanković berechneten Zyklen ist [224–226]. Die letzte Eiszeit endete vor 19000 Jahren, nachdem mehr als 3000 Jahre lang weite Teile Europas, Sibiriens, Nordamerikas und Patagoniens von dicken Eisschichten bedeckt waren [227].

Von allen bislang in arktischen und antarktischen Eismassen niedergebrachten Bohrungen erreicht die in Kooperation zwischen Rußland, den USA und Frankreich an der Station Vostok in der Ostantarktis realisierte die größte Tiefe. Mit mehr als 3300 m umfaßt dieser Bohrkern die Klimageschichte mit Informationen über Temperaturen, Niederschläge, Vulkanismus, Aerosole und atmosphärische Spurengase über insgesamt 420000 Jahre [225]. Einige der wichtigsten Ergebnisse dieses Projektes sind in Abb. 40 dargestellt: Über der Zeitachse, die von der Gegenwart bis 420000 Jahre in die Vergangenheit reicht, sind die atmosphärischen Anteile der Treibhausgase CO_2 (a) und CH_4 (c), der aus Deuterium abgeleitete Verlauf der Temperatur (b), ^{18}O-Schwankungen der Lufteinschlüsse (d) sowie der für 65° Breite berechnete solare Strahlungsfluß (e) aufgetragen.

Auffallend ist die Dominanz der etwa 100000jährigen Periode, die sich in einer Serie ausgeprägter Warmzeiten im zeitlichen Abstand von ca. 100000 Jah-

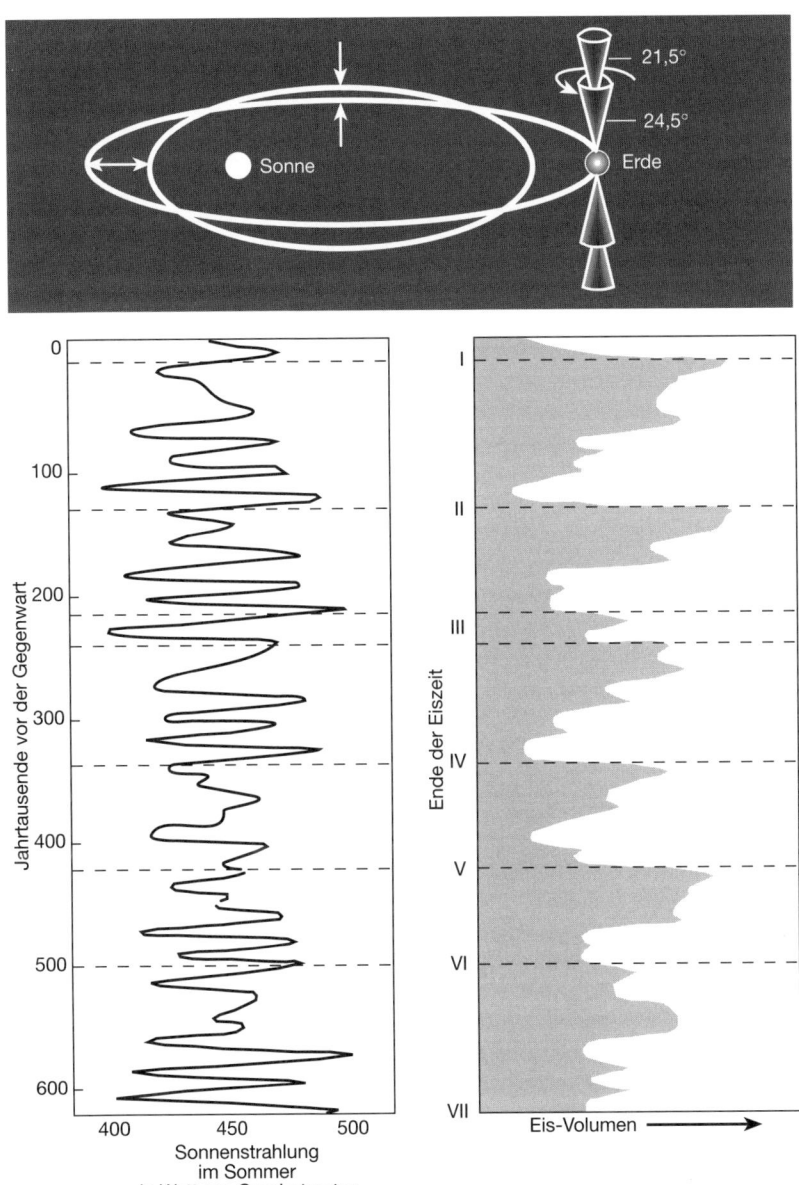

Abb. 39. Veranschaulichung der astronomischen Parameter, die für die Veränderung der Solarkonstanten und damit für den Wechsel von Warm- und Kaltzeiten auf der Erde verantwortlich sind.

Oberes Teilbild: Periodische Veränderung der Exzentrizität der Erdbahn um die Sonne, der Neigung der Rotationsachse der Erde gegen die Ekliptik sowie deren Präzession.

Unteres Teilbild: Infolge Überlagerung der im oberen Teilbild gezeigten Effekte variiert der solare Strahlungsfluß um etwa ±10%, bezogen auf den mittleren Fluß (links). Der hieraus resultierende Wechsel von Warm- und Kaltzeiten über die letzten 600 000 Jahre ist anhand des globalen Eisvolumens im rechten unteren Teilbild gezeigt; nach [40, 223].

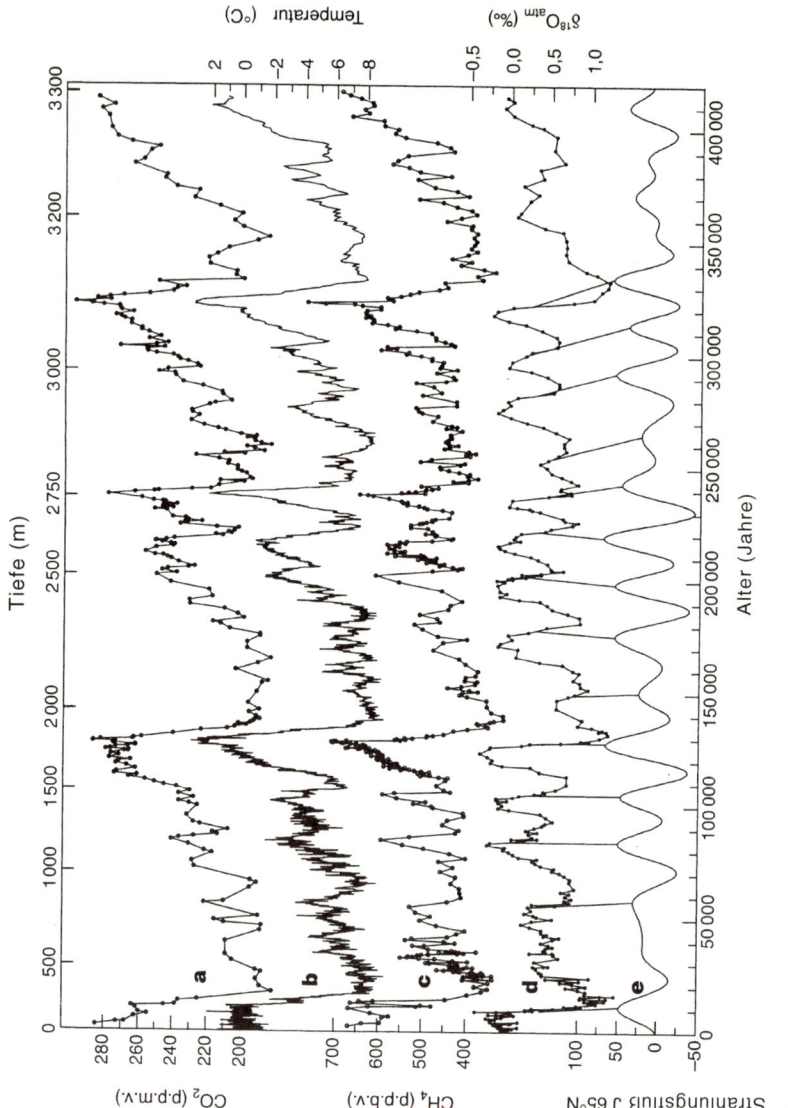

Abb. 40. Klimageschichte der letzten 420 000 Jahre nach Analysen an Eisproben des Vostok-Eiskerns. CO_2- (a) und CH_4-Gehalt (c) der Lufteinschlüsse, Temperatur (b) nach Isotopenbestimmungen, ^{18}O-Abweichungen in ‰ sowie mittlerer Strahlungsfluß in W/m^2 für Juni (65 °N); nach [225]

ren manifestiert, der heutigen Warmzeit, dem seit etwa 11000 Jahren andauernden Holozän, und der markanten Interglaziale vor etwa 120000 Jahren, 230000 Jahren und 330000 Jahren. Kürzere Zyklen, welche die 41000- und 23000jährigen Perioden widerspiegeln, charakterisieren den Temperaturverlauf zwischen diesen Interglazialen und den Glazialen. Dabei ist die sägezahnähnliche Asymmetrie der Abkühlungs- und Erwärmungsphasen bemerkenswert: Während die Abkühlung bis zum Glazial, der tiefsten Temperatur und größten Eisausdehnung (hier nicht gezeigt) fast 100000 Jahre dauert, erfolgt der anschließende Übergang zum warmen Interglazial innerhalb weniger Jahrtausende wesentlich schneller. Die glaziale-interglaziale Temperaturamplitude beträgt für die 4 großen Vereisungszyklen, die der Vostok-Bohrkern abdeckt, zwischen 10 °C und 12 °C.

Daß die Proxies des Vostok-Eiskerns tatsächlich globale Klimainformationen liefern, zeigt der Vergleich mit Ergebnissen aus entsprechenden Untersuchungen an Grönlandeis. Zumindest über den letzten Vereisungszyklus zwischen 20000 und 105000 Jahren vor heute (Eisbohrungen im Grönlandeis reichen nicht wesentlich weiter zurück) liegen die aus Deuterium und ^{18}O abgeleiteten arktischen Temperaturschwankungen in Phase mit solchen, die in der Antarktis auftreten. Zwischenerwärmungen (Interstadiale) traten in der Antarktis aber immer nur dann auf, wenn solche in Grönland mindestens 2000 Jahre andauerten. Bei dieser klimatischen arktisch-antarktischen Telekonnektion spielt vermutlich der Ozean eine entscheidende Rolle [228]. Dies wird auch dadurch bestätigt, daß Tiefenwassertemperaturen, abgeleitet aus ^{18}O in Tiefseesedimenten, in Phase mit den Vostok-Lufttemperaturen variieren [231]. Ergebnisse von einem Eisbohrkern vom Himalaya zeigen, daß zumindest über den letzten Glazialzyklus Temperaturschwankungen in den Tropen synchron zu denen in Grönland und in der Antarktis verliefen [232].

Der Vostok-Eiskern zeigt deutlich erhöhte Staubeinschlüsse während der kalten Glazialphasen, als das Klima in Südamerika, der Staubquelle für die Antarktis, kalt und trocken gewesen sein muß. Erosion durch Gletscher und Wasserläufe in Verbindung mit Wind führte zur Mobilisierung von Staub, der sich in den Löss-Depositen in Patagonien akkumuliert hat. Auch die Löss-Sedimente in China, Europa und Nordamerika stammen überwiegend aus Zeiten, als die benachbarten Landmassen vergletschert waren, vor allem aus den Phasen, als sich die Eismassen zurückzogen und vegetationslose Flächen freigaben, die der Erosion ausgesetzt waren.

Die Schwankungen der atmosphärischen Anteile der Treibhausgase CO_2 (Kurve a in Abb. 40) und CH_4 (c) verlaufen über die letzten 4 Glazialzyklen nahezu parallel zueinander wie auch synchron zu den Temperaturvariationen (b). Warmzeiten sind charakterisiert durch höhere Anteile von CH_4 und CO_2 in der Atmosphäre, Kaltzeiten durch entsprechend niedrigere Treibhausgasanteile. Untersuchungen an Eisbohrkernen aus Grönland zeigen, daß auch das Treibhausgas N_2O parallel zu CH_4 und CO_2 zu variieren scheint [229]. Maximale CO_2- und CH_4-Anteile während der Interglaziale liegen um 300 ppm bzw. 780 ppb. Die heutigen Werte liegen bei 370 ppm bzw. 1700 ppb (s. Tabelle 3): derartig hohe Treibhausgas-Anteile hat es während der vergangenen 420000 Jahre zu keiner Zeit gegeben!

Der fast vollständige Gleichlauf der Treibhausgase CO_2 und CH_4 und der Temperaturen (s. auch [230]) wirft die Frage nach den kausalen Beziehungen auf. Die Vostok-Ergebnisse zeigen, daß die primäre Ursache für die Temperaturänderungen der sich ändernde solare Strahlungsfluß ist (Kurve e). Da aber steigende Temperaturen zu mehr, fallende Temperaturen zu weniger CO_2 und CH_4 in der Atmosphäre führen, werden strahlungsinduzierte Temperaturschwankungen offenbar durch die Treibhauswirkung dieser Gase verstärkt. Bei diesen Prozessen spielt der Ozean eine entscheidende Rolle, da wärmer werdendes Wasser weniger CO_2 lösen kann und zur CO_2-Quelle wird, gleichzeitig die Freisetzung von CH_4 aus Gashydraten am Meeresboden begünstigt [233].

Vieles spricht dafür, daß auch biologische Prozesse im Ozean bei den Glazial-Interglazial-Variationen eine wichtige Rolle spielen, indem während Glazialzeiten verstärktes Algenwachstum mehr atmosphärisches CO_2 gebunden hat, das als Calciumcarbonat in den Sedimenten abgelagert wurde. Diese „biologische Pumpe" wird vor allem in den großen offenen Ozeanflächen rund um die Antarktis vermutet. Dies würde erklären, warum die Eiszeiten zuerst auf der Südhalbkugel enden, mit nahezu parallelen Temperatur- und CO_2-Anstiegen, bevor Erwärmung und Eisrückgang auch auf der Nordhalbkugel einsetzen. Eine wichtige Rolle kommt dabei auch den Ozeanströmungen zu, die im Wasser gelöste Nährstoffe für die Algen transportieren. Während Zeiten maximaler Vereisung war so viel Wasser als Eis gebunden, daß der Meeresspiegel etwa 120 m niedriger stand als während der Interglaziale. Entsprechend war der gesamte Ozean während der Eiszeiten etwa 3 % salzhaltiger, wodurch die thermohaline Zirkulation grundsätzlich anders als während der Warmzeiten verlaufen sein muß [234, 235].

Trotz aller Fortschritte paläoklimatischer Forschung sind viele der Prozesse, die in den globalen Vereisungszyklen des Quartär zusammenwirken, nur in Ansätzen bekannt. Die große Regelmäßigkeit der rekonstruierten Zyklen zeigt aber, daß hier, angetrieben von periodischen Änderungen des solaren Strahlungsflusses, ein geordnetes System reagiert, in dem atmosphärische und ozeanische Prozesse eng mit biologischen Vorgängen verzahnt sind.

Die Vostok-Ergebnisse zeigen auch, daß die jetzige Warmzeit, das seit etwa 10 500 Jahren anhaltende Holozän, die längste und stabilste Warmzeit ist, die überhaupt während der vergangenen 420 000 Jahre vorgekommen ist. Dabei erfolgte der Übergang von der maximalen Vereisung (22 000 – 19 000 Jahre vor heute) zunächst so rasch, daß innerhalb weniger Jahrhunderte bereits 10 % des Eises abgeschmolzen waren [227]. Die kontinentalen Eisdecken benötigten dann insgesamt etwa 7000 Jahre zum kompletten Abschmelzen. Immer wieder jedoch gab es Kälterückschläge, und beim Übergang von der „Alleröd"- zur „jüngeren Dryaszeit" vor ca. 11 000 Jahren waren sogar innerhalb nur eines Jahrhunderts Nordeuropa und der Osten Kanadas erneut vereist. Eisbohrkerne aus Grönland zeigen, daß zu dieser Zeit mit 6 °C niedrigeren Temperaturen wieder Eiszeitbedingungen herrschten. Etwa 650 Jahre später endete dieser Kälteeinbruch abrupt innerhalb von nur 20 Jahren. Seitdem herrschen relativ stabile Warmzeitbedingungen, die sich nicht wesentlich von denen der letzten 1000 Jahre unterscheiden. Die Ursache für den Kälterückschlag vor 11 000 Jahren wird in den riesigen Süßwassermengen aus dem schmelzenden Eisschild über Nordamerika gesehen, die zum Teil über den Sankt-Lorenzstrom in den Nordatlantik abflossen. Dadurch wurde dort der Salzgehalt und damit die Dichte des Oberflächenwassers so stark reduziert, daß dieses trotz winterlicher Abkühlung nicht absinken konnte. Der somit unterbundene vertikale Wassertransport hatte zur Folge, daß der warme Golfstrom nicht mehr bis in den nördlichen Atlantik vordringen konnte. Erst als der Süßwasserzufluß zum Erliegen kam, setzte der vertikale Wasseraustausch im Atlantik wieder ein, und Europa erwärmte sich [236].

Der Wechsel von Glazial- und Interglazialzeiten läßt sich anhand von ^{18}O-Analysen in Tiefseesedimenten, aus denen das globale Eisvolumen rekonstruiert werden kann, über viele Millionen Jahre zurückverfolgen. Allein während der letzten Million Jahre ereigneten sich 10 bedeutende Eiszeiten, deren Folge aber nicht streng dem 100000jährigen Exzentrizitätszyklus der Erdbahn entspricht. Vielmehr zeigt die Spektralanalyse der Zeitreihen, daß es infolge nichtlinearer Beziehungen zwischen dem Klimasystem und dem Strahlungsantrieb zu einer Art Frequenzmodulation der 100000-Jahre-Periode mit einer langsameren 413000 Jahre-Periode gekommen sein muß, die zu unterschiedlichen Vereisungs-Zykluslängen führte [237]. Diese Frequenzmodulation kann durch Spektralanalyse einer 5,5 Millionen Jahre umfassenden Chronologie eines anderen Tiefsee-Sedimentkernes, der die Zeit zwischen 20 und 25,5 Millionen Jahre vor heute repräsentiert, im Wesentlichen bestätigt werden [238].

Durch Analyse der Poren versteinerter Gingkoblätter konnte kürzlich der atmosphärische CO_2-Anteil über 300 Millionen Jahre rekonstruiert und gezeigt werden, daß CO_2 und die Temperaturen auf der Erde mindestens über diese Zeitspanne eng korreliert waren [239]. Der Milanković-Mechanismus und die induzierten Zyklen wärmerer und kälterer Epochen sind demnach bis weit in die Vergangenheit nachzuweisen. Allerdings war die Erde und mithin das Klimasystem vor 300 Millionen Jahren grundverschieden von den heutigen Gegebenheiten: die Kontinente hingen noch weitgehend zusammen und bildeten einen Superkontinent, dessen Hauptanteil in niederen geographischen Breiten lag. Dadurch war es insgesamt wärmer auf der Erde, und es kam vermutlich seltener zu Vereisungen. Noch früher, zwischen 600 und 800 Millionen Jahren, als die Kontinente weitgehend in hohen Breiten der Südhemisphäre zentriert waren, könnte sogar die gesamte Erde mit Eis überzogen gewesen sein. Diese „Schneeball Erde"-Hypothese [240, 241] soll hier aber nicht vertieft werden.

Die Drift der Kontinente zu ihrer heutigen Lage führte zu einer Abkühlung, die im Eozän vor etwa 50 Millionen Jahren begann und mit der vermutlich ersten Vereisung der Antarktis im Oligozän vor etwa 30 Millionen in großen Zügen abgeschlossen war [224]. Es gibt Anzeichen dafür, daß diese Abkühlung durch biologische Prozesse verstärkt wurde [242] und im Übergang vom Eozän zum Oligozän zu einem massiven Artensterben wirbelloser Meerestiere geführt haben muß [243].

Die erstaunliche Regelmäßigkeit der Milanković-Zyklen, die bis weit in die Vergangenheit zurückverfolgt werden können, läßt Schlußfolgerungen für die zukünftige Klimaentwicklung zu. Wir leben heute im Holozän, der längsten und stabilsten Warmzeit, die während der vergangenen 420000 Jahre vorgekommen ist. Wir können davon ausgehen, daß es in etwa 80 000 Jahren wohl zu einer neuen Eiszeit kommt. Dies ist angesichts der menschlichen Lebenszyklen für uns nicht von Belang: Für uns, unsere Kinder und Enkel ist viel mehr der Zeithorizont der kommenden 50 bis 100 Jahre relevant, und für diese nahe Zukunft müssen wir mit weiterer Erwärmung rechen. Wir sind dabei, die Warmzeit, in der wir leben, durch Emission von Treibhausgasen sukzessive in eine Superwarmzeit zu verwandeln. Wir kommen hierauf in Abschnitt 5.6 zurück.

5 Umweltveränderungen als Folge menschlicher Eingriffe

Das irdische Treibhaus ist mehr als 4 Milliarden Jahre alt. Es hat sich, seit es Leben auf diesem Planeten gibt, in enger Wechselwirkung mit der biologischen Evolution entwickelt und stellt sich als ein gekoppeltes System dar, welches neben der Lufthülle auch die Erdkruste, die Ozeane und das Festland mit der Biosphäre umfaßt. Die Stoffverteilung in diesem System wird durch biologische und geochemische Kreisläufe bestimmt, die nach sehr unterschiedlichen Zeitskalen ablaufen.

Der Mensch als höchste Form der biologischen Evolution greift in diese Kreisläufe ein und verändert damit die Eigenschaften des Treibhauses. Seit es Menschen gibt, haben diese die Umwelt verändert, indem sie Wald rodeten, Erze verhütteten und Abfälle jeglicher Art hinterließen. Luft, Boden und Gewässer wurden als Müllkippe benutzt für alles, was man loswerden wollte und mußte: Rauch, Abgase, Hausmüll, Fäkalien, Industrieabfälle und Abwässer. Niemand machte sich Gedanken darüber, was mit diesen Abfällen in der Umwelt passieren würde, denn die Lufthülle, der Boden, Flüsse und Meere wurden als unendlich große Reservoire mit grenzenloser Aufnahmekapazität betrachtet. Das ging auch gut, solange die Erde dünn besiedelt war. Zur Zeit Christi Geburt gab es nur zwischen 200 und 300 Millionen Menschen auf der Erde. Immerhin gibt es schon zu dieser Zeit Berichte über Umweltverschmutzung, etwa durch schwefelhaltige Abgase, die bei der Verhüttung von Erzen entstehen. So enthält die berühmte Historia naturalis des älteren Plinius (23 bis 79 n. Chr.) die Empfehlung des griechischen Geographen Strabo, Schmelzöfen für Silber möglichst hoch ins Gelände zu bauen, um den verderblichen Rauch in die Höhe abzuführen.

Mit dem Anwachsen der Bevölkerung, insbesondere durch die zunehmende Industrialisierung, wurde die Aufnahmekapazität der Umwelt aber zunehmend überfordert. Die Umwelt ist eben nicht unendlich groß, und überall, wo der Mensch mehr Schadstoffe in die Umwelt abläßt, als diese über ihre Kreisläufe verarbeiten und abbauen kann, kommt es zu Problemen. Während der letzten drei Jahrhunderte verzehnfachte sich die Weltbevölkerung auf heute sechs Milliarden. Die in Städten lebende Bevölkerung ist im vergangenen Jahrhundert auf das Zehnfache gewachsen. Brandrodung und massive Umgestaltungen der Landoberfläche, die Verbrennung fossiler Energieträger und die Emission künstlicher Stoffe kennzeichnen einen neuen Abschnitt der Erdgeschichte, den Paul J. Crutzen und Eugene F. Stoermer als „Anthropozän" bezeichnen [244]. Anthropogene Eingriffe in die biogeochemischen Kreisläufe haben das Klimasystem Erde bereits erheblich verändert, und einige dieser Veränderungen sollen in den folgenden Abschnitten diskutiert werden.

5.1
Photosmog

Der Begriff „Smog" wurde Ende des 19. Jahrhunderts in London geprägt, um jene gelbliche Mischung aus rußhaltigen Abgasen (smoke) und Nebel (fog) zu bezeichnen, die der damals rapide wachsenden Weltstadt zu schaffen machte. Diese auch „Londoner Erbsensuppe" genannte Art der Luftverschmutzung wurde durch intensive Emission von Schwefeldioxid (SO_2) und Ruß als Folge der Verbrennung schwefelhaltiger Kohle ausgelöst. Während Ruß die Tendenz zur Nebelbildung, die ohnehin in jener Region vor allem im Winter gegeben ist, verstärkte, löste sich das Schwefeldioxid in die Nebeltropfen, wobei im wesentlichen schweflige Säure (H_2SO_3) gebildet wurde, aus der in mehreren Schritten Schwefelsäure (H_2SO_4) entstehen kann (s. Abschnitt 5.3, Abb. 44). Durch gesetzgeberische Maßnahmen wie die Einschränkung der Verbrennung schwefelhaltiger Kohle bzw. die Erhöhung der Schornsteine von Kraft- und Heizwerken konnte die lokale SO_2-Immission[1] derart reduziert werden, daß die Londoner Erbsensuppe, die früher vor allem in den Wintermonaten gefürchtet war, weitgehend der Vergangenheit angehört. Die „Politik der hohen Schornsteine" hat allerdings dazu geführt, daß das SO_2 mit den Luftströmungen weiter wegverfrachtet wurde und die britische SO_2-Emission einen deutlich erhöhten Säureeintrag in Skandinavien bewirkte. Eine ähnliche Fernwirkung wurde auch durch die hohen Schornsteine der zentraleuropäischen Industriestaaten verursacht (s. Abschnitt 5.3).

Heute versteht man unter „Smog" ein photochemisches Phänomen, das im Gegensatz zum Londoner „Wintersmog" während sommerlicher Hochdruckwetterlagen ausgelöst wird und daher auch als Sommersmog bezeichnet wird. Dieser entsteht, wenn Stickstoffoxide (NO_x), Kohlenmonoxid (CO) und Kohlenwasserstoffe (VOCs) intensiver Sonnenstrahlung ausgesetzt sind. Dabei bilden sich stark oxidierende Substanzen, besonders Ozon, sowie Schwebeteilchen, welche die Luft trüben und damit die Sichtweite herabsetzen. Das Rohmaterial, also die Vorläufersubstanzen, aus denen sich photochemischer Smog bildet, stammt fast ausschließlich aus Verbrennungsprozessen. In urbanen Ballungszentren sind dies neben industriellen Quellen die Abgase der Automobile und der Hausbrand. Biomasseverbrennung in der Landwirtschaft, Waldbrände, vor allem aber die großflächige Brandrodung in den Tropen (s. Abschnitt 5.2) sind die Hauptquellen von Vorläufersubstanzen in siedlungsferneren „Reinluftgebieten".

Bei jedem Verbrennungsprozeß entstehen neben dem Endprodukt Kohlendioxid eine Reihe nicht oder nicht vollständig oxidierter Substanzen wie Wasserstoff, Kohlenmonoxid sowie „unverbrannte Kohlenwasserstoffe". Außerdem wird der Schwefelgehalt des Brennstoffs in Schwefeldioxid verwandelt. Je höher die Verbrennungstemperatur, um so vollständiger verläuft bei ausreichender Sauerstoffzufuhr die Verbrennung, um so mehr Stickoxid wird aber gleichzeitig

---

[1] Während man unter Emission den direkten Ausstoß von Schadstoffen versteht, bezeichnet man mit dem Begriff Immission die lokale Konzentration von Schadstoffen in der Atmosphäre.

produziert. Je nach Betriebsbedingungen variiert der relative Anteil der unerwünschten Nebenprodukte; im allgemeinen werden ohne zusätzliche Vorrichtungen zur Abgasreinigung, etwa im Abgassystem von Kraftfahrzeugen, sowohl CO und VOCs wie auch NO_x in beträchtlichen Mengen ausgestoßen.

5.1.1
Photochemische Reaktionen und Ozonbildung

Die Ozonbildung im Photosmog wird durch die Photolyse von NO_2 eingeleitet, bei der atomarer Sauerstoff entsteht, der wie in der Stratosphäre mit O_2 zu O_3 reagieren kann gemäß

$$NO_2 + Licht\ (\lambda < 420\ nm) \rightarrow NO + O$$
$$O + O_2 + M \rightarrow O_3 + M.$$

Da aber die Produkte beider Reaktionen, NO und O_3, sehr rasch miteinander reagieren gemäß der „Titrationsreaktion"

$$NO + O_3 \rightarrow NO_2 + O_2,$$

können NO_x allein nur geringe O_3-Niveaus aufbauen, die sich als Gleichgewichtskonzentrationen $[O_3] = j[NO_2]/k[NO]$ berechnen lassen. Hierin sind j und k die Raten der NO_2-Photolyse bzw. Titrationsreaktion, [ ] bezeichnet die Molekülzahldichte der betreffenden Substanz. Da zudem Stickoxide überwiegend als NO emittiert werden, findet über die Titrationsreaktion eher ein Abbau des vorhandenen O_3 statt.

Durch CO und/oder VOCs, die im Gemisch der Vorläufersubstanzen in der Regel enthalten sind, wird das Gleichgewicht aber zu höheren Ozonwerten verschoben. Dies geschieht dadurch, daß über die Oxidation von CO und VOCs (RH)[2] mit OH (s. Abschnitt 3.6) Peroxide gebildet werden, die NO in NO_2 überführen, ohne daß dabei O_3 aufgebraucht wird:

$$CO + OH \rightarrow H + CO_2$$
$$H + O_2 + M \rightarrow HO_2 + M$$
$$\mathbf{HO_2 + NO} \rightarrow \mathbf{NO_2 + OH}$$

und

$$RH + OH \rightarrow R + H_2O$$
$$R + O_2 + M \rightarrow RO_2 + M$$
$$\mathbf{RO_2 + NO} \rightarrow \mathbf{NO_2 + RO}$$

Die Oxidation von CO zu CO_2 leitet dabei einen Zyklus ein, bei dem nicht nur NO in NO_2, sondern gleichzeitig HO_2 wieder in OH übergeführt wird. Analog initiiert die Oxidation von RH zu H_2O einen Zyklus, bei dem neben der Konversion von NO in NO_2 Peroxy-Radikale RO_2 in Aldehyde RO umgewandelt werden. Das Zusammenspiel dieser Zyklen ist schematisch in Abb. 41 dargestellt. Die Photolyse von NO_2 ist dabei der entscheidende Prozeß, bei dem O für die O_3-Pro-

---

[2] VOCs sind dabei mit der Kohlenwasserstoffgruppe R notiert. Bei Ethan (C_2H_6) wäre hiernach zum Beispiel in der Notierung RH durch R die Ethylgruppe C_2H_5 repräsentiert.

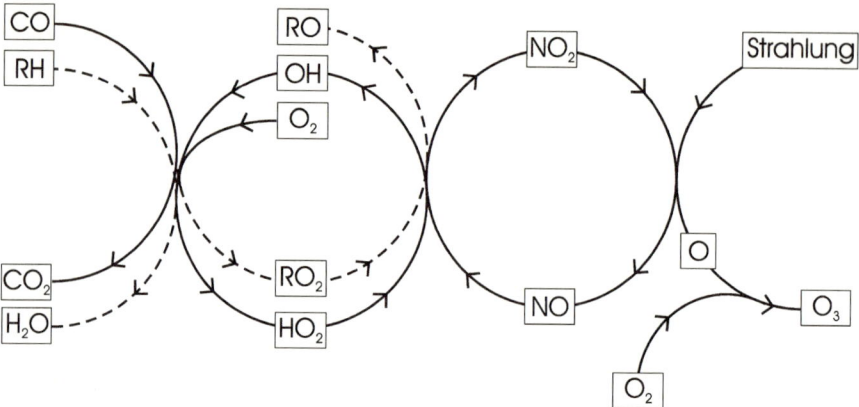

Abb. 41. Schema der photochemischen Ozonbildung. Entscheidend ist die Photolyse von NO_2, die atomaren Sauerstoff für die Ozonbildung liefert. Nennenswerte Ozonpegel werden aber nur dann aufgebaut, wenn CO und/oder Kohlenwasserstoffe (RH), die mit OH zu HO_2 bzw. RO_2 oxidiert werden, den nötigen „Brennstoff" für den Photosmog liefern

duktion gebildet wird. CO und/oder RH werden aber als „Brennstoff" benötigt, um höhere Ozonkonzentrationen aufzubauen.

Neben den Peroxyradikalen entstehen somit Aldehyde, deren organische Gruppen gegenüber dem oxidierten Kohlenwasserstoff jeweils um eine Ordnung erniedrigt ist. Aus CH_4 entsteht Formaldehyd (CH_2O), aus C_2H_6 entsprechend Acetaldehyd (CH_3CHO) usw. Aldehyde sind relativ instabile Verbindungen, die insbesondere mit Radikalen wie OH reagieren. Der durch OH eingeleitete 3-stufige Abbauprozeß von Acetaldehyd und die Reaktion mit NO_2 führt zur Bildung von Peroxyacetylnitrat ($CH_3COO_2NO_2$). Peroxyacetylnitrat ist der wichtigste Vertreter der Peroxyacylnitrate, die unter dem Namen „PAN" bekannt sind. Die PAN-Verbindungen gehören zu den instabilsten und reaktivsten Substanzen, die im photochemischen Smog vorkommen.

Nahezu alle VOCs tragen zur photochemischen Ozonbildung bei, Alkane, Alkene, Olefine, Alkohole und Aromaten. Innerhalb jeder Gruppe steigt das Ozonbildungspotential mit zunehmender Reaktivität bezüglich OH, also zunehmender Ordnung, an. Aber auch natürlich vorkommende Kohlenwasserstoffe aus biogenen Quellen, besonders Isopren und verschiedene Terpene, tragen zum Photosmog bei [245, 246]. Insofern werden Bäume über ihre ganz natürlich emittierten VOCs, die unter Reinluftbedingungen Ozon abbauen (s. Abschnitt 3.6), in Regionen anthropogen erhöhter NO_x-Pegel zu Ozonproduzenten (s. auch [42]). Viele der im Photosmog gebildeten Radikale lagern sich an Aerosole an und tragen zu deren Größenwachstum bei. Aus der Gasphase können sich dabei auch neue Partikel bilden. Lufttrübung und herabgesetzte Sichtweite gehören daher neben erhöhten Ozon- und PAN-Konzentrationen zu den typischen Begleiterscheinungen photochemischer Smogepisoden (s. Farbtafel 8).

Typische tageszeitliche Verläufe der Vorläufersubstanzen NO, NO_2 und CO sowie der photochemischen Produkte O_3 und PAN und der Globalstrahlung

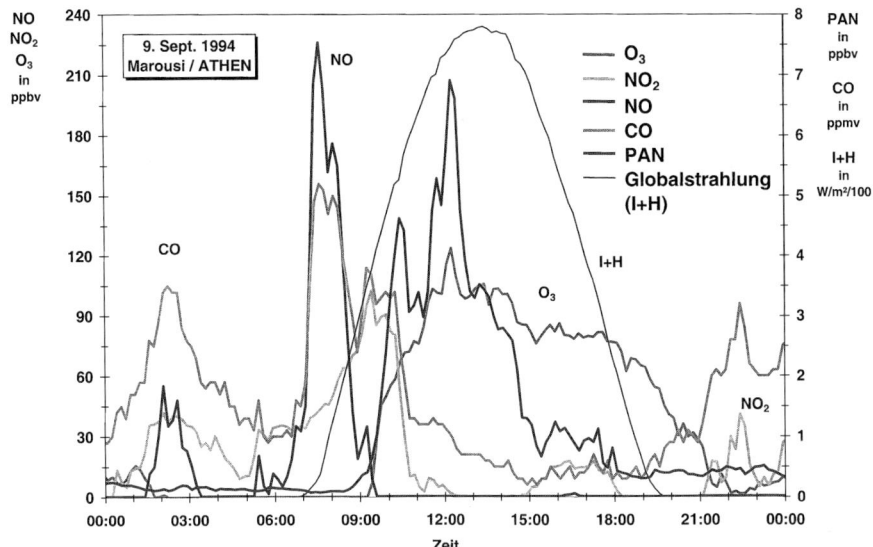

Abb. 42. Typische tageszeitliche Verläufe der Globalstrahlung (I + H), der Ozonvorläufersubstanzen NO, NO₂ und CO sowie der Photosmogprodukte O₃ und PAN in Großstadtluft (Athen), nach unveröffentlichten Messungen von P. Suppan

sind an Hand von Meßdaten während einer Photosmogepisode in Athen in Abb. 42 dargestellt: Mit Beginn des morgendlichen Berufsverkehrs zeigen sich die hohen CO- und NO-Spitzen. Das NO_2-Niveau steigt mit zeitlicher Verzögerung; O_3 für die Titration mit NO wird durch Mischungsprozesse von höheren Schichten geliefert, während am Boden praktisch kein Ozon meßbar ist. Mit Beginn des Sonnenaufgangs (Strahlungskurve) beginnt die O_3- und PAN-Produktion, während NO infolge Titration in NO_2 übergeht. Maximalwerte von O_3 und PAN sind gegen Mittag erreicht. Am Nachmittag geht die Ozonproduktion mit abnehmender Strahlung zurück, und die ozonzerstörenden Prozesse dominieren. Die Abkühlung nach Sonnenuntergang blockiert den Austausch der bodennahen Mischungsschicht mit der freien Troposphäre, und das verbleibende Ozon wird im Lauf der Nacht zerstört. In Reaktionen mit NO_2 und VOCs entstehen im Dunkeln (hier nicht gezeigt) HNO_3 und HNO_2, die bei Sonnenaufgang die erste photochemische Quelle für OH sind, durch die der tägliche Zyklus der Smogchemie wieder angetrieben wird.

Die photochemische Ozonbildung ist bezüglich der Konzentrationen der Vorläufersubstanzen ein höchst nichtlinearer Prozeß, der wesentlich durch das VOC/NO_x-Verhältnis bestimmt wird. Urbane Ballungszentren und an verkehrsreiche Fernstraßen angrenzende Gebiete zeichnen sich im Allgemeinen durch einen NO_x-Überschuß aus, und die Ozonbildung wird durch die VOC-Immissionen kontrolliert. In diesen VOC-limitierten Gebieten führt eine Verstärkung der NO_x-Emissionen zur Abnahme von Ozon, eine NO_x-Abnahme dagegen zu einem Anstieg des Ozonpegels. Eine Verkehrsberuhigung oder Fahrverbote führen hier also stets zu einer Ozonzunahme.

Dies liegt daran, daß NO_x überwiegend in Form von NO emittiert wird, das in der schnellen Reaktion

$$NO + O_3 \rightarrow NO_2 + O_2 \qquad \text{(Titrationsreaktion)}$$

zunächst O_3 vernichtet. Das gebildete NO_2 ist „potentielles Ozon", das sich über die in Abb. 41 dargestellten langsameren Zyklen windabwärts dort bildet, wo das VOC-limitierte in das NO_x-limitierte Regime übergeht. Dies ist je nach Windgeschwindigkeit und Verteilung der anthropogenen Quellen zwischen 30 und 100 km windabwärts der Fall. Im Allgemeinen bestimmen die NO_x-Emissionen eines urbanen Ballungsraumes, wieviel Ozon insgesamt in der Abgasfahne gebildet wird. Während bei der Titration jedes NO-Molekül höchstens ein O_3-Molekül vernichten kann, entstehen in der Folge pro NO_x-Molekül 4 O_3-Moleküle [247]. Die VOC-Emissionen des Ballungsraumes wiederum bestimmen, wieviel O_3 dort anfänglich aufgebaut wird. Gerade in diesen VOC-limitierten Bereichen entfalten biogene VOCs von Bäumen oft eine erstaunliche Wirksamkeit. Untersuchungen etwa aus Los Angeles [247] und Atlanta [245] zeigen, daß biogene Emissionen dort für etwa 30% des photochemischen Ozonpegels verantwortlich sind.

Photochemischer Smog wurde zuerst in den 50er Jahren des vorigen Jahrhunderts im Großraum Los Angeles beobachtet. Eine hohe Kraftfahrzeugdichte und ideale Anreicherungsbedingungen für Schadstoffe haben schon früh den Los Angeles-Smog zum Synonym für sommerlichen Photosmog gemacht. Der Raum ist halbringförmig von hohen Bergen umgeben und nur zum Pazifik im Westen offen. Da vom Ozean fast immer relativ kühle Luft einfließt, welche die wärmere Festlandluft in die Höhe treibt, bildet sich fast täglich eine Temperaturinversion aus, die den Luftaustausch mit den höheren Luftschichten unterbindet. In Verbindung mit dem Gebirgsring wirkt die Inversion wie der Deckel auf einem dreiseitig geschlossenen Gefäß, in dem sich Schadstoffe über lange Zeit anreichern und unter intensiver Sonneneinstrahlung die photochemischen Reaktionsketten durchlaufen können [252]. Photosmog führte in den Sommermonaten fast täglich zu Ozonspitzen bis über 500 ppb. Mit PAN-Konzentrationen über 50 ppb und einem Gemisch von Aldehyden bis zu 300 ppb war in den 60er und 70er Jahren vielerorts die Luftqualität so miserabel, daß es zu gesundheitlichen Problemen kam. Die Einführung von Abgasreinigungssystemen hat seitdem zu einer Entschärfung geführt. Allerdings wurde die pro Fahrzeug realisierte Reduktion durch die dramatisch angewachsene Zahl von Fahrzeugen teilweise kompensiert. Immerhin gehen heute die Maximalwerte von Ozon kaum noch über 200 ppb hinaus.

Heute gehört photochemischer Smog in vielen Ballungsgebieten zu den Alltäglichkeiten. Die Spitzenwerte in Mexico City, Tokio oder Athen übersteigen heute sogar jene von Los Angeles. Infolge der Titration treten die höchsten Ozonwerte nicht innerhalb der Ballungszentren sondern zwischen 30 und 100 km windabwärts auf, wie aus Messungen in den Großräumen Paris [248], München [249], Athen [251] oder Santiago de Chile [250] belegt ist. Da in diesen NO_x-limitierten Gebieten auch die nächtliche Ozonabnahme fehlt bzw. nur geringfügig wirkt, ist die Ozonbelastung in den „Reinluftgebieten" im Lee der Ballungsräume erheblich größer als im Zentrum, wo die Abgaswolke entsteht.

In den VOC-limitierten Ballungsräumen wirkt sich andererseits der arbeitsbedingte Wochenzyklus der Emissionen aus: An den Wochentagen Montag bis Freitag ist die NO_x-Immission in der Regel höher als an Wochenenden, was zur Folge hat, daß an Wochenenden der Ozonpegel gegenüber den Werktagen ansteigt. So macht dieser Rückgang der NO_x-Immission zum Wochenende z. B. im Stadtzentrum von München [253] oder in Bozen [254] etwa 30 % aus. Entsprechend ist der Ozonpegel am Wochenende um ca. 30 % höher als an Werktagen.

5.1.2
Ozonverteilung und Trends

Ein großer Teil des in Photosmogreaktionen gebildeten Ozons wird nicht am Erdboden oder in den bodennahen Bereichen abgebaut, sondern gelangt durch Mischungsprozesse in die freie Troposphäre. Seine Lebensdauer kann hier bis zu einigen Wochen betragen, so daß sich Ozon aus den bodennahen Quellen relativ großräumig verteilt. Der Ozonanteil der Troposphäre wird, neben dem Zufluß aus der Stratosphäre, von den photochemischen Ozonquellen und -senken in Bodennähe bestimmt. Dieses „Hintergrundozon" hat in vielen Teilen der Welt während des 20. Jahrhunderts zugenommen. In der Schweiz erfolgte zwischen den 20er und 90er Jahren ein Anstieg von ca. 20 ppb auf 40 bis 50 ppb [261]. Ein vergleichbarer Trend wurde am Hohenpeißenberg gefunden, wo seit den 70er Jahren aus den Ergebnissen regelmäßiger Radiosondenaufstiege eine exakte Verfolgung des Ozongehaltes der freien Troposphäre möglich ist. Der in Abb. 43 gezeigte Verlauf im 700 hPa-Niveau (ca. 3000 m Höhe) zeigt zwischen

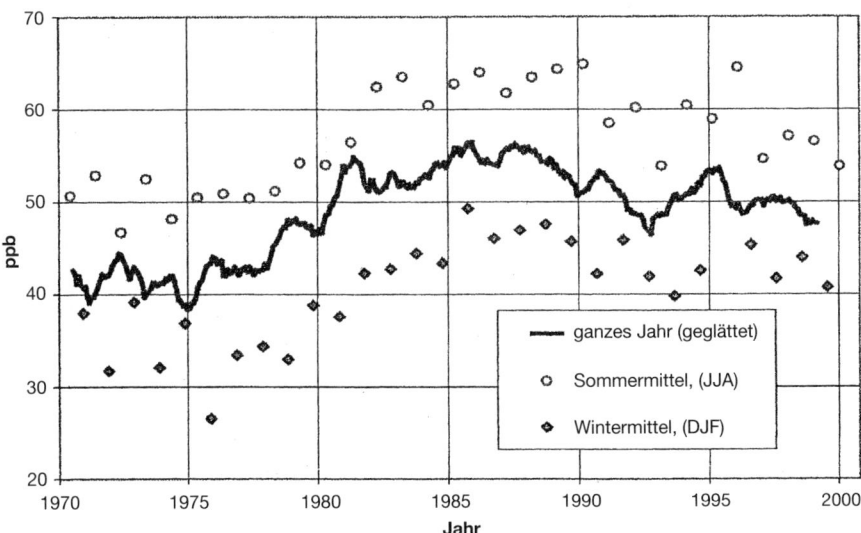

Abb. 43. Langzeitverlauf von Ozon in der freien Troposphäre über Hohenpeißenberg in 700 hPa, entsprechend etwa 3000 m Höhe; nach [260]

1970 und 1990 einen Anstieg um ca. 3%/Jahr auf etwa 60 ppb im Sommer und 45 ppb im Winter. Seitdem stagnieren die Werte, wobei sich tendenziell ein leichter Rückgang andeutet [260].

Die in Bodennähe gemessene Ozonkonzentration hängt von der Hintergrundkonzentration ab, wobei lokale photochemische Produktions- und Abbauprozese dieses Niveau erhöhen bzw. erniedrigen. In den meisten urbanen Ballungszentren Nordamerikas und Europas, wo bis in die 70er Jahre starke Anstiege des bodennahen Ozons beobachtet wurden, erfolgte danach eine Trendumkehr, die zweifellos auf die Einführung besserer Abgas-Reinigungstechniken zurückgeführt werden kann [257]. Die Abnahme in den 80er Jahren war besonders deutlich in den größten Photosmogzentren der USA, New York City, Los Angeles und Chicago [255]. Gleichzeitig nahm der bodennahe Ozongehalt in emittentenfernen Reinluftgebieten weiter zu.

Mit etwas Verzögerung (die katalytischen 3-Wege Katalysatoren für PKWs wurden in Europa später als in den USA eingeführt) war in europäischen Großstädten etwa Mitte der 80er Jahre der Zunahmetrend gebrochen, und seitdem erfolgt dort eine langsame Abnahme. Gleichzeitig zeigen aber Ozonstationen außerhalb der Ballungszentren, sozusagen in den europäischen Reinluftgebieten, weiterhin deutliche Anstiege, die bis weit in die 90er Jahre anhielten [259]. In Deutschland bewirkte die Einführung der Abgasreinigung bei Kraftfahrzeugen zwischen 1980 und 2000 einen Rückgang bei NO_x-, VOC- und CO-Emissionen um 50%, 80% bzw. 70%, obwohl im gleichen Zeitraum die Fahrleistungen von 400 auf 700 Mrd km anwuchs [262]. Dennoch nahm das Hintergrundozon in der Troposphäre bis weit in die 90er Jahre zu.

Aus der Analyse weltweit beobachteter Ozontrends [257] in Verbindung mit Modellstudien [256] wird eine allmähliche Verlagerung der Hauptproduktionsgebiete photochemischen Ozons von den USA und Westeuropa über Südosteuropa bis hin nach Ostasien deutlich. Während in New York City, Los Angeles und Chicago Sommersmogperioden abnehmende Tendenz haben, zeigen Ozonmessungen aus dem Mittleren Osten, China und Japan deutliche Zunahmen [257, 258, 263–265]. Ozon, das nicht in der bodennahen Luftschicht wieder abgebaut wird und in die freie Troposphäre gelangt, wird dort innerhalb der betreffenden Hemisphäre verteilt. Seine Lebensdauer beträgt einige Wochen und ist damit lang genug, daß sich eine zonale Durchmischung einstellt (s. Farbtafel 9). Die Verlagerung der photochemischen Produktionszentren der Nordhemisphäre wird sich auch in den kommenden Jahren fortsetzen. Eine Abnahme des troposphärischen Ozongehaltes ist jedoch nicht zu erwarten [266].

Die lange Lebensdauer des troposphärischen Ozons ist der Grund dafür, daß auch in entlegenen Reinluftgebieten episodisch hohe Ozonkonzentrationen beobachtet werden, etwa in der Arktis, wenn Luftmassen anthropogen belasteter Gebiete einfließen [267, 268]. Es gibt sogar signifikante Ozonverfrachtungen von Kontinent zu Kontinent: So wurden Ozonkonzentrationen im Alpenraum gemessen, die nicht auf lokale Photochemie sondern, wie Trajektorienanalysen beweisen, auf den Transkontinentaltransport belasteter Luftmassen aus dem Großraum von New York City bis Boston zurückzuführen sind [269]. Umgekehrt haben an der Westküste der USA im Frühjahr 1997 gemessene signifikante

Anstiege der Konzentrationen von CO, NO_x, O_3 und PAN ihren Ursprung in China und Japan [270].

Der Anstieg des troposphärischen Ozons, sozusagen die allmähliche Bildung einer zweiten Ozonschicht in der Troposphäre, ist somit ein großräumiges Problem mit beinahe hemisphärischen Auswirkungen. Der troposphärische Ozonpegel der Nordhemisphäre ist, da dort die meisten Vorläufersubstanzen für Photosmog emittiert werden, mehr als doppelt so hoch wie derjenige der Südhalbkugel (s. Farbtafel 9).

5.1.3
Die Bedeutung von Ruß

Ruß entsteht bei der unvollständigen Verbrennung von Kohlenwasserstoffen. Er ist damit ein fester Bestandteil der im Straßenverkehr, besonders von Dieselfahrzeugen emittierten Substanzen. Ruß entsteht auch bei der Verbrennung von Biomasse (s. Abschnitt 5.2). Die Gesamtmenge Ruß, die pro Jahr in die Atmosphäre gelangt, wird mit 2,4 Mio t C beziffert [271].

Die emittierten Rußpartikel können sich in Teilchengröße, Form und chemischer Zusammensetzung je nach Entstehungsbedingungen stark unterscheiden. Die Grundeinheit eines Rußteilchens besteht aus einer Anzahl von Kohlenstoffatomen, die teilweise mit Wasserstoff gesättigt sind. Die bei der Verbrennung zunächst entstehenden sehr kleinen Primärpartikel lagern sich im Weiteren zu größeren Agglomeraten mit fraktalähnlichen Strukturen zusammen. Sie stellen damit große aktive Oberflächen für heterogene chemische Reaktionen dar.

Man weiß heute, daß Rußteilchen, vor allem die sehr kleinen, lungengängigen Partikel, negative Auswirkungen auf die menschliche Gesundheit haben. Fast nichts ist jedoch über die Auswirkungen von Rußpartikeln auf die atmosphärische Umwelt bekannt. Man vermutet, daß Aerosole, vor allem Rußteilchen, bei der Wolkenbildung eine Rolle spielen: Die Anwesenheit vieler Partikel in verschmutzter Luft führt bei Kondensation zur Bildung vieler sehr kleiner Wolkentröpfchen, die lange benötigen, um durch Koaleszenz zur Größe von Regentropfen zu wachsen. Bei geringer Teilchendichte in Reinluft bilden sich wenige größere Wolkentröpfchen, die rascher zur Regentropfengröße heranwachsen. Dies kann sich in zweifacher Hinsicht auswirken, zum einen kann verschmutzte Luft dadurch zur Reduktion von Niederschlägen führen, zum andern haben kleintropfige Wolken eine höhere Albedo als solche, die aus größeren Tropfen bestehen, was sich wiederum auf den Strahlungshaushalt auswirken kann [272, 273]. Ruß selbst kann zu einem positiven Strahlungsantrieb führen [274, 275]. Ungeklärt ist, ob dieser Effekt oder der negative Strahlungsantrieb infolge erhöhter Albedo im Klimasystem überwiegt (s. Abschnitt 5.6.1).

Bezüglich der Photosmogprozesse ist vor allem die chemische Wirkung von Ruß von Interesse. Es ist schon lange bekannt, daß Ozon an der Oberfläche von Rußteilchen abgebaut wird. So kann man etwa durch Ausblasen von Zigarettenrauch Ozon in der direkten Umgebung schlagartig vernichten. Die Reaktion ist im Labor mehrfach untersucht worden, die gefundenen Reaktionswahrscheinlichkeiten variieren aber um mehrere Größenordnungen je nach Alter und Art der Rußoberflächen [276, 277].

In den dichten und rußhaltigen Rauchwolken, die Ende 1997 in Indonesien als Folge großflächiger Waldbrände beobachtet wurden (s. Abschnitt 5.2.2), war Ozon überall dort stark reduziert, wo hohe Partikeldichten gemessen wurden. Hohe Ozonkonzentrationen wurden dagegen außerhalb der Rauchwolken gefunden [279]. Bei kampagnenartigen Messungen in indischen Großstädten wie Delhi und Hyderabad wurden in den 80er Jahren stets niedrige Ozonkonzentrationen gefunden, die selten über 20 bis 30 ppb hinausgingen, obwohl Vorläufersubstanzen und Sonnenstrahlung reichlich zur Verfügung standen. Heute kommen in Delhi während der Trockenzeit regelmäßig Photosmogepisoden vor, bei denen der Ozonanteil der bodennahen Luft über 100 ppb ansteigt [278, 279]. Wahrscheinlich ist dies auf die inzwischen erfolgte Reduktion luftgetragener Rußpartikel zurückzuführen, die früher aus einer Vielzahl offener Feuerstellen an die Stadtluft abgegeben wurden.

Auch in Santiago de Chile macht sich die Reduktion des Rußanteils im Photosmog stark bemerkbar. Bis 1995 litt diese Stadt unter einer dichten Smogschicht, die fast ausschließlich aus Partikeln, überwiegend Ruß bestand. Rußemittenten waren hunderte von dieselgetriebenen Kleinbussen, die dunkle Rußwolken buchstäblich hinter sich herzogen. Diese Fahrzeuge sind seit 1996 durch moderne Busse ersetzt. Seitdem hat sich die Art der Luftverschmutzung stark verändert: Die Partikeldichte hat drastisch abgenommen, während dafür der Ozonpegel, der vorher selten über 60 ppb betrug, auf über 160 ppb angestiegen ist [250].

5.1.4
Auswirkungen von Photosmog

Ozon ist ein instabiles Molekül, das relativ leicht zerfällt und dabei ein aggressives Sauerstoffatom freisetzt. Ozon ist daher ein effektives Oxidationsmittel, das Oberflächen aller Art angreift. Die menschliche Haut ist allerdings gut geschützt, so daß sie durch Ozon wohl nicht geschädigt werden kann. Die Schleimhäute jedoch sind empfindlich, so daß es hier zu Reizungen in Nase und Rachen kommen kann. Da Ozon nur wenig wasserlöslich ist, kann es mit der Atemluft bis in die Lunge eindringen und Entzündungen der Bronchien verursachen [280].

Pflanzen nehmen Ozon durch die Spaltöffnungen auf. Ozon zerfällt dabei bereits im Geweberaum außerhalb der Plasmamembran, wobei reaktive Sauerstoffradikale entstehen, die empfindliche Gruppen von Lipiden und Proteinen der Membran angreifen. Die kurzzeitige Einwirkung sehr hoher Ozonkonzentrationen über 1000 ppb führt zu akuten Schadsymptomen, die auf der direkten Zerstörung der Zellmembranen und Zellkompartimente beruhen. Man beobachtet dabei Chlorosen, Nekrosen und das Abfallen von Blättern und Nadeln. Derart hohe Ozonkonzentrationen kommen in der bodennahen Umwelt jedoch nicht vor. Selbst im Großraum Los Angeles, wo die bislang stärkste Ozonbelastung zu verzeichnen war, sind solche akuten Ozoneffekte nicht beobachtet worden.

Aus hochbelasteten Standorten in den San Bernardino Mountains im Lee dieses Ballungsraumes wird durch Beobachtungen an 30jährigen Ponderosa-Kiefern aber klar belegt, daß die langzeitige Einwirkung von Photooxidantien zu chronischen Schäden führt. Die Jahresringe der Bäume aus der stark belasteten Periode 1941–1971 waren gegenüber denen aus der „smogfreien" Zeit 1910–1940 im Schnitt um 2 mm schmaler. Sowohl bei gesund aussehenden wie bei äußerlich geschädigt wirkenden Bäumen konnte dieser verringerte Wuchs festgestellt werden, der für das nutzbare Holz eines 30jährigen Baumes eines Reduktion auf etwa ein Sechstel ausmacht [281]. Typisch für die Freilandsituation vieler Standorte ist der Langzeiteinfluß erhöhter Ozonkonzentrationen mit Spitzenwerten um 150 ppb. Hierbei treten chronische Schäden wie reduziertes Wachstum und Ertragseinbußen bei Nutzpflanzen auf. Hemmungen der Photosynthese können bereits auftreten, ohne daß sichtbare Schäden zu beobachten sind [280].

Die Diskussion um die Wirkung von Ozon auf Waldbäume befindet sich in einem Spannungsfeld: Einerseits ist die potentiell pflanzliches Wachstum beeinträchtigende Wirkung des Ozons unbestritten, andererseits sind tatsächliche Wirkungen gerade für Wälder nach wie vor ungewiß. Dies rührt daher, daß gleichzeitig eine Vielzahl von Faktoren einwirkt, was den Nachweis O_3-spezifischer Baumreaktionen erschwert. Beobachtete Reaktionen auf chronische Ozonbelastungen sind Chlorosen, die vorzeitige Seneszenz sowie Blatt- und Nadelverluste [281–283]. Was aber dabei genau im Stoffwechsel und Zuwachsverhalten abläuft, ist weitgehend unbekannt. Defizite bestehen auch hinsichtlich der Regulation des Wasserhaushaltes in der Pflanze und daraus resultierende Anfälligkeit gegenüber Trockenstreß und Nährstoffmangel, zum Einfluß von Wurzelpathogenen, und zur Prädisposition gegenüber Schädlingsbefall, sowie zum Konkurrenzverhalten um Licht, Wasser und Nährstoffe. Ozonschädigungen von Waldbäumen sind vorwiegend aus Experimenten mit jungen Holzpflanzen in Begasungskammern bekannt, wo im allgemeinen, mit Ausnahme des Ozons, nichtlimitierende Wachstumsbedingungen herrschten, kloniertes Material verwendet wurde, definierte Kontrollbehandlungen auch schwache O_3-Effekte sichtbar machten und Wechselbeziehungen mit pflanzlichen Konkurrenten und Pathogenen ausgeschaltet waren – Bedingungen also, die für Waldbestände untypisch sind. Waldbäume im Jungwuchsstadium sind auch mit oben offenen Experimentierkammern (Open-Top-Chambers) untersucht worden. Diese sind aber wie auch die direkte Freiluft-Begasung (Free-Air Fumigation) mittels FACE (Free-Air Carbon Dioxide and Ozone Enrichment)-Anlagen auf maximal 10jährige Bäume limitiert. Kontrollierte Experimente mit ausgewachsenen Waldbäumen, bei denen komplette Kronen beaufschlagt werden, sind bislang nicht dokumentiert.

Im Rahmen eines Sonderforschungsbereiches (SFB 607: Wachstum und Parasitenabwehr) werden derzeit in einem 40- bis 60jährigen Buchen/Fichten-Mischbestand unter anderem die Auswirkungen chronischer Ozonkonzentrationen auf Stoffwechsel, Kohlenstoffallokation, Wachstum und Konkurrenzverhalten unter Einbezug physiologischer, biochemischer und molekularbiologischer Analysen untersucht. Kernstück dieses interdisziplinären Forschungsansatzes ist die im Lehrstuhl des Autors entwickelte neuartige Freiluft-Begasungsanlage, welche die kontinuierliche Free-Air-Kronenbegasung mit Ozon ermöglicht [284]. 5 Buchen- und 5 Fichtenkronen, die insgesamt einen Raum von etwa 1500 m^3 ausmachen, werden seit Mai 2000 kontinuierlich mit dem Doppelten des ambienten Ozonniveaus beaufschlagt. Dabei wird der Maximalwert von 150 ppb, der etwa den maximal vorkommenden Ozonspitzen entspricht, nicht überschritten. Es wird erwartet, daß die Ergebnisse dieses Sonderforschungsbereiches mehr Licht in die Prozesse, die bei der Einwirkung chronischer Ozonpegel auf Waldbäume ablaufen, bringen werden.

Neben der biologischen Wirkung von Ozon ist dessen direkte Klimawirksamkeit von großer Bedeutung. Ozon absorbiert IR-Strahlung im Bereich um 9,6 μm, in dem die Atmosphäre weitgehend transparent ist (atmosphärisches Fenster), und ist daher ein wichtiges Treibhausgas. Die Gegenstrahlung des stratosphärischen Ozons stellt nur einen kleinen Beitrag zum natürlichen Treibhauseffekt dar (s. Abschnitt 2.4). Ozon, das sich in der Troposphäre befindet, kann jedoch die effektive Ausstrahlung der Erdoberfläche vermindern.

Modellrechnungen [285] zeigen, daß die Zunahme des troposphärischen Ozons seit 1850 einen zusätzlichen Strahlungsantrieb bewirkt hat, der etwa proportional zum Anstieg der Vorläufersubstanzen erfolgt ist und 1990 insgesamt 0,29 W/m^2 ausmachte. Eine neuere Berechnung [256] ergibt für 1990 gegenüber 1850 einen zusätzlichen Strahlungantrieb von 0,34 W/m^2. Der Bericht des Intergovernmental Panel on Climate Change [212] geht von einem Wert von (0,35 ± 0,2) W/m^2 aus. Dies entspricht etwa 13% des gesamten anthropogenen Treibhauseffektes, der mit 2,75 W/m^2 für das Jahr 2000 beziffert ist (s. Abschnitt 5.6.1).

5.2
Biomasse-Verbrennung

Waldbrände gibt es, so lange es Wälder auf der Erde gibt. Sie entstanden durch Blitzschlag und sorgten durch Mineralisierung der Biomasse und anschließende Wiederbestockung für eine von Zeit zu Zeit stattfindende nützliche Erneuerung der Ökosysteme. Auch heute entstehen Waldbrände gelegentlich durch Blitzschlag. In den meisten Fällen gehen Feuer heute jedoch auf menschliche Eingriffe zurück, sei es Unachtsamkeit, weggeworfene Zigarettenkippen oder dergleichen, überwiegend aber in der Absicht, Wälder zu beseitigen und den Grund für andere Zwecke zu nutzen.

Mehr als 80% der heute weltweit vernichteten Biomasse wird in den Tropen verbrannt, und Brandrodung zur Gewinnung von Flächen für Ackerbau und Weidewirtschaft sowie für den Bau von Straßen und Siedlungen ist hierfür die Hauptursache. Waldbrände und Brandrodung finden aber auch außerhalb der Tropen statt, und auch die Verbrennung von Stroh und Resten anderer landwirtschaftlicher Nutzpflanzen trägt zur globalen Biomasseverbrennung bei. Fast überall in der Welt gingen durch menschliche Aktivitäten die mit Wald bestockten Flächen zurück. Zwischen 1850 und 1980 verringerte sich die globale Waldfläche von 59 auf 50 Mio km^2. Von den 1980 noch vorhandenen etwa 18 Mio km^2 tropischer Wälder wurden seitdem pro Jahr etwa 200 000 km^2, das Doppelte der Waldfläche der Bundesrepublik Deutschland, vernichtet [99].

5 Umweltveränderungen als Folge menschlicher Eingriffe

5.2.1
Produkte der Biomasseverbrennung

Bei der Verbrennung von Biomasse entsteht vorwiegend CO_2, das dadurch in den atmosphärischen Pool zurückgeführt wird. Es wird geschätzt, daß weltweit dadurch zur Zeit 3,7 Mrd. t CO_2 pro Jahr in die Atmosphäre fließen, was einem Kohlenstoffäquivalent von 1 Mrd t C/Jahr entspricht. Der globale Kohlenstoff-kreislauf, der zusätzlich ca. 6 Mrd. t C aus der Verbrennung fossiler Kohlenstoff-träger aufnehmen muß, wird insgesamt also mit 7 Mrd t C aus anthropogenen Quellen gestört (s. Abschnitt 3.4.1).

Neben CO_2 entstehen weitere Gase wie CO, H_2, N_2O, NO, CH_3Cl, COS und HCN sowie Aerosol-Partikel, vorwiegend organische Kohlenstoffpartikel und Ruß [286]. Die Verbrennung von Biomasse hat damit in dreifacher Weise Implikatio-nen für das irdische Treibhaus:

1. Sie ist eine Quelle für atmosphärische Spurengase und beeinflußt daher die biogeochemischen C-, N- und S-Kreisläufe sowie die Budgets einiger Halogene,
2. einige der emittierten Gase sind Treibhausgase, andere sind Vorläufersub-stanzen für troposphärisches Ozon, ein weiteres Treibhausgas,
3. die pyrogenen Aerosole erhöhen die Albedo und induzieren daher regional eine Abkühlung.

Je nach Brennmaterial und Art der Verbrennung ist das Spektrum und die men-genmäßige Zusammensetzung der Verbrennungsprodukte recht unterschied-lich. Tabelle 15 veranschaulicht, daß offene Flammen zu relativ vollständiger Verbrennung mit geringen Anteilen von CO, VOCs und Partikeln führen. Schwe-lende Waldbrände reduzieren den CO_2-Anteil und produzieren entsprechend mehr CO, VOCs und Partikel. Es ist deshalb schwierig, globale Emissionen zu quantifizieren, da die Messungen in der Regel in der Nähe einzelner Feuer durchgeführt werden. Die globale Menge durch Biomasseverbrennung erzeug-ter VOCs und von CO wurde, basierend auf Messungen in Brasilien, mit 60 Mio t C/Jahr bzw. 800 Mio t CO/Jahr abgeschätzt [288]. Diese Mengen stellen signifi-kante Beiträge zu den globalen Budgets dieser Substanzen dar (s. Abschnitt 3.5).

Tabelle 15. Emissionsfaktoren verschiedener bei Biomasseverbrennung entstehender Koh-lenstoff-Verbindungen und Aerosole in g C/kg verbrannten Kohlenstoffes. Nichtmethan-Koh-lenwasserstoffe (NMHC) stehen für die Summe aller VOCs außer CH_4. Nach [287]

Brennmaterial	CO_2	CO	NMHC	CH_4	Partikel	C-Partikel (gesamt)	Ruß
Weidegras	927	56	6	3,1	16	11,5	1,3
Steppe	928	57	7	3,7	9,6	6,6	1,0
Wald (Flammen)	913	60	7	7,9	16	10,2	1,1
Wald (schwelen)	831	120	17	12,5	26,6	19,4	1,5

Das Spektrum der VOCs, nach Messungen während der SAFARI 92-Kampagne in Südafrika [289] und Messungen während ausgedehnter Waldbrände 1997 in Alaska [290], umfaßt eine Vielzahl Alkane und Alkene sowie oxygenierte und ungesättigte Verbindungen wie Aldehyde, organische Säuren und Alkohole. Eine weitere für Biomasse typische Substanz ist Wasserstoffcyanid (HCN). Die gleichzeitige Emission von NO_x macht die Abgaswolke der Brände, bei NO_x/CO-Verhältnissen zwischen 0,02 und 0,10 [293], zu einem äußerst reaktiven Gemisch von Vorläufersubstanzen für die Bildung von Ozon und anderen Photosmogprodukten.

Waldbrände sind auch eine Quelle für Halogenverbindungen wie die Methylhalide CH_3Cl, CH_3Br und CH_3I, von denen CH_3Cl bei der Emission dominiert. CH_3Cl/CO-Verhältnisse von $(86 \ldots 520) * 10^{-6}$ wurden für Wald- und Buschbrände in Kalifornien gefunden [291]. Ein globales Emissionskataster ergibt, daß insgesamt $640 * 10^3$ t Cl/Jahr als CH_3Cl an die Atmosphäre abgegeben werden. Damit ist die Biomasseverbrennung eine wichtige Quelle für Methylchlorid. Daneben entstehen geringe Mengen Dichlormethan (CH_2Cl_2) und Chloroform ($CHCl_3$) [292].

Neben CO_2 entsteht bei der Biomasseverbrennung N_2O als weiteres Treibhausgas. Laborexperimente zeigen, daß bei gut entflammten Brennstoffen etwa 0,7 % des in der Biomasse enthaltenen Stickstoffs zu N_2O oxidiert wird [294]. Hieraus ergibt sich eine globale N_2O-Quelle von $2,7 * 10^5$ t N/Jahr, die etwa 2 % zu den globalen N_2O-Quellen beiträgt. Aus Messungen an Waldbränden in Kanada kann geschlossen werden, daß der Anteil der Biomasseverbrennung an den globalen N_2O-Quellen sogar bis zu 7 % betragen kann [295].

5.2.2
Waldbrände in den Tropen

Die Tropen sind die Zone mit der geringsten Ozonschichtdicke, den höchsten Sonnenständen und daher mit den höchsten UV-B-Strahlungsflüssen weltweit. Da in der warmen tropischen Troposphäre auch wesentlich mehr Wasserdampf enthalten ist als anderswo, ist dort auch die Produktion von OH-Radikalen und mithin das Oxidationspotential am höchsten (s. Abschnitt 3.6). Das Substanzgemisch, das durch Biomasseverbrennung in den Tropen freigesetzt wird, findet somit ideale Bedingungen für die Bildung von Ozon und weiteren Produkten im Photosmog. Ohne anthropogene Einflüsse variiert der troposphärische Ozonanteil in den Tropen um 10 bis maximal 20 ppb, und während der Regenzeit, wenn praktisch keine Brandrodungen erfolgen, bleibt er mehr oder weniger auf diesem Niveau. Mit Einsetzen der Brände steigt der Ozongehalt deutlich an. Sowohl in Zentralafrika wie auch in Brasilien werden dann Ozonanteile um, zum Teil über 100 ppb gemessen [296, 297]. Die ozonreichen Schichten können dabei bis 5 km Höhe reichen und sich horizontal über hunderte von Kilometern erstrecken. CO-Anteile, die während der Regenzeit unter 100 ppb betragen, steigen mit Einsetzen der Brände auf bis zu 700 ppb an. Modellrechnungen zeigen, daß etwa ein Viertel des gesamten Ozons, das sich in der planetaren Grenzschicht über Afrika befindet, aus den Produkten der Biomasseverbrennung gebildet wird. Ein großer Teil dieses Ozons wird mit den Luftströmungen in andere Regionen verfrachtet. Global gesehen hat die Biomasseverbrennung am gesamten Ozon der Troposphäre einen Anteil von etwa 9 % [298].

Waldbrände erreichten einen markanten Höhepunkt während des Jahrhundert-El Niño von 1997/98, des stärksten jemals beobachteten El Niño-Ereignisses (s. Abschnitt 2.7.2). Allein in Indonesien gingen dabei etwa 100 000 km² Wald in Flammen auf, genausoviel wie insgesamt in Deutschland vorhanden ist. Dichte Rauchwolken mit hohen Partikeldichten und stark getrübter Luft mit geringen Sichtweiten bestimmten monatelang das Bild der gesamten Region zwischen Indonesien und Nordaustralien. Für einige Städte sind Partikelmessungen dokumentiert, die zwischen September und Oktober 1997 mit bis zu 4000 $\mu g/m^2$ extrem hohe Frachten luftgetragener Aerosole ergaben [279, 299]. Extreme CO-Anteile im ppm-Bereich in Verbindung mit NO_x sorgten als Vorläufersubstanzen für effektive Photosmogbildung. Interessanterweise waren, wie Flugzeugmessungen ergaben, Ozonkonzentrationen im Bereich dichter Wolken mit Werten um 20 ppb sehr niedrig. Vermutlich war hier die Sonnenstrahlung so stark geschwächt, daß keine Photochemie ablaufen konnte. Möglicherweise wurde Ozon auch an den Oberflächen der Aerosole, vor allem der Rußpartikel, abgebaut (s. Abschnitt 5.1.3). Erhöhte O_3-Niveaus oberhalb 80 ppb wurden nur dort gefunden, wo die Wolken weniger dicht waren [279]. Immerhin war die photochemische Ozonproduktion großräumig so intensiv, daß die Meßdaten des satellitengetragenen TOMS-Instrumentes von August bis November 1997 über Indonesien eine persistente Vermehrung des Gesamtozons um bis zu 30 DU ergaben, die als Ozonanstieg in der Troposphäre interpretiert werden. Die ungestörte troposphärische Ozonsäule über der Region beträgt normalerweise 20 DU. Demnach haben die durch den El Niño begünstigten Brände über mehrere Monate den troposphärischen Ozongehalt über Indonesien mehr als verdoppelt [300, 301].

5.2.3
Globale Auswirkungen

Die Auswirkungen der Indonesischen Brände konnten vom Satelliten aus bis nach Indien deutlich verfolgt werden. TOMS-Meßdaten zeigten, daß die ozonreichen Schichten, die sich nach Westen fortschreitend von den darunterliegenden Rauchwolken entkoppelten, mit den tropischen Ostwinden bis weit über den indischen Subkontinent verfrachtet wurden [301]. Spektroskopische Messungen auf dem Mauna Loa/Hawaii zeigten zwischen September und November 1997 markante Spitzen der troposphärischen Anteile von CO, C_2H_6 und vor allem HCN, einer typischen bei Waldbränden gebildeten Substanz. Mit Hilfe von Trajektorienanalysen konnte dabei nachgewiesen werden, daß die beobachteten Substanzen aus dem Waldbrandgebiet Indonesiens stammten [302]. Die Ausbreitung der bei der Verbrennung von Biomasse gebildeten Substanzen hat buchstäblich globale Dimensionen. Gerade in den Tropen wird die globale Ausbreitung durch hochreichende Konvektion begünstigt, welche die Verbrennungsprodukte in kürzester Zeit in größere Höhen verfrachtet, wo starke Winde für rascheren Horizontaltransport sorgen. Auf diese Weise können Luftschadstoffe, deren Konzentrationen in der bodennahen Grenzschicht durch photochemische Reaktionen und Deposition rasch abklingen, über interkontinentale, ja globale Distanzen verfrachtet werden.

Dies gilt natürlich auch für außertropische Zonen, wo Starkwindbänder für effektiven Horizontaltransport, gleichsam wie über einen Treibriemen, sorgen. (Der Term „Conveyer Belt" ist bereits in die diesbezügliche Literatur eingegangen.) Es konnte klar gezeigt werden, daß sich Brände borealer Wälder Ostsibiriens auf den CO- und O_3-Gehalt der Bodenluft in Japan auswirken [303]. Eine Quantifizierung dieser Prozesse gelingt heute mit Hilfe von Trajektorienmodellen: Hierbei setzt man aus vielen „Teilchen" eine imaginäre Mauer zusammen und rekonstruiert mit Hilfe von Daten über Windgeschwindigkeiten und -Richtungen die Routen, welche die Teilchen vor Ankunft am jeweiligen Ort der „Mauer" während der Tage zuvor zurückgelegt haben. Aus dem hieraus resultierenden „Spaghetti-Plot" (Farbtafel 10) kann man die Herkunft und den Transport der einzelnen Teilchen bis zum Eintreffen an der Mauer verfolgen. Die in Farbtafel 10 gezeigte Mauer erstreckt sich in 100° östl. Länge etwa von Bangkok bis Sibirien. Eine detaillierte Analyse ergibt z. B., daß im Januar und Februar 30 % bis 40 % der in 100 °O eintreffenden Luft aus Europa stammt und die dort emittierten Schadstoffe in Fernost einträgt [304].

Mit ähnlichen Verfahren kann gezeigt werden, daß signifikante Anstiege der Konzentrationen von CO, NO_x, O_3 und PAN, die im März/April an der Westküste der USA gemessen wurden, auf Ferntransport verschmutzter Luft aus China und Japan zurückzuführen ist [270]. Im August 1998 brannten in Kanada mehr als 10 000 km² boreale Wälder. Teile der Abgaswolke drifteten auch nach Europa, wo in der zweiten Augusthälfte in Irland signifikante Anstiege des bodennahen CO erfolgten. Mit einem Aerosol-LIDAR wurde in Mitteleuropa eine Schicht deutlich erhöhter Aerosoldichte identifiziert, die von einem Ozonanstieg über dem Hintergrund von 50 ppb auf über 75 ppb begleitet war. Mit Hilfe eines Trajektorienmodells konnte gezeigt werden, daß es sich hier tatsächlich um Effekte transkontinental transportierter Verbrennungsprodukte der genannten borealen Waldbrände handelte [305].

Es kann kein Zweifel bestehen, daß Luftverschmutzung ein globales Problem ist, dessen Wirkung an einem bestimmten Ort neben den lokalen Quellen durch den Hintergrund bestimmt wird, der sich aus der Vielzahl global verteilter Quellen durch Transport- und Mischungsprozesse einstellt. So gesehen kann es, zumindest auf der Nordhalbkugel, praktisch keine echten Reinluftgebiete geben. Auf der Südhalbkugel, wo anthropogene Schadstoffquellen auf wenige Ballungsräume beschränkt sind, stellt gerade die Biomasseverbrennung in Afrika und Südamerika eine signifikante Quelle für Photosmogsubstanzen und Partikel dar.

Die Abschätzung der resultierenden Wirkung auf das Klimasystem ist schwierig: Einerseits bewirkt das produzierte Ozon einen positiven Strahlungsantrieb und verstärkt damit den anthropogenen Treibhauseffekt. Andererseits erhöhen die Partikelschichten die Albedo und führen so zu einer Abkühlung. Die Quantifizierung ist insofern heute noch kaum möglich, da hierfür nötige flächendeckende Messungen der troposphärischen Ozon- und Aerosolverteilung von Satelliten aus noch nicht vorhanden sind. Erste Modellrechnungen ergeben, daß weite Gebiete in den Tropen infolge der Ozonbildung einen positiven Strahlungsantrieb zwischen 0,5 und 1 W/m² erhalten. Dagegen sind die Gebiete, in denen durch dichte Aerosolschichten ein negativer Strahlungsantrieb erfolgt, wesentlich kleiner. Auf den gesamten Globus hochgerechnet, ergibt sich als Folge der Biomasseverbrennung in den Tropen ein positiver Strahlungsantrieb zwischen 0,1 und 0,4 W/m^2 [306].

5.3
Saurer Regen

5.3.1
Saurer Regen – ein neues Problem?

Der Begriff „Saurer Regen" ist, auch wenn er in den 80er Jahren in Zusammenhang mit dem „Waldsterben" zum Schlagwort wurde, mindestens 130 Jahre alt. Bereits 1872 prägte der Schotte R. A. Smith [307] den Begriff „Acid Rain" in einem Buch, in dem der Gehalt chemischer Inhaltsstoffe in Regen, Nebel, Tau und Schnee mit industriellen Emissionen in Verbindung gebracht wurde.

Auch ohne den Einfluß menschlicher Aktivitäten könnte Regenwasser niemals chemisch neutral sein. Dies liegt daran, daß durch den Zufluß natürlicher Quellgase in die Atmosphäre Senkengase wie HNO_3, HCl oder H_2SO_4 gebildet werden, die im Wasser gelöst Säuren ergeben. Zum anderen führt auch Kohlendioxid, das sich in Wolken- und Regenwasser löst, zur Säurebildung. Dabei entsteht eine schwache Säure, die Kohlensäure. Im Lösungsgleichgewicht entspricht der atmosphärischen CO_2-Konzentration ein pH-Wert im Niederschlag von pH = 5,6. Der pH-Wert ist ein logarithmisches Maß für die Konzentration der Wasserstoff-Ionen in wäßriger Lösung. Eine neutrale Lösung hat pH = 7, pH > 7 weist basische, pH < 7 saure Eigenschaften aus. Logarithmisch heißt in diesem Fall, daß bei einem Rückgang des pH-Wertes um eine Einheit, von 5 auf 4 oder von 4 auf 3, der Gehalt an Wasserstoffionen in der Lösung jeweils um den Faktor 10 zunimmt, von 5 auf 3 also um den Faktor 100. Die natürlichen Senkengase erhöhen den Säuregehalt und erniedrigen damit den pH-Wert; auf der anderen Seite bewirkt der natürliche Gehalt an Ammoniak, das sich teilweise in Wolken- und Niederschlagstropfen löst, eine gewisse Neutralisation. Der durchschnittliche pH-Wert von Regenwasser, unbeeinflußt von anthropogenen Effekten, dürfte demnach zwischen 5 und 5,6 liegen. Regenwasser hat also grundsätzlich sauren Charakter, es sei denn, daß durch anthropogene Emissionen basischer Substanzen, zum Beispiel von Zementfabriken, lokal eine Neutralisation erfolgt.

Das Umweltproblem, das der saure Regen heute darstellt, besteht darin, daß der Säuregehalt im Niederschlag in vielen Regionen der Erde deutlich zugenommen hat. In weiten Gebieten Europas und Nordamerikas kommen pH-Werte unter 4 vor, aber auch in Regionen, die als Reinluftgebiete gelten, werden deutlich saure Niederschläge gemessen. So liegen etwa in Nordaustralien oder auf Hawaii die pH-Schwankungsbereiche im Niederschlag zwischen 4,2 und 4,8. Entscheidend für die Auswirkungen ist aber nicht so sehr der pH-Wert selbst, der ja auch von der Häufigkeit und Ergiebigkeit der Niederschläge abhängt, als vielmehr die Gesamtmenge an Säure, die pro Jahr über einer bestimmten Fläche deponiert wird. Daß die Säuredeposition durch die Niederschläge tatsächlich im

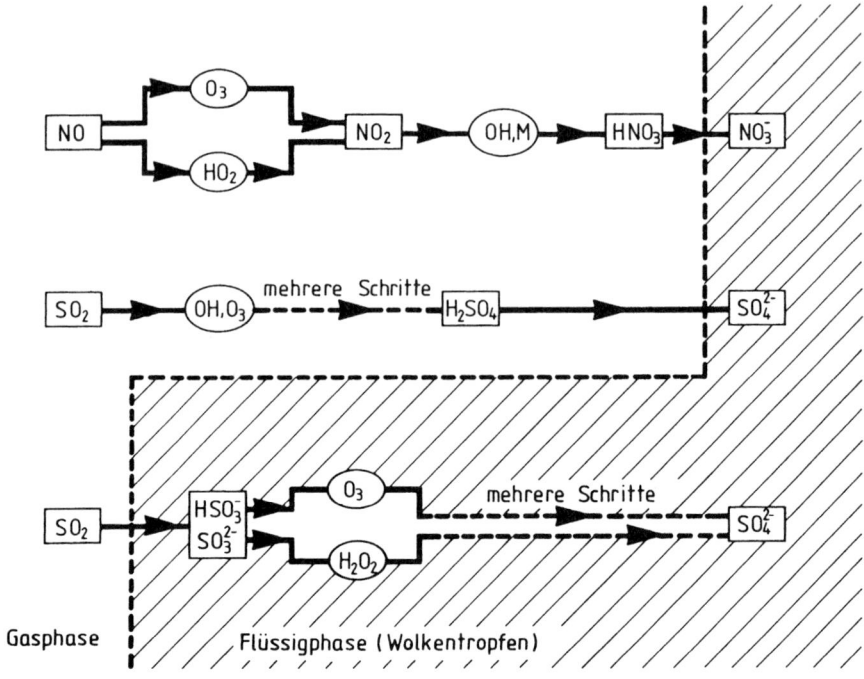

Abb. 44. Schema der Säurebildung aus Stickstoffoxiden und Schwefeldioxid

Laufe der letzten 100 Jahre zugenommen hat, wird etwa aus Messungen im Osten Nordamerikas verdeutlicht: Während sich dort die pro Jahr deponierte Nitratmenge seit 1890 etwa verzehnfacht hat, blieb der Anteil von Ammonium, das überwiegend aus natürlichen Quellen stammt, unverändert [308].

Die Ursache für die Zunahme des Säuregehaltes der Niederschläge liegt in der verstärkten anthropogenen Emission von Schwefeldioxid und Stickoxiden, die in der Atmospäre in Schwefelsäure und Salpetersäure übergeführt werden (s. Abb. 33). Die Reaktionen der Stickoxide zu Salpetersäure laufen nach dem einfachen Schema, das im oberen Teil der Abb. 44 dargestellt ist. Sie können, da hierfür OH benötigt wird, nur am Tag ablaufen. Über heterogene Hydrolyse von N_2O_5 kann eine Konversion von NO_x zu HNO_3 aber auch bei Nacht erfolgen [309].

Die Oxidation von Schwefeldioxid zu Schwefelsäure ist wesentlich komplizierter, denn nur ein Teil des SO_2 wird in der Gasphase in H_2SO_4 übergeführt. Diese Reaktionskette ist im mittleren Teil der Abb. 44 schematisch dargestellt. Ein großer Teil des SO_2 wird aber direkt in der Wolke in Sulfat-Ionen SO_4^{2-} umgewandelt. Diese Oxidation erfolgt in der flüssigen Phase: Gasförmiges SO_2 löst sich in den Wolkentropfen und bildet dabei HSO_3^- und SO_3^{2-}, welche dann zu SO_4^{2-} oxidiert werden. An dieser Oxidation sind wahrscheinlich in den Wolkentropfen gelöstes O_3 und H_2O_2 beteiligt (s. unterer Teil der Abb. 44). Man bezeichnet derartige Reaktionen, an denen Substanzen in verschiedenen Phasen beteiligt sind, als heterogene Reaktionen. Wie die einzelnen Schritte dieser SO_2-Oxidation im Detail ablaufen, ist noch umstritten.

Die gebildeten Sulfattröpfchen haben, neben ihrer chemischen Wirkung, auch Einfluß auf den Strahlungshaushalt. Sie sind daher klimawirksam und führen insgesamt zu einem negativen Strahlungsantrieb, welcher dem anthropogenen Treibhauseffekt entgegenwirkt. Eine Quantifizierung ist sehr schwierig, da die Verteilung und die optischen Eigenschaften dieser Sulfataerosole sehr variabel und nur ungenau bekannt sind (s. Abschnitt 5.6).

Neben H_2SO_4 und HNO_3 tragen weitere Mineralsäuren zur Versauerung des Niederschlages bei. Salzsäure (HCl) bildet sich als Senkengas des natürlichen Quellgases CH_3Cl sowie anthropogener H-CKWs und H-FCKWs. Auch Chlorverbindungen, aus Kraftwerken, Fernheizwerken und Müllverbrennungsanlagen freigesetzt, werden in HCl übergeführt. Im Allgemeinen ist aber der HCl-Anteil an der Säurebelastung meist unter 10%.

Eine Säure von beträchtlicher lokaler Bedeutung ist wegen ihrer pflanzenschädigenden Wirkung die Flußsäure (HF). Sie stammt in der Hauptsache aus Kraft- und Fernheizwerken sowie bestimmten Fabriken, trägt aber insgesamt zum Säurebudget der Niederschläge kaum bei.

5.3.2
Anthropogene Quellen

Schwefeldioxid entsteht überwiegend bei der Verbrennung von schwefelhaltiger Kohle und Öl in Großfeuerungsanlagen, Kraftwerken und beim Hausbrand, in Hüttenwerken und anderen Industriebetrieben sowie im Straßenverkehr. Da diese Energieträger aus biologischem Material entstanden sind, enthalten sie natürlicherweise Schwefel. SO_2 und die daraus gebildete Schwefelsäure haben seit Beginn der Industrialisierung an Wäldern, in der Landwirtschaft und an Gebäuden Schäden verursacht, die unter der Bezeichnung Rauchgasschäden schon lange bekannt sind. Bereits Mitte des 19. Jahrhundert gab es im Nahbereich der Metallhütten des Harzes und des Erzgebirges total zerstörte Wälder, und mit der Entstehung großer Industriereviere an Ruhr und Saar, in Oberschlesien und in Mitteldeutschland weiteten sich diese Rauchgasschäden aus. Das Problem dieser Immissionsschäden ist heute zumindest in Westeuropa weitgehend verschwunden, und devastierte Wälder konnten sich inzwischen regenerieren. Hüttenschließungen, wirtschaftliche Umstrukturierungen in Verbindung mit verschärften Emissionsvorschriften, nicht zuletzt die „Politik der hohen Schornsteine", haben zu einer deutlichen Besserung geführt. Jetzt wurde der überwiegende Anteil des emittierten SO_2 nicht mehr in die bodennahe Luftschicht sondern aus hohen Schornsteinen in größere Höhen geleitet, wo stärkere Luftströmungen vorherrschen, die SO_2 und dessen Folgeprodukte über größere Distanzen verfrachten. Mit einer atmosphärischen Lebensdauer von 3 bis 4 Tagen kann sich das gebildete Sulfat, bei durchaus gemäßigten Windverhältnissen, innerhalb dieser Zeit bis zu 2000 km windabwärts von den SO_2-Quellen befinden.

Das Phänomen des sauren Regens ist somit ein regionales Problem, das sich auch über Landesgrenzen hinweg auswirkt. So erhalten weite Regionen Südkanadas erhöhte Sulfat-Mengen im Niederschlag als Folge der SO_2-Emission US-amerikanischer Industriebetriebe im Gebiet der Großen Seen, und der Regen, der über Skandinavien fällt, enthält Sulfat, dessen SO_2-Quellen überwiegend in Großbritannien liegen. Die Ergebnisse langjähriger Meßreihen in Südschweden, einer vor allem landwirtschaftlich genutzten Region, zeigen, daß nur 30 % des Sulfat-Gehaltes im Boden aus natürlichen, 70 % dagegen aus anthropogenen Quellen stammen. Von diesen sind aber nur 20 % schwedischen Ursprungs, die restlichen 50 % kommen aus anderen Ländern.

In der Bundesrepublik Deutschland hatte die SO_2-Emission bis Mitte der 70er Jahre steigende Tendenz. Etwa 1974 war das Maximum mit 3,6 Mio t SO_2/Jahr erreicht. Davon stammten 60 % aus Kraft- und Fernheizwerken, 29 % aus Industriebetrieben, 9 % aus Haushalten und von Kleinverbrauchern und 2 % aus dem Sektor Verkehr [310]. Das Bundes-Immissionsschutzgesetz von 1974, vor allem die 1983 in Kraft getretene Verordnung über Großfeuerungsanlagen, führten zu einer schrittweisen Verminderung der SO_2-Emissionen. Ab 1990 wurden auch die SO_2-Emissionen der ehemaligen DDR, die bis zur Wiedervereinigung sehr hoch waren, vermindert, so daß heute der Gesamtausstoß von SO_2 in Deutschland unter 2 Mio t/Jahr liegt. In anderen europäischen Ländern und in den USA gingen die SO_2-Emissionen seit den 80er Jahre ebenfalls zurück, und auch in vielen Staaten des ehemaligen Ostblocks ist eine Trendwende erfolgt. Dafür ist der ansteigende Trend der SO_2-Emissionen in Asien nach wie vor ungebrochen: 1990 wurden dort insgesamt 34 Mio t/Jahr emittiert, mehr als in Nordamerika und fast so viel wie in Europa, wo die Emissionsraten bis 1990 auf 24 Mio t/Jahr bzw. 37 Mio t/Jahr zurückgegangen waren. Bereits 1997 lag der SO_2-Ausstoß Asiens mit 40 Mio t/Jahr an der Spitze, und eine Trendumkehr wird erst um das Jahr 2020 erwartet. Allein 66 % dieser Menge stammen aus China, Indien trägt 13 % dazu bei, und die restlichen 21 % kommen aus anderen Ländern [311]. SO_2-Immissionen und Sulfatdepositionen verlagern sich also fortschreitend von den klassischen Verschmutzungsregionen in Europa und Nordamerika in Richtung Fernost.

Schwefelverbindungen werden auch bei der Verbrennung von Biomasse freigesetzt. Es ist daher anzunehmen, daß als Folge der großflächigen Brandrodungen, vor allem in den Tropen (s. Abschnitt 5.2), in der Troposphäre Sulfat gebildet wird, das im Niederschlag ausregnet. Tatsächlich wurden im Regenwasser in Südostbrasilien deutlich erhöhte Sulfatgehalte gemessen, die auf einen derartigen Zusammenhang hindeuten [312]. Systematische Untersuchungen hierzu fehlen aber bislang.

Salpetersäure bildet sich aus Stickstoffoxiden, die überwiegend durch Kraftfahrzeuge freigesetzt werden. Von den insgesamt 3 Millionen Tonnen NO_x, die im Jahre 1980 in der Bundesrepublik emittiert wurden, stammten 45 % aus Automobilabgasen, 31 % aus Kraft- und Fernheizwerken, 19 % aus Industriebetrieben und 5 % von Haushalten und Kleinverbrauchern [313]. Primär wird dabei überwiegend NO emittiert, das sich in kurzer Zeit größtenteils in NO_2 umwandelt (s. Abschnitt 5.1). Im Vergleich zu SO_2 wird nur etwa halb so viel NO_x aus hohen Schornsteinen abgelassen. Für Nitrat ist der Ferntransport-Anteil deshalb geringer als für Sulfat. Da HNO_3 eine etwa doppelt so lange troposphärische Lebensdauer wie NO_x hat, kann das gebildete Nitrat dennoch über viele hundert Kilometer verfrachtet werden.

Im Gegensatz zu SO_2, dessen Emission in Westeuropa und Nordamerika reduziert werden konnte, haben die Emisionen von NO_x, wenn überhaupt, nur geringfügig abgenommen. Im Ionengehalt der Niederschläge hat hier über die letzten 20 Jahre eine deutliche relative Verschiebung von Sulfat zu mehr Nitrat stattgefunden. Beispielhaft zeigen etwa die im Solling gemessenen Einträge einen deutlichen Rückgang des Sulfat-Schwefels von 80–100 Einheiten zwischen 1970 und 1980 auf ca. 30 Einheiten in 1996, während der Gesamtstickstoff im gleichen Zeitraum von 40–50 auf 40 Einheiten nur geringfügig zurückging [314].

5.3.3
Säuredeposition und ihre Auswirkungen

Spurengase und Partikel werden durch Depositionsprozesse aus der Atmosphäre entfernt. Bei der „nassen" Deposition findet ein indirekter Transfer über Regen- und Nebeltropfen bzw. Schneeflocken statt, und die deponierten Substanzen können im aufgefangenen Niederschlag analysiert werden. Die „trockene" Deposition ist ein direkter Transfer, bei dem sich die Substanzen mit einer Depositionsgeschwindigkeit v_d auf Oberflächen absetzen. Man muß sich dabei einen nach unten gerichteten Fluß F vorstellen, welcher der Konzentration C der betreffenden Substanz proportional ist gemäß

$$F = v_d * C.$$

Die Depositionsgeschwindigkeit hängt wesentlich von meteorologischen Größen, vor allem der Turbulenz, ab. Bei pflanzlichen Oberflächen spielen auch biologische Parameter wie der Öffnungszustand der Stomata eine Rolle. Waldoberflächen weisen gegenüber allen anderen natürlichen Oberflächen die größte Rauhigkeit auf und induzieren damit starke Turbulenz, welche die Depositionsgeschwindigkeiten für Luftschadstoffe erhöht. In Verbindung mit ihrer großen Blatt- bzw. Nadeloberfläche, die ein Mehrfaches der Grundfläche ausmacht, haben Wälder gegenüber Freilandflächen daher wesentlich höhere Flüsse trockener Deposition, sie kämmen gleichsam Schadstoffe aus der Luft aus.

Je nach Region sind die Anteile der feuchten und der trockenen Deposition an der Gesamtdeposition sehr unterschiedlich. Beide sind jedoch von gleicher Größenordnung. Im Bergland kommt es in Kamm- und Plateaulagen mit hoher Nebelhäufigkeit auch zu direkter Ausfilterung säurebildender Gase wie SO_2 und saurer Tröpfchen aus der Luft durch die Baumkronen. In den Staulagen der Mittelgebirge kann über diese Ausfilterung etwa in Fichtenbestände mehr als dreimal soviel Säure gelangen wie durch Regen.

Die erhöhte Säuredeposition zeigt mannigfache Auswirkungen. So sind Gebäudefassaden stärkerer Erosionswirkung ausgesetzt. Steinerne Skulpturen gotischer Kathedralen, die Jahrhunderte ohne nennenswerten Schaden überdauert haben, verlieren innerhalb weniger Jahre ihre Konturen und verfallen. Sicher ist, daß die Erhöhung des Säuregehaltes einen Eingriff in die Ökosysteme der Böden, Flüsse und Binnenseen darstellt. Es gibt Anzeichen dafür, daß in vielen Gebieten unmittelbare Folgen dieses Eingriffs eingetreten sind, etwa in Binnengewässern, wo die Zunahme des Säuregehaltes zum Aussterben bestimmter Tier- und Pflanzenarten geführt hat. So wurde in den 80er Jahren in skandinavischen Seen ein allgemeiner Rückgang an Phyto- und Zooplankton festgestellt, und viele dieser Seen verloren durch die Versauerung ihre gesamte Amphibien- und Fischpopulation. Ähnliche Symptome wurden in den Seengebieten der Neuenglandstaaten der USA beobachtet [315].

Bei vielen Böden zeigt die anhaltende Säurezufuhr ernstzunehmende Folgen. Eine Konsequenz der Bodenversauerung ist das Auswaschen von Nährstoffen mit dem Sickerwasser. Calcium, Kalium und Magnesium, für das Pflanzenwachstum lebenswichtige Substanzen, werden durch Säuren gelöst und regelrecht fortgeschwemmt. Sie können nicht mehr erneuert werden, weshalb viele Waldböden Mitteleuropas ihre Funktion als Speicher und Lieferant von Nährstoffen eingebüßt haben. Bei stärkerer Versauerung, wenn der Boden-pH-Wert unter 4,2 absinkt, lösen die Säuren Metalle wie Aluminium, Kupfer, Zink, Kadmium, Mangan und Blei, welche dann den Boden, das Grundwasser, Seen und Flüsse vergiften [316].

Viele Böden vermögen die anhaltende Säurezufuhr durch basische Bodenbestandteile eine Zeitlang zu neutralisieren. Diese Pufferwirkung ist vor allem bei kalkhaltigen Böden gegeben. Solange ein Überschuß an Calcium-Carbonat ($CaCO_3$) vorhanden ist, kann der Boden-pH-Wert nicht unter 6,2 absinken. Niedrigere pH-Werte zeigen an, daß $CaCO_3$ nicht vorhanden oder bereits zur Neutralisation der Säurezufuhr aufgebraucht ist. Nimmt die Bodenversauerung weiter zu, stellen Silikate einen Puffer dar, der bis zu Boden-pH-Werten von 5,0 stabilisierend wirkt. Aus dem Silikatgitter in diesem pH-Bereich freigesetzte Alkali- und Erdalkali-Kationen wie K^+ oder Ca_2^+ vermögen die Säure-Anionen NO_3^- und SO_4^{2-} zu neutralisieren. Dieser Pufferprozeß ist jedoch limitiert durch das Angebot und die Verwitterungsrate von Silikaten. Sind diese aufgebraucht, kann die Versauerung bei anhaltendem Säureeintrag weiter zunehmen und zu den bereits genannten Folgen führen: Auswaschen der für das Pflanzenwachstum notwendigen Nährstoffe sowie Freisetzung giftiger Metalle, insbesondere Aluminium.

Dieser Zustand war zur Zeit der höchsten Sulfateinträge in den 80er Jahren in vielen Bereichen Mitteleuropas, vor allem in pufferarmen Sandsteinformationen der Mittelgebirge, erreicht, was sicherlich einer der Faktoren war, die zu den damals beobachteten Waldschäden beitrugen.

5.3.4
Die „neuartigen" Waldschäden

Mitte der siebziger Jahre, als Rauchgasschäden weitgehend verschwunden waren, trat in Mitteleuropa ein neues Phänomen auf: Offensichtliche Waldschäden in emittentenfernen Erholungsgebieten in den Alpen, im Schwarzwald, im Bayerischen Wald und in den mittel- und norddeutschen Mittelgebirgen. Zuerst wurde das „Tannensterben" beobachtet, das besonders in Ostbayern und im Schwarzwald die Existenz der Weißtanne bedrohte. Ab 1980 wurde die Erkrankung der Fichten beobachtet, besonders in den Hochlagen der Mittelgebirge. Wenig später folgte das „Buchensterben", und seit Mitte der 80er Jahre zeigen auch die Eichen zunehmend Schadensmerkmale [317, 318].

Nach einer Bestandsaufnahme des Bundesministeriums für Ernährung, Landwirtschaft und Forsten waren 1985 im Bundesgebiet mit 3,8 Millionen ha etwa 52 % aller Waldflächen sichtbar erkrankt. Hierbei sind 4 Schadensstufen zusammengefaßt: In der Stufe 1 (schwach geschädigt), die 37,7 % ausmacht, sind Vitalitätsverluste der Bäume in einem frühen Stadium erfaßt, wobei gute Chancen für eine Revitalisierung bestehen. Deutliche Krankheitsbilder zeigen die Bestände der Schadstufen 2 (mittelstark geschädigt), sowie 3 und 4 (stark geschädigt bzw. bereits abgestorben), die 1985 17 % sowie 2,2 % des bundesdeutschen Waldbestandes ausmachten. Bezogen auf die einzelnen Baumarten waren 1985 etwa 87 % aller Tannen- und zwischen 52 und 57 % aller Fichten-, Kiefern, Buchen- und Eichenbestände deutlich geschädigt. Der Grad der Schädigung wurde dabei nach einem bundeseinheitlichen Verfahren ermittelt, das den prozentualen Blatt- bzw. Nadelverlust der angesprochenen Bäume zur Grundlage hatte.

Nach der Waldschadenserhebung von 1991 war in den alten Bundesländern der Anteil ungeschädigter Bäume auf 40 % zurückgegangen. Die Anteile der schwachgeschädigten (Schadklasse 1) und der deutlich geschädigten Bäume (Schadklasse 2 – 4) waren dagegen auf 40 bzw. 20 % angestiegen. Hierbei fällt ein vergleichsweise starker Schub der Nadel/Blattverluste seit 1989 (für 1990 liegen wegen der starken Sturmschäden keine Daten vor) auf.

In den neuen Bundesländern, die bei der Erhebung von 1991 erstmalig miterfaßt worden waren, lag der Anteil der deutlich geschädigten Bäume (Klassen 2 bis 4) mit 38 % fast doppelt so hoch wie in den alten Bundesländern. 35 % der Bäume waren schwach geschädigt (Klasse 1), und nur 27 % waren ohne Schadmerkmale. Damit waren 1991 etwa zwei Drittel aller gesamtdeutschen Waldbäume geschädigt [318]. Für diese „neuartigen" Waldschäden wurde auch der Begriff „Waldsterben" gebraucht, der sogar in die englische und französische Sprache Eingang fand. Das Waldsterben war aber nicht auf Deutschland beschränkt, sondern wurde auch in der damaligen Tschechoslowakei, in Polen, Österreich, Jugoslawien, Frankreich und der Schweiz beobachtet. Der gesamte Waldbestand Zentraleuropas schien bedroht, wobei die weitere Entwicklung nicht abzusehen war.

Bei der Ursachenforschung deuteten alle Befunde auf ein äußerst komplexes Phänomen hin, bei dem mehrere Ursachen zusammenwirken, denn eine einfache Kausalkette von Ursache (z.B. Luftverunreinigung) und Wirkung (Auftreten von Schadsymptomen) war nicht zu ermitteln. Offensichtlich muß sich das Ökosystem Wald in seiner Gesamtheit, die oberirdischen Baumteile und die sie umgebende Luft mit allen Beimengungen, der Bodenraum, die Wurzeln, die Mikroorganismen sowie die an der Zersetzung beteiligte Tiergemeinschaft, das Bodengefüge sowie der Wasser- und Nährstoffhaushalt, mit einer Fülle von Streßfaktoren auseinandersetzen. Zu den natürlichen Belastungen wie langanhaltenden Dürreperioden oder Schädlingsbefall kommen dabei eine Reihe anthropogener Belastungen, z.B. die Einwirkung von Schadgasen und deren Folgeprodukten wie Ozon, PAN und Säuren auf die Blattorgane oder die Einwirkungen erhöhter Säureeinträge im Boden und Wurzelraum.

Die Destabilisierung des Ökosystems ist feststellbar, selbst wenn die Bäume noch keine sichtbare Schädigung erkennen lassen. Bei Anhalten der Belastung des Ökosystems kommt es zur Vitalitätsminderung der Organismen und schließlich, vielfach erst nach Jahren, zum Auftreten von Absterbesymptomen [319].

In Abb. 45 sind grobschematisch die wichtigsten direkten und indirekten Einwirkungen von Luftverunreinigungen auf das Ökosystem Wald dargestellt. Von den primären Schadgasen sind direkte biologische Schadwirkungen für SO_2 und NO_x bekannt. Sie können direkt auf die Blattorgane einwirken und zur Belastung des Systems beitragen. Die Belastung wird verstärkt durch die Einwirkung aggressiver Oxidantien wie Ozon, Aldehyde und PAN-Verbindungen, die als Folge erhöhter NO_x-Pegel in Smogreaktionen gebildet werden. Über die in Abschnitt 5.3.1 erläuterten Reaktionspfade führt die Oxidation der primären Schadgase zur Säurebildung. Die Säure kann durch direkte Ausfilterung im Kronenraum der Bäume auf das Ökosystem einwirken. Durch den Niederschlag gelangt die Säure ferner in den Boden und kann dort zum Auswaschen von Nährstoffen sowie zum Freisetzen von giftigen Schwermetallionen führen, was wiederum Wurzelsystem und Bodenorganismen schädigt und die Bodenstruktur verändert.

Neben der Einwirkung der Luftverunreinigungen unterliegt das Ökosystem Wald einer Reihe weiterer Streßfaktoren. So stellen extreme Witterungsschwankungen, starke Fröste, vor allem lange Trockenperioden, eine starke Belastung dar. Es kommt auch hierbei zeitweise zu Versauerungsschüben im Boden, die aber für das System sicherlich besser zu verkraften sind als die permanente Säurezufuhr durch den sauren Regen. Auch Schädlingsbefall und die bisherigen Praktiken der Forstwirtschaft dürften zu den Streßfaktoren beigetragen haben: Die Anpflanzung standortungeeigneter Baumarten, das Aufziehen von Monokulturen, insbesondere von Nadelbäumen, sowie die Entnahme von Holz ohne entsprechende Düngergabe.

Von den anthropogenen Stressoren konnten weder die Photooxidantien noch der saure Regen als die Ursache für die neuartigen Waldschäden identifiziert werden. Beide resultieren aber aus der Luftverschmutzung, von der zumindest die SO_2-Emission und damit die Sulfatbelastung inzwischen vermindert werden konnte. Trotzdem kann nur sehr bedingt von einer Erholung gesprochen werden, denn die langjährigen Säureeinträge haben viele Waldökosysteme so nachhaltig verändert, daß trotz des Rückganges der Sulfatbelastung die Bodenchemie immer noch gestört ist. Im Hubbard Brook Experimental Forest in New Hampshire etwa, einem seit den 60er Jahren intensiv untersuchten Forst im säurebelasteten Nordosten der USA, ist der Vorrat austauschbarer Nährstoffe wie Calcium und Magnesium im Boden inzwischen auf die Hälfte zurückgegangen. Ein Wiederanstieg ist trotz zurückgegangener Sulfateinträge nicht in Sicht [320]. Ähnliche Ergebnisse zeigen die Untersuchungen in Solling, wo die Summe der Nährelemente Ca, Mg, K und Na von 35 kmol/ha im Jahre 1968 auf 14 kmol/ha im Jahre 1995 zurückgegangen ist [314, 321]. Gerade in solchen Böden auf calciumarmen Sandsteinformationen wird es sehr lange dauern, bis die Wirkungen des bis in die Tiefe vorgedrungenen Versauerungsschubes abgeklungen sein werden. Hinzu kommt, daß der Nitrateintrag nahezu ungebremst weitergeht und auch der Sulfateintrag, wenn auch in verminderter Form, anhält. Auch wenn der Wald dadurch nicht stirbt, kommt es weiterhin zu chronischen Belastungen, die auch durch die unverändert erhöhten Ozonkonzentrationen verstärkt werden und den Wald für Krankheiten und Insektenbefall anfällig machen.

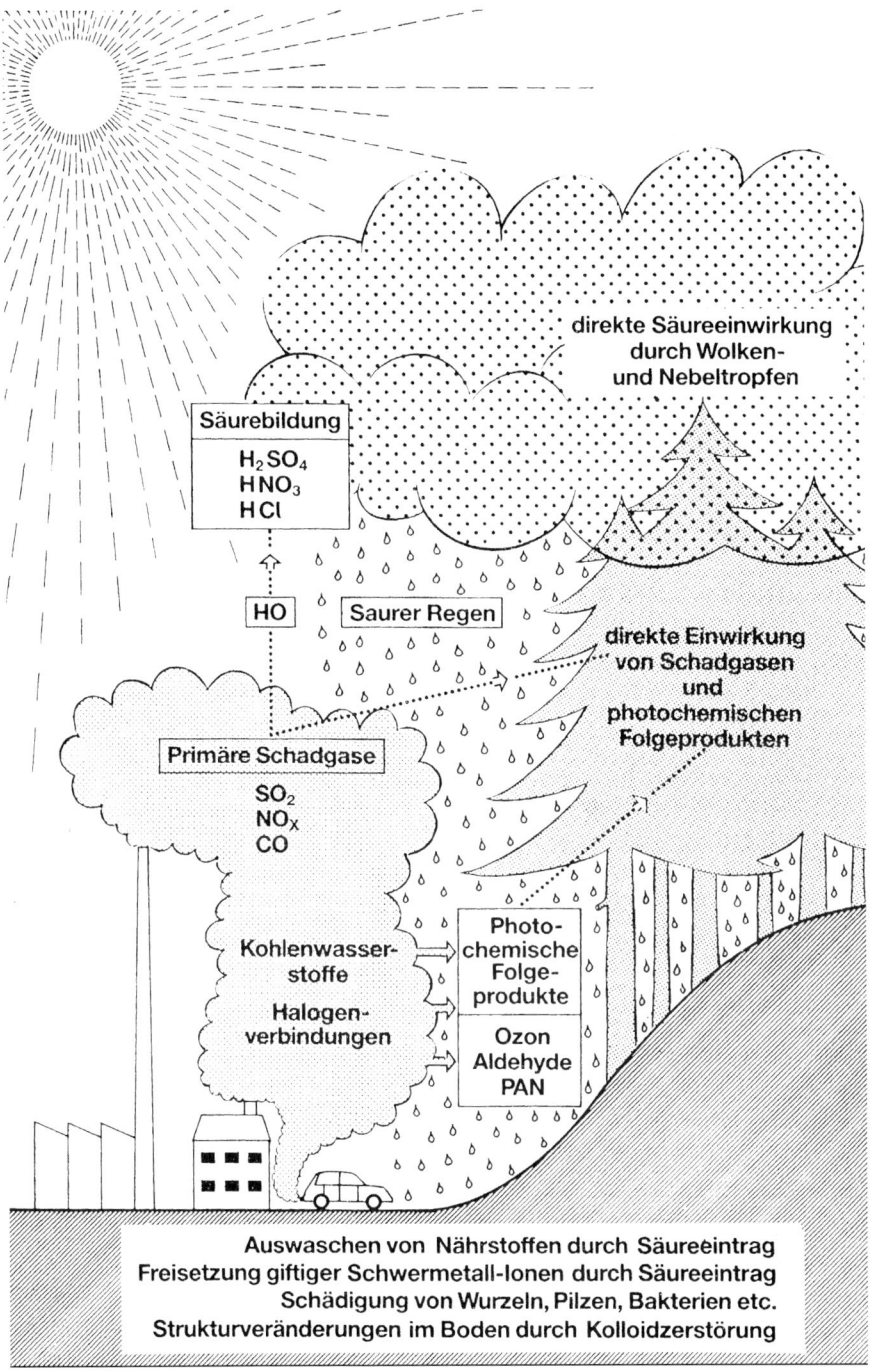

Abb. 45. Durch Luftverschmutzung ausgelöste Streßfaktoren auf das Ökosystem Wald

Nach der im Jahre 2000 durchgeführten Waldschadenserhebung lag der Flächenanteil stark geschädigter Bestände bei 23%, das ist etwa so viel wie zu Beginn der Erhebung im Jahre 1985 [322]. Etwa ein Viertel des deutschen Waldes wird also immer noch, basierend auf dem Anteil der beobachteten Kronenverlichtung, als deutlich geschädigt eingestuft. Bezogen auf die einzelnen Baumarten stellt sich die Situation differenzierter dar: Hier hat sich der Flächenanteil der geschädigten Fichten und Kiefern gegenüber 1985 auf heute 25% bzw. 13% verringert, während der Anteil stark verlichteter Buchenbestände auf 40% erheblich zugenommen hat. Die Buche ist damit die Hauptbaumart mit dem höchsten Schadniveau. Der Flächenanteil deutlich geschädigter Eichen, der bis 1997 kontinuierlich angestiegen war, ging im Jahr 2000 auf 35% zurück. Luftverunreinigungen kommt dabei sicherlich nach wie vor eine Schlüsselrolle bei den Ursache-Wirkungsbeziehungen zu.

Das seit 15 Jahre europaweit betriebene Biomonitoring der Wälder zeigt tendenziell ähnliche Ergebnisse. Zwischen 1986 und 1995 verschlechterte sich überall in Europa der Zustand der Wälder kontinuierlich, danach erfolgte offenbar eine Stabilisierung der Lage auf hohem Schadensniveau. Fast ein Viertel der erhobenen Bäume wird als geschädigt eingestuft, was etwa der Situation in Deutschland entspricht. Regional zeigen die Bäume in den nördlichen und nordöstlichen Klimazonen geringere Schäden und eine Tendenz zur Verbesserung, während in den kontinentalen und südlichen Regionen ein deutlicher Anstieg der Schäden zu verzeichnen war [323].

Nach wie vor sind die Einträge von Stickstoff mit durchschnittlich 14 kg ha^{-1} Jahr^{-1} sehr hoch. Sie variieren zwischen hochbelasteten Flächen in Mittel- und Westeuropa und geringer belasteten in Skandinavien und Südwesteuropa. Mit durchschnittlich 9 kg ha^{-1} Jahr^{-1} ist die Gesamtdeposition von Schwefel geringer als diejenige von Stickstoff. Dennoch wird im allgemeinen mehr Sulfat als Nitrat ausgewaschen, was darauf zurückgeführt wird, daß so viel Schwefel früherer Einträge im Boden akkumuliert ist. Die chronischen Belastungen durch Luftschadstoffe sind also nach wie vor hoch [323].

Interessanterweise zeigen heute viele Waldbestände überall in Europa, trotz beobachteter Nadel- und Blattverluste, ein deutlich gesteigertes Wachstum [324]. Wie kann es sein, daß geschädigte Bäume besser wachsen als je zuvor? Zu fragen ist auch: Ist die Kronenverlichtung, die sich leicht beobachten und nach einem einheitlichen Schlüssel relativ objektiv quantifizieren läßt, überhaupt das richtige Symptom für die Schädigung der Bäume? Wir kommen hierauf in Abschnitt 5.6.5 zurück.

5.4
Auswirkungen des Luftverkehrs

Die Emissionen des Flugverkehrs machen mengenmäßig nur etwa 1% der Gesamtemission von Schadstoffen aus, weshalb sie bis weit in die achtziger Jahre als geringfügig und damit vernachlässigbar eingestuft wurden. Tatsächlich erfolgt aber der Großteil der Flugzeugemissionen in Reiseflughöhen zwischen 9 und 12 km in einem Höhenbereich, der in vielfältiger Hinsicht sehr sensibel ist. Zum einen ist diese Höhenregion um die Tropopause durch extrem tiefe Temperaturen bis zu −70 °C charakterisiert. Zum anderen sind dort die Anteile natürlicher Spurengase mit kurzer Lebensdauer gering, so daß durch Flugzeuge eingebrachte Konstituenten zu besonders wirksamen Konzentrationserhöhungen führen können. Schließlich ergibt sich aus der atmosphärischen Temperaturschichtung und Dynamik, daß Aufenthaltszeiten im Tropopausenniveau eingebrachter Schadgase einige Monate betragen und darüber in der Stratosphäre noch weiter ansteigen. Dadurch können sich diese über Monate hinweg akkumulieren.

Der Weltluftverkehr gehört zu den am stärksten wachsenden Branchen. Er hat sich, bezogen auf transportierte Passagier/Tonnen-Kilometer, zwischen 1960 und 1990 verdreifacht. Die gegenwärtigen Wachstumsraten lagen bis zu den Terroranschlägen vom 11. September 2001 zwischen 4 und 6 %/Jahr. Es ist davon auszugehen, daß sich dieses Wachstum allmählich wieder einstellen wird. Bedingt dadurch, daß zunehmend größeres und treibstoffeffizienteres Fluggerät eingesetzt wird, wächst der globale Kerosinverbrauch mit etwa 3 %/Jahr etwas langsamer. Er wurde für das Basisjahr 1990 mit 155 Mio t ± 14 % ermittelt, 5,6 % des gesamten globalen Flüssigtreibstoffverbrauchs im Sektor Verkehr. Der überwiegende Teil des Luftverkehrs wird auf der Nordhemisphäre abgewickelt. Er konzentriert sich auf die mittleren Breiten über Nordamerika, den Nordatlantik und Europa, die Achse Europa-Fernost sowie den pazifischen Raum.

5.4.1
Emissionen des Luftverkehrs

Bei der Verbrennung entstehen pro Kilogramm Kerosin 3,15 kg Kohlendioxid (CO_2) und 1,24 kg Wasser (H_2O). Mit Hilfe dieser Emissionsfaktoren errechnet sich die Gesamtemission (Basisjahr 1990) von CO_2 zu 488 Mio t/Jahr, gut 2 % des CO_2 aus allen anthropogenen Quellen weltweit. Die Gesamtmenge aus Wasser, die der Luftverkehr einträgt, macht entsprechend 196 Mio t/Jahr aus. Die globale Verteilung dieser Substanzen, die mit dem Kerosinverbrauch mengenmäßig um 3 %/Jahr wachsen, wird durch detaillierte Auswertung der tatsächlichen Flugbewegungen auf etwa 20 % genau ermittelt [325].

Neben diesen eigentlichen Verbrennungsprodukten gelangen mit dem Abgas Stickoxide, Kohlenmonoxid, unverbrannte Kohlenwasserstoffe (VOCs) und Rußpartikel in die Atmosphäre. Ihre Emissionsfaktoren hängen wesentlich vom Lastzustand der Triebwerke ab und sind daher für Start, Steigflug, Reiseflughöhe, Sinkflug und Landung unterschiedlich, sie variieren auch mit dem Triebwerkstyp. So entstehen bei Start und Steigflug unter Vollast bis zu 30 g NO_x/kg Kerosin, während mit weniger als 1 g/kg und 0,2 g/kg nur ganz geringe Mengen CO und VOCs emittiert werden. Bei Teillast im Reiseflug und Sinkflug gehen die Emissionsfaktoren für NO_x auf etwa 10 g/kg zurück, während diejenigen für CO und die VOCs auf bis zu 10 g/kg bzw. 3 g/kg ansteigen. Somit sind diese Emissionsfaktoren mit größeren Unsicherheiten behaftet als diejenigen für CO_2 und H_2O. Für das Basisjahr 1990 ergaben sich die Gesamtmengen an NO_x, CO und VOCs, die durch den Luftverkehr in die Atmosphäre gelangt sind, zu 3,2, 2,6 bzw. 0,1 Mio t/Jahr [326]. Die globale Verteilung dieser Einträge ist mit einer Unsicherheit innerhalb ± 50 % bekannt.

Noch größere Unsicherheiten bestehen hinsichtlich der Emissionswerte von Ruß- und Schwefelverbindungen. Kerosin enthält variable Schwefelanteile zwischen 0,01 % und 0,2 %, so daß der Schwefeldioxidanteil im Abgas um den Faktor 20 variiert. Auch der Rußanteil ist mit einem ähnlich hohen Unsicherheitsfaktor 20 behaftet.

5.4.2
Kondensstreifen und Abgasfahnen

Kondensstreifen am Himmel sind ein sichtbares Zeichen dafür, daß der Luftverkehr buchstäblich Spuren hinterläßt. Sie treten bei bestimmten Wetterlagen auf und können oft über viele Stunden beobachtet werden. Kondensstreifen bestehen im Anfangsstadium aus vielen kleinen Eiskristallen, die mit Alterung größer werden, bis zum Übergang zu Cirrus-Bewölkung. Die Bildung sichtbarer Kondensstreifen wird durch kleinste Aerosol-Partikel, die mit dem Abgas entstehen, begünstigt. Hierbei spielen Rußpartikel und Sulfataerosol, das sich im heißen Abgas bildet, eine wichtige Rolle.

Wie Cirrus-Bewölkung sind Kondensstreifen für kurzwellige Sonnenstrahlung transparent, absorbieren aber die langwellige Wärmestrahlung der Erde und wirken daher wie zusätzliche Treibhausgase. Zur Quantifizierung der Auswirkung von Kondensstreifen auf das Klima muß daher ihr Anteil an der Himmelsbewölkung bekannt sein. Satellitenbildauswertungen liefern für die Hauptflugkorridore eine Zunahme hoher Bewölkung durch Kondensstreifen um bis zu 2 %. Für den Nordatlantik ergibt sich im Mittel etwa 1 %, für Mitteleuropa 0,4 % Zusatzbedeckung durch Kondensstreifen.

Spurengassignaturen des Luftverkehrs sind in der regionalen Skala eindeutig identifizierbar. Durch direkte Messungen von NO_x, CO, VOCs und anderen Verbindungen an Bord von Forschungsflugzeugen, die im Flugkorridor über dem Nordatlantik in Abgasfahnen unterschiedlichen Alters und Verdünnungszustandes durchgeführt wurden, sind die emittierten Substanzen mit hoher Genauigkeit zu bestimmen. Insbesondere konnten Emissionsindizes für die einzelnen Konstituenten, die zunächst nur aus Messungen an Bodenprüfständen bekannt waren, für das gesamte Spektrum heute eingesetzter Triebwerkstypen direkt in der Reiseflughöhe ermittelt werden. Damit stellen die Emissionskataster im Rahmen der angegebenen Unsicherheitsgrenzen eine solide Basis für die Berechnung globaler Effekte dar.

Immissionen von Stickoxiden, Kohlenmonoxid und Kohlenwasserstoffen führen unter Einwirkung intensiver Sonnenstrahlung am Erdboden zur Bildung von Photooxidantien wie Ozon. Diese Photosmogprozesse sind auch im Höhenbereich des heutigen Luftverkehrs wirksam, so daß dort mit einer Zunahme des Ozons durch die Flugzeugabgase zu rechnen ist. (Erst oberhalb etwa 20 km führt der Eintrag von Stickoxiden zu katalytischer Ozonreduktion, was hinsichtlich hochfliegender Überschallflugzeuge in zukünftigen Jahren von Bedeutung sein könnte.)

Die Emissionskataster der Photosmog-Vorläufersubstanzen NO_x, CO und der VOCs sind auf ± 50 % genau bekannt. Es bestehen aber erhebliche Unsicherheiten hinsichtlich des Hintergrundes aus natürlichen und anderen anthropogenen Quellen. So wird NO_x auf natürliche Weise durch Blitze in Gewittern gebildet, es wird aber auch durch konvektive Prozesse von Bodenquellen in die Höhe transportiert. Die Hintergrundkonzentration von NO_x ist damit nur etwa auf einen Faktor 10 genau bestimmbar. Da wiederum die Ozonbildung durch zusätzlich eingetragenes NO_x von dieser Hintergrundkonzentration abhängt, bestehen besonders bei globalen Berechnungen entsprechend große Unsicherheiten.

Nach heutiger Kenntnis bewirkt der Luftverkehr über der Nordhemisphäre einen Anstieg des NO_x-Pegels je nach Jahreszeit um 20 bis 80 %. Regional konnte dies durch direkte Messungen bestätigt werden, bezüglich globaler Effekte bestehen jedoch noch Unsicherheiten. Basierend auf dieser NO_x-Erhöhung ergeben sich Ozonzunahmen in Reiseflughöhen über der Nordhemisphäre zwischen 2 und 12 %. Eine solche Zunahme von Ozon in der oberen Troposphäre und/oder unteren Stratosphäre konnte bislang aus Daten des globalen Ozonmeßnetzes nicht nachgewiesen werden. Ein solcher Nachweis ist außerordentlich schwierig, da der Ozonanteil dieses Höhenbereiches sehr klein ist und sowohl vom Boden wie vom Weltraum aus nur ungenau bestimmt werden kann. Direkte Messungen mit ballongetragenen Radiosonden mit bestenfalls 2 Flügen pro Woche, an ganz wenigen Stationen überhaupt, sind wiederum von der Statistik her unzulänglich. Die einzige bislang bekannte Ozonzunahme konnte im Rahmen einer Meßkampagne über dem Nordatlantik gemessen werden. Infolge eines ortsfesten Hochs konnten sich Flugzeugabgase über mehrere Tage anreichern. Der hierbei gemessen Ozonanstieg konnte dabei zumindest teilweise auf die photochemische Ozonbildung zurückgeführt werden.

Mögliche chemische Auswirkungen der durch den Luftverkehr gebildeten und eingetragenen Aerosole sind noch unbekannt: Heterogene Chemie auf flüssigen Sulfattröpfchen, Eiskristallen und Ruß im Abgas von Flugzeugen sowie Kondensstreifen könnte die Halogenaktivierung als Folge des FCKW-Eintrages und damit den Ozonabbau in der unteren Stratosphäre verstärken.

5.4.3
Klimawirkung des Luftverkehrs

Sowohl CO_2 wie H_2O sind effektive Treibhausgase und beeinflussen daher das Klima. Das durch den Luftverkehr emittierte CO_2 entspricht etwa 2 % des CO_2 aus allen anthropogenen Quellen, das einen zusätzlichen globalen Strahlungsantrieb von etwa 1 W/m² verursacht (s. Abschnitt 5.6.1). Damit ist das CO_2 des Luftverkehrs mit einem Strahlungsantrieb von etwa 0,02 W/m² am anthropogenen Treibhauseffekt und der globalen Erwärmung beteiligt.

Die direkte Klimawirksamkeit des Wasserdampfes, der durch Flugzeuge eingetragen wird, ist vernachlässigbar klein. Modellrechnungen haben gezeigt, daß man die 1000fache Menge an Wasser einbringen müßte, um erkennbare Klimawirkungen zu erzielen.

Die gebildeten Kondensstreifen sind dagegen klimawirksam. Bei den festgestellten zusätzlichen Bedeckungsgraden bewirken Kondensstreifen über der Nordhemisphäre einen zusätzlichen Strahlungsantrieb von etwa 0,04 W/m², zumindest in außertropischen Breiten. Dies ist etwa genauso viel wie die

Treibhauswirkung des durch Flugzeuge eingetragenen CO_2, das sich global auswirkt.

Ozon, das im Flughöhenbereich aus Flugzeugabgasen zusätzlich gebildet wird, bewirkt einen weiteren positiven Strahlungsantrieb, der für die vorgenannten Werte global etwa 0,02 W/m² betragen, für die Nordhemisphäre allein noch höhere Werte erreichen könnte. Damit ist die Klimawirksamkeit des Luftverkehrs mindestens doppelt, möglicherweise, wenn die zusätzliche Ozonbildung sich tatsächlich bestätigen sollte, sogar 3mal so groß wie diejenige durch das CO_2 im Abgas allein. Dies gilt zumindest für die Nordhemisphäre, auf der sich der heutige Luftverkehr überwiegend abspielt. Von daher kommt dem Luftverkehr bei gesetzgeberischen Maßnahmen, die auf eine Reduktion der CO_2-Emission zielen, besondere Bedeutung zu.

Nach heutiger Kenntnis ist der Luftverkehr demnach vor allem klimawirksam. Direkte chemische Auswirkungen, insbesondere die Auswirkungen von Schwefelverbindungen und Ruß im Abgas, sind noch mit großen Unsicherheiten behaftet. Die technische Weiterentwicklung der Triebwerke zielte in der Vergangenheit nahezu ausschließlich darauf, den Kerosinverbrauch und damit die Betriebskosten zu senken. Dies wurde durch höhere Brennkammertemperaturen und damit höheren NO_x-Ausstoß erreicht. Zukünftige Triebwerksentwicklungen sollten zu weiterer Kerosineinsparung bei gleichzeitiger Reduktion des NO_x-Anteils im Abgas führen. Es ist davon auszugehen, daß die chemischen Auswirkungen in Zukunft eher zu- als abnehmen, da der Luftverkehr zunehmend in größere Höhen verlagert wird. Bereits heute werden etwa 40 % aller Flugzeugabgase direkt in die Stratosphäre eingetragen (s. [327, 328] und die darin zitierte Originalliteratur).

5.5
Veränderungen der stratosphärischen Ozonschicht

5.5.1
Die „Ozonkiller" und der globale Ozonschwund

Molina und Rowland [329] alarmierten 1974 die Weltöffentlichkeit mit einer Hypothese, wonach die Freisetzung großer Mengen der FCKWs 11 (CCl_3F) und 12 (CCl_2F_2) (s. Tabelle 3) zu einer Reduktion der Ozonschicht führen würde. Damals wurden pro Jahr etwa 700000 Tonnen dieser Substanzen als Treibgas aus Spraydosen, bei der Anwendung als Lösungsmittel sowie Blähmittel für Schäume und aus Kühlaggregaten in die Atmosphäre eingetragen, und die emittierten Mengen nahmen pro Jahr um ca. 10 % zu. Beide Stoffe sind außerordentlich stabil, ohne Geruch und Geschmack, nicht giftig und nicht brennbar.

Gerade auf Grund dieser ansonsten hervorragenden Eigenschaften werden FCKW 11 und 12 in der Troposphäre nicht abgebaut und reichern sich an. Ihre Lebensdauer ist mit 45 bzw. 100 Jahren so lang, daß sie in die Stratosphäre gelangen und dort durch UV-Strahlung ($\lambda < 220nm$) photolysiert werden. Die dabei abgespaltenen Chlor-Atome gehen als Katalysatoren X in die Ozonchemie ein (s. Abschnitt 2.3.2) und bewirken so zusätzlichen Ozonabbau.

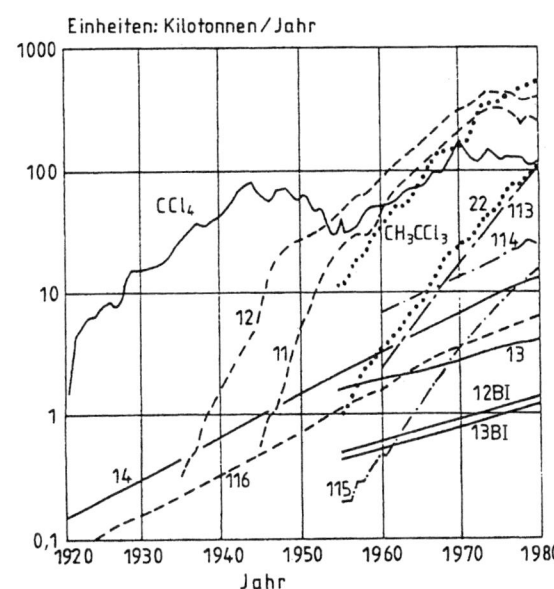

Es bedeuten:

11 = CCl_3F

12 = CCl_2F_2

13 = $CClF_3$

14 = CF_4

12BI = $CBrClF_2$

13BI = $CBrF_3$

22 = $CHClF_2$

113 = $C_2Cl_3F_3$

114 = $C_2Cl_2F_4$

115 = C_2ClF_5

116 = C_2F_6

Abb. 46. Jährliche globale Emissionsraten halogenierter Kohlenwasserstoffe aus anthropogenen Quellen in 10^3 t/Jahr; nach [330]

Neben FCKW 11 und 12 wurden, wie Abb. 46 zeigt, eine Reihe weiterer halogenierter Kohlenwasserstoffe emittiert (s. auch Abb. 59). Hierzu gehören Tetrachlorkohlenstoff (CCl_4) und die FCKWs 13, 113 und 114, die als Lösungs-, Kälte- und Treibmittel eingesetzt wurden, sowie die bromhaltigen Halone 1211 (12BI) und 1301 (13BI). Diese vollständig halogenierten Methane bzw. Ethane haben durchweg lange atmosphärische Lebensdauern (Tabelle 3) und sind daher Quellgase für stratosphärische Cl- und Br-Radikale und mithin „Ozonkiller". Die vollständig fluorierten extrem langlebigen FKWs 14 und 116, die als Nebenprodukte bei der elektrolytischen Aluminiumherstellung entstehen, sind keine Ozonkiller, aber effektive Treibhausgase. Die teilhalogenierten H-FCKW-22 und Methylchloroform (CH_3CCl_3), als Kälte- bzw. Lösungsmittel im Einsatz, haben mit 12 bzw. 5 Jahren eine wesentlich kürzere atmosphärische Lebensdauer als die vollhalogenierten Verbindungen. Sie werden zum Teil bereits in der Troposphäre durch OH abgebaut, sind aber auch Quellgase für stratosphärisches Chlor, was ihnen immerhin Ozonabbaupotentiale von 5 bzw. 12 % (relativ zu FCKW-11) verleiht (Tabelle 3).

Die fortgesetzte Emission halogenierter Kohlenwasserstoffe, die zudem Jahr für Jahr zunahm, führte zu einem kontinuierlichem Anstieg der atmosphärischen Anteile dieser Verbindungen. Durch Messungen mit ballongetragenen Geräten konnte bewiesen werden, daß die Ozonkiller auch in die Stratosphäre gelangten und sich dort anreicherten [331]. Eine Abnahme der Ozonschichtdicke konnte aber bis etwa Mitte der 80er Jahre nicht eindeutig nachgewiesen werden, weil, wie Abb. 47 veranschaulicht, die Ozonschichtdicke starke natürliche Fluktuationen aufweist. Erst ab etwa 1985 ist die sich verstärkende Ausdünnung der Ozonschicht

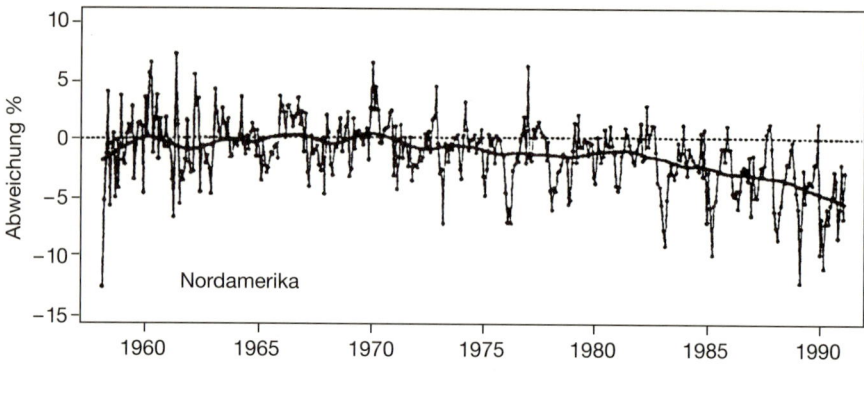

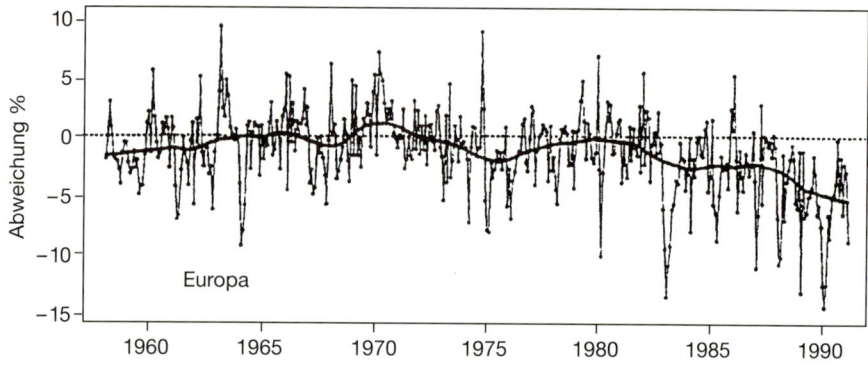

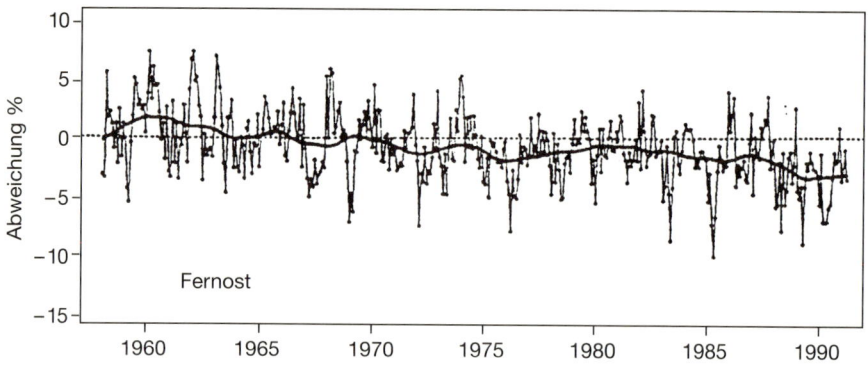

Abb. 47. Tatsächliche regionale Veränderungen der Ozonschichtdicke nach Korrektur der Originalmeßreihen nach Effekten des solaren Aktivitätszyklus, der QBO und der atmosphärischen Kernwaffentests. Die dicken Linien wurden durch Glättung über jeweils 4 Jahre berechnet; nach [332]

5 Umweltveränderungen als Folge menschlicher Eingriffe

vor dem Hintergrund der natürlichen Schwankungen zu erkennen. Der durchschnittliche Trend der Ozonabnahme in mittleren Breiten, die in Abb. 47 dargestellt ist, betrug zwischen 1978 und 1994, etwa – 4 %/Dekade. Demnach hat dort die Ozonschichtdicke bis heute um etwa 8 % abgenommen [332, 345]. Zu niederen Breiten hin nimmt der Ozonschwund ab, und am Äquator beträgt der Trend kaum mehr als – 1 %/Dekade. Zu hohen Breiten nimmt der Ozonschwund aber drastisch zu, vor allem auf der Südhalbkugel, wo der Effekt des saisonalen Ozonloches zusätzlich wirksam ist. So beträgt etwa bei 60 °S der Abnahmetrend fast – 10 %/Dekade, dort sind also etwa 20 % der Ozonschicht bis heute verschwunden.

Herstellung, Anwendung und damit die Emission chlor- und bromhaltiger Substanzen, welche die Ozonschicht angreifen, sind inzwischen durch ein internationales Abkommen geregelt (s. Abschnitt 6.1). Die meisten der vollständig halogenierten FCKWs, CKWs und Halone werden heute nicht mehr hergestellt, und ihre Emissionsraten sind deutlich zurückgegangen (s. Abb. 59). Der globale kontinuierliche Ozonschwund wird sich aber noch bis etwa 2010 fortsetzen, bis das Maximum der stratosphärischen Anteile ozonabbauender Cl- und Br-Radikale überschritten ist und die langsame durch den Produktionsstopp der Ozonkiller eingeleitete Erholung der Ozonschicht beginnt.

5.5.2
Das Ozonloch über der Antarktis

Die Geschichte der Entdeckung des Ozonloches liest sich spannend wie ein Kriminalroman: Der Japaner Chubachi war der Erste, der auf drastische Ozonverluste über der Antarktis hingewiesen hatte. Auf einem internationalen Ozonsymposium, das 1984 in Griechenland stattfand, zeigte er ein Poster mit seltsamen Ergebnissen. Es veranschaulichte, daß die Ozon-Schichtdicke über der japanischen Antarktisstation Syowa, die normalerweise etwa 300 bis 330 Dobson-Einheiten (DU) betrug, während der Monate September/Oktober 1982 drastisch bis etwa 200 DU abfiel und sich erst danach wieder auf normale Werte erholte. Angesichts der Tatsache, daß die weltweit geringsten Ozon-Schichtdicken in den Tropen gemessen werden, dort aber kaum unter 250 DU absinken, und daß die Schichtdicke zu höheren Breiten zunimmt, hielten die Fachleute Chubachis Ergebnisse für Fehlmessungen. Sie blieben daher unbeachtet und wären vermutlich in Vergessenheit geraten, wenn sie nicht in den Proceedings dieser Tagung festgehalten worden wären [333].

Es blieb Wissenschaftlern des British Antarctic Survey vorbehalten, als Entdecker des Phänomens Ozonloch bekannt zu werden: Farman, Gardiner und Shanklin konnten an Hand der langen Meßreihen an der britischen Antarktisstation Halley Bay zeigen, daß die Oktober-Mittel der Ozon-Schichtdicken über dieser Station von etwa 320 DU, die während der sechziger Jahre registriert wurden, auf unter 200 DU im Oktober 1984 abgefallen waren, wobei das Ausmaß dieser Ozonreduktion seit Mitte der siebziger Jahre besonders rapide zugenommen hatte. Diese Arbeit erschien im Frühjahr 1985 und schlug buchstäblich wie eine Bombe ein [334].

Groß war die Überraschung in der gesamten Fachwelt, denn niemand hatte einen solchen Effekt vorausgesagt. Es gab keinen Anhaltspunkt dafür, warum

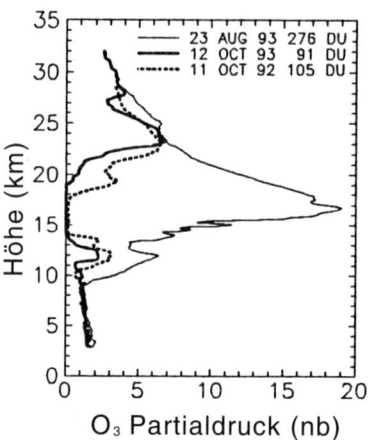

O₃ Partialdruck (nb)

Abb. 48. Ozonprofile über dem Südpol, gemessen am 23. August 1993 (ungestörtes „normales" Profil) und zur Zeit der stärksten Ozonverluste am 11. Oktober 1992 und 12. Oktober 1993; nach [335]

ein Ozonschwund dieses Ausmaßes so regelmäßig im September/Oktober über der Antarktis auftreten könne. Ganz besonders überrascht war man bei der amerikanischen Weltraumbehörde NASA. Diese hatte nämlich seit Ende der siebziger Jahre einen besonders leistungsfähigen Ozonsensor an Bord des Satelliten NIMBUS 7 im Orbit, der eigens zur globalen Überwachung der Ozonschicht entwickelt worden war. Den für dieses Experiment zuständigen Wissenschaftlern war das Ozonloch aber überhaupt nicht aufgefallen, weil der Rechner für die Auswertungen so programmiert war, daß er die abnorm niedrigen Ozonwerte als Fehlmessungen eingestuft und deshalb unterdrückt hatte. Die Nachanalyse der glücklicherweise gespeicherten Rohdaten ergab nun, wenn auch verspätet, eine überwältigende Fülle von Informationen über das Ausmaß und die Morphologie des Phänomens (s. Farbtafel 2).

Eine bereits 1986 unter NASA-Ägide durchgeführte Meßkampagne in der Antarktis erbrachte den Schlüssel zum Verständnis des Phänomens, bei dem, wie Abb. 48 veranschaulicht, Ozon im Höhenbereich zwischen etwa 10 und 25 km innerhalb kurzer Zeit vernichtet wird. In diesem Höhenbereich werden normalerweise die aus chlorhaltigen Quellgasen freigesetzten aktiven Cl-Radikale durch Reaktionen mit CH_4 und NO_2 in die inaktiven Reservoirsubstanzen Chlorwasserstoff (HCl) und Chlornitrat ($ClONO_2$) übergeführt (Abb. 49). Nach der reinen Gasphasenchemie können dort nur ganz geringe Mengen von Cl und ClO vorkommen, die auch nur minimale Ozonmengen vernichten können. Auch die Rückreaktion

$$ClO + O \rightarrow Cl + O_2$$

des katalytischen Zyklus kann im Ozonlochbereich nicht ablaufen, da erst oberhalb 30 km genügend atomarer Sauerstoff vorhanden ist.

Tatsächlich werden aber im Bereich des Ozonlochs mit über 1 ppb ClO mehr als 10mal höhere Cl-Radikalanteile gefunden, genug, um den temporären Ozon-

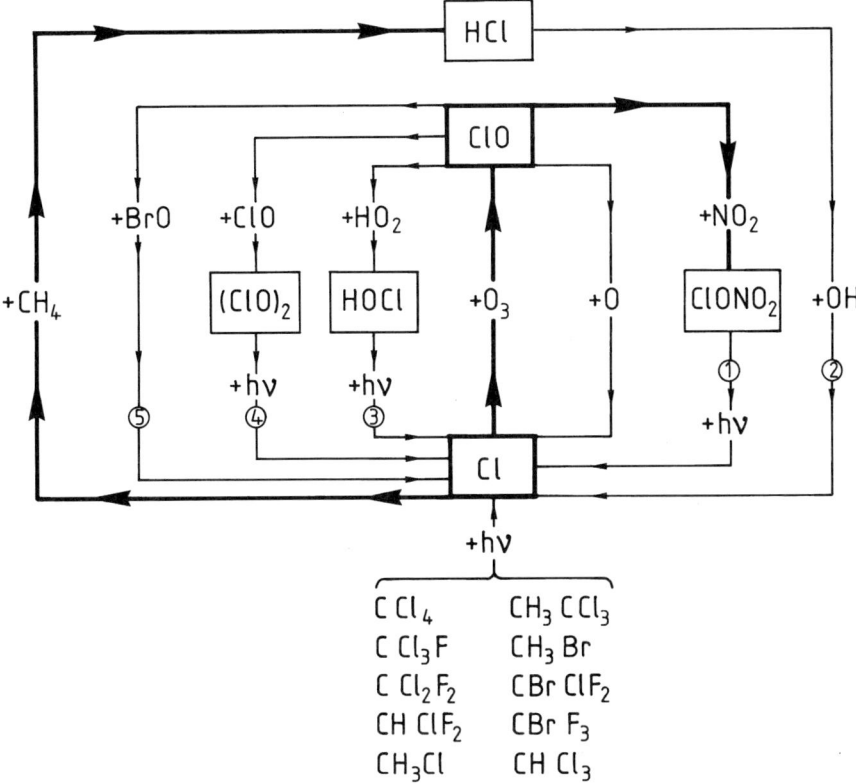

Abb. 49. Ozon-Photochemie (schematisch) der unteren Stratosphäre. Die Cl-Radikale entstehen aus dem Abbau von chlorierten Kohlenwasserstoffen, im wesentlichen durch Photolyse. Br-Radikale entstehen analog (hier nicht gezeigt) aus bromhaltigen Quellgasen, von denen einige im unteren Teil der Abbildung aufgelistet sind. Für weitere Erläuterungen der verschiedenen Reaktionspfade siehe Text; nach [330]

schwund zu bewerkstelligen. Aktives Chlor wird dabei an den Oberflächen polarer stratosphärischer Wolken (Polar Stratospheric Clouds, PSCs) durch heterogene Reaktionen aus den Reservoirsubstanzen HCl und $ClONO_2$ freigesetzt [336]. Die wichtigsten dieser Reaktionen sind:

1. $ClONO_2 + HCl \rightarrow HNO_3 + Cl_2$
2. $ClONO_2 + H_2O \rightarrow HNO_3 + HOCl$
3. $HCl + HOCl \rightarrow H_2O + Cl_2$
4. $N_2O_5 + HCl \rightarrow HNO_3 + ClONO$
5. $N_2O_5 + H_2O \rightarrow 2\,HNO_3.$

Die Reaktion 2 kann direkt an Wasser- oder Eisoberflächen ablaufen. Reaktion 1 setzt voraus, daß sich HCl zuvor in Wolkenpartikeln gelöst hat. In beiden Fällen entsteht HNO_3, das in der flüssigen bzw. festen Phase gelöst bleibt. Dadurch werden die NO_x-Komponenten aus der Gasphase entfernt und bleiben, solange die Wolkenpartikel existieren, gebunden. Größere Wolkenpartikel können sedimentieren und zum Boden herunterfallen. Die Stratosphäre wird dadurch denitrifiziert.

Die Produkte Cl_2, HOCl und ClONO photolysieren durch Sonnenstrahlung und setzen so Cl für den Ozonabbau frei. HNO_3 geht in die Wolkenphase über und wird damit gebunden. Stickoxide werden über die Reaktionskette

6. $NO + O_3 \rightarrow NO_2 + O_2$
7. $NO_2 + O_3 \rightarrow NO_3 + O_2$
8. $NO_3 + NO_2 + M \rightarrow N_2O_5 + M$

in N_2O_5 überführt und über die Reaktionen 4 und 5 als HNO_3 in den Wolkenpartikeln gebunden. Solange Wolken vorhanden sind, ist infolge dieser Denitrifikation der unteren Stratosphäre das Gleichgewicht der Chlorkomponenten zugunsten der aktiven Cl-Radikale verschoben.

Da atomarer Sauerstoff unterhalb 25 km praktisch nicht vorhanden ist, kann nennenswerter Ozonabbau jedoch nur erfolgen, wenn das in der Reaktion

$$Cl + O_3 \rightarrow ClO + O_2$$

gebildete ClO durch andere Reaktionen wieder in Cl zurückgeführt wird. Diese Reaktionen, die in Abb. 49 veranschaulicht sind, laufen gemäß

9. $ClO + ClO + M \rightarrow (ClO)_2 + M$
   $(ClO)_2 + Strahlung \rightarrow Cl + ClOO$
   $ClOO + M \rightarrow Cl + O_2 + M$ Zweig ④
10. $ClO + BrO \rightarrow Cl + Br + O_2$ Zweig ⑤
11. $ClO + HO_2 \rightarrow HOCl + O_2$
    $HOCl + Strahlung \rightarrow OH + Cl$ Zweig ③

und tragen zum Ozonabbau jeweils etwa 65 %, 25 % bzw. 10 % bei [337].

Bromradikale, die aus bromhaltigen Quellgasen in der Stratosphäre freigesetzt werden (in Abb. 49 sind diese der Übersichtlichkeit halber nicht gezeigt: sinngemäß Cl durch Br ersetzen), durchlaufen ganz analoge Reaktionszyklen wie Chlorradikale. Analog zu HCl und $ClONO_2$ entstehen die Brom-Reservoirsubstanzen HBr und $BrONO_2$, die aber im Gegensatz zu den Chlor-Reservoirsubstanzen weniger stabil sind und über Photolyse (Zweig ①) bzw Reaktionen mit OH (Zweig ②) aktives Br für den katalytischen Ozonabbau zurückliefern [338]. Über den Zweig ⑤ trägt Brom damit etwa 25 % zum Ozonschwund bei.

Stratosphärische Wolken bilden sich über den winterlichen Polarregionen, in denen sich als Folge der Abkühlung zur Polarnacht eine Zyklone (Vortex) entwickelt. Bei Temperaturen unterhalb −85 °C bilden sich Eiswolken, die auch als Typ-II-Wolken bezeichnet werden. Bereits bei etwa 12 °C höheren Temperaturen bilden sich sogenannte Typ-I Wolken, die vermutlich aus der kristallinen Form von $HNO_3 * 3 (H_2O)$ oder kurz „NAT" (nitric acid trihydrate) bestehen. Diese Typ-I-Wolken sind ein Indiz dafür, daß die Denitrifikation der Stratosphäre über die vorgenannten heterogenen Reaktionen tatsächlich stattfindet. Wie die Typ-I-Partikelbildung im einzelnen abläuft, ob durch homogene Nukleation an präexistierenden Oberflächen, etwa Typ-II-Partikeln, ist noch ungeklärt. Auch

Sulfat-Aerosolteilchen der natürlichen Sulfatschicht (s. Abschnitt 3.7) können als Keime für diesen heterogenen Nukleationsprozeß dienen [337].

Polare stratosphärische Wolken kommen im Winter sowohl über der Arktis wie über der Antarktis vor, das eigentliche Ozonloch wurde aber nur über der Antarktis gefunden. Dies liegt zum einen daran, daß die antarktische Stratosphäre im Winter 5 bis 10 °C kälter als ihr arktisches Gegenstück ist. Zum anderen ist für einen starken Ozoneinbruch nicht nur die Freisetzung von aktiven Cl-Radikalen, die in beiden Hemisphäre im Winter erfolgt, sondern auch Sonnenstrahlung erforderlich, da ohne Photolyseprozesse die Abbauzyklen (Abb. 49) nicht geschlossen sind. Über dem Südpol ist die winterliche Zyklone recht symmetrisch und damit bis in das Frühjahr stabil. Sobald Ende September die Sonne wiederkehrt, findet fast schlagartig und großflächig der Ozonabbau statt. Der arktische Polarwirbel ist jedoch asymmetrisch, oszilliert zudem und bricht häufig bereits im Winter zusammen. Es kommt dadurch bereits zur Durchmischung und Zufuhr wärmerer Luft vor Ende der Polarnacht. Obwohl die arktische Stratosphäre während des Polarwinters bezüglich der ClO_x-Freisetzung ähnlich konditioniert wird wie die antarktische, ist das „Reaktionsgefäß", das die Zyklone darstellt, meistens nicht bis zur Wiederkehr der Sonne stabil.

Das antarktische Ozonloch erreicht jeweils im Oktober seinen Höhepunkt (s. Farbtafel 2). Die bodengebundenen Messungen mit Dobson-Spektrographen wie auch die Meßdaten satellitengetragener Sensoren zeigen, daß seit Beginn der siebziger Jahre, zunächst langsam, dann immer schneller, der drastische Einbruch der Ozonschichtdicke erfolgt ist. Bereits im Oktober 1993 wurden Schichtdicken von teilweise unter 100 DU, also von weniger als einem Drittel der ungestörten Werte, gemessen. In den 90er Jahren hat sich die weitere Vertiefung des Ozonlochs verlangsamt, weil der bis dahin erreichte Halogenpegel ausreichte, praktisch alles im Höhenbereich 10–25 km des Polarwirbels befindliche Ozon zu zerstören. Zum anderen verlangsamte sich auch die stratosphärische Halogenzunahme [341].

Die mit der wiederkehrenden Sonne im Frühjahr stattfindende Erwärmung der polaren Stratosphäre führt zu einer allmählichen Abschwächung der Polarzyklone, die schließlich mit dem „Final Warming" in die sommerliche Antizyklone übergeht. Dieser Übergang ist charakterisiert durch großräumige Mischungsprozesse. Dabei wird das Ozondefizit durch herangeführtes Ozon aus niederen Breiten wieder aufgefüllt, gleichzeitig gelangt ozonarme Stratosphärenluft aus dem Polargebiet in niedere Breiten, etwa nach Südamerika, Australien oder Neuseeland, wo dann im Dezember und Januar oft stark reduzierte Ozonschichtdicken gemessen werden [339, 340].

5.5.3
Ein Ozonloch auch in der nördlichen Hemisphäre?

Polare stratosphärische Wolken kommen auch über der Arktis vor, ein ozonlochähnliches Phänomen konnte zunächst aber nicht entdeckt werden. Es wurden seit Ende der 80er Jahre zwar auch in hohen nördlichen Breiten Ozoneinbrüche registriert, derart massive Effekte wie über der Antarktis traten bis in die 90er Jahre aber nicht auf [312, 343]. Dafür ist die winterliche stratosphärische

Zyklone bezüglich des Nordpols zu stark asymmetrisch und zudem sehr variabel, wodurch sie häufig bis weit in mittlere Breiten vordringt und dicht besiedelte Gebiete in Europa oder Japan beeinflussen kann. Ein solcher Fall ereignete sich im Januar 1992 mit der Folge, daß Zentral- und Nordeuropa mit Ozonschichtdicken um 200 DU statt normal etwa 400 DU eine Reduktion um 50% erlebten. Dieses Ereignis trug wesentlich dazu bei, daß während der wenig später in Kopenhagen abgehaltenen Folgekonferenz des Montreal-Protokolls der entscheidende Schritt zum Produktionsstopp ozonabbauender Substanzen vollzogen wurde (s. Abschnitt 6.1). Der steigende Halogenpegel, in Verbindung mit der Abnahme der Temperatur der Stratosphäre, hat die Bildung ozonlochähnlicher Effekte über der Arktis begünstigt. Spätestens seit Mitte der 90er Jahre sind solche dokumentiert, wobei minimale Ozonschichtdicken bis etwa 200 DU beobachtet wurden [344, 345] (s. auch Farbtafel 2).

Heterogene Reaktionen, bei denen ClO_x-Radikale aus inaktiven Reservoirsubstanzen freigesetzt werden, sind nicht auf die winterliche Polarregion beschränkt. Als Oberflächen für diese Prozesse wirken in mittleren Breiten Sulfattröpfchen der stratosphärischen Aerosol- oder Jungeschicht, die durch Oxidation von Schwefelverbindungen troposphärischer Herkunft aufrechterhalten wird. Dabei sind besonders die vorgenannten Reaktionen 2, 3 und 5 wichtig. Während die natürliche Jungeschicht mit Aerosoloberflächen zwischen 0,3 und $1 * 10^{-12}$ m^2 cm^{-3} aus biogenem Carbonylsulfid (COS) und Dimethylsulfid (CH_3SCH_3) entsteht (s. Abschnitt 3.7), treten nach größeren Vulkaneruptionen infolge zusätzlicher SO_2-Injektion zwischen 10 und 25 km Höhe bis zu mehr als $10 * 10^{-12}$ m^2 cm^{-3} auf [346].

Modellrechnungen zeigen, daß als Folge des gestiegenen Chlorgehaltes ein fortschreitender Ozonabbau in der unteren Stratosphäre resultiert, der sich nach starken Vulkanausbrüchen verstärkt [347]. Die in Abb. 47 gezeigten Ozontrends sind etwa doppelt so stark wie diejenigen, die sich allein aus den Gasphasenreaktionen ergeben, die oberhalb 30 km wirksam sind. Demnach tragen heterogene Reaktionen an den Sulfatpartikeln der Jungeschicht in Höhen unterhalb 30 km etwa 50% zum beobachteten Ozonschwund bei.

Inzwischen gibt es auch eine Reihe von Messungen, die deutlich den Einfluß starker Vulkanausbrüche auf die Ozonschicht bestätigen. Als Folge der Zunahme des stratosphärischen Sulfataerosols durch vulkanisches SO_2 zeigt die atmosphärische Ozonschicht nach stärkeren Eruptionen deutliche Einbrüche, die nach spätestens 2 Jahren wieder abgeklungen sind. Die Auswirkungen der Ausbrüche des El Cichron (1982) und des Pinatubo (1991) auf die Ozonschicht konnten praktisch weltweit verfolgt werden [348–350].

5.5.4
Auswirkungen der stratosphärischen Ozonausdünnung

Die Auswirkungen der stratosphärischen Ozonabnahme auf den thermischen Haushalt der Erdoberfläche sind sehr gering. Sie werden im neuesten IPCC-Bericht mit $-(0,15 \pm 0,1)$ Wm^{-2} angegeben [212]. Dies entspricht einer ganz geringen Abkühlung, die dem positiven Strahlungsantrieb des anthropogenen Treibhauseffektes entgegengerichtet, aber mit erheblichen Unsicherheiten behaftet ist.

Die Auswirkungen auf das thermische Budget der Stratosphäre sind wesentlich stärker und aus Temperaturmessungen in der unteren Stratosphäre eindeutig zu identifizieren. Ozonschwund bewirkt, daß weniger UV-Strahlung in der Stratosphäre absorbiert wird und es somit zu einer Abkühlung kommt. Die Analyse von Radiosonden- und Satellitendaten zeigt, daß zwischen 1960 und 2000 weltweit eine Abnahme der Temperatur der unteren Stratosphäre (um 20 km Höhe) um 2 °C erfolgt ist [212]. Dies entspricht einem Abnahmetrend von –0,5°/Dekade, der nicht auf den anthropogenen Treibhauseffekt zurückgeführt werden kann, da dieser erst oberhalb 20 km eine Abkühlung verursacht. Modellrechnungen mit realistischen Ozonabnahmen zeigen klar, daß die beobachtete Abkühlung fast ausschließlich auf den Ozonschwund zurückzuführen ist [351].

Verminderte Absorption solarer UV-Strahlung in der Stratosphäre, die dort eine Abkühlung bewirkt, führt zu einer Zunahme der UV-Strahlung am Boden. Das stratosphärische Ozon absorbiert auf Grund seiner exponentiell in den kurzwelligen UV-Bereich ansteigenden Absorption solare UV-C-Strahlung ($\lambda < 280$ nm) vollständig, UV-B-Strahlung (280–320 nm) teilweise und UV-A-Strahlung (320–400 nm) überhaupt nicht. Dies hat zur Folge, daß am Erdboden

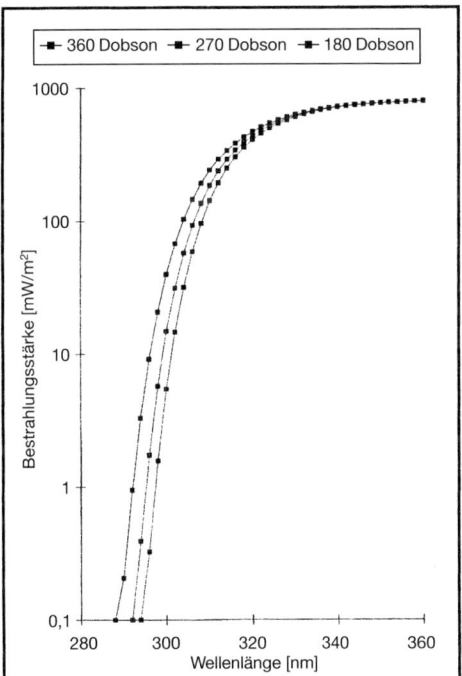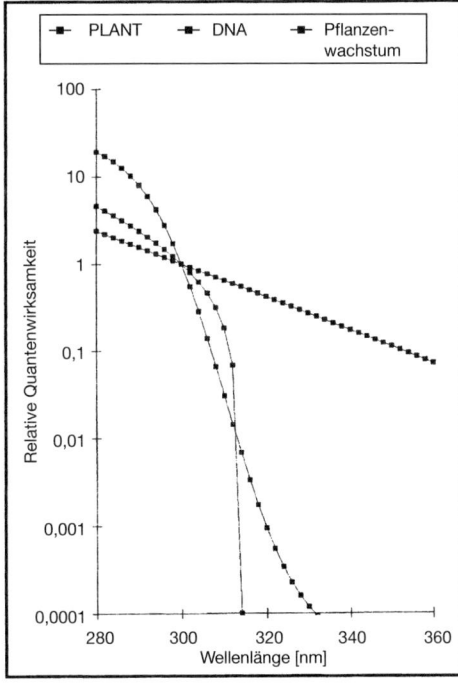

Abb. 50. Linkes Teilbild: Solare UV-B-Strahlungskante am Boden bei verschiedenen Ozonschichtdicken, (Sonnenhöchststand, 21. Juni) und bei 49 °N.
Rechtes Teilbild: Wirkungsspektren für DNA-Schäden, Pflanzenschädigung (PLANT) und Pflanzenwachstum; nach [353]

die solare Strahlungskante zu kürzeren Wellenlängen steil abfällt (Abb. 50). Bei einer Abnahme des stratosphärischen Ozons ergibt sich demnach eine Zunahme im UV-B-Bereich und eine Verschiebung der Strahlungskante zu kürzeren Wellen. Die in Abb. 50 gezeigten Kurven zeigen ungefähr den bisher beobachteten Variationsbereich in Zentraleuropa.

Die im rechten Teilbild der Abb. 50 aufgetragenen Wirkungsspektren verdeutlichen die Auswirkung einer solchen UV-Verschiebung auf das Pflanzenwachstum, bezüglich der Schädigung der Pflanzen und der Erbsubstanz (DNA). Die günstige Wirkung auf das Wachstum wird mehr als überkompensiert durch die weitaus stärker zunehmende schädigende Wirkung auf die DNA. Die Biosphäre ist gerade bezüglich des UV-B-Bereiches sehr sensibel.

Für geringe Ozonschichtänderungen entspricht eine Abnahme (Zunahme) der Schichtdicke um 1 % einer UV-B-Zunahme (Abnahme) zwischen 1 und 2 %, je nach Breite und Jahreszeit. Der in mittleren Breiten beobachtete Ozontrend von −4 %/Dekade sollte demnach zu einer UV-B-Zunahme zwischen 4 und 8 %/Dekade oder 0,5 bis 1 %/Jahr geführt haben. UV-Messungen vom Hohenpeißenberg (48 °N) zeigen eine starke jahreszeitliche Abhängigkeit der Trends, die für 300 nm Wellenlänge zwischen 8 und 30 %/Dekade, für 305 nm zwischen 3 und 13 %/Dekade variieren. Die beobachteten Trends sind statistisch signifikant [354]. UV-Trends, die aus Meßdaten des TOMS-Satellitensensors abgeleitet wurden, zeigen für 45 °N für die UV-Wellenlängen 300, 310 und 320 nm zwischen 1979 und 1992 einen Anstieg um 10 %, 3 % bzw. 1 % pro Dekade. Der entsprechende UV-Anstieg auf der Südhalbkugel ist mit 13 %, 3 % bzw. 1 % pro Dekade noch stärker. Bodengebundene Messungen in Lauder, New Zealand (45 °S) zeigen eine Zunahme des gesamten UV-B (290–315 nm) um ca. 7 %/Dekade [352].

Nach den bislang verfügbaren Meßreihen hat die UV-B-Strahlung als Folge der Ozonabnahme in der Stratosphäre in den letzten 20 bis 30 Jahren in mittleren Breiten um ca. 20 bis 30 % zugenommen. Die jahreszeitliche Variabilität und die troposphärische Ozonzunahme in vielen Regionen machen die Quantifizierung dieser Trends jedoch schwierig.

Beim Menschen kann die Einwirkung von UV-Strahlung zu Hautrötung bis hin zur Bildung von Melanomen, im schlimmsten Fall zu malignen Melanomen (Hautkrebs) führen. Das Spektrum dieser erythem wirksamen Strahlung reicht von 280 bis 400 nm, ihr wirksamster Bereich umfaßt gerade den der UV-B-Strahlung mit maximaler Wirkung bei etwa 300 nm. Der erythemwirksame Strahlungsfluß ist der mit dem Erythemspektrum gewichtete UV-Strahlungsfluß und daher wie dieser sehr stark von der geographischen Breite abhängig: Er ist am Äquator am höchsten, weil dort die Ozonschichtdicke am geringsten ist und diese bei nahezu senkrechtem Einfall der Sonnenstrahlung geringe Absorptionswirkung hat. Im jährlichen Mittel ist sie bei ca. 60° Breite am geringsten, weil dort die Ozonschicht fast maximale Dicke hat und infolge schrägstehender Sonne effektiver absorbiert. Dadurch ist die jährliche erythemwirksame Strahlungsdosis bei 60° Breite etwa 8mal geringer als am Äquator. Allein für Deutschland macht die Zunahme dieser Strahlungsdosis von Norddeutschland (51 °N) bis Süddeutschland (48 °N) etwa 20 % aus. Bis Rom (42,5 °N) beträgt der Anstieg schon 50 %, und auf den Kanarischen Inseln (knapp 30 °N) ist die erythemwirksame Strahlungsdosis mehr als 100 % höher als in Norddeutschland.

In Nordamerika, dessen Bevölkerung im Breitenbereich zwischen 25° und 50 °N konzentriert ist, gibt es langjährige Statistiken über Mortalitätsraten infolge Hautkrebs unter der weißen Bevölkerung. Hiernach verliefen zwischen 1950 und 1967 im Süden bei 25 °N etwa doppelt so viele Melanomfälle wie bei 50 °N tödlich [355].

Als Folge der Reduktion der stratosphärischen Ozonschicht hat sich der erythemwirksame UV-Fluß überall auf der Erde erhöht. Globale Trends zwischen 1979 und 1991 wurden aus Meßdaten des TOMS-Experimentes an Bord des Satelliten Nimbus7 abgeleitet. Für mittlere nördliche Breiten ergaben sich dabei Zunahmen zwischen 3 und 7%/Dekade [356]. Es gibt inzwischen viele Anzeichen dafür, daß in vielen Teilen der Welt das Auftreten maligner Melanome zugenommen hat. Mangels solider Statistiken kann hier über die möglichen Ursachen aber nur spekuliert werden. Sicherlich haben auch veränderte Freizeitgewohnheiten, mit häufigen und langen Sonnenbädern, oft unter südlicher Sonne, neben der ozonschwundbedingten Zunahme der UV-B-Strahlung zum vermehrten Auftreten von Hautkrebs beigetragen.

5.6
Weltweite Klimaveränderungen und ihre Auswirkungen

5.6.1
Die globale Erwärmung

Das irdische Klima war im Laufe der Ergeschichte erheblichen durch natürliche Prozesse bedingten Schwankungen unterworfen. Die Entwicklung der letzten 420 000 Jahre, die aus Bohrkernen im antarktischen Eis und Meeressedimenten rekonstruiert werden kann, ist in ihrem Wechsel von Warm- und Kaltzeiten durch periodische Veränderungen der Exzentrizität der ellipitischen Erdbahn, der Schiefe der Eklipitik und der Präzession der Erdrotationsachse zu erklären (s. Abschnitt 4.4). Während der letzten Eiszeit, die gut 20 000 Jahre zurückliegt, war es auf der Erde etwa 6 °C kälter als heute. Die jetzige Warmzeit, das seit etwa 10 500 Jahren anhaltende Holozän, ist die längste und stabilste Warmzeit überhaupt, die während der vergangenen 420 000 Jahre vorgekommen ist. Aus Klimaproxies rekonstuierte Datenreihen zeigen, daß quasiperiodische Temperaturschwankungen während des Holozän durch säkulare Variationen im Aktivitätszyklus der Sonne und vulkanische Einflüsse erklärt werden können. Diese Zusammenhänge können besonders für das letzte Jahrtausend als gesichert gelten, in dem, abgesehen von der Tendenz zu geringfügig höheren Temperaturen bis 1200 (mittelalterliches Klimaoptimum) und geringfügig niedrigeren Temperaturen zwischen 1450 und 1700 (kleine Eiszeit), der Verlauf der globalen Temperatur bemerkenswert stabil war (s. Abschnitt 4.3).

Dies ändert sich gegen Ende des 19. Jahrhunderts, als diese quasiperiodische Schwankung um einen Mittelwert in einen deutlichen Anstieg übergeht. Das Ausmaß und die Andauer dieser globalen Erwärmung ist eine Erscheinung, die alles übertrifft, was an Temperaturvariabilität über die letzten 1000 Jahre abgelaufen ist (Farbtafel 7). Sie kann nicht einfach als „Erholung von der kleinen Eis-

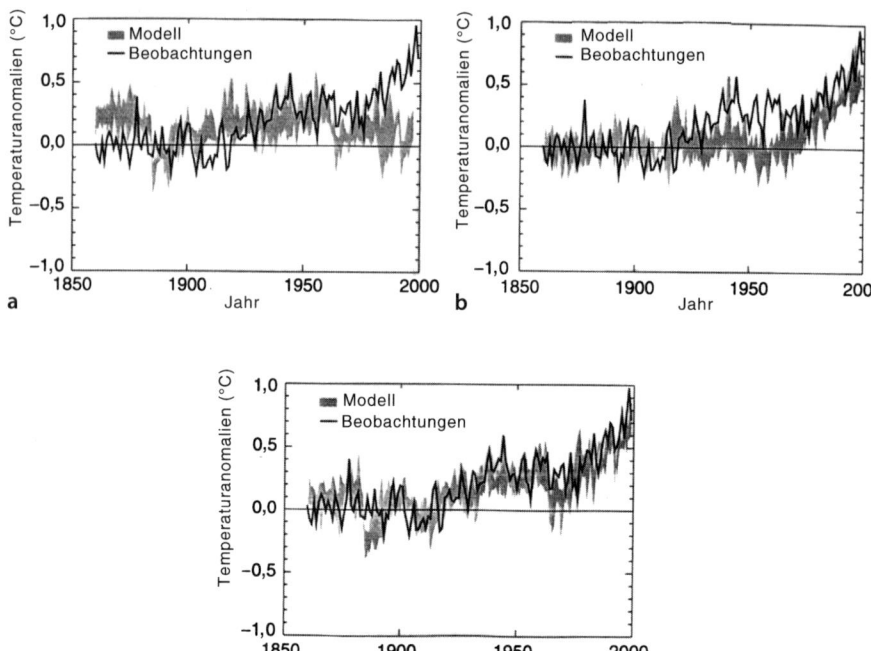

Abb. 51. Beobachtete und mit Klimamodellen berechnete Verläufe der globalen Mitteltemperatur 1860–2000. Die aufgetragenen Temperaturanomalien sind Abweichungen vom Mittel über die Jahre 1860–1900. Die Simulation der Klimamodelle erfolgte in **a** nur mit natürlichen (solare Variabilität, Vulkanismus), **b** nur mit anthropogenen (Treibhausgase, Sulfataerosol) und in **c** mit allen Strahlungsantrieben; nach [212]

zeit" interpretiert werden, denn hier handelt es sich immerhin um einen Temperaturanstieg von 0,6 °C (Abb. 51). Dieser erfolgte im Wesentlichen in zwei Schüben, nämlich zwischen 1900 und 1940 sowie nach 1970. Dazwischen lag eine Phase stagnierender bzw. leicht abfallender Temperaturen. Dabei war die letzte Dekade die wärmste des gesamten Jahrtausends, zumindest bezogen auf den Klimaverlauf der Nordhemisphäre. Mangels Daten kann der entsprechende Temperaturverlauf für die Südhemisphäre bislang nicht rekonstruiert werden. Die globale Mitteltemperatur für 1998, die höchste des Jahrtausends, lag sogar außerhalb des 95 %-Konfidenzbereichs aller rekonstruierten Klimadaten, der in Farbtafel 7 grau unterlegt ist.

Gegenüber den natürlichen Klimaschwankungen, die das letzte Millennium bis etwa 1850 geprägt haben, ist dieser globale Temperaturanstieg eine neue Erscheinung, die nicht mit der solaren und/oder vulkanischen Aktivität allein erklärt werden kann. Klimamodelle sind heute in der Lage, den globalen Temperaturverlauf dieses Zeitraums zu berechnen (bezüglich der Charakteristika der 12 heute führenden Klimamodelle sei auf [212] und die darin zitierten Referenzen verwiesen). Ergebnisse dieser Simulationen, die auch die Bandbreite der unterschiedlichen Modellergebnisse wiedergeben, sind in Abb. 51 gezeigt. Teilbild a zeigt die Modellsimulation, bei der nur natürliche Einflüsse, also nur der Solarzyklus und vulkanische Aktivität, zum Antrieb des Klimasystems benutzt wurden. Viele der quasiperiodischen Strukturen des beobachteten Temperaturganges werden richtig reproduziert, aber besonders ab 1950 weichen berechnete und beobachte Temperaturen erheblich voneinander ab. Anthropogene Antriebe allein (Teilbild b) sind auch nicht in der Lage, die beobachteten Variationen der Temperatur zu reproduzieren. Hierbei wurde der Anstieg aller Treibhausgase aus anthropogengen Quellen sowie das Sulfataerosol berücksichtigt. Letzteres induziert einen negativen Strahlungsantrieb und spielt besonders bei der leichten Abkühlung ab 1940 eine wichtige Rolle. Die Kombination aller natürlichen und anthropogenen Antriebe (Teilbild c) ergibt eine bemerkenswert gute Übereinstimmung berechneter und beobachteter Temperaturverläufe. Dabei sind natürliche Einflüsse für viele der quasiperiodischen Variationen verantwortlich, während der eigentliche Temperaturanstieg zum größten Teil aus anthropogenen Antrieben resultiert. Es kann hiernach kein Zweifel bestehen, daß die globale Erwärmung überwiegend eine Folge der menschlichen Veränderungen des irdischen Treibhauses ist [357, 358].

Dies kann auch mit statistischen Verfahren gezeigt werden. So ergibt sich etwa mit Hilfe der „Fingerabdruck"-(Fingerprint-)Methode, bei der das anthropogene Klimasignal aus dem „Rauschen" der natürlichen Klimafluktuationen herausgefiltert wird, daß die beobachtete globale Erwärmung um 0,6 °C mit mehr als 95prozentiger Wahrscheinlichkeit nicht natürlichen Ursprungs sein kann [359, 360]. Auch mit Hilfe der ursachenorientierten Zeitreihenzerlegung können signifikante raum-zeitliche Variationen der Klimaparameter selektiert und damit natürlichen bzw. anthropogenen Klimaantrieben zugeordnet werden [361].

Die globale Erwärmung wird daher in Zukunft fortschreiten, da ein Nachlassen der menschlichen Eingriffe in das Klimasystem nicht in Sicht ist. Wir verwandeln damit die Warmzeit, in der wir leben, zunehmend in eine Superwarmzeit. Der gesamte Strahlungsantrieb, der im Jahre 2000 als Folge anthropogener Einflüsse im Klimasystem wirkte, betrug, bezogen auf die Zeit vor der Industrialisierung, etwa 2,5 bis 3 W/m^2 (Abb. 52). Die Beiträge der direkten Treibhausgase CO_2, CH_4, N_2O und der halogenierten Kohlenwasserstoffe sind mit 1,46 W/m^2, 0,48 W/m^2, 0,15 W/m^2 bzw. 0,34 W/m^2 sehr genau zu berechnen und machen zusammen 2,43 W/m^2 aus [212]. Verhältnismäßig genau lassen sich die Effekte der stratosphärischen Ozonverluste und des troposphärischen Ozonanstieges berechnen, die Strahlungsantriebe von −0,15 W/m^2 bzw. 0,35 W/m^2 ergeben. Einigermaßen genau ist mit −0,40 W/m^2 auch der negative Strahlungsantrieb zu bestimmen, der durch Sulfataerosol ausgeübt wird. Unsicherheiten resultieren hierbei vor allem daraus, daß die Verteilung dieses Aerosols, dessen Quellen sich zunehmend von Nordamerika und Europa nach Fernost verlagern, sowie seine optischen Eigenschaften nur ungenau bekannt sind.

Alle anderen in Abb. 52 gezeigten Strahlungsantriebe sind sehr ungenau bekannt. Hierzu gehören der bei Verbrennungsvorgängen entstehende Ruß, der einen positiven, sowie der im Aerosol enthaltene organische Kohlenstoff, der einen negativen Strahlungsantrieb ausüben dürfte. Indirekte Auswirkungen

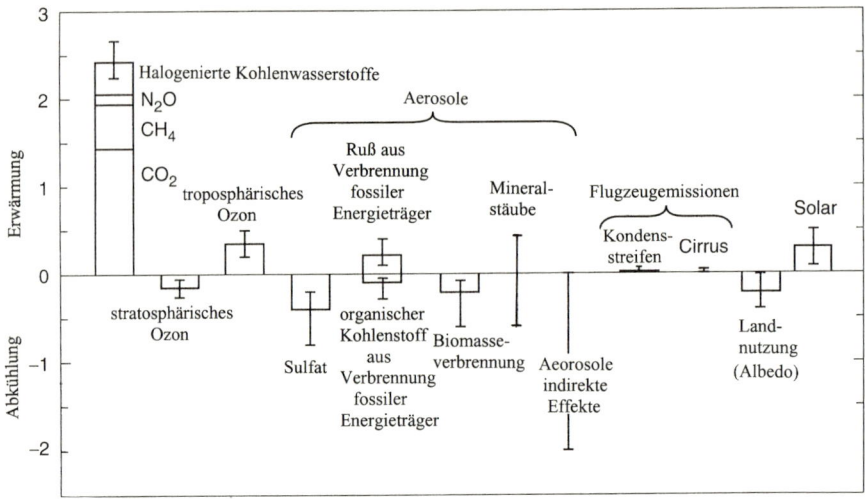

Abb. 52. Global gemittelter Strahlungsantrieb des Klimasystems für das Jahr 2000, bezogen auf vorindustrielle Verhältnisse (Bezugsjahr 1750), in W/m^2. Positive Strahlungsantriebe verursachen Erwärmung, negative dagegen Abkühlung. Der Beitrag der Treibhausgase (linke Säule) ist sehr genau, die aus dem Abbau des stratosphärischen Ozons und der Zunahme des troposphärischen Ozons resultierenden Strahlungsantriebe (2. und 3. Säule) sind verhältnismäßig genau zu quantifizieren. Einigermaßen gut ist der Einfluß des Sulfataerosols (4. Säule) verstanden. Alle anderen Strahlungsantriebe sind mit großen Unsicherheiten behaftet; nach [212]

zunehmender Aerosoldichten könnten erhöhte Tropfendichten in Wolken und damit möglicherweise negative Strahlungsantriebe sein. Die veränderte Landnutzung, also vor allem die Waldvernichtung, führt zu einer Zunahme der Albedo und damit zu einem negativen Strahlungsantrieb. Geringe Erwärmungseffekte resultieren aus dem Luftverkehr und der solaren Aktivität, die seit 1750 zugenommen hat.

Natürlich kann man die in Abb. 52 gezeigten positiven und negativen Strahlungsantriebe nicht einfach addieren, um einen Gesamtantrieb, etwa für die Klimamodellierung, zu berechnen. Nur die langlebigen Treibhausgase CO_2, CH_4, N_2O und die halogenierten Kohlenwasserstoffe sind global homogen verteilt und wirken sich auf den globalen Wärmehaushalt aus. Die thermische Wirkung von Ozon, vor allem aber der Aerosole, ist regional sehr unterschiedlich. Dieser Aspekt wurde bei den Modellrechnungen, deren Ergebnisse in Abb. 51 gezeigt sind, berücksichtigt.

5.6.2
Abkühlung der höheren Atmosphärenschichten

Während die Zunahme der atmosphärischen Anteile der Treibhausgase am Erdboden und in der Troposphäre zu einer fortschreitenden Erwärmung führt, ist in höheren Atmosphärenschichten mit einer Abkühlung zu rechnen [362, 363]. Dies liegt daran, daß bei zunehmenden Treibhausgas-Anteilen das thermische

Emissionsvermögen einer stratosphärischen Schicht ansteigt. Absorbiert diese Schicht weiterhin die gleichen Strahlungsflüsse wie bisher, muß sie, um das Strahlungsgleichgewicht aufrechtzuerhalten, ihre Energie bei niedrigerer Temperatur abstrahlen. Andererseits bewirkt ein höheres Emissionsvermögen aber auch verstärkte Absorption thermischer Strahlung aus der Troposphäre, was zu einer Erwärmung der Schicht führen würde. Oberhalb ca. 20 km überwiegt der negative Effekt, so daß dort die fortschreitende Zunahme der Treibhausgase zu einem Abkühlungstrend führen muß. Dieser ist nach Modellberechnungen im Bereich der Stratopause am stärksten und beträgt dort für die Periode seit 1960 etwa $-1{,}5°$/Dekade [364].

Ozonverluste führen ebenfalls zu einer Abkühlung der Stratosphäre. Diese erreicht bereits in der unteren Stratosphäre unterhalb 20 km, wo der fortschreitende Treibhauseffekt noch keine Wirkung zeigt, in mittleren Breiten mit Werten um $-0{,}5°$/Dekade für den 50–100 hPa-Bereich (etwa 16–20 km) beachtliche Trends. Diese entsprechen dem Ozonverlust der letzten 20 Jahre. Die temporäre Abkühlung über den Polgebieten, vor allem über der Antarktis, kann infolge starker Ozonverluste im Frühjahr sogar bis zu 10 °C betragen [365]. In der Mittleren Atmosphäre oberhalb 20 km überlagern sich die Abkühlungsraten beider Effekte, der Ozonabnahme und der Treibhausgaszunahme.

Radiosondendaten reichen bis in die 40er Jahre zurück. Sie sind allerdings nur für bestimmte Stationen verfügbar, dafür sind die Temperatur- und Höhen-(Druck-)Zuordnungen recht genau. Satellitenmessungen, aus denen sich stratosphärische Temperaturen ableiten lassen, gibt es seit 1979. Ihr Vorteil der globalen Überdeckung ist jedoch verbunden mit dem Nachteil, daß die Temperaturen nur für unscharfe Höhenbereiche berechnet werden können. So liefern die Microwave Sounding Units (MSU) an Bord operationeller NOAA-Satelliten etwa über Kanal 4 Temperaturdaten aus dem 150–50 hPa-Bereich (etwa 13–20 km), die in Abb. 53 (unteres Teilbild) für den Zeitraum 1979 bis 1998 als Abweichung vom Mittel über diesen Zeitraum dargestellt sind. Zum Vergleich sind im oberen Teilbild Temperaturen des 100–50 hPa-Bereiches (etwa 16–20 km) für die Jahre 1958 bis 1997 aufgetragen, die aus Radiosondendaten abgeleitet wurden. Beide Datensätze zeigen einen recht konsistenten Verlauf mit einem Abkühlungstrend von etwa $-0{,}7°$/Dekade, der nahezu ausschließlich eine Folge der Ozonabnahme in der unteren Stratosphäre sein dürfte und gut mit Modellvorhersagen übereinstimmt [364]. Beide Temperaturmeßreihen, die unabhängig voneinander gewonnen wurden, zeigen auch klar die temporären Temperaturspitzen, die den Eruptionen der Vulkane Chichon und Pinatubo folgten. Oberhalb 20 km nimmt der Abkühlungstrend, berechnet aus MSU-Daten, bis zu einem Maximum von etwa $-2{,}5°$/Dekade in 50 km Höhe zu. Die Meßdaten und damit auch die Trends für diesen Höhenbereich sind allerdings mit größeren Unsicherheiten behaftet als diejenigen der unteren Stratosphäre [364].

Die Abkühlung der Stratosphäre kann planetare Wellen troposphärischen Ursprungs beeinflussen. Dies äußert sich, wie Modellrechnungen zeigen [369], in einer mit der Abkühlung fortschreitenden Verstärkung der stratosphärischen Winterzyklone über der Arktis und kann somit dazu beigetragen haben, daß seit den 90er Jahre ein Ozonloch, das zunächst nur über der Antarktis aufgetreten war, nun auch in der Nordhemisphäre beobachtet wird (s. Abschnitt 5.5.3). Die

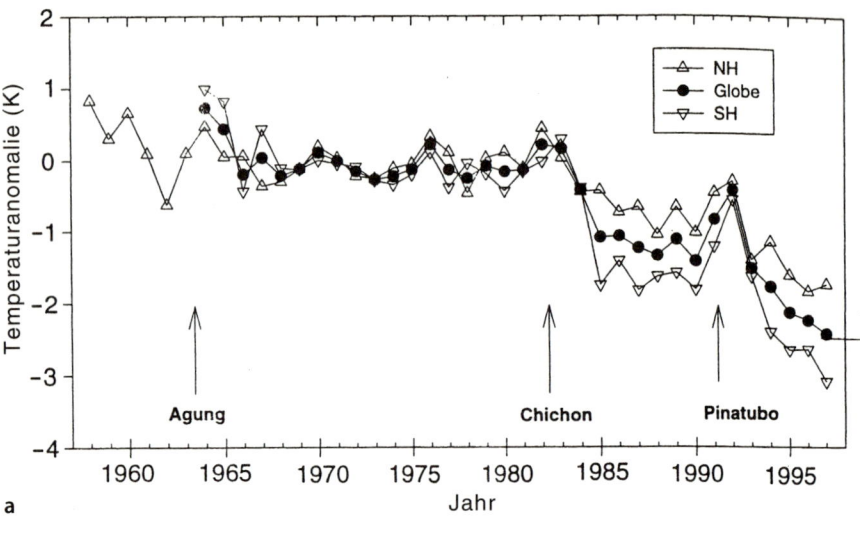

a

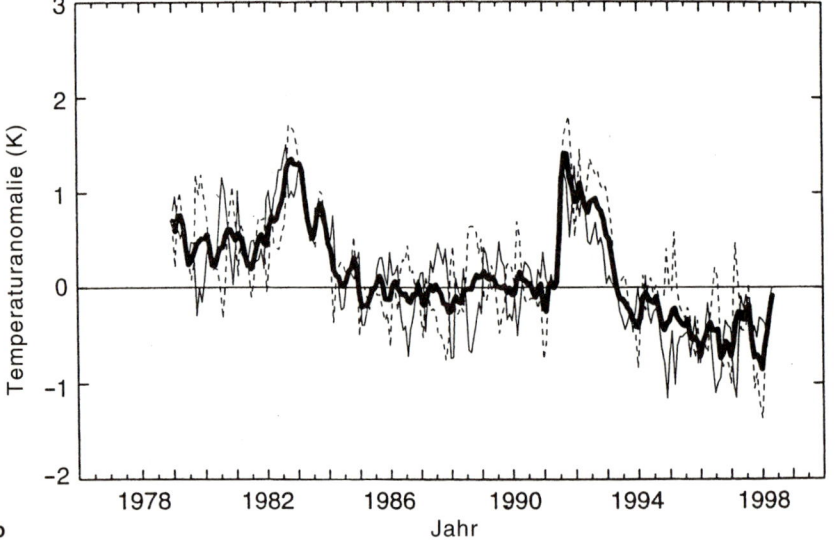

b

Abb. 53. Gang der Stratosphärentemperatur (aufgetragen als Abweichung von einem lang-jährigen Mittelwert) nach Radiosonden- **a** und Satelliten- **b** Meßdaten.
a Radiosondenmessungen, getrennt für Nord- und Südhemisphäre sowie global aus dem Höhenbereich 16–20 km (100–50 hPa-Schicht), **b** Satellitendaten des MSU-Sensors (Kanal 4) für den Höhenbereich 13–20 km (150–50 hPa-Schicht. Die temporären Erwärmungsspitzen nach den Eruptionen der Vulkane Agung, Chichon und Pinatubo sind deutlich ausgeprägt; nach [364, 366–368]

Abkühlung der Stratosphäre führt, in Verbindung mit der Erwärmung der Troposphäre, zu Veränderungen der atmosphärischen Zirkulationssysteme. Sie bewirkt eine zunehmende Labilisierung der thermischen Schichtung und kann damit die Entwicklung von Stürmen und die globale Niederschlagsverteilung beeinflussen.

5.6.3
Ozeantemperaturen, Gletscherschwund und Anstieg des Meeresspiegels

Die globale Erwärmung ist auch im Ozean klar nachzuweisen. Der zusätzliche und kontinuierlich wachsende Energieeintrag als Folge des fortschreitenden Treibhauseffektes hat zu einem Anstieg der Temperatur des Oberflächenwassers der Ozeane geführt. Systematische globale Messungen der Wassertemperatur werden seit Mitte der 40er Jahre an Bojen und von Schiffen aus durchgeführt. Seit den 60er Jahren sind Satelliten im Einsatz, so daß zumindest für die letzten 40 Jahre eine vollständige globale Überdeckung gewährleistet ist. Beide Datensätze zeigen übereinstimmend, daß sich das Oberflächenwasser nahezu aller Weltmeere zunehmend erwärmt hat. Zwischen 1960 und 1990 liegen die beobachteten Trends zwischen 0,10°/Dekade und 0,14°/Dekade [370] und entsprechen damit den Trends der Lufttemperatur über den Kontinenten.

Die Erwärmung des Ozeans ist ein gewichtiges Indiz für die sich vollziehende Veränderung des irdischen Treibhauses, denn die Wassermassen der Weltmeere stellen mit ihrer hohen Wärmekapazität einen Stabilisator für das Klimasystem dar, der kurzzeitige Schwankungen ausgleicht. Die Erwärmung zeigt, daß sich der Energieinhalt der Ozeane kontinuierlich erhöht haben muß. Für die Zeit zwischen 1955 und 1995 wurde diese Zunahme aus allen verfügbaren Meßdaten der Wassertemperatur bis 3000 m Tiefe mit etwa $2 * 10^{23}$ Joule berechnet. Dies entspricht einem Energiefluß von 0,3 W/m², bezogen auf die Gesamtfläche der Erde, der mit dem von Klimamodellen berechneten „Überschuß der Energiebilanz, der sich im Ozean akkumuliert", in Einklang ist [371].

Als Folge der zunehmenden Erwärmung ist weltweit ein Rückgang der Hochgebirgsgletscher zu beobachten (s. Farbtafel 11). Seit mehr als 100 Jahren gehen die Eismassen in den Alpen, den Anden, den Rocky Mountains und im Himalaya zurück, und das Schmelzwasser läßt den Meeresspiegel ansteigen. Dieser Anstieg läßt sich aus den Meßdaten eines weltweiten Pegelnetzes über mehr als 100 Jahre verfolgen. Hiernach ist der Meeresspiegel während des 20. Jahrhunderts relativ gleichmäßig um 1,5 mm/Jahr gestiegen. Aber nur ein Teil dieses Anstieges, zwischen 0,2 und 0,4 mm/Jahr, läßt sich aus dem Rückgang kontinentaler Eismassen erklären. Weitere 0,3 bis 0,7 mm/Jahr resultieren aus der thermischen Ausdehnung des sich erwärmenden Ozeanwassers [212]. Damit verbleibt eine Differenz zwischen 0,4 und 1,0 mm/Jahr, die andere Ursachen haben muß.

Die größten kontinentalen Eismassen liegen in der Antarktis und auf Grönland. Sie würden bei vollständigem Abschmelzen den Meeresspiegel um etwa 70 m ansteigen lassen (s. Tabelle 5). Über ihre Massenbilanzen ist aber relativ wenig bekannt. Man nimmt an, daß das Festlandeis der Antarktis unter heutigen Klimabedingungen nicht abschmelzen kann, da selbst die Sommertemperaturen hierfür zu niedrig sind. Grönland dagegen wird durch die Nähe zu anderen Landmassen und vor allem durch den Nordatlantik und dessen Wärmezufuhr beeinflußt. Neuere Messungen mittels Satelliten-Fernerkundung zeigen, daß die Masse des grönländischen Eises, die etwa 10 % der antarktischen Eismassen ausmacht, zurückzugehen scheint. Ein deutlicher Rückgang des Eises ist nahezu im gesamten Küstenbereich sichtbar [372]. Nach Massenbilanzberechnungen für die polaren Eismassen, unter Berücksichtigung einer isostatischen Korrektur für bereits abgeschmolzenes Eis, ist ein Rückgang des Eises über Grönland plausibel. Dieser entspräche im Mittel über das 20. Jahrhundert einem zusätzlichen Anstieg des Meeresspiegels um etwa 0,6 mm/Jahr [373].

Ob der heute insgesamt beobachtete Anstieg um 1,5 mm/Jahr sich in Zukunft verstärken oder abschwächen wird, läßt sich nicht mit Sicherheit voraussagen. Die thermische Ausdehnung wird sich mit zunehmender Erwärmung vermutlich verstärken, und auch das Abschmelzen der Gebirgsgletscher wird weitergehen, zumindest solange diese nicht vollständig verschwunden sind. Über die Bilanzen der kontinentalen Eismassen der Antarktis und Grönlands ist aber immer noch viel zu wenig bekannt, um hier verläßliche Vorhersagen zu machen.

Seit den 50er Jahre ist die Eisbedeckung des Arktischen Ozeans um 10 bis 15 % zurückgegangen [212]. Abschmelzendes Meereis hat zwar keinen Einfluß auf den Meeresspiegel, dieser Eisrückgang ist aber ein weiteres Indiz für die erfolgte Erwärmung. Auch die Dicke des arktischen Meereises ist stark zurückgegangen [374]. Dagegen zeigt das Meereis der Antarktis keinen derartigen Trend.

5.6.4
Veränderungen der globalen Niederschlagsverteilung

Ansteigende Temperaturen können zu einer Zunahme des atmosphärischen Wasserdampfgehaltes und damit zu einer Intensivierung des Wasserkreislaufs und mehr Niederschlag führen. Tatsächlich hat über weiten Regionen der mittleren und hohen nördlichen Breiten die Luftfeuchte in der bodennahen Schicht und auch die Menge des jährlichen Niederschlags zugenommen [212].

In Deutschland, wo die Erwärmung während des letzten Jahrhunderts mit etwa 1 °C deutlich stärker als die mittlere globale Erwärmung war, haben die jährlichen Niederschlagsmengen mit Ausnahme der östlichen Landesteile insgesamt um 50 bis 150 mm signifikant zugenommen [375]. Während diese Zunahme in Mittel- und Norddeutschland nahezu ausschließlich aus einer Zunahme des Winterniederschlags resultiert, sind offensichtlich in Süddeutschland, wie die über 200jährige Meßreihe von Hohenpeißenberg zeigt, Starkregen im Sommer für den Anstieg verantwortlich [377]. Die in Abb. 54 dargestellte Analyse von Niederschlagsdaten aus England und Wales, die mehr als 200 Jahre zurückreicht, zeigt wie die norddeutschen Daten einen signifikanten Anstieg der Winterniederschläge (Oktober – Dezember, unteres Teilbild), während für die Aprilniederschläge (oberes Teilbild) kein Trend ersichtlich ist [376].

Da Winterniederschläge überwiegend Frontalniederschläge sind, bestätigt deren Zunahme Prognosen verstärkter Sturmtätigkeit über dem Nordatlantik und Westeuropa [378].

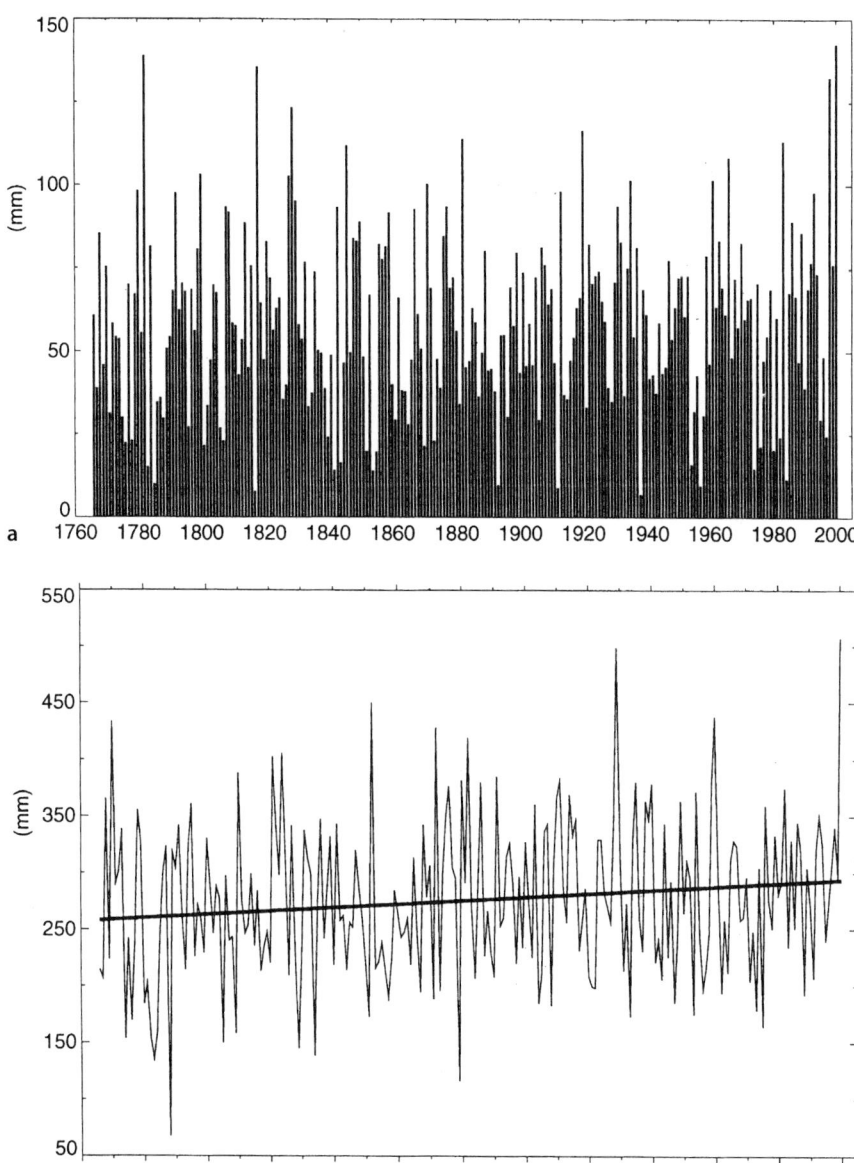

Abb. 54. Gang der Niederschläge in England und Wales 1766–2000 für **a** April (Monats-mittel in mm) und **b** Oktober – Dezember (3-Monatsmittel in mm). Der ansteigende Trend ist signifikant auf dem 5%-Niveau; nach [376]

Eine Analyse für die Nordhemisphäre zeigt, daß im Zeitraum 1959 bis 1997 die Zyklonenhäufigkeit in mittleren Breiten abgenommen, in hohen Breiten jedoch signifikant zugenommen hat. Sowohl in mittleren wie in hohen Breiten hat jedoch die Stärke der Stürme zugenommen. Hiernach hat die globale Erwärmung zu einer Nordwärtsverschiebung der Zugbahnen der Zyklonen geführt [379]. Wahrscheinlich besteht dabei ein Zusammenhang mit der Nordatlantik-Oszillation (NAO, s. Abschnitt 2.7.2), deren Index seit den 70er Jahren infolge der Erwärmung zu positiven Werten stark zugenommen hat. In Jahren mit positivem NAO-Index ist das Subtropenhoch verstärkt, und es kommt zu häufigeren und stärkeren Winterstürmen, die den Atlantik auf nördlicheren Bahnen überqueren. Es kommt dabei zu milden und feuchten Wintern in Europa, während im nördlichen Kanada und in Grönland Kälte und Trockenheit vorherrschen [86, 380}. Hiernach führt die winterliche NAO, die offensichtlich durch die fortschreitende Erwärmung verstärkt wird, zur Umsetzung eines globalen Klimaantriebs in eine regional differenzierte Klimaänderung.

Eine NAO-ähnliche Schwingung, welche Häufigkeit, Stärke und Zugbahn der Zyklonen beeinflußt, scheint auch über dem Nordpazifik vorzukommen [381]. Hier haben im Zeitraum zwischen 1948 und 1998 die Häufigkeit und Intensität extrem starker Winterstürme signifikant zugenommen, wobei auch ein Zusammenhang mit dem El Niño-Phänomen vermutet wird [382]. Häufigkeit und Intensität von El Niño-Ereignissen wiederum haben sich seit den 70er Jahren deutlich verstärkt, und es sind ungewöhnlich wenige La Niña-Ereignisse aufgetreten (s. Abschnitt 2.7.2). Es wurde daher vermutet, daß hierfür die Zunahme des anthropogenen Treibhauseffektes verantwortlich sein könne [83, 89]. Modellrechnungen zeigen, daß die Treibhauserwärmung durchaus zu einer Zunahme der El Niño-Häufigkeit führen kann [383]. Für die zukünftige Entwicklung des globalen Klimas könnte dies, sollte es sich bestätigen, bedeutende Auswirkungen haben.

Der Zunahme der Niederschläge in mittleren und hohen nördlichen Breiten stehen abnehmende Niederschläge, etwa in Südeuropa und im Mittelmeerraum, gegenüber, die vermutlich ebenfalls mit den hohen positiven NAO-Indices in Zusammenhang stehen [212]. Besonders dramatische Rückgänge fanden in Nordafrika und in der Sahelzone südlich der Sahara statt (s. Farbtafel 12). Dort erfolgte zwischen 1955 und 1980 eine nahezu kontinuierliche Abnahme der Jahresniederschlagsmengen um mehr als 25 % auf etwa 370 mm/Jahr. Seitdem fluktuieren die Regenmengen um diesen niedrigen Wert, eine Erholung ist bislang nicht eingetreten [384]. Rückgänge der Niederschlagsmengen werden auch in subtropischen Regionen Südamerikas, Südafrikas und Australiens sowie in weiten Bereichen Innerasiens festgestellt [212].

Viele dieser Trends sind nur über einige Dekaden persistent, stagnieren oder kehren zum Teil sogar wieder um. Offensichtlich ist das Zusammenspiel der Prozesse in der Atmosphäre und im Ozean so komplex, daß dem fortschreitenden Erwärmungstrend kein einfaches Muster zunehmender bzw. abnehmender Niederschläge zugeordnet werden kann. Die Berechnung der Niederschlagsverteilung gehört zu den schwierigsten Aufgaben der Klimamodellierung. Als Folge des zunehmenden anthropogenen Treibhauseffektes prognostizieren die führenden Klimamodelle überwiegend positive Niederschlagstrends in mittleren und hohen Breiten, abnehmende Trends überwiegend in niederen Breiten. Zumindest tendenziell sind diese Modellergebnisse mit beobachteten Niederschlagstrends konsistent. Von einem wirklichen Systemverständnis sind wir aber noch weit entfernt.

5.6.5
Auswirkungen der Klimaveränderungen auf den Wald

Verlängerung der jährlichen Wuchsperiode infolge Erwärmung
Neben dem Bodentypus ist das Klima der wichtigste Standortfaktor für die Vegetation. Mithin müssen sich Klimaveränderungen auf die saisonalen biologischen Phänomene wie Wachstum, Blüte oder Fruchtbildung auswirken. Die Wälder der gemäßigten und kalten Zonen sind in ihrer Vegetationsrhythmik an den jahreszeitlichen Wechsel angepaßt. Ihr Jahreszyklus mit Wachstum im Frühjahr und Sommer und der Ruhepause im Winter hat zum Ziel, bei möglichst langer Wachstumsperiode das Frostrisiko zu minimieren. Diese Anpassung an das Klima ist durch den jahreszeitlichen Photo- und Thermoperiodismus gesteuert und kann bei einer Klimaänderung gestört werden. Ein wärmeres Frühjahr könnte einen verfrühten Austrieb und damit eine verlängerte Vegetationsperiode bewirken, die möglicherweise mit höherer Spätfrostgefahr verbunden ist. Denkbar ist auch, daß infolge wärmerer Winter der notwendige Kältereiz zur Überwindung der endogenen Dormanz zu schwach ist und der Austriebstermin sich dadurch verspätet. Die Beobachtung der phänologischen Phasen von Waldbäumen und die Untersuchung ihrer Abhängigkeiten von Klimaparametern ist daher ein wichtiges Werkzeug zur Diagnose erfolgter und zur Prognose zukünftiger Klimaeinwirkungen auf den Wald.

Zu Beginn der 60er Jahre wurde ein europäisches Netz von 77 phänologischen Stationen begründet, an denen Klone aller gängigen Waldbäume und Sträucher gepflanzt wurden mit dem Ziel, Phänophasen genetisch identischer Pflanzen unter unterschiedlichen Klimabedingungen zu beobachten [385]. Das Netz dieser Internationalen Phänologischen Gärten (IPG) überdeckt einen großen Breitenbereich zwischen Nordskandinavien und dem Balkan und damit eine entsprechende Spanne klimatischer Standortfaktoren. Beobachtet werden die jährlichen Eintrittstermine der wichtigsten phänologischen Phasen wie Blattentfaltung, Triebbildung, Blüte, Fruchtreife, Blattfärbung und Laubfall. Die Analyse der inzwischen mehr als 30 Jahre umfassenden IPG-Beobachtungsreihen zeigen zum einen die erstaunliche phänologische Plastizität der Klone hinsichtlich Austrieb, Blüte, Laubverfärbung und Blattabfall: Die Spanne zwischen frühestem und spätestem beobachteten Eintrittstermin innerhalb des IPG-Netzes liegt zwischen 52 Tagen (Blattenfaltung eines Buchenklons) und über 130 Tagen (Blüte verschiedener Weidenklone). Zum anderen, und das ist das Interessanteste im Hinblick auf die Klimaveränderungen, zeigen die Datenreihen deutliche, größtenteils statistisch signifikante Trends: Frühjahrsphasen wie Blattentfaltung der Laubgehölze oder der Maitrieb der Fichte zeigen einen Trend zur Verfrühung, während Herbstphasen wie Blattverfärbung oder Laubfall zunehmend verspätet eintreten. Besonders eindrucksvolle Beispiele hierfür sind in Abb. 55 gezeigt.

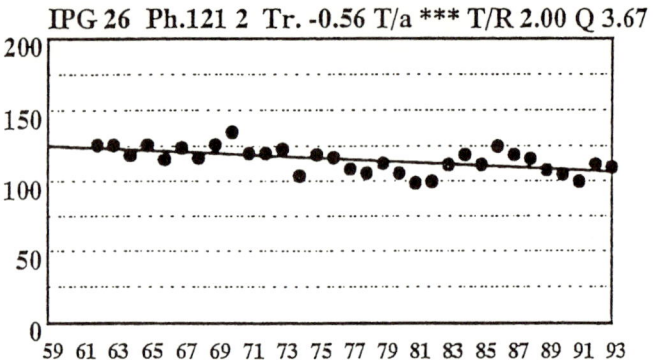

IPG 26 Ph.121 2 Tr. -0.56 T/a *** T/R 2.00 Q 3.67

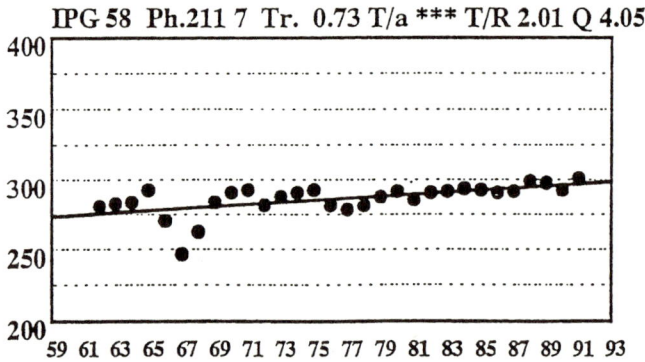

IPG 58 Ph.211 7 Tr. 0.73 T/a *** T/R 2.01 Q 4.05

Abb. 55. Phänologische Phasen als Klimamonitore: Frühjahrsphasen wie der Maitrieb der Fichte (oberes Teilbild) zeigen eine klare Tendenz zu zunehmender Verfrühung, während sich Herbstphasen wie die Blattfärbung der Birke (unteres Teilbild) zunehmend verspäten. Die Ordinate zeigt den Eintrittstermin in Tagen, bezogen auf den Jahresanfang; nach [386]

Mit Hilfe von Klimadaten kann bewiesen werden, daß die beobachtete Verfrühung der Frühjahrsphasen ausschließlich eine Folge der Erwärmung ist. Bei den Herbstphasen spielen neben der Temperatur auch andere Faktoren eine Rolle. Europaweit gemittelt hat sich seit den 60er Jahren der Frühjahrsbeginn um etwa 6 Tage verfrüht, der aus den Herbstphasen abgeleitete Herbstbeginn um 5 Tage verspätet. Die jährliche Vegetationsperiode ist somit über diesen Zeitraum um etwa 11 Tage länger geworden [386].

Grundsätzlich zeigen standortangepaßte Arten das gleiche phänologische Verhalten wie die IPG-Klone. Das phänologische Meßnetz des Deutschen Wetterdienstes umfaßt über 2000 Stationen und bietet mit 167 beobachteten Phänophasen von Wildpflanzen, Obstbäumen, Weinstöcken und landwirtschaftlichen Nutzpflanzen eine ideale Datenbasis zur detaillierten Untersuchung der raumzeitlichen Beziehungen zwischen Klimaparametern und Phänophasen. Hiernach zeigen die Schlüsselindikatoren des zeitigen Frühjahrs für den untersuchten Zeitraum 1951–1996 einen Verfrühungstrend von (−0,18 bis −0,23) Tagen/Jahr, diejenigen für den Herbstbeginn einen Verspätungstrend von (+0,03 bis

+0,10) Tagen/Jahr. Hieraus resultiert für den 46jährigen Zeitraum eine Verlängerung der Vegetationsperiode um 10 bis 15 Tage [387]. Eine Darstellung der deutschlandweit verteilten Trends einiger Phänophasen ist in der Farbtafel 13 gegeben.

Trends phänologischer Beobachtungsreihen sind auch für Südeuropa dokumentiert. Im Mittelmeerraum entfalten die meisten Laubbäume ihre Blätter heute 16 Tage früher, und der Laubfall erfolgt 13 Tage später als vor 50 Jahren [388]. Einige wenige Beispiele werden auch aus Nordamerika berichtet, wo phänologische Beobachtungen bislang nicht den hohen Stellenwert wie in Europa hatten: In Westkanada hat sich die Pappelblüte seit 1900 um 26 Tage verfrüht, und in den USA beginnt das biologische Frühjahr 1993 6 Tage früher als 1959 [388]. Die beobachteten Trends der von Klimaparametern abhängigen Phänophasen sind klare Indikatoren für die erfolgten Klimaveränderungen.

Der Wald wächst wie nie zuvor
Viele Waldbestände Europas zeigen heute trotz neuartiger Waldschäden, trotz Nadel- und Blattverlusten (s. Abschnitt 5.3.4), erstaunlich gestiegene Zuwächse. Die eigentliche Waldschadensdiskussion hatte sich an der Diagnose gravierender Schäden in Fichtenbeständen der deutschen Mittelgebirge entzündet. In der Tat zeigten etwa die in den 80er Jahren gemessenen Zuwachsverläufe geschädigter Bestände des Bayerischen Waldes Rückgänge im Volumenzuwachs zwischen 10 und 30%. Ein völlig anders gerichteter Trend ergibt sich aber für die Fichtenbestände im Voralpenraum. Der in Abb. 56 dargestellte relative Höhenzuwachs auf 27 Fichten-Versuchsparzellen zeigt deutlich, daß etwa seit 1950 der Höhenzuwachs zunehmend von der mit 100% angesetzten Ertragstafelreferenz abweicht. Ertragstafeln wie die hier benutzte Fichtenertragstafel nach Assmann/ Franz sind empirisch bestimmte Tabellen, aus denen für jede Baumart, Alters- und Ertragsklasse der „normale" Zuwachs abgelesen werden kann. Demnach wuchsen die in Abb. 56 gezeigten Fichten in den 80er Jahren 2 bis 3mal schneller, als es der langjährigen Norm entspricht [389].

Auch andere Baumarten zeigen deutliche Veränderungen des Wuchsverhaltens. Bei der Tanne wurden zwischen den 50er Jahren bis Ende der 70er Jahre

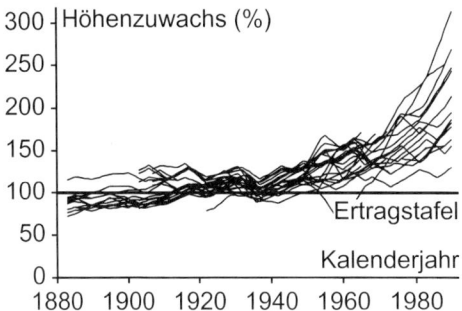

Abb. 56. Oberhöhenzuwachs auf 27 Fichten- Versuchsparzellen in den Forstämtern Denklingen, Eglharting, Ottobeuren und Sachsenried von 1882 bis 1990 im Vergleich zur Ertragstafel von Assmann und Franz; nach [389]

Zuwachsrückgänge bis hin zu Bestandesauflösungen beobachtet, denen zumindest im Schwarzwald ein als Erholung interpretierter starker Zuwachsanstieg folgte. Bei der Buche werden bereits seit den 40er- und 50er Jahren positive Abweichungen von der Ertragstafel beobachtet. Buchenbestände aller Altersklassen zeigen verstärktes Wachstum, selbst bei hohen Blattverlusten bis über 60%. Seit den 60er Jahren weichen die Höhenwachstumsverläufe vieler Kiefernbestände von den Erwartungswerten der Ertragstafel ab, und es werden Zuwächse von 200 bis 250% festgestellt. Nur auf starke immissionsbelasteten Lagen sind deutliche, zum Teil beträchtliche Zuwachsverluste zu verzeichnen [389].

Diese Befunde verdeutlichen, daß Zuwächse auf stark immissionsbelasteten Standorten zurückgehen. Dies gilt sicherlich für die beobachteten Hochlagenerkrankungen der Fichte im Bayerischen Wald und im Fichtelgebirge. Aus den positiven Zuwachstrends muß man aber schließen, daß sich die Wuchsbedingungen insgesamt in einer Weise verändert haben, daß der Wald heute schneller wächst als je zuvor. Dies heißt auch, daß die Ertragstafel nur noch sehr bedingt anwendbar ist. In jedem Fall ist zu fragen, ob die Ermittlung der Blatt- bzw. Nadelverluste, offenbar unspezifischer Indikatoren für den Vitalitätszustand der Waldbäume, das richtige Verfahren für die Waldzustandserhebung ist.

Gesteigertes Waldwachstum ist nicht auf deutsche Wälder beschränkt sondern wird in nahezu allen europäischen Ländern beobachtet [390]. In Finnland und Schweden, wo schon seit Jahrzehnten Forstinventuren durchgeführt werden, hat zwischen 1950 und 1985 der Volumenzuwachs um 50% bzw. 15% zugenommen und den Bestandesvorrat entsprechend erhöht [391].

Es liegt nahe, dieses verstärkte Waldwachstum auf zusätzliche Düngung zurückzuführen. Sowohl der CO_2-Gehalt der Atmosphäre wie der Nitrateintrag in viele mitteleuropäische Wälder haben in den letzten Jahren zugenommen. Einen wesentlichen Einfluß dürften aber die beobachteten Klimaveränderungen haben. In Mitteleuropa ist die im letzten Jahrhundert beobachtete Erwärmung verbunden mit einer Verschiebung der atmosphärischen Zirkulationsmuster zu solchen, die milde und feuchte Winter begünstigen. Dazu kommt die Verlängerung der Vegetationsperiode um mehr als 6%, wodurch insgesamt mehr Biomasse durch Photosynthese gebildet werden kann.

Weltweite Zunahme der Biomasse

Daß der klimabedingte Biomassezuwachs nicht auf deutsche oder europäische Wälder beschränkt ist, zeigen Messungen des atmosphärischen CO_2-Gehaltes. Seine jährlichen Variationen spiegeln den Kohlenstoffkreislauf (s. Abschnitt 3.4.1): Aufnahme von CO_2 durch die Biosphäre während der Vegetationsperiode (Abnahme des atmosphärischen CO_2) und CO_2-Abgabe im Winter (Zunahme des atmosphärischen CO_2). An der CO_2-Station auf dem Mauna Loa (s. Abb. 30) hat diese saisonale Amplitude von Beginn der 70er Jahre bis 1995 um etwa 20% zugenommen. Dies zeigt, daß sich die Biomasse in subtropischen bis mittleren Breiten, welche die CO_2-Amplitude am Mauna Loa bestimmen dürfte, entsprechend vermehrt hat. An den arktischen Stationen Pt. Barrow (Alaska) und Alert (Nordkanada) hat die jährliche CO_2-Amplitude im gleichen Zeitraum sogar um 40% zugenommen. Dies zeigt, daß die Zunahme der Biomasse in mittleren bis hohen Breiten deutlich größer als in niedrigen Breiten ist [392].

Die Zunahme der Biomasse kann auch durch Fernerkundung vom Weltraum aus bestimmt werden. Aus Meßdaten extrem schmalbandiger Radiometer unterschiedlicher Spektralbereiche, wie sie die „Advanced Very High Resolution Radiometer"-(AVHRR)Systeme an Bord verschiedener NOAA-Satelliten liefern, können Vegetationsindices abgeleitet und kartiert werden. Allein für den nur 10jährigen Zeitraum 1981–1991 wurden für die Nordhalbkugel Zunahmen der Biomasse über den Vegetationsindex zwischen 5 und 25 % festgestellt, wobei die stärksten Zunahmen, in Übereinstimmung mit den vorgenannten Änderungen der CO_2-Amplituden, im Breitenbereich 45 °N bis 70 °N auftraten [393]. Große Zunahmen sind besonders in abgelegenen Gebieten Alaskas und Sibiriens zu erkennen (s. Farbtafel 14), wo Nitratdüngung wegen der Entfernung von den Nitratquellen sicherlich nicht die Hauptursache für das verstärkte Wachstum sein kann. Eine neuere Untersuchung zeigt, daß in mittleren und höheren nördlichen Breiten die Erwärmung in Verbindung mit dem Niederschlag, also Klimaveränderungen, die Hauptursache für die Zunahme der Biomasse sind [394]. Dieser Biomassezunahme verdanken wir, daß pro Jahr etwa 2 Mrd t Kohlenstoff aus anthropogenen Quellen weggepuffert werden (s. Abschnitt 3.4.1), die andernfalls den anthropogenen Treibhauseffekt erheblich beschleunigen würden.

Der Wald von morgen
Nach heutiger Sicht wird sich die Klimaveränderung fortsetzen, solange, was zur Zeit nicht in Sicht ist, nicht eine drastische Reduktion der Emission klimawirksamer Treibhausgase erfolgt (s. Abschnitt 6.2). Es wird weiterhin wärmer werden, und bis zum Ende dieses Jahrhunderts wird eine Erhöhung der globalen Mitteltemperatur gegenüber 1990 um 1,7 °C bis 4,9 °C erwartet (s. Abschnitt 7.1). Dies ist die Spannweite der Vorhersagen der führenden Klimamodelle [212]. Vorhersagen anderer Klimaparameter, etwa der Niederschläge, sind wegen der komplexen und nichtlinearen Interaktion im Klimasystem sehr unsicher. Vieles spricht dafür, daß Extremereignisse wie starke Stürme und Starkregenfälle zunehmen werden.

Mit diesen Bedingungen wird sich der Wald auseinanderzusetzen haben. Veränderungen sind natürlich vorwiegend in den Grenzbereichen der Wachstumsareale zu erwarten. Schon heute beobachten wir als Folge der Erwärmung ein Ansteigen der Baumgrenzen im Gebirge oder den Vorstoß von Busch- und Baumvegetation an der Grenze zur Arktis [395]. Letztlich ist eine Erwärmung eine Polwärtsverschiebung der Vegetationsgrenzen, wobei eine Temperaturzunahme um 1°C einer Verschiebung um 100 bis 150 km entspricht. Wenn sich diese Erwärmung innerhalb 50 Jahren vollzieht, was durchaus realistisch ist, entspricht dies einer Verschiebung um 2 bis 3 km/Jahr. Bäume können wandern und ihre Verbreitungsareale klimatischen Veränderungen anpassen. Derartige Prozesse, die sich nach dem Rückzug der Gletschermassen der letzten Eiszeit bei der Wiederbesiedelung Nordamerikas abgespielt haben, sind an Hand von Pollenuntersuchungen sehr detailliert studiert worden. Dabei zeigten sich Wanderungsgeschwindigkeiten je nach Baumart zwischen 100 und 500 m/Jahr [396]. Die heute und morgen ablaufende Klimaveränderung verschiebt die Arealgrenzen also etwa 10mal schneller, als die Bäume folgen können.

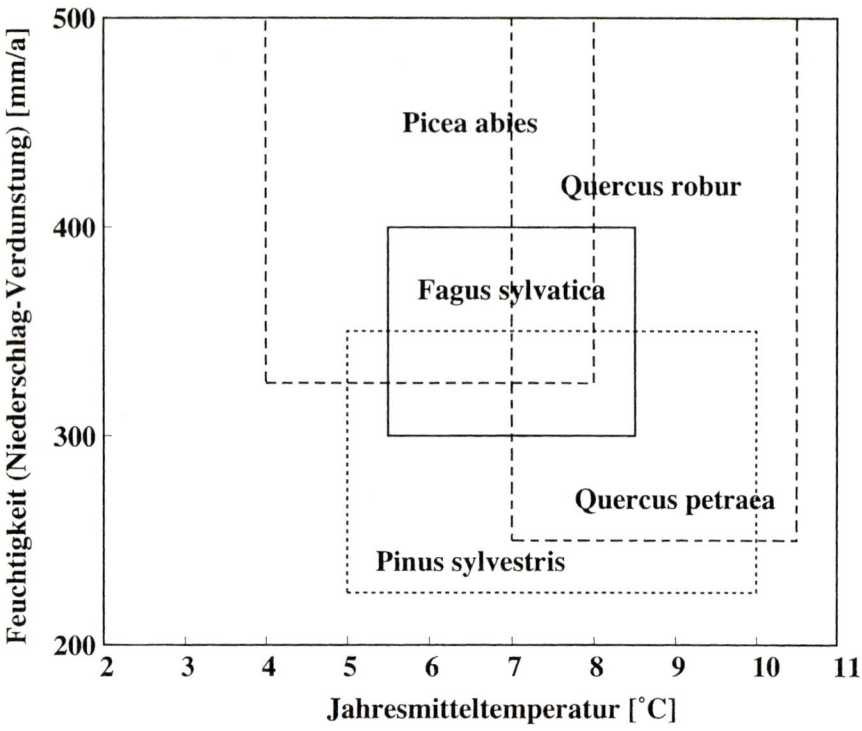

Abb. 57. Ökogramme forstwirtschaftlicher Baumarten für Mitteleuropa. Gezeigt sind die Ansprüche einiger Baumarten hinsichtlich Temperatur und Wasserversorgung (Toleranzbereich); nach [397]

Nimmt man Ökogramme als Richtschnur (Abb. 57), so werden in Mitteleuropa die wärmeliebenden und bezüglich Wasserversorgung eher bescheidenen Kiefern- und Eichenarten sicherlich zukünftig noch besser wachsen. Generell bedingt eine verlängerte jährliche Wuchsperiode und Biomassevermehrung jedoch verstärkte Transpiration. Infolge der Erwärmung wird die Evapotranspiration generell erhöht, so daß selbst bei gleichbleibenden Sommerniederschlägen die verfügbare Wassermenge abnimmt. Hier kann es in Grenzbereichen, die heute schon zu Sommertrockenheit neigen, Probleme geben. Infolge geringerer Wasserversorgung können sich so über Veränderung der Sukzession Veränderungen der Artenzusammensetzung ergeben. Für den Fall abnehmender Niederschläge wäre hier etwa die Buche gegenüber der Kiefer und Eiche im Nachteil. Auch die Fichte könnte an den Grenzen ihrer heutigen Verbreitungsareale Probleme bekommen, einerseits durch die Erwärmung, andererseits durch Wassermangel.

Nach den schweren Stürmen im Frühjahr 1990 zeigten sich die mit Abstand schlimmsten Wurf- und Bruchverluste bei Beständen mit führender Fichte (Fichte, Fichte-Kiefer, Fichte-Laubholz), insbesondere solchen in der Verjüngungsnutzung und in der Altdurchforstung. Auch Kiefern-Fichtenbestände waren stark betroffen. Als relativ sturmfest erwiesen sich Bestände, die plenterartig aufgebaut oder langfristig vor dem Sturmereignis behandelt worden waren. Auch reine Laubholzbestände waren nur geringfügig von Schäden betroffen. Angesichts der Tendenz zu stärkeren Stürmen sollten deshalb fichten- und kieferndominierte Monokulturen der Vergangenheit angehören. Ein Umbau zu plenterartigen Strukturen und, wo möglich, die Begründung einer großen Artenvielfalt unter Einbeziehung von Laubgehölzen, ist geboten.

6 Internationale Abkommen zum Schutz der Umwelt

6.1
Das Montreal-Protokoll

1974 alarmierten Molina und Rowland die Weltöffentlichkeit mit ihrer Hypothese, wonach das fortgesetzte Freisetzen großer Mengen der FCKWs 11 und 12 zu einer Reduktion der atmosphärischen Ozonschicht führen würde [329] (s. Abschnitt 5.5). Damals wurden pro Jahr etwa 700 000 t dieser Verbindungen in die Atmosphäre abgelassen, und wegen ihrer hervorragenden Eigenschaften für den Einsatz als Treibgas, Kälte-, Lösungs- und Schäumungsmittel hatte bis dahin die weltweit produzierte Menge um etwa 10 % pro Jahr zugenommen. Als Folge der durch Molina und Rowland ausgelösten Sorge um den Fortbestand der Ozonschicht wurden in Kanada, Norwegen, Schweden und den USA unter starkem öffentlichem Druck FCKW-Treibgase in Sprühdosen zu über 90 % per Gesetz verboten. Die Länder der Europäischen Gemeinschaft verständigten sich 1977 lediglich darauf, die jährlich produzierten Mengen nicht mehr zu steigern. Immerhin pendelte sich dadurch die weltweit in die Atmosphäre emittierte Gesamtmenge an FCKW 11 und 12 auf etwa 700 000 t/Jahr ein, die dann allmählich bis in die 80er Jahre auf 800 000 t/Jahr anwuchs.

Meßdaten von Bodenstationen zeigten, daß die atmosphärischen Anteile von FCKW 11 und 12 sowie weiterer Halogenverbindungen in Einklang mit den emittierten Mengen weltweit kontinuierlich zunahmen, und Messungen mit ballongetragenen Geräten zeigten auch, daß diese Substanzen wie erwartet in die Stratosphäre vorgedrungen waren [331]. Eine Abnahme der Ozonschichtdicke – die damaligen Modellvorhersagen lagen bei wenigen Prozent – konnte jedoch aus den damals verfügbaren Meßdaten nicht eindeutig nachgewiesen werden. Immerhin setzten 1981 die Vereinten Nationen im Rahmen ihres Environment Programme (UNEP) eine Adhoc-Expertengruppe ein, um ein globales Rahmenabkommen zum Schutz der Ozonschicht zu erarbeiten, das 1985 als Wiener Abkommen von 28 Nationen unterschrieben und anschließend von 166 Staaten ratifiziert wurde [398]. Hierin stimmten diese zu, „geeignete Maßnahmen zu ergreifen", um die menschliche Gesundheit und die Umwelt vor Schäden zu bewahren, die aus einer Ausdünnung der Ozonschicht resultieren könnten. Das Abkommen war also völlig unspezifisch und zielte vor allem darauf ab, relevante Forschung, Kooperationen und Informationsaustausch innerhalb der Signatarstaaten verstärkt zu fördern.

Mit der Entdeckung des Ozonloches über der Antarktis (s. Abschnitt 5.5.2) änderte sich die Situation schlagartig. Ein derartig drastischer Effekt, bei dem zeitweise über 50% des Ozons über der Antarktis regelrecht weggefressen wird, konnte an Hand der Meßreihen der Dobson-Stationen sowie Meßdaten ballon- und satellitengetragener Sensoren einwandfrei nachgewiesen und in seinem raum-zeitlichen Ablauf verfolgt werden. Und innerhalb weniger Monate nach Entdeckung des Ozonloches war auch der Verursacher dieses Phänomens identifiziert, nämlich Chlor, das über die FCKW-Verbindungen in die Atmosphäre gelangt war. Damit war überzeugend nachgewiesen, daß FCKW-Substanzen tatsächlich die Ozonschicht reduzieren.

Im September 1987 wurde daraufhin in Montreal eine internationale Übereinkunft erzielt und in Form eines Protokolls über ozonzerstörende Substanzen von 24 Staaten unterschrieben. Dieses Montreal-Protokoll wurde anschließend von insgesamt 165 Staaten ratifiziert und trat am 1. Januar 1989 in Kraft. Als flexibles Instrument sah es die Reduktion der Produktion von FCKWs vor, wobei das tatsächliche Ausmaß der Reduktion im Lichte einer kontinuierlichen wissenschaftlichen Überprüfung, deren Ergebnisse den Vertragsparteien zu berichten waren, modifiziert werden sollte.

In der Tat sah das Original-Protokoll nur sehr geringe Reduktionen vor: In den Industrieländern waren Produktion und Verbrauch spezifischer FCKWs (11, 12, 113, 114 und 115) ab 1998 auf 50% des Niveaus von 1986 zu begrenzen, während Halone (1211, 1301 und 2402) ab 1993 auf dem Niveau von 1986 eingefroren werden sollten. Dabei wurde jede Substanz mit ihrem spezifischen Ozonabbaupotential (ODP) gewichtet. Für Länder der Dritten Welt sah das Protokoll vor, daß die Reduktionen erst 10 Jahre später zu erfolgen haben. Abbildung 58 zeigt, daß sich nach diesen insgesamt schwachen Reduktionen gemäß Montreal 1987 der Anstieg der ozonzerstörenden Chlor- und Brom-Verbindungen in der Atmosphäre tatsächlich nahezu ungebremst fortgesetzt hätte.

Erst auf den Folgekonferenzen in London (1990), Kopenhagen (1992) und Wien (1995) wurde das Protokoll schrittweise so verschärft, daß ein Rückgang des atmosphärischen Cl/Br eingeleitet werden konnte. So wurden durch die Vertragsparteien in London CCl_4 und Methylchloroform in die zu reduzierenden Substanzen einbezogen, und es wurde beschlossen, die Produktion aller FCKWs, Halone und CCl_4 bis zum Jahre 2000, diejenige von Methylchloroform bis 2005 vollständig einzustellen. Für die Länder der Dritten Welt wurde erneut ein Aufschub um 10 Jahre gewährt.

Der eigentliche Durchbruch erfolgte 1992 in Kopenhagen: Unter dem Eindruck massiver Ozonschicht-Reduktionen, die im Januar/Februar 1992 über Europa aufgetreten waren, wurde das Datum der Produktionseinstellung von CCl_4 und der FCKWs bereits auf 1996, das der Halone auf 1994 festgesetzt. Ferner wurde Methylbromid in das Protokoll aufgenommen mit dem Ziel, seinen Verbrauch in den Industrieländern 1995 einzufrieren. Das erstmalige Auftreten eines Ozonloches über der Arktis, verbunden mit erheblichem Ozonschwund über zentral- und nordeuropäischen Ländern, führte erstmals zu einer Regelung, die jetzt den Halogengehalt der Atmosphäre allmählich wieder abfallen läßt (Abb. 58).

Dennoch ging der Ozonabbau weiter, das Ausmaß des Ozonloches über der Antarktis verstärkte sich, und entsprechender Ozonschwund über der Nordhe-

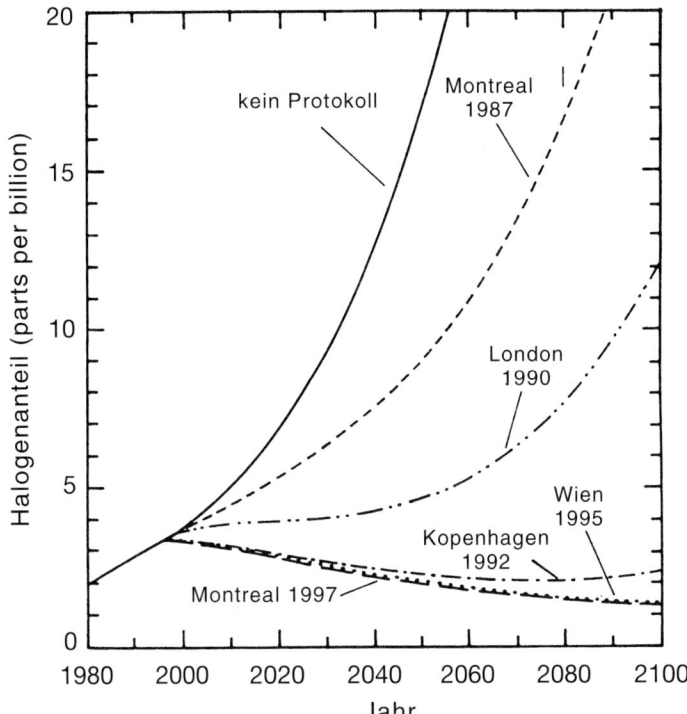

Abb. 58. Effekt internationaler Abkommen über Chlor- und Bromverbindungen mit Ozon-abbauwirkung auf den Halogenanteil der Atmosphäre. Das ursprüngliche Montreal-Protokoll von 1987 hätte nur einen sehr geringen Effekt gehabt. Erst die Verschärfungen des Protokolls auf den Folgekonferenzen in London 1990, Kopenhagen 1992 und Wien 1995 haben zu einer Reduktion der „Ozonkiller" geführt; nach [146]

misphäre nahm zu. Auf der Konferenz in Wien (1995) wurde die Reduktion bezüglich der FCKWs und Halone weiter verstärkt und auch ein Ausstiegszeit-plan für Methylbromid festgelegt. Als die Vertragsparteien 1997 erneut in Montreal zusammenkamen, war der Effekt der Reduktion von Produktion und Anwendung halogenierter Kohlenwasserstoffe an Hand atmosphärischer Meß-daten klar zu erkennen. Der maximale Chlorgehalt der Troposphäre war etwa 1993 erreicht, das Maximum für die Stratosphäre etwa um die Jahrtausendwen-de. Für Brom ist zwischen 2000 und 2010 mit dem Erreichen des Maximums zu rechnen. In der Tat war die Reduktion der Emissionen schneller erfolgt, als im Protokoll vorgesehen war. Demnach wurde die Anwendung ozonzerstörender Substanzen auch in den Ländern der Dritten Welt entsprechend zurückge-fahren. Abbildung 59 (oberes Teilbild) veranschaulicht, daß die Produktion der wichtigsten FCKW-Verbindungen bis 2000 praktisch beendet wurde.

Die zeitlichen Verläufe weltweit gemessener Halogenverbindungen zeigen, daß FCKW-11, -12 und -113 ihre Maximalwerte in der Atmosphäre erreicht haben und daß CCl_4 und CH_3CCl_3 schon deutlich abnehmen. Die Anteile der

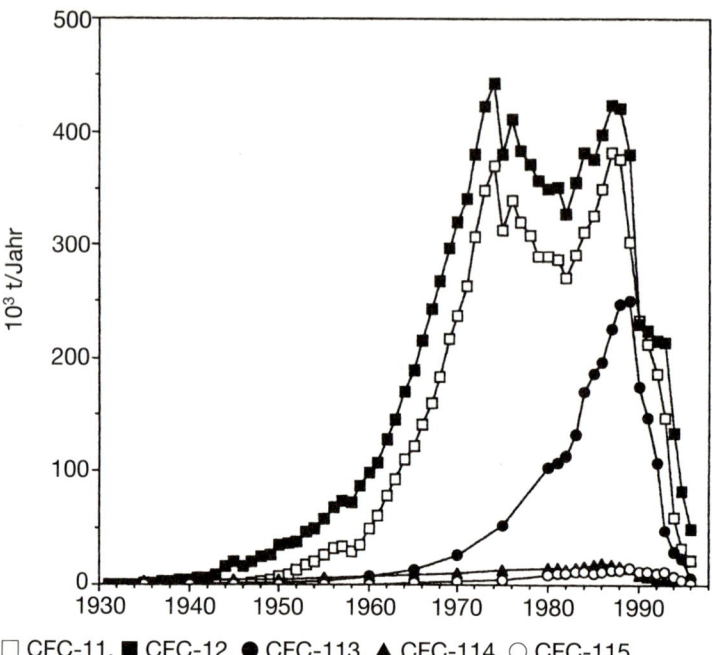

□ CFC-11, ■ CFC-12, ● CFC-113, ▲ CFC-114, ○ CFC-115

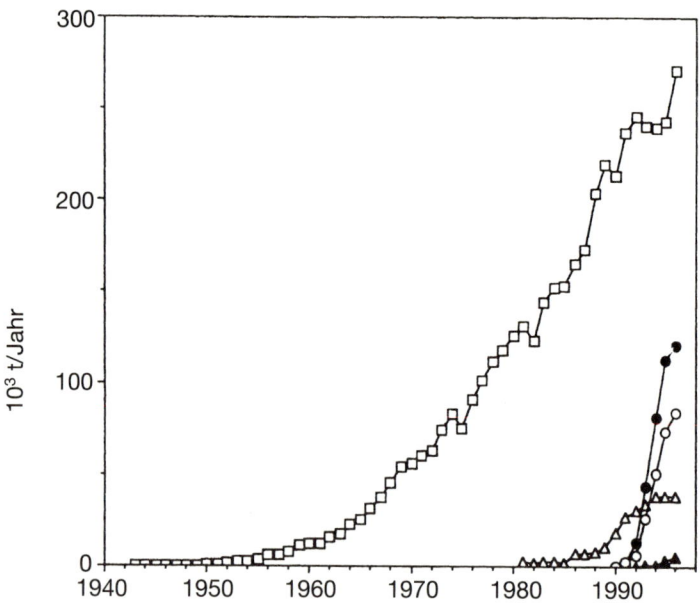

□ HCFC-22, △ HCFC-142b, ● HCFC-141b, ▲ HCFC-124, ○ HFC-134a

Abb. 59. Oberes Teilbild: Jährliche weltweite Produktion der wichtigsten ozonabbauenden FCKWs (CFCs) in kt/Jahr.
Unteres Teilbild: Jährliche weltweite Produktion von HCFC-22 sowie anderer HCFC- und HFC-Verbindungen, die als Ersatzsubstanzen für die „Ozonkiller" verwendet werden; nach [398]

6 Internationale Abkommen zum Schutz der Umwelt

Halone 1211 und 1301 nehmen trotz des Produktionsstopps immer noch zu, da diese Feuerlöschmittel aus Lagerbeständen noch immer eingesetzt werden. Inzwischen wurden auch Fälle illegalen Handels zwischen Entwicklungs- und Industrieländern mit Halon-1301 sowie FCKW-12 aufgedeckt [399].

Nach heutiger Sicht wird es noch bis 2060–2080 dauern, bis der Halogengehalt der Atmosphäre auf das Niveau abgefallen sein wird, das vor Auftreten des Ozonloches herrschte. Der Ausstieg aus Produktion und Anwendung ozonzerstörender Halogenverbindungen ist über das Montreal-Protokoll geregelt. Das Ozonloch über den Polgebieten und weltweiter Ozonschwund werden uns, unsere Kinder und Enkel aber noch lange begleiten.

Anstelle der Ozonkiller, die langsam aus dem Verkehr gezogen werden, verwenden wir heute Ersatzsubstanzen, welche die Ozonschicht nur geringfügig oder gar nicht angreifen (Abb. 59, unteres Teilbild). Sie werden durch OH bereits in der Troposphäre abgebaut und sind daher für die Stratosphäre unschädlich. Mit dem Abbau verschwinden diese Stoffe aber nicht: Als Reaktionsprodukte entstehen in der Toposphäre Peroxy-Verbindungen, Aldehyde, Carbonyle und vieles mehr, über deren weitere Reaktionswege nur wenig bekannt ist. Ein stabiles Endprodukt, Trifluoressigsäure (TFA), wird schon seit längerem im Regen- und Grundwasser nachgewiesen [401]. Während als Folge des Montreal-Protokolls die Anteile der Ozonkiller in der Atmosphäre zurückgehen, zeigen nun die Ersatzsubstanzen 134a, 141a und 142b starke Zunahmen. Man darf gespannt sein, welches neue Umweltproblem hierdurch vorprogrammiert ist.

6.2
Das Kyoto-Protokoll

Die Entwicklung, die zu dem 1997 in Kyoto verabschiedeten Klimaprotokoll führte, begann 1988 auf einer Klimakonferenz in Toronto, an der neben Wissenschaftlern auch Vertreter von Nichtregierungsorganisationen (NGOs) teilnahmen. Im Mittelpunkt standen die bereits damals klar erkennbaren Klimatrends und deren Projektion in die Zukunft. Die Konferenzteilnehmer waren sich einig darin, daß die Emission klimawirksamer Treibhausgase reduziert werden müsse, um zukünftige Klimaentwicklungen in tolerierbaren Grenzen zu halten. Sie verabschiedeten ein Dokument, in dem eine weltweite Reduktion der CO_2-Emissionen um 20 % bis zum Jahre 2005 gefordert wurde. Besonders unterstützt wurde diese Forderung durch die AOSIS-Staaten, eine Gruppe kleiner Inselstaaten, für die der Anstieg des Meeresspiegels, Fluten und Stürme besonders schwerwiegende Bedrohungen darstellen.

1988 wurde auch das „Intergovernmental Panel on Climate Change" (IPCC) gegründet, ein hochrangiges Gremium von Wissenschaftlern, das die Vereinten Nationen (UN) zu wissenschaftlichen und sozio-ökonomischen Problemen der Klimaveränderungen und ihrer Auswirkungen beraten und Lösungsvorschläge erarbeiten sollte. 1990 setzte die UN-Generalversammlung das „Intergovernmental Negotiation Committee" (INC) ein, das eine Klimavereinbarung mit entsprechenden Zielvorgaben entwerfen sollte. Bereits bei den ersten INC-Konferenzen lehnten die USA jegliche Protokolle und konkrete Zielvorgaben ab und bestanden auf einem Rahmenabkommen ohne konkrete Reduktionsziele. Das Resultat, die UN Framework Convention on Climate Change (UNFCCC) wurde 1992 auf dem Weltgipfel in Rio de Janeiro von 155 Regierungen unterschrieben. Trotz seines nahezu wirkungslosen Rahmencharakters stellt die UNFCCC von Rio den ersten Schritt zu einer internationalen Kooperation zur Reduktion der Emission klimawirksamer Substanzen dar.

Das Dokument enthält immerhin die Forderung, daß die atmosphärischen Anteile von Treibhausgasen nur so weit zunehmen dürften, daß sie für den Menschen, die Ökosysteme, Landwirtschaft und Nahrungsproduktion nicht gefährlich sind. Die Staaten werden aufgefordert, entsprechend vorsorglich zu handeln. Was jedoch unter „nicht gefährlich" zu verstehen ist, wird nicht festgelegt.

Innerhalb von 6 Monaten nach Rio hatten 50 Staaten UNFCCC ratifiziert. Das Dokument war damit als Rahmenabkommen international verbindlich, und der Weg war frei für die erste Konferenz der Vertragsstaaten (First Conference of the Parties, COP1) der UNFCCC, die 1995 in Berlin stattfand. Bereits im Vorfeld von COP1 war es zu heftigen Auseinandersetzungen über die Forderung der AOSIS-Staaten, die Industrieländer sollten ihre CO_2-Emissionen bis 2005 um 20 % reduzieren, gekommen. Dieser Forderung schlossen sich eine Reihe von Entwicklungsländern an, während durch die USA, Rußland, China und die OPEC der Vorschlag zurückgewiesen wurde. Es gab eine Reihe weiterer politischer Auseinandersetzungen, die COP1 beinahe zum Scheitern gebracht hätten [402]. Daß dennoch das „Berlin Mandate" (BM) als Ergebnis erzielt wurde, geht wesentlich auf den Einsatz der Konferenzpräsidentin, der damaligen Bundesumweltministerin Angela Merkel, und einiger verdienstvoller „friends of the president" zurück, die im Plenum Zustimmung zu der Übereinkunft erreichten, wonach die bisherigen Verpflichtungen der Industrieländer als unzureichend bezeichnet werden. Auch der damalige Bundeskanzler Kohl hat mit seiner denkwürdigen Rede an die Delegierten, in der er eine deutsche CO_2-Reduktion um 25 % einbrachte, wesentlichen Anteil am Zustandekommen des BM.

Es wurde eine Adhoc-Gruppe (AGBM) eingesetzt, um die UNFCCC zu überarbeiten und darin verbindliche Grenzen und Reduktionsziele der Treibhausgase für 2005, 2010 und 2020 zu verankern. Dieses Protokoll sollte während COP3 1997 in Kyoto verabschiedet werden. Es gab bis Kyoto viele Diskussionen über das Instrument der Joint Implementation (JI), mit dem reiche Länder Energieprojekte oder Aufforstungen in ärmeren Ländern finanzieren. Im Sinne der Kosteneffizienz ist dies sehr vernünftig, denn global gesehen ist es gleichgültig, wo die CO_2-Reduktionen erfolgen, und die Reduktion der Emissionen ist in ärmeren Ländern in der Regel preiswerter zu erzielen als in den meisten Industriestaaten. Auf der anderen Seite müssen natürlich die Industriestaaten ihre Emissionen reduzieren, denn sie tragen ja zu der fortschreitenden Klimaerwärmung am meisten bei. Wenn sie sich statt zu reduzieren mit JI „freikaufen" würden, verbliebe wenig Spielraum für die wirtschaftliche Entwicklung der Länder der Dritten Welt. Es ist klar, daß hier ein vernünftiger Kompromiß gefunden werden muß.

1995 erschien der 2. IPCC Report. Über 3000 Wissenschaftler, die daran mitgearbeitet hatten, stimmten darin überein, daß „menschliche Aktivitäten einen erkennbaren Einfluß" auf das Klimasystem haben. Dies führte dazu, daß während der COP2 beschlossen wurde, zukünftige klimapolitische Entscheidungen von den Ergebnissen des IPCC abhängig zu machen. Die dritte Vertragsstaatenkonferenz (COP3) in Kyoto war nicht minder dramatisch als die COP1 in Berlin. Über 12 Tage sah es so aus, als würde die Konferenz scheitern [402]. Das schließlich verabschiedete Klimaprotokoll sieht vor, daß die Industrieländer sich verpflichten, ihre Emissionen klimarelevanter Treibhausgase bis etwa 2010 um 5,2 % gegenüber dem Niveau von 1990 zu vermindern. Zur Erfüllung dieses Zieles haben die einzelnen Staaten in unterschiedlicher Weise beizutragen. So müssen die EU, die Schweiz und die meisten osteuropäischen Staaten ihre Emissionen um 8 %, die USA um 7 %, Japan und Kanada um 6 % verringern. Für Deutschland sieht das Protokoll eine Reduktion von 21 % vor, da hier ein hohes Reduktionspotential in den Neuen Bundesländern vorhanden war. Durch die im Protokoll neben CO_2, Methan und Distickstoffoxid vorgesehene Einbeziehung auch anderer Treibhausgase wie die HFCs (unvollständig halogenierte Kohlenwasserstoffe, die zunehmend zur Substitution der ozonschädigenden FCKWs hergestellt und eingesetzt werden), PFCs (CF_4 und C_2F_6) und Schwefelhexafluorid (SF_6) entspricht die Zielvorgabe von 8 % für die EU einer insgesamt auf CO_2-Klimawirksamkeit bezogenen Reduktion von tatsächlich 10 %.

Es wurde in Kyoto erreicht, daß die Industrieländer ihre Reduktionsverpflichtungen einzeln oder gemeinsam erfüllen können. Innerhalb der EU erlaubt dies einzelnen Mitgliedsstaaten einen Emissionsanstieg, der durch erhöhte Reduktion anderer Mitgliedsstaaten, z. B. Deutschlands, auszugleichen ist. Als Flexibilisierungsinstrument werden im Protokoll der Handel mit Emissionsrechten sowie die Einbeziehung von CO_2-Senken, etwa durch Aufforstung, vorgesehen. Ein weiteres Flexibilisierungsinstrument stellt „Joint Implementation" dar, mit dem zwischen Ländern bestehende Kostenunterschiede bei Reduktionsmaßnahmen ausgenutzt werden können. Joint Implementation und die hiermit verbundene Anrechnung kann aber zunächst nur zwischen Industrieländern stattfinden. Eine Einbeziehung auch der Entwicklungsländer ist bislang nicht vorgesehen, wie auch im Protokoll keine Reduktionsziele für Entwicklungsländer hinsichtlich ihrer Emission klimarelevanter Treibhausgase aufgenommen sind.

Einer Einbeziehung der Entwicklungsländer in das Konzept gemeinsamer Projekte sollte allerdings die Einrichtung eines „Clean Development Mechanism" dienen, über den künftig gemeinsame Projekte in Industrieländern und Entwicklungsländern abgewickelt werden können. Ziel dieses Mechanismus ist es vor allem, zur nachhaltigen Entwicklung und Umsetzung der Klimarahmenkonvention beizutragen und in vom Klimawechsel besonders gefährdeten Entwicklungsländern (z. B. kleine Inselstaaten) Unterstützungsmaßnahmen zu finanzieren. Die Mittel hierzu und die Kosten für die Erteilung von Emissionsgutschriften aus Projekten sollen über Verwaltungsgebühren aufgebracht werden. Diese sind in erster Linie von privaten Empfängern der Gutschriften zu entrichten. Weitere Einzelheiten zur Einrichtung dieses Mechanismus sollten auf der vierten Vertragsstaatenkonferenz der Klimarahmenkonvention geklärt werden.

Die Einbeziehung von Senken, das heißt das Aufrechnen von Emissionen gegen die Bindung von Treibhausgasen in sogenannten Senken (insbesondere Wäldern), war ebenfalls sehr umstritten. Insbesondere für die USA, Neuseeland und Norwegen war die Einbeziehung der Senken ein unverzichtbarer Bestandteil des Protokolls. Dieses sieht nun vor, daß nur verifizierbare Kohlenstoff-Bestandsveränderungen seit 1990, die auf menschliche Aktivitäten wie Aufforstung, Wiederaufforstung und Entwaldung zurückzuführen sind, auf die Erfüllung der Reduktionsverpflichtungen angerechnet werden können. Weitere Modalitäten und Richtlinien hierzu sollten auf der vierten Vertragsstaatenkonferenz festgelegt werden.

Das Protokoll tritt in Kraft, wenn 55 Vertragsstaaten den Text ratifiziert haben. Weitere Bedingung ist, daß die Industrieländer unter den Vertragsparteien des Protokolls mit einem Anteil vertreten sind, der 55 % der 1990 von ihnen ausgestoßenen CO_2-Emissionen entspricht. Sollte, was zu hoffen ist, das Protokoll von Kyoto von mindestens 55 % der Unterzeichnerstaaten ratifiziert werden und damit in Kraft treten, würde dennoch die globale Klimaveränderung nahezu ungebremst fortschreiten: Die Weltbevölkerung dürfte bis zum Jahre 2010 auf 7 Milliarden anwachsen, wobei dann nahezu 80 % in Entwicklungsländern leben werden. Die CO_2-Emissionen dieser Länder hat zwischen 1990 und 1995 um mehr als 5 %/Jahr zugenommen. Selbst bei nur 4 %/Jahr weiterem Anstieg würde die Prokopf-Emission der Entwicklungsländer von heute im Mittel 1,87 t CO_2/Jahr auf 2,71 t CO_2/Jahr im Jahr 2010 anwachsen. Wenn dann die Industrieländer ihre Reduktionsquote von 5 % erreichen und ihre Prokopf-Emission von im Mittel 11,8 t CO_2/Jahr auf 10,45 t CO_2/Jahr heruntergefahren haben, ist der atmosphärische CO_2-Gehalt von heute 370 ppm auf etwa 382 ppm im Jahre 2010 weiter angestiegen, lediglich 1–1,5 ppm weniger als ohne Regulierung durch Kyoto. Diese vergleichsweise geringe Wirkung wäre dennoch ein wichtiger Schritt, eine erste internationale Rahmenkonvention, um überhaupt erst einmal Regularien zur Emissionsreduktion zu schaffen. Die Delegation der Europäischen Union hatte in Kyoto immerhin versucht, eine wesentlich stärkere Reduktion der Emission von Treibhausgasen durchzusetzen, scheiterte darin aber am Widerstand vor allem der USA, die mit einem Prokopfausstoß von 20 t CO_2/Jahr, mehr als doppelt so viel wie in Westeuropa, derzeit Weltmeister im Verschwenden sind (s. Abb. 60). Widerstände gab es auch durch Japan, Australien und Kanada, ohne deren Zustimmung, solange sich die USA verweigern, das Protokoll nicht in Kraft treten kann.

Nach den Fehlschlägen der Folgekonferenzen in Buenos Aires (1998), Bonn (1999) und Den Haag (2000) konnte im Juli 2001 in Bonn ein Kompromiß erzielt werden, der zumindest Japan, Australien und Kanada, deren Wälder nunmehr als C-Senken angerechnet werden, in das Protokoll einbindet, während sich die USA weiterhin verweigern. Mit diesem in Bonn erreichten Kompromiß, der auch als „Kyoto-Light" bezeichnet wird, geht die in Kyoto angepeilte CO_2-Reduktion von 5,2 % auf bestenfalls 1,8 % zurück. Dennoch ist dieser Bonner Kompromiß besser als gar keine Regelung, da er immerhin die Entwicklung internationaler Prozeduren ermöglicht. Ohne erhebliche Verschärfung des Protokolls und ohne die Mitwirkung der USA wird die globale Klimaveränderung aber ungebremst fortschreiten.

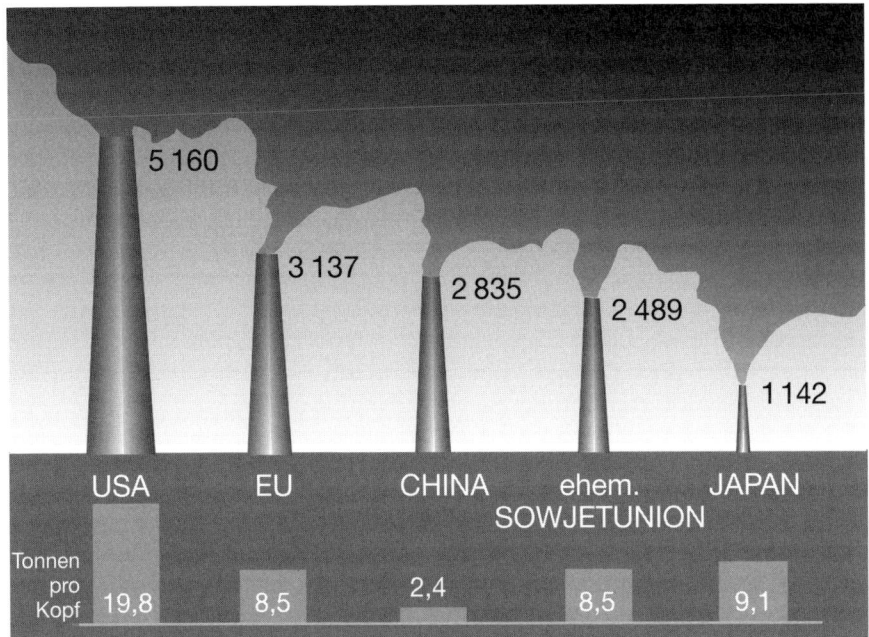

Abb. 60. Weltweite CO_2-Emissionen, Stand 1994; nach [411]

Ein wesentliches Problem besteht nun darin, daß, solange die USA das Kyoto-Protokoll nicht ratifizieren, die EU-Staaten, Japan, Kanada, Australien und Rußland zusammen für den 55%-Emissionsanteil aufkommen müssen. Hierzu herrschte auf der Anfang November 2001 in Marrakesch abgehaltenen COP7 zwar verhaltener Optimismus. Es wurde aber auf die nächste Konferenz verwiesen. Und so ist das Protokoll von Kyoto mit all den inzwischen vorgenommenen Modifikationen auch mit Ablauf des Jahres 2001 nicht in Kraft.

7 Die zukünftige Entwicklung

7.1
Klimaveränderungen schreiten ungebremst fort

Das irdische Treibhaus hat sich, wie in Kapitel 5 beschrieben wurde, durch menschliche Eingriffe erheblich verändert. Die Verbrennung fossiler Energieträger, Brandrodung und die Emission von Gasen und Partikeln haben neben regionalen Effekten auf Luftqualität und Säuredeposition vor allem zu Veränderungen des Klimas geführt. Es kann nicht daran gezweifelt werden, daß die über die letzten Jahrzehnte beobachtete globale Erwärmung überwiegend durch menschliche Aktivitäten verursacht ist [212].

Die zukünftige Entwicklung des Klimas hängt davon ab, ob die Emission treibhauswirksamer Substanzen sich weiterhin ungebremst fortsetzt („business as usual"), oder ob es gelingt, diese Emissionen zu reduzieren. Sollte das Protokoll von Kyoto (s. Abschnitt 6.2) in der 2001 in Bonn und Marrakesch beschlossenen Form ohne Beitritt der USA international in Kraft treten, würden die globalen Emissionen dennoch nahezu ungebremst weitergehen. So würde etwa die Reduktion im Jahre 2010 gegenüber business as usual weniger als 1 % ausmachen [403]. Wir müssen daher vorerst mit diesem Szenario rechnen, für das die führenden Klimamodelle bis 2100 eine globale Erwärmung gegenüber 1990 um 1,4 bis 5,8 °C vorhersagen [212]. Dabei wird sowohl der niedrige Wert von 1,4 °C wie der hohe von 5,8 °C als unwahrscheinlich angesehen: Unter Einbeziehung der Unsicherheiten der einzelnen Einflußgrößen liegt die Spannweite der Erwärmung mit 90 %iger Wahrscheinlichkeit zwischen 1,7 °C und 4,9 °C [404]. Eine genauere Aussage ist heute nicht möglich. Immerhin haben die führenden Klimamodelle heute einen bemerkenswert hohen Entwicklungsstand erreicht, der sie in die Lage versetzt, den Verlauf der globalen Temperaturen über die vergangenen 140 Jahre recht genau zu berechnen (s. Abschnitt 5.6.1). Von daher muß man die Berechnungen der zukünftigen Temperaturentwicklung ernst nehmen [405].

Mit der weiter fortschreitenden globalen Erwärmung der Troposphäre wird auch die Abkühlung der Stratosphäre weitergehen, die Verteilung der Niederschläge wird sich weiterhin verändern, und auch das Abschmelzen kontinentaler Eismassen und der Anstieg des Meeresspiegels werden sich, möglicherweise beschleunigt, fortsetzen. Eine ständig wachsende Weltbevölkerung wird, wie es zur Zeit aussieht, noch mehr Wald in Ackerland verwandeln und verstärkt Schadstoffe emittieren. Einige Eckdaten hierzu sind in Tabelle 16 zusammengestellt.

Tabelle 16. Globale Wachstumsszenarien und ihre Auswirkungen auf die atmosphärische Zusammensetzung, auf Klima und Meeresspiegel, nach [406]

Jahr	Welt-bevölkerung (Mrd)	Ozon in Bodennähe (ppb)	CO2-Anteil (ppm)	globaler Temperatur-anstieg (°C) gegenüber 1990	Anstieg des Meeres-spiegels (cm) gegenüber 1990
1990	5,3	–	354	0	0
2000	6,1–6,2	40	367	0,2	2
2050	8,8–11,3	~60	463–623	0,8–2,6	5–32
2100	7,0–15,1	>70	478–1099	1,4–5,8	9–88

Die Auswirkungen dieser Klimaveränderungen sind vielfältig und greifen in alle Lebensbereiche ein: Steigende Temperaturen vergrößern den Hitzestreß bei Mensch und Tier und steigern die Nachfrage nach Klimaanlagen (was wiederum den Energieverbrauch und damit die CO_2-Emission verstärkt). In Verbindung mit stagnierenden oder abnehmenden Niederschlagsmengen kann zunehmende Sommertrockenheit zu abnehmenden Erträgen in der Landwirtschaft führen.

Umgekehrt können Bewohner von Regionen zunehmender Niederschlagsmengen dank gesteigerter Erträge in Land- und Forstwirtschaft von der Erwärmung profitieren. Gleichzeitig kann aber wiederum die Ausbreitung von Krankheiten und Schädlingen begünstigt werden. Möglicherweise sind die schwerwiegendsten Auswirkungen weniger mit den sich allmählich einstellenden Klimaveränderungen als vielmehr mit Extremereignissen wie Trockenperioden, Fluten, Hitzewellen, Lawinen oder starken Stürmen verbunden, deren Häufigkeit in vielen Regionen der Welt zunehmen dürfte. Betroffen wären hiervon neben Land- und Forstwirtschaft, Fischfang, Industrie und Energiewirtschaft, Tourismus, Versicherungen vor allem die Bewohner der Küstenzonen und Gebirge [406]. Mit dem Anstieg des Meeresspiegels werden große Anteile flacher Küstenregionen verschwinden, sofern keine aufwendigen Eindeichungen vorgenommen werden. Der Anstieg um 45 cm bis 2100, ein nach Tabelle 16 durchaus realistischer Wert, wird zum Beispiel mehr als 15 000 km² oder knapp 11 % der Fläche von Bangladesh im Meer verschwinden lassen (s. Tabelle 17).

Die Wechselwirkung des Ozeans mit der atmosphärischen Zirkulation, die sich als El Niño/Südliche Oszillation (ENSO) manifestiert, ist die stärkste Quelle natürlicher Variabilität im gesamten Klimasystem (s. Abschnitt 2.7.2). Obwohl ENSO ein Phänomen des tropischen Pazifik ist, sind seine Auswirkungen weltweit. Langjährige Beobachtungen der ENSO-Anomalien zeigen, daß ihre Häufigkeit wie auch ihre Stärke in den letzten Dekaden zugenommen haben [85,89]. Diese Tendenz, wonach der zunehmende Treibhauseffekt die Häufigkeit von El Niño-Ereignissen verstärkt, wird auch durch Modellrechnungen plausibel [407]. Angesichts der verheerenden Auswirkungen, die das bislang stärkste ENSO-Ereignis von 1997/98 weltweit hatte, würde eine solche Zunahme weitreichende Folgen haben. Für das zukünftige Klima in Europa könnte dabei der ENSO-Ein-

Tabelle 17. Auswirkung bestimmter Raten des Meeresspiegel-Anstieges in asiatischen Ländern (ohne Gegenmaßnahmen): Potentieller Landverlust und betroffene Bevölkerung, nach [406]. (k.A. = keine Angabe)

Staaten	Anstieg des Meeresspiegels (cm)	potentieller Landverlust (km²)	(%)	betroffene Bevölkerung (Mio)	(%)
Bangladesh	45	15 668	10,9	5,5	5,0
	100	29 846	20,7	14,8	13,5
Indien	100	5 763	0,4	7,1	0,8
Indosien	60	34 000	1,9	2,0	1,1
Japan	50	1 412	0,4	2,9	2,3
Malaysia	100	7 000	2,1	0,05	0,3
Pakistan	20	1 700	0,2	k.A.	k.A.
Vietnam	100	40 000	12,1	17,1	23,1

fluß auf die Nordatlantik-Oszillation (NAO) und den Golfstrom von Bedeutung sein. Dieser wird, wie die Beobachtungen der letzten 30 Jahre zeigen, nach ENSO-Ereignissen regelmäßig nach Norden verschoben [87].

Indien wiederum könnte trotz häufigerer und stärkerer El Niños sogar von intensiveren Niederschlägen durch den Sommermonsun profitieren. Hier zeigt sich nämlich, daß die Koppelung der Monsunzirkulation mit ENSO, die in der Vergangenheit zur Abschwächung bis hin zum Ausbleiben der Monsunregen nach El Niño-Ereignissen geführt hatte, im Laufe der letzten Dekaden immer schwächer geworden ist. Der Grund hierfür liegt vermutlich darin, daß die zunehmende Erwärmung, vor allem des innerasiatischen Kontinents, den thermischen Gradient zum Ozean verstärkt hat [408–410].

Diese Beispiele verdeutlichen, wie komplex die Wechselwirkungen im Klimasystem sind. Wie sich die Zirkulationssysteme in der Atmosphäre und im Ozean beeinflussen, wie sich bestimmte Oszillationen einstellen und sich gegenseitig verstärken oder abschwächen, ist heute erst in Ansätzen verstanden. Die heutigen Klimamodelle sind in der Lage, den zukünftigen Verlauf der globalen Temperaturen einigermaßen genau zu berechnen. Eine Vorausberechnung regionaler Klimaanomalien, die aus dem komplexen Zusammenspiel der atmosphärischen und ozeanischen Zirkulations- und Schwingungsverläufe resultieren, ist aber immer noch mit erheblichen Unsicherheiten behaftet.

Weitgehend unbekannt ist auch, inwieweit die zunehmende Erwärmung etwa die Zersetzung abgestorbener Biomasse der borealen Wälder beschleunigt, wodurch zusätzlich CO_2 in die Atmosphäre gelangen würde. Auch über die mögliche Freisetzung von Methan aus den im Permafrost eingeschlossenen Gashydraten kann man zur Zeit nur spekulieren. In beiden Fällen würde sich die globale Erwärmung weiter beschleunigen. Da Klimaveränderungen erheblichen Einfluß auf die Ökosysteme selbst, auf Land-, Forst- und Wasserwirtschaft, aber auch auf viele Industriebranchen, den Tourismus, die Lebensbedingungen vieler Menschen und letztlich die gesamte Weltwirtschaft haben, ist es wichtig, Werkzeuge und Methoden zur Quantifizierung zu entwickeln und einzusetzen. Auch wenn der zukünftige Verlauf des Klimas einschließlich seiner Extremereignisse nur ungenau vorausberechnet werden kann, ist es allein zur Abschätzung sozio-ökonomischer Risiken unumgänglich, entsprechende Impakt-Modelle mit Klimamodellen zu koppeln. Daher nimmt auch zur Zeit die Klima-Impaktforschung einen starken Aufschwung. Der Leser sei auf [406] und die darin zitierte Originalliteratur verwiesen.

7.2
Einsparen und Aufforsten

Der Klimawandel hat begonnen, und er wird sich fortsetzen, wenn es nicht gelingt, die Emissionen der hierfür verantwortlichen Treibhausgase, vor allem CO_2, weltweit drastisch zu reduzieren. Etwa 75 % der klimawirksamen Substanzen, welche die bisher erkennbare Klimaveränderung verursacht haben, stammen aus den Industriestaaten, die aber nur etwa 20 % der Weltbevölkerung ausmachen. Allein von daher ergibt sich die Notwendigkeit besonders starker Reduktionen vor allem in den Industrieländern, denn eine wirtschaftliche Entwicklung in den Ländern der Dritten Welt wäre andernfalls unmöglich.

Das Naheliegenste hierfür ist Einsparung. Daß durch energiebewußte Lebensweise, also durch Vermeidung unnötiger Energieaufwendungen, Emissionen eingespart werden, ist dabei selbstverständlich. Aber auch durch rationellere Energieverwendung, durch bessere Technologien und optimale Energieausnutzung, können erhebliche Emissionsminderungen erzielt werden. So hat die Enquête-Kommission des Deutschen Bundestages „Vorsorge zum Schutz der Erdatmosphäre" für das Gebiet der Bundesrepublik (vor der Wiedervereinigung) technische CO_2-Verminderungspotentiale durch rationellere Energieverwendung zwischen 35 % und 45 % ermittelt [412], die größtenteils auch heute noch nicht ausgeschöpft sind. Heute betragen in Deutschland die energiebedingten CO_2-Emissionen pro Jahr etwas über 800 Mio t. Das entspricht einer Prokopf-Emission von etwa 10 t CO_2/Jahr, die damit 17 % über dem EU-Durchschnitt liegt (s. Abb. 60). Mehr als 30 % davon könnten durch effizientere Energieausnutzung eingespart werden, wobei die wichtigsten Reduktionspotentiale bei der Gebäude-Isolierung und -Heizung, bei der Stromerzeugung und im Sektor Verkehr bestehen. Aus der Tatsache, daß der Prokopf-Ausstoß von CO_2 in den USA mit etwa 20 t CO_2/Jahr doppelt so hoch wie in Westeuropa ist, wird deutlich, daß dort ein noch erheblich größeres Einsparpotential vorhanden ist.

Einsparung allein reicht angesichts des steigenden Energiebedarfs der Welt aber nicht aus, den CO_2-Anstieg in der Atmosphäre wirksam zu bremsen. Nach einer Studie der Shell AG wird sich der Weltenergiebedarf bis 2060 auf 1500 Exajoule (1 Exajoule = 10^{18} J) nahezu verdreifachen. Dabei wird davon ausgegangen, daß der Anteil der fossilen Brennstoffe noch bis etwa 2020 weiter ansteigt, danach aber zunehmend durch andere Energieformen ergänzt wird. Überwiegend sind dies erneuerbare Energien wie Wasserkraft, Wind- und Solarenergie sowie Energie aus Biomasse [414].

Der Solarenergie kommt dabei eine besondere Rolle zu, denn sie steht überreichlich zur Verfügung. Die für 2060 projektierte Energiemenge von 1500 Exajoule ließe sich, selbst bei einem schlechten Wirkungsgrad von nur 10 % (Solarzellen erreichen heute bis etwa 30 %), auf einer Fläche von 700 000 km^2 mit Sonnenkollektoren gewinnen. Das Problem stellt dabei die Energiespeicherung dar, denn viele Standorte derartiger Sonnenkollektoren wären sicherlich entlegene Wüstenflächen, die keiner anderen Nutzung dienen. Wasserstoff könnte hierfür ein geradezu idealer Energiespeicher sein, zumal bereits heute ausgereifte Techniken existieren, diesen als Treibstoff für Kraftfahrzeugmotoren und Flugzeugtriebwerke einzusetzen. Hier könnten Brennstoffzellen, die fast keine Schadstoffe emittieren, die sauberen Motoren der Zukunft werden. Bislang fehlen allerdings geeignete Techniken, um Wasserstoff großtechnisch in den erforderlichen Mengen herzustellen [415].

Auch die Kernenergie stellt heute noch immer einen bedeutenden Anteil bei der Energieerzeugung, welcher sich nach der genannten Shell-Studie eher vergrößern könnte. In Deutschland wird zur Zeit etwa ein Drittel des elektrischen Stroms in Kernkraftwerken hergestellt. Der von der Bundesregierung beschlossenen Ausstieg aus der nuklearen Stromversorgung bedeutet, daß mit Abschalten des letzten Kernkraftwerkes pro Jahr ca. 150 Mio t CO_2 zusätzlich in die Atmosphäre gelangen, sofern für diesen Nuklearanteil dann zusätzlich mit fossilen Brennstoffen betriebene Kraftwerke eingesetzt werden. Andere Länder wie zum Beispiel Frankreich, wo der Nuklearstrom 75 % der elektrischen Energieversorgung ausmacht, hängen wesentlich stärker als Deutschland von der Kernenergie ab. Hier würde ein nuklearer Ausstieg entsprechend größere zusätzliche CO_2-Emissionen nach sich ziehen. Inzwischen gibt es neue Entwicklungslinien im Reaktorbau, welche die Akzeptanz derartiger Anlagen, die mit dem 1986 in Tschernobyl erfolgten katastrophalen Unfall stark gesunken ist, wieder erhöhen könnte. So könnte ein Hochtemperaturreaktor mit kugelförmigen graphitischen Brennelementen, bei dem eine Kernschmelze ausgeschlossen ist, das System der Zukunft sein [416].

Fusionskraftwerke, bei denen Energie durch Verschmelzen von leichten Atomkernen gewonnen werden soll, werden, wenn überhaupt, frühestens 2050 Eingang in den Markt finden. Eine beschleunigte Entwicklung erscheint möglich, wenn die Akzeptanz hinsichtlich der Kernenergie auch in anderen Ländern zurückgeht und europaweit Kernkraftwerke abgeschaltet werden sollten. Ein erheblicher Anteil der Fusionsenergie, der zu einer signifikanten Verminderung der CO_2-Emission führen könnte, ist vor 2050 aber nicht in Sicht [417].

Neben der Emissions-Reduzierung ist die Schaffung zusätzlicher CO_2-Senken ein wirksamer Mechanismus, um den Anstieg des atmosphärischen CO_2-Anteils zu bremsen. Wälder und Holz sind immer und überall Kohlenstoffspeicher, und von daher stellen die Schaffung neuer Wälder und die Erhöhung der Biomasse bestehender Wälder wirksame Mechanismen zur CO_2-Bindung dar (s. Abschnitt 3.3.2). Leider werden immer noch wesentlich größere Waldflächen vernichtet als neubegründet. Allein in den Tropen fallen pro Jahr etwa 200 000 km^2 der Brandrodung zum Opfer. Die Erhaltung dieser Wälder, überwiegend unberührter Naturwälder, die auch einen wesentlichen Beitrag zur Bewahrung der Biodiversität leisten, würde den globalen CO_2-Ausstoß um 3,7 Mrd t/Jahr vermindern und damit den CO_2-Anstieg in der Atmosphäre um rund ein Drittel reduzieren.

Eine zusätzliche Kohlenstoffbindung setzt die Schaffung neuer Wälder sowie den Umbau bestehender Wälder in Richtung vermehrter Kohlenstoffspeicherung voraus. Wieviel Kohlenstoff insgesamt hierdurch zusätzlich gespeichert werden kann, hängt letztlich von den verfügbaren Flächen für Aufforstung ab. Während der Wald wächst, kann er vielleicht 2 t C/ha pro Jahr zusätzlich binden. Sobald er aber ausgewachsen und ein Gleichgewicht erreicht ist, kann keine weitere C-Bindung erfolgen.

Für Wirtschaftswälder, in denen in bestimmten zeitlichen Abständen Holz geerntet wird, kann der C-Speicher noch vergrößert werden. Zum einen kann durch die Art der Bewirtschaftung dieser Speicher beeinflußt und daher optimiert werden. Zum anderen setzt sich die Speicherwirkung im Holz und den Holzprodukten fort (s. Abschnitt 3.3.2). Bei aller Euphorie über diese Wald-Holz-Option muß man sich aber bewußt sein, daß diese Senkenoption nur eine Teillösung darstellen kann und daher in jedem Falle drastische Reduktionen der Emissionen erfolgen müssen [418, 419].

Zur Zeit werden Senkenoptionen diskutiert, CO_2 verstärkt in den Ozean zu leiten. Schon vor Jahren gab es solche Vorschläge, etwa Kraftwerke dort zu bauen, wo Meeresströmungen in das Tiefenwasser abgleiten wie z. B. an der Straße von Gibraltar. Das Abgas sollte dann mit dem Wasser zum Meeresgrund geleitet und damit unschädlich gemacht werden. Dieses Projekt wurde nie realisiert, aber seit 1996 wird eine andere Methode erprobt. Eine Ölfirma pumpt vor der Norwegischen Küste CO_2 in eine Schicht 800 m unter dem Meeresboden. Das Gas ist ein störender Bestandteil des vor der Küste geförderten Erdgases; es wird abgetrennt und zurückgepumpt [420]. CO_2, das in tiefe Ozeanschichten gepumpt wird, verflüssigt sich und sinkt zu Boden, da flüssiges CO_2 schwerer als Wasser ist. Unterhalb 2600 m wurde sogar die Bildung einer festen Hydratverbindung beobachtet.

Derartige Methoden der CO_2-Verklappung wären, selbst wenn sie sich als großtechnisch machbar erweisen sollten, höchst problematisch. Zum einen müßte das etwa von Kraftwerken emittierte CO_2 aus dem Abgas mit aufwendigen chemischen Verfahren herausgelöst werden, was den Energieverbrauch erhöht. Zum anderen bildet in großen Mengen ins Meer geleitetes CO_2 dort Kohlensäure, welche die maritimen Ökosysteme empfindlich stören kann. Und schließlich ist höchst ungewiß, wie sicher und wie lange das CO_2 in der Tiefe eingeschlossen bleibt. Veränderte Meeresströmungen oder Seebeben könnten vielleicht unkontrolliert in kürzester Zeit CO_2 wieder freisetzen. Nicht minder abenteuerlich mutet der Vorschlag an, Teile der Ozeane, die reich an Phytoplankton sind, mit Eisenverbindungen zu düngen. Die Idee dabei ist, daß die Düngung gesteigertes Planktonwachstum und dadurch verstärkte Photosynthese anregt, so daß Kohlenstoff vermehrt über die Nahrungsketten zum Meeresgrund befördert wird [421, 422]. Auch der Bau riesiger chemischer „Extraktoren", die mittels chemischer Reaktionen der Luft laufend CO_2 entziehen [423], dürfte keine Alternative zur Emissionsverminderung bieten. Wahrscheinlich wäre es wirksamer, die für diese Anlagen vorgesehenen Flächen aufzuforsten.

7.3
Schlußbemerkungen

Das Wachstum der Weltbevölkerung wird sich auch im 21. Jahrhundert fortsetzen. Gleichzeitig streben immer mehr Menschen einen höheren Lebensstandard an. Auch wenn es begründete Hoffnungen dafür gibt, daß die Menschheit bis zum Jahre 2100 „nur" auf 10 Mrd anwächst [424], kann kein Zweifel darüber bestehen, daß der Weltenergiebedarf ingesamt drastisch ansteigen wird. Und solange dieser wie bisher größtenteils aus fossilen Energieträgern gedeckt wird, ist ein Rückgang oder zumindest eine Stagnation der globalen CO_2-Emissionen nicht vorstellbar. Es besteht auch keine Aussicht darauf, daß die Biosphäre das gesamte anthropogene CO_2 durch verstärktes Wachstum wegpuffert. Diese bindet heute zwar ca. 2 Mrd t C/Jahr und verhindert dadurch einen noch schnelleren CO_2-Anstieg in der Atmosphäre. Dieser Prozeß ist jedoch, wie zahlreiche Untersuchungen zeigen, limitiert und daher nicht wesentlich zu steigern (s. [425] und [426] sowie die darin zitierte Literatur).

Sicherlich haben die Auswirkungen der Klimaveränderungen regional sehr unterschiedliches Gewicht: Erwärmung bei gleichzeitiger Zunahme der Niederschläge, wie sie in weiten Bereichen der mittleren und hohen Breiten beobachtet werden, mögen als positive Aspekte gewertet werden. So gesehen könnten sich die Industrieländer dieser Zonen, Hauptverursacher der anthropogenen Klimaveränderungen, als vermeintliche „Gewinner" fühlen. „Verlierer" sind in jedem Falle viele Schwellen- und Entwicklungsländer, die nur relativ geringfügige Mengen klimawirksamer Gase emittieren: Verminderte Niederschläge etwa in der Sahelzone, die heute schon zu den Problemgebieten der Welt gehört, haben verheerende Auswirkungen. Und der Anstieg des Meeresspiegels bedroht flache Insel- und Küstenstaaten wie die Malediven oder Bangladesh. Die komplexen Wechselbeziehungen der Atmosphäre mit den Ozeanen, wie sie sich etwa in dem El Niño-Phänomen manifestieren, könnten aber auch für die vermeintlichen Gewinner Überraschungen mit negativen Auswirkungen bereithalten, ganz zu schweigen von einer wachsenden Zahl potentieller Umweltflüchtlinge aus der Dritten Welt.

In gewissen Grenzen kann der Klimaveränderung durch Anpassung begegnet werden, etwa durch geeignete Sortenwahl in der Landwirtschaft oder wasserbauliche Maßnahmen. Wahrscheinlich müssen wir uns ohnehin an veränderte Umweltbedingungen anpassen, weil die Zunahme der Anteile von CO_2 und anderen Treibhausgasen in der Atmosphäre ungebremst weitergeht und ein globales Abkommen, das zu einer wirksamen Reduktion führt, nicht in Sicht ist (s. Abschnitt 6.2). Selbst wenn sich in 20 oder 30 Jahren, wenn die Klimaentwicklung dann noch deutlichere Ausmaße angenommen hat, ein solches Abkommen möglicherweise leichter erzielen ließe, wäre damit ein sofortiges Umsteuern wegen der Langlebigkeit dieser Substanzen unmöglich. Allein aus diesem Grunde gebietet das Vorsorgeprinzip, bereits heute zu agieren.

Hierfür gibt es nur einen Weg: Die CO_2-Emissionen müssen weltweit drastisch reduziert und gleichzeitig muß neuen CO_2-freien Energieformen zum Durchbruch verholfen werden. Nicht-fossile Energieformen müssen zunehmend die Energieversorgung der Welt übernehmen und die fossilen Energieträger, deren Vorräte ohnehin begrenzt sind, zurückdrängen. Daß diese Entwicklung bislang nur schleppend verläuft, liegt wesentlich daran, daß fossile Energie viel zu billig zur Verfügung steht. Dies hat zur Folge, daß es vielfach wirtschaftlicher ist, zu verschwenden, statt in energieeffizientere Techniken zu investieren, ganz zu schweigen von alternativen Energieformen, die sich gegen die konkurrenzlos preiswerte fossile Energie kaum durchsetzen können.

In der Deklaration von Rio ist das Verursacherprinzip verankert, wonach jeder, der Luftverschmutzung verursacht, dafür auch bezahlen soll. Auf die fossilen Energieträger angewandt heißt dies, daß jeder, der Kohle, Öl oder Erdgas zum Heizen verbrennt, Auto fährt, mit dem Flugzeug verreist oder elektrischen Strom verbraucht, anteilig an den Kosten der Umweltschäden, die hierdurch verursacht werden, beteiligt werden muß. Was kostet die Klimaveränderung? Was kosten zusätzliche Dürren oder Überflutungen? Was kosten zusätzliche Staudämme oder Deichbauten, die als Folge der Klimaveränderung erforderlich wären? All diese externen Kosten müßten ermittelt und anteilig auf den Preis fossiler Energie aufgeschlagen werden. Eine solche Umwelt- oder Ökosteuer, die etwa pro Tonne emittiertes CO_2 erhoben werden könnte, hätte zwei Effekte:

1. Die CO_2-Emissionen würden zurückgehen, da Investitionen in energieeffizientere Techniken zunehmend attraktiver würden, und
2. verfügbare alternative Energien würden am Markt konkurrenzfähig, was den CO_2-Ausstoß weiter reduziert.

Die Erträge einer solchen Ökosteuer die diesen Namen auch verdient, müßten gezielt in Projekte fließen, die der fortschreitenden Klimaveränderung entgegenwirken. (Die Erträge der gegenwärtig in Deutschland erhobenen „Ökosteuer" dienen lediglich der Deckung von Haushaltslöchern.) Neben Aufforstungsprojekten müßte der Schwerpunkt vor allem auf der großtechnischen Entwicklung und Bereitstellung erneuerbarer Energien liegen. Nur diese bieten die Möglichkeit, den steigenden Energiebedarf der Dritten Welt mit der notwendigen Reduktion der CO_2-Emissionen in Einklang zu bringen.

Das Marktinstrument Ökosteuer kann nur dann ein Umsteuern der heutigen fossilen hin zu erneuerbaren Energieformen bewirken, wenn es mit niedrigen marktverträglichen Steuersätzen beginnt und diese sukzessive in berechenbaren Schritten, die festgelegt und für alle Marktteilnehmer transparent sein müssen, anhebt. Es muß auch unabhängig davon in Kraft sein, welche politischen Parteien gerade die Regierung stellen. Eines der Hauptprobleme, die dem Zustandekommen eines internationalen Abkommens zur wirksamen Reduktion der Treibhausgasemissionen entgegenstehen, resultiert daraus, daß die Zeitskalen der Umweltveränderungen und der politischen Wahlperioden nicht zusammenpassen: Während der Amtszeit eines US-Präsidenten oder eines deutschen Bundeskanzlers ist der globale Temperaturanstieg nur sehr gering, vielleicht weniger als 0,1°. Unsere politischen Systeme sind nicht auf Probleme eingestellt, die sich in derart langsamen Zeitskalen abspielen. So gesehen, ist ein effektives Umweltmanagement nur abgekoppelt von der jeweiligen nationalen Politik denkbar. Nationale Umweltpolitik ist in vielen Bereichen durchaus sinnvoll. Die Klimaproblematik erfordert aber eine globale Strategie und ein globales Management.

Hierfür ist die zunehmende Globalisierung, die heute schon weite Bereiche der Wirtschaft, der Wissenschaft, der Medien und des Tourismus erfaßt hat, eine gute Voraussetzung. Nationale Egoismen müssen dabei im Interesse eines globalen Abkommens zur Stabilisierung des Klimas zurückstehen, denn nur eine weltweite Reduktion der Emission klimawirksamer Substanzen kann den fortschreitenden Treibhauseffekt bremsen. Der Erfolg des Kyoto-Protokolls wird davon abhängen, ob auch die USA, die für etwa ein Viertel der Emissionen verantwortlich sind, das Abkommen ratifizieren.

Vorsichtiger Optimismus sei mit Rückblick auf das Montreal-Protokoll (s. Abschnitt 6.1) angebracht: Dieses kam erst zustande, nachdem das Ozonloch entdeckt worden war, und es wurde unter dem Eindruck drastischer Ozonreduktionen auch über bewohnten Gebieten schließlich so verschärft, daß ein wirksamer weltweiter Ausstieg aus der Produktion der wichtigsten „Ozonkiller", der FCKWs und Halone, erreicht war.

Im Gegensatz zu der Ozonproblematik ist die Klimaproblematik ungleich schwieriger: FCKWs und Halone wurden weltweit von nur einem Dutzend Firmen hergestellt, die heute an den Ersatzsubstanzen verdienen. Die Klimagase, allen voran CO_2, werden von der gesamten Menschheit „hergestellt". Sie sind Produkte unserer Zivilisation, die ihren Energiebedarf überwiegend aus der Verbrennung fossiler Energieträger deckt. Wie schwierig es ist, ein globales Abkommen zur Reduktion der Treibhausgasemissionen zu erzielen, hat die bisherige Geschichte des Kyoto-Protokolls gezeigt (s. Abschnitt 6.2). In Analogie zum Montreal-Protokoll könnte aber auch hier zunehmender Umweltdruck die Entwicklung beschleunigen: Schwere Stürme, Fluten, Dürreperioden oder andere katastrophale Ereignisse, bei denen der Nachweis gelingt, daß sie kausal mit dem fortschreitenden Treibhauseffekt in Zusammenhang stehen.

Farbtafeln

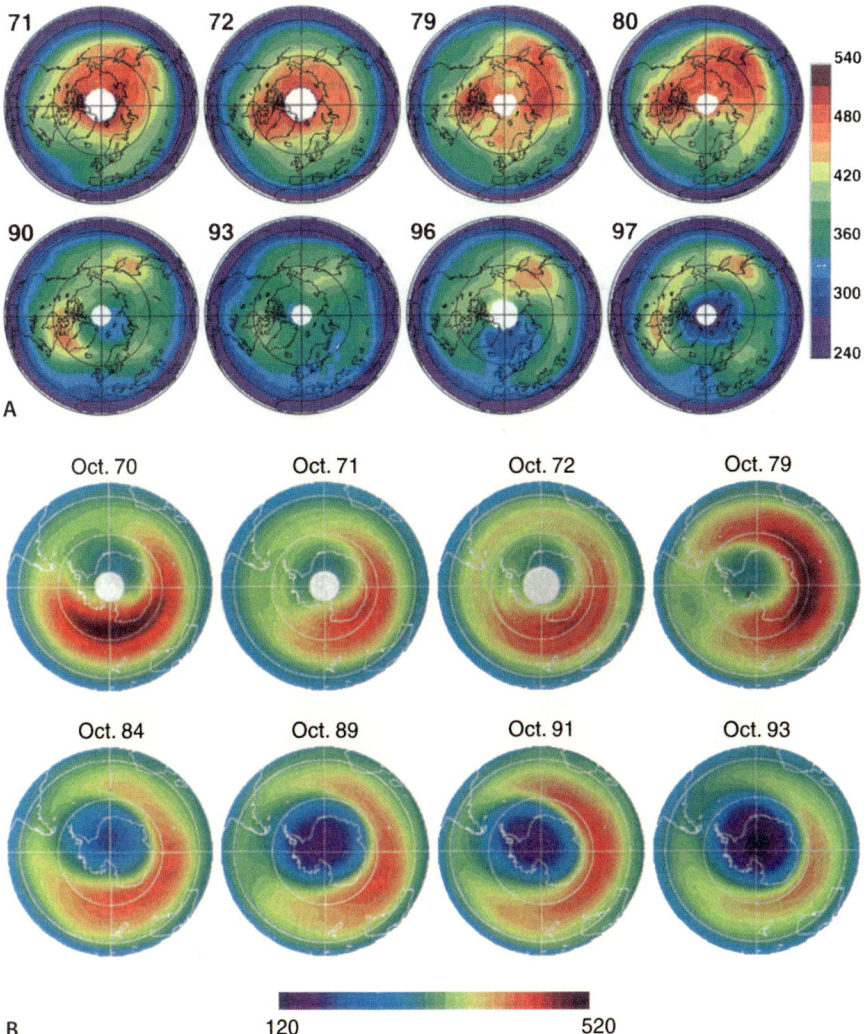

Farbtafel 1. Dicke der Ozonschicht in Dobson Units (DU, s. Farbskalen). Man beachte: Die Farbskalen beider Teilbilder A und B sind unterschiedlich:

A Oberes Teilbild: Stereographische Darstellung der Nordhemisphäre (Nordpol in der Mitte), Märzmittel des Gesamtozonbetrages nach Messungen der Satellitensensoren Nimbus 4 BUV (1971, 72), und Nimbus 7 TOMS (1979, 80, 90, 93), NOAA 9 SBUV-2 (1996) und EP-TOMS (1997), nach [46].

B Unteres Teilbild: Stereograpische Darstellung der Südhemisphäre (Südpol in der Mitte), Oktobermittel des Gesamtozonbetrages nach Messungen der Satellitensensoren Nimbus 4 BUV (1970–72), Nimbus 7 TOMS (1979–91) und Meteor 3 TOMS (1993), nach [50]

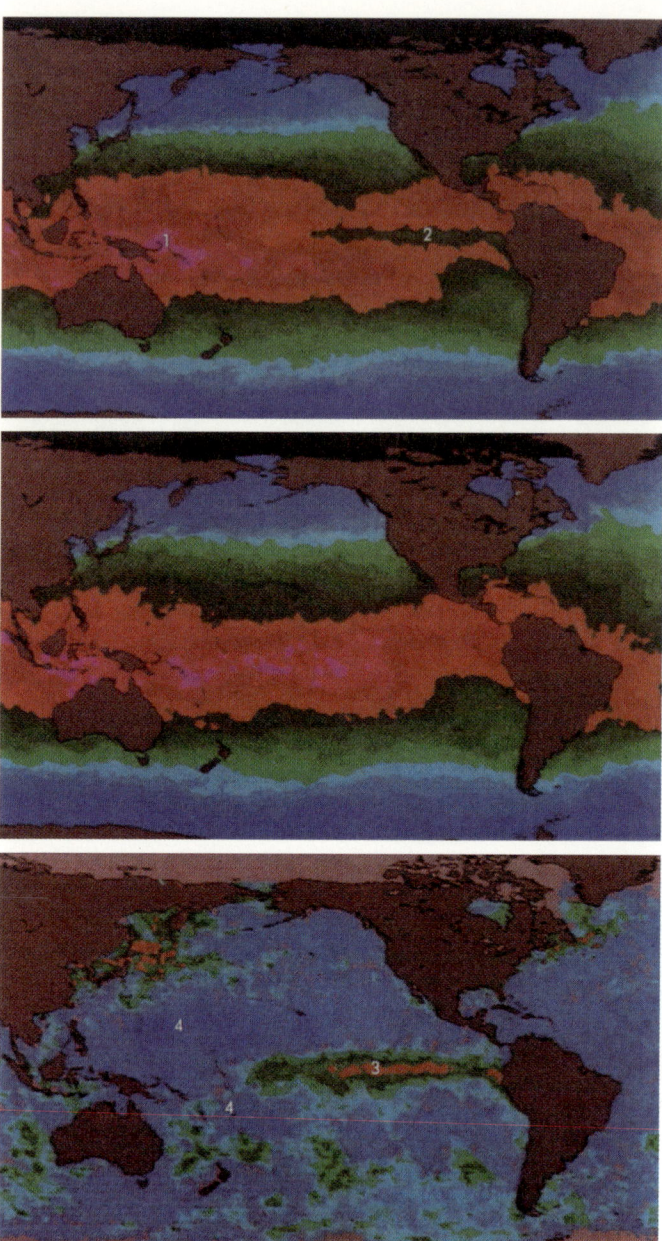

Farbtafel 2. Wassertemperatur im Pazifik nach Satellitenmessungen am 20. Januar 1984 (Normalzustand: oben) und am 20. Juni 1983 während El Niño (Mitte). *Blau:* Temperaturen 0–12 °C, *Grün:* 13–24 °C, *Gelb bis Rot:* 25–30 °C. Die untere Abbildung zeigt die Differenz beider Aufnahmen, positive Anomalien zwischen 2 und 6 °C grün, gelb und rot, negative Anomalien zwischen 1 und 3 °C dunkelblau. Im Normalzustand ist der tropische Westpazifik (1) warm, der Ostpazifik (2) relativ kalt (oben). Die starke Abkühlung im Westpazifik (4) und die Erwärmung des Ostpazifik (3) während El Niño (Mitte) sind im unteren Teilbild veranschaulicht. Nach [74]

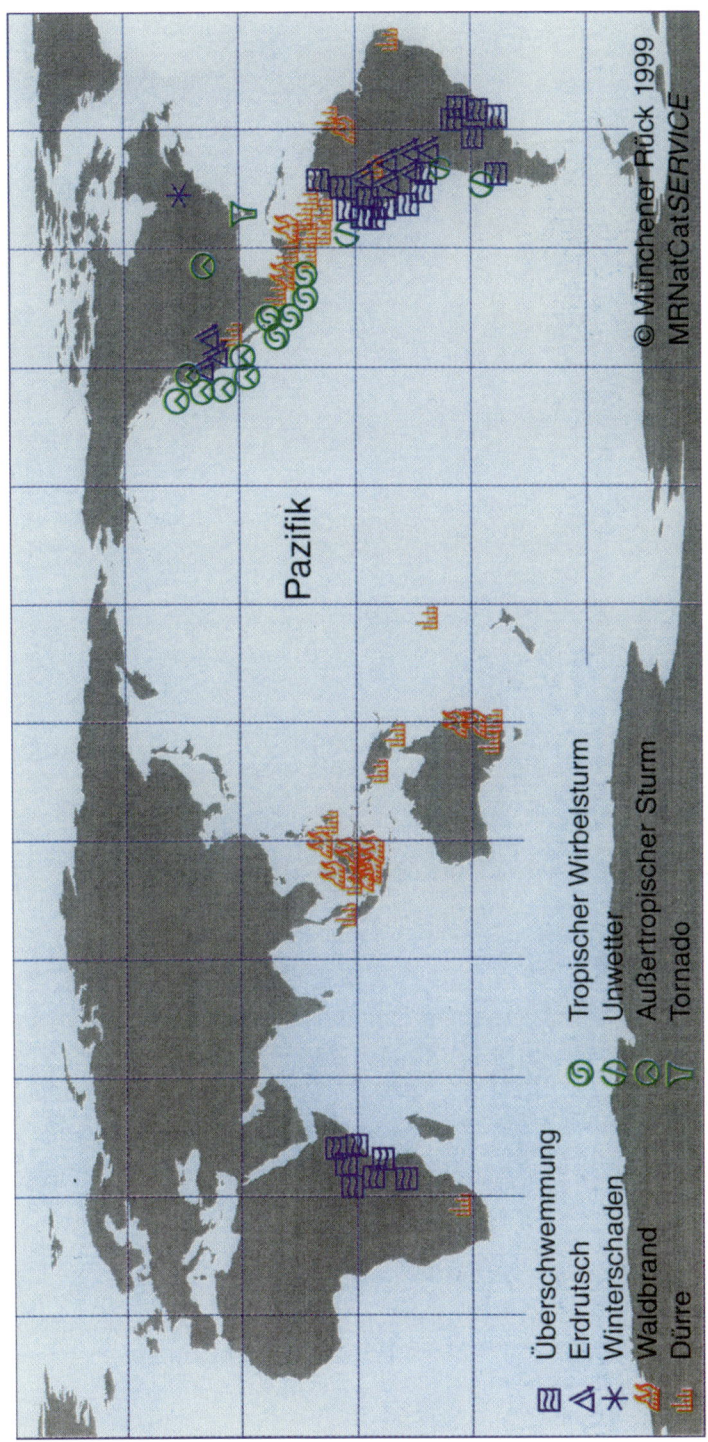

Farbtafel 3. Weltweite Auswirkungen des El Niño-Ereignisses von 1997/98, nach [91]

Legende:
- Überschwemmung
- Erdrutsch
- Winterschaden
- Waldbrand
- Dürre
- Tropischer Wirbelsturm
- Unwetter
- Außertropischer Sturm
- Tornado

Pazifik

© Münchener Rück 1999
MRNatCatSERVICE

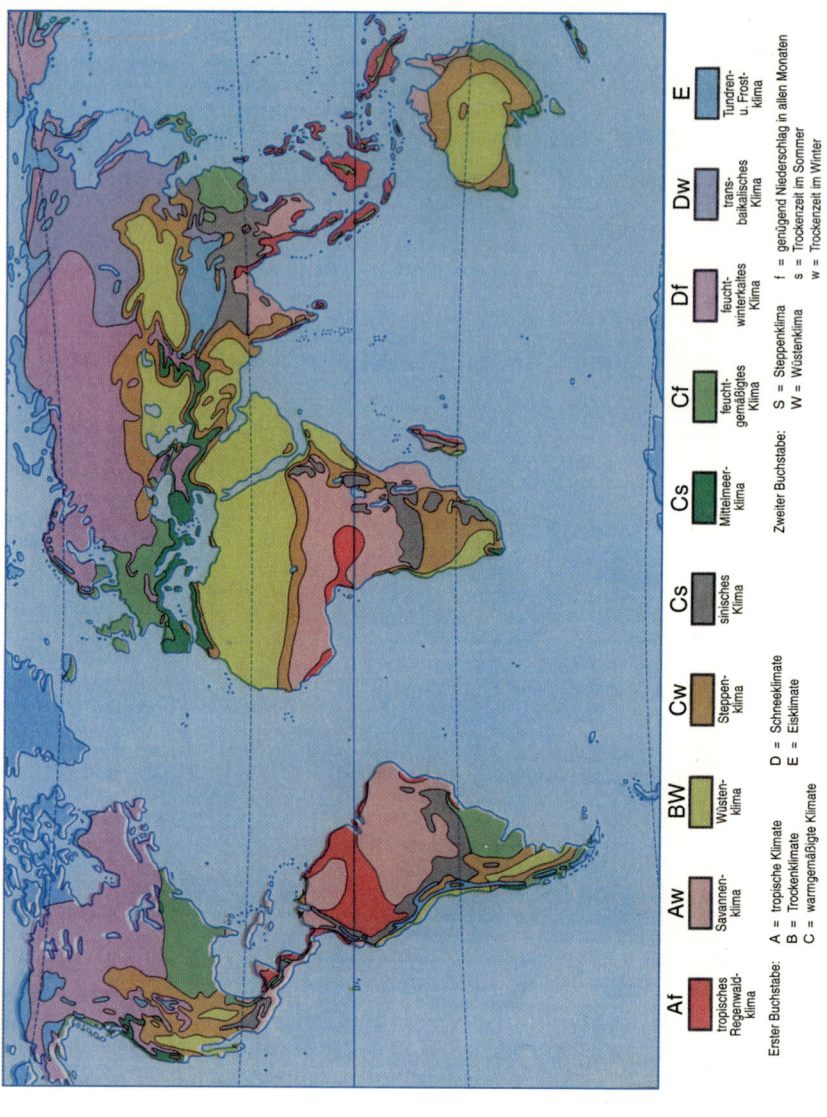

Farbtafel 4. Klimaklassifikation nach Köppen und Geiger

Af
tropisches Regenwald-klima

Aw
Savannen-klima

BW
Wüsten-klima

Cw
Steppen-klima

Cs
sinisches Klima

Cs
Mittelmeer-klima

Cf
feucht-gemäßigtes Klima

Df
feucht-winterkaltes Klima

Dw
trans-baikalisches Klima

E
Tundren- u. Frost-klima

Erster Buchstabe: A = tropische Klimate   D = Schneeklimate
                   B = Trockenklimate   E = Eisklimate
                   C = warmgemäßigte Klimate

Zweiter Buchstabe: S = Steppenklima   f = genügend Niederschlag in allen Monaten
                    W = Wüstenklima   s = Trockenzeit im Sommer
                                          w = Trockenzeit im Winter

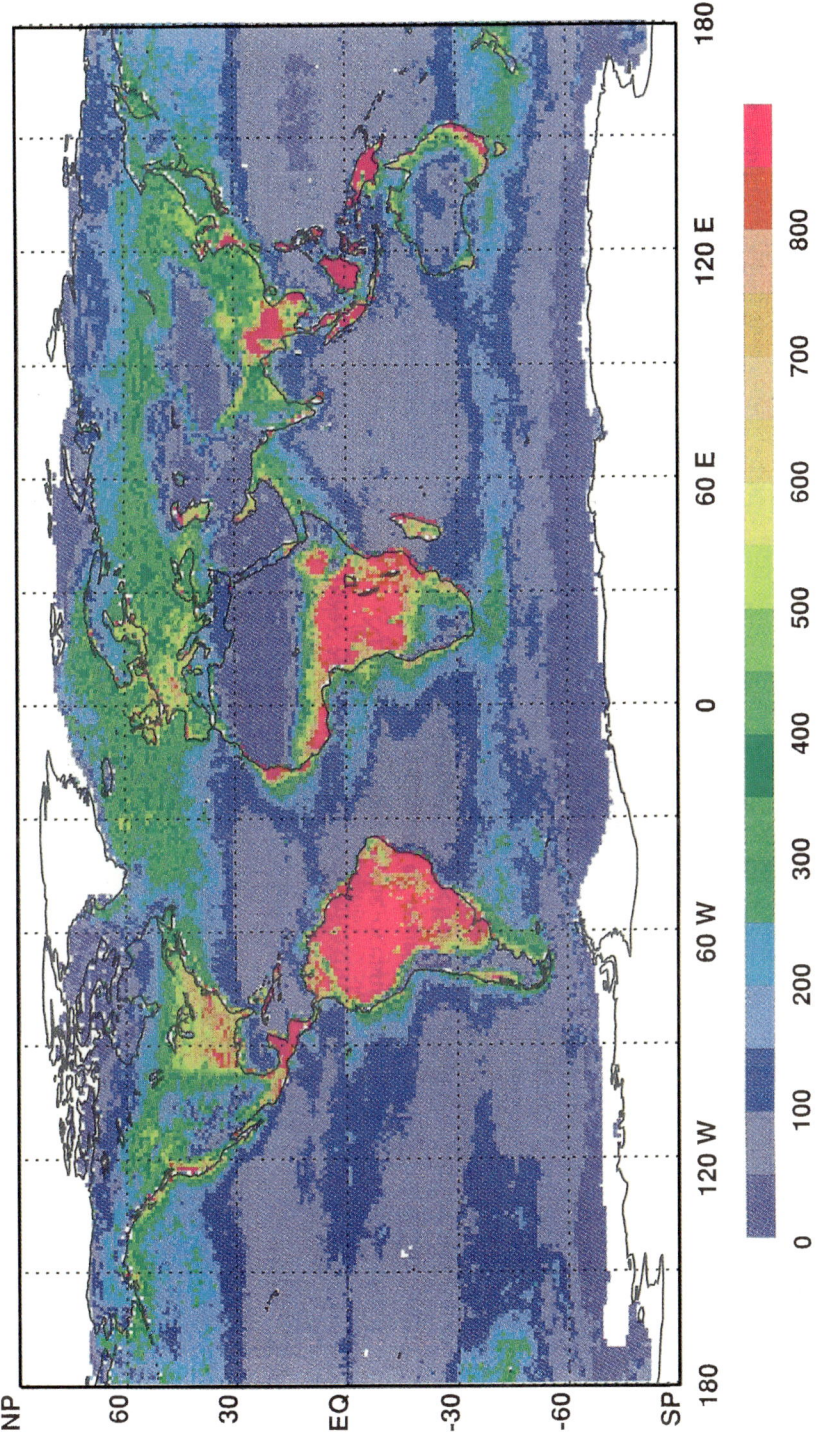

Farbtafel 5. Globale Verteilung der jährlichen Netto-Primärproduktion (NPP) in g C/m², nach [106]

Farbtafel 6. Sandgestrahltes Stammscheibenstück einer Buche. Der Baum, der bis 1982 zwischenständig nur relativ geringe Zuwächse zeigt (0–6 cm), wurde 1982 freigestellt. Seitdem ist der Zuwachs sowohl im Frühholz wie im Spätholz stark angestiegen (6–8 cm). Nach [194]

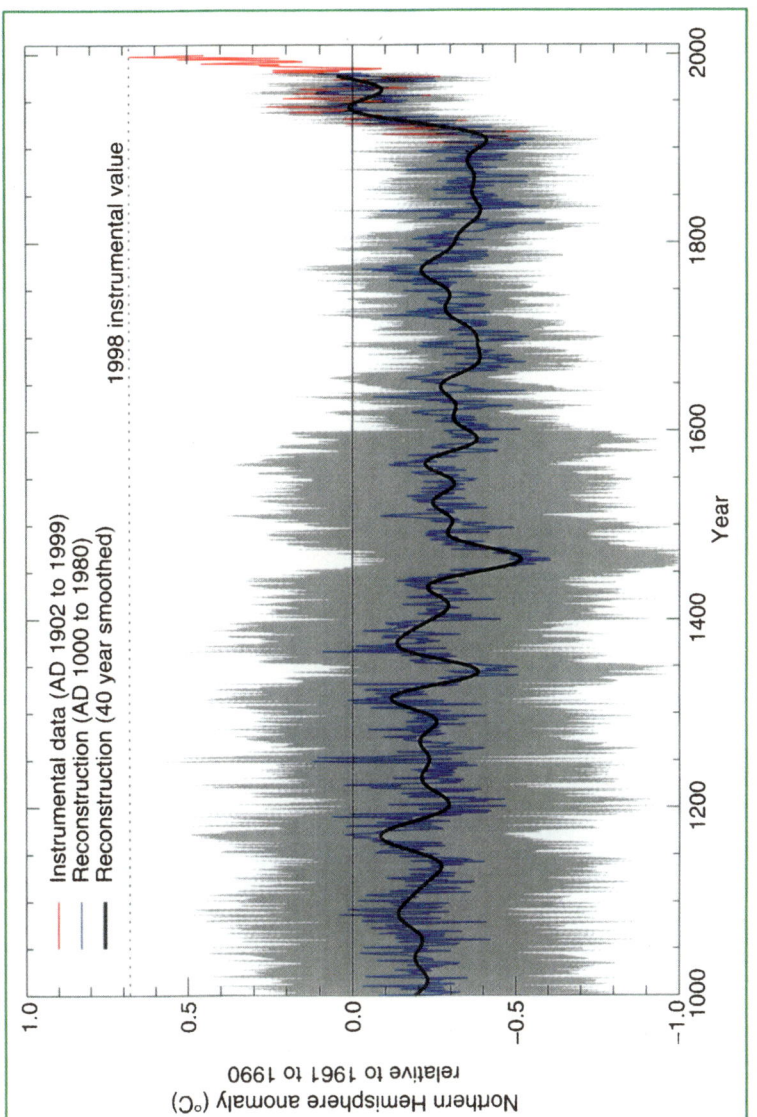

Farbtafel 7. Globaler Temperaturverlauf (Nordhemisphäre) über die letzten 1000 Jahre. Meßdaten der instrumentellen Periode sind *rot*, aus Klimaproxies (Baumringe, Korallen, Eiskerne und historische Aufzeichnungen) abgeleitete Temperaturen *blau* dargestellt. 40jährige übergreifende Mittel sind als *schwarze* Linie eingezeichnet. Der *grau* unterlegte Bereich entpricht 2 Standard-Abweichungen; nach [212]

Farbtafel 8. Wintersmog in Moskau (oberes Teilbild) und Sommersmog in Stuttgart (unteres Teilbild); nach [310]

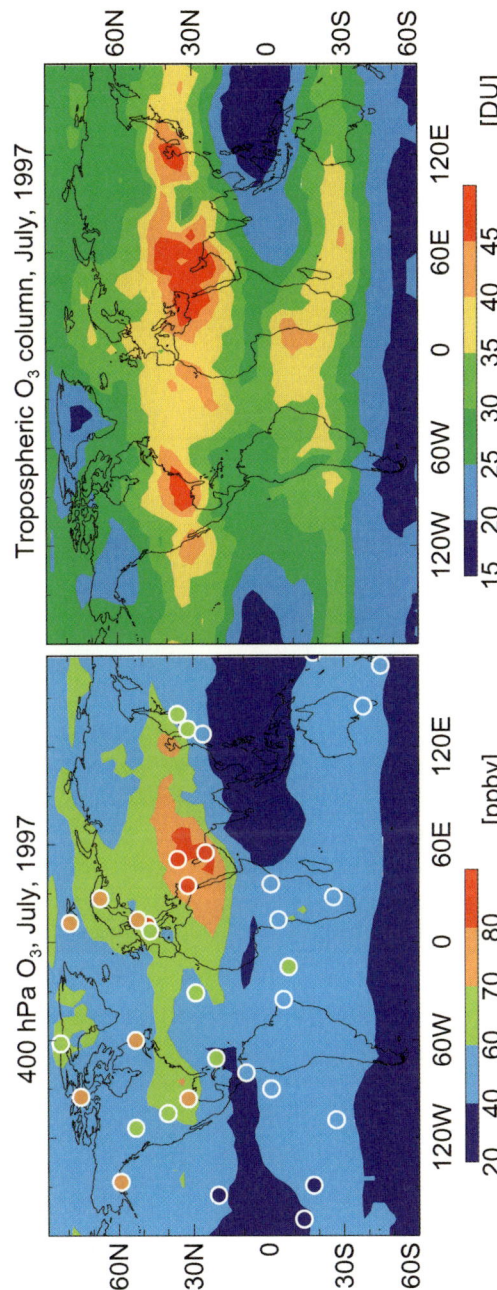

Farbtafel 9. Berechnete troposphärische Ozonverteilung für Juli 1997. Linkes Teilbild: Ozon-Mischungsverhältnis in ppb für 400 hPa (etwa 7500 m Höhe), rechtes Teilbild: troposphärische Ozonsäule in DU. Die im linken Teilbild eingetragenen farbigen Kreise sind Meßwerte von Radiosonden und Meßdaten aus dem MOZAIC-Programm; nach [265]

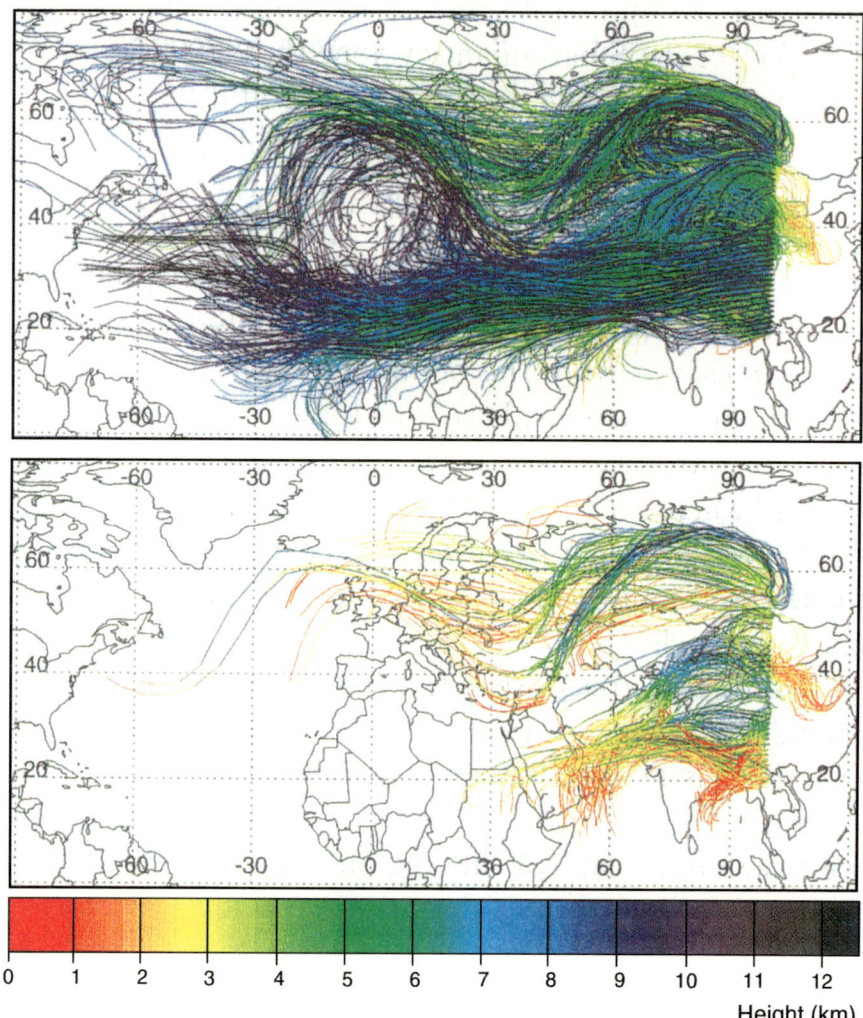

Farbtafel 10. Rückwärtstrajektorien für 5 Tage, berechnet für eine fiktive „Wand" bei 100° östl. Länge für März 1997. Die Trajektorien des oberen Teilbildes starten in Höhen oberhalb, diejenigen des unteren Teilbildes unterhalb 2,5 km. Die Farbskala der Höhen, welche die Luftpakete über die 5 Tage vor Eintreffen in 100 °O durchlaufen, ist in km unter den Figuren dargestellt; nach [304]

Farbtafel 11. Gletscherstand des Vernagtferners in den Ötztaler Alpen 1985 (oben) und 2000 (unten). Fotos: Markus Weber (Mitt. des Deutschen Alpenvereins 53, 2001)

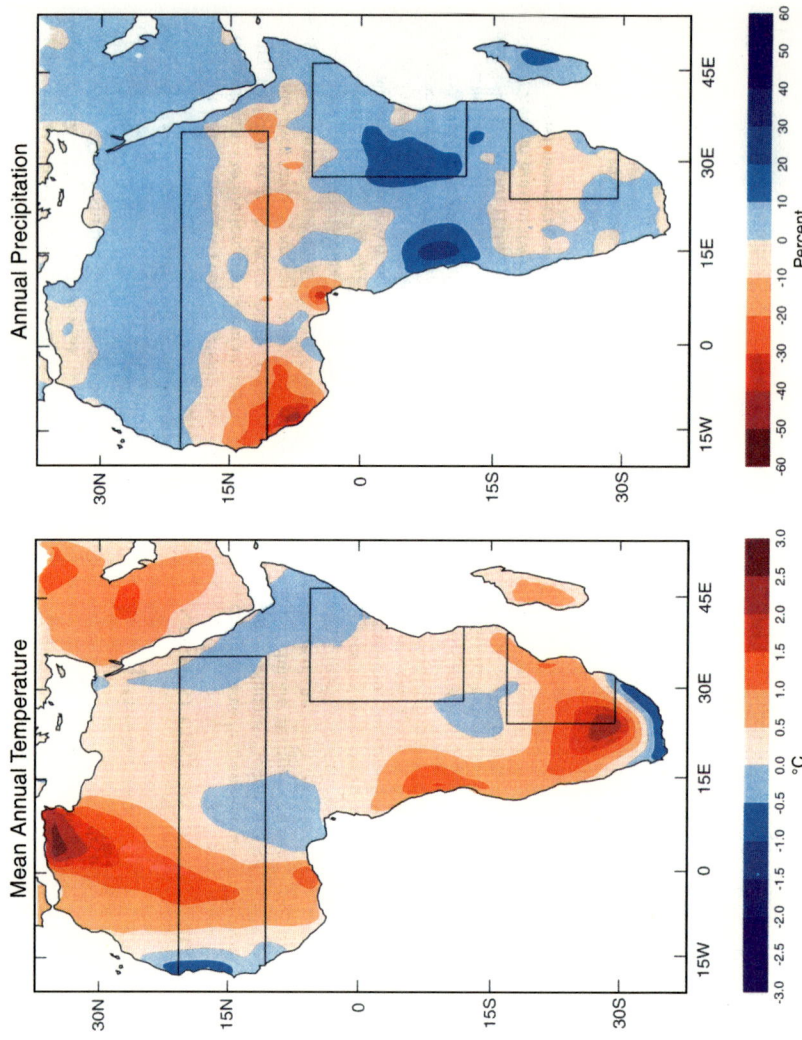

Farbtafel 12. Mittlerer linearer Trend der Jahrestemperatur (links: °C/Jahrhundert) und des jährlichen Niederschlages (rechts: %/Jahrhundert), berechnet aus Meßdaten des Zeitraums 1901–1995; nach [384]

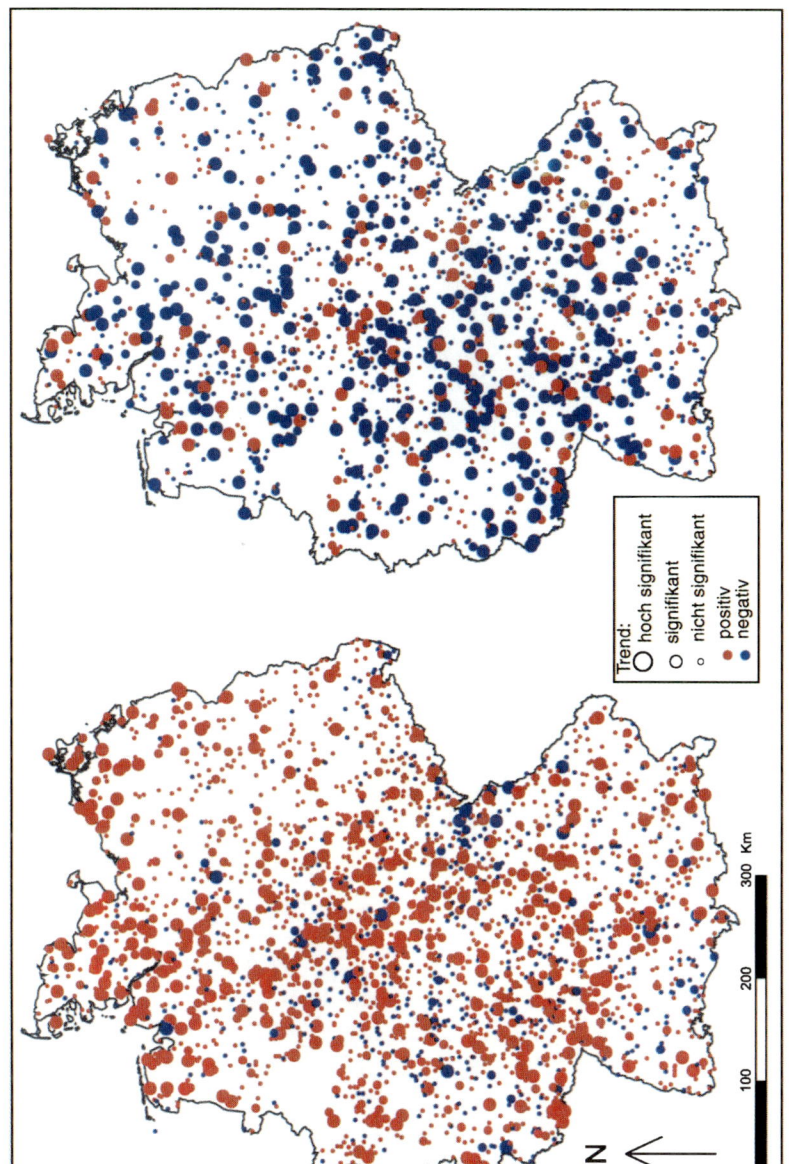

Farbtafel 13. Lineare Trends der phänologischen Phasen „Blattentfaltung der Roßkastanie" (links) und „Laubverfärbung der Stieleiche" (rechts), für mindestens 20 Jahre umfassende Datenreihen. Jeder Punkt entspricht einer phänologischen Meßstation des Meßnetzes des Deutschen Wetterdienstes; nach [387]

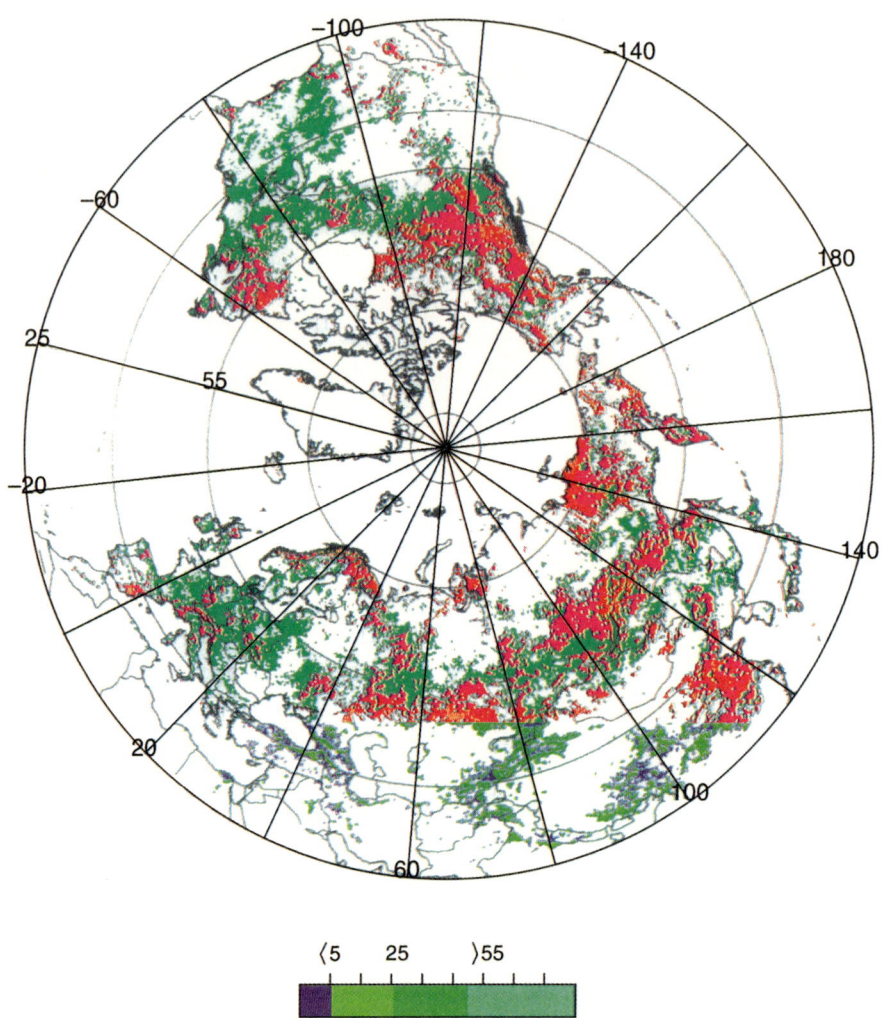

Farbtafel 14. Stereographische Darstellung der prozentualen Zunahme der Biomasse (normalisierter Vegetationsindex NDVI) für die Nordhalbkugel zwischen 1982 und 1990. Die NDVI-Daten sind aus Meßwerten schmalbandiger Spektrometer der AVHRR-Sensoren auf NOAA-Satelliten abgeleitet; nach [393]

Literatur

1. Barbato PP, Ayer EA (1981) Atmospheres. Pergamon
2. Lovelock JE, Margulis L (1974) Atmospheric homeostasis by and for the biosphere: the gaia hypothesis. Tellus 26:2–10
3. Chamberlain JW (1978) Theory of planetary atmospheres. Int Geophys Ser 22, Academic Press
4. Hoyle F, Wickramasinghe C (1978) Lifecloud. JM Dent Sons Ltd, London Toronto Melbourne
5. Walker CG (1977) Evolution of the atmosphere. Macmillan
6. Alfvén H, Arrhenius G (1976) Evolution of the solar system. NASA SP-345, Washington, DC
7. Palme H, Suess HE, Zeh HD (1981) Abundances of the elements in the solar system. Landolt-Börnstein, Neue Serie VI, 2a, Springer-Verlag
8. Urey HC (1952) The atmospheres of the planets. Handbuch der Physik 52, Springer-Verlag, 363–418
9. Berkner LV, Marshall LC (1966) Limitation on oxygen concentration in a primitive planetary atmosphere. J Atmos Sci 23:133–143
10. Calvin M, Calvin GJ (1964) Atom to Adam. Amer Scientist 52:163–186
11. Commoner B (1965) Biochemical, biological and atmospheric evolution. Proc US Nat Acad Sci 53:1183–1194
12. Haldane JBS (1964) Genesis of life. In: The planet Earth (Bates DR, ed) 325–341. Pergamon Press, New York
13. Ponnamperuma C, Gabel NW (1968) Current status of chemical studies on the origin of life. Space Life Sci. 1:64–96
14. Miller SL, Orgel LE (1974) The origins of life on Earth. Prentice Hall, Engelwood Cliffs, New Jersey
15. Rasmussen B (2000) Filamentous microfossils in a 3,235-million-year-old volcanogenic massive sulphide deposit. Nature 405:676–679
16. Wächtershäuser G (2000) Life as we don't know it. Science 289:1307–1308
17. Cody GD, Boctor NZ, Filley TR, Hazen RM, Scott JH, Sharma A, Yoder HS jr (2000) Primordial carbonylated iron-sulfur compounds and the synthesis of pyruvate. Science 289:1337–1340
18. Stephenson M (1966) Bacterial Metabolism. (Green and Co, London) MIT Press, 3rd Edition
19. Sagan C (1973) Ultraviolet selection pressure on earliest organisms. Journal of Theoretical Biology 39:195–200
20. Li Y (1972) Geochemical mass balance among lithosphere, hydrosphere, and atmosphere. American Journal of Science 272:119–137
21. Mojzsis SJ, Arrhenius G, McKeegan KD, Harrison TM, Nutman AP, Friend CRL (1996) Evidence for life on Earth before 3,800 million years ago. Nature 384:55–59
22. Schidlowski M (1971) Probleme der atmosphärischen Evolution im Präkambrium. Geologische Rdsch 60:1351–1384
23. Pflug HD (1978) Yeast-like microfossils detected in oldest sediments of the Earth. Die Naturwissenschaften 65:611–615

24. Awramik SM (1982) The pre-phanerozoic fossil record. In: Mineral deposits and the evolution of the biosphere. (Holland HD, Schidlowski M, eds) 67–82. Springer-Verlag
25. Miller SL (1982) Prebiotic synthesis of organic compounds. In: Mineral deposits and the evolution of the biosphere. (Holland HD, Schidlowski M, eds) 155–176. Springer-Verlag
26. Junge CE (1981) Die Entwicklung der Erdatmosphäre. Die Naturwissenschaften 68:236–244
27. Ratner MI, Walker JCG (1972) Atmospheric ozone and history of life. Journal of the Atmospheric Sciences 29:803–808
28. Schidlowski M (1982) Content and isotopic composition of reduced carbon in sediments. In: Mineral deposits and the evolution of the biosphere. (Holland HD, Schidlowski M, eds) 103–122. Springer-Verlag,
29. Schidlowski M, Wendt H (1982) Kosmos, Erde und Mensch. In: Kindlers Enzyklopädie Bd I
30. Canfield DE, Habicht KS, Thamdrup B (2000) The Archean sulfur cycle and the early history of atmospheric oxygen. Science 288:658–661
31. Berner RA, Petsch ST, Lake JA, Beerling DJ, Popp BN, Lane RS, Laws EA, Westley MB, Cassar N, Woodward FI, Quick WP (2000) Isotope fractionation and atmospheric oxygen: Implications for phanerozoic O-2 evolution. Science 287:1630–1633
32. Lovelock JE, Lodge JP (1972) Oxygen in the contemporary atmosphere. Atmos Environ 6:575–578
33. Trüper HG (1982) Microbial processes in the sulfur cycle through time. In: Mineral deposits and the evolution of the biosphere. (Holland HD, Schidlowski M, eds) 5–30. Springer-Verlag
34. Nealson KH (1982) Microbial oxidation and reduction of iron. In: Mineral deposits and the evolution of the biosphere. (Holland HD, Schidlowski M, eds) 51–66. Springer-Verlag
35. Kraus H (2000) Die Atmosphäre der Erde. Vieweg Verlag, Braunschweig, Wiesbaden
36. Fröhlich C, Lean J (1998) The Sun's total irradiance: Cycles, trends and related climate change uncertainties since 1976. Geophysical Research Letters 25:4377–4380
37. Kamik I, Beegle LW, Ajillo JM, Solomon SC (2000) Electron-impact excitation/emission and photoabsorption cross sections important in the terrestrial airglow and auroral analysis of rocket and satellite observations. Phys Chem Earth (C) 25:573–581
38. Fligge M, Solanki SK (2000) The solar spectral irradiance since 1700. Geophysical Research Letters 27:2157–2160
39. Lean J (2000) Evolution of the sun's spectral irradiance since the Maunder Minimum. Geophysical Research Letters 27:2425–2428
40. Milankovic M (1920) Théorie mathématique de phénomènes thermiques produits par la radiation solaire. Académie Jugoslave des Sciences et des Arts de Zagreb,
41. Fabian P (1992) Atmosphäre und Umwelt. 4. Aufl, Springer-Verlag, Berlin
42. Finlayson-Pitts B, Pitts JN jr (1999) Chemistry of the upper and lower atmosphere. Academic Press, San Diego
43. Dütsch HU (1971) Photochemistry of atmospheric ozone. Advances in Geophysics 15:219–322
44. Chapman S (1930) A theory of upper atmospheric ozone. Mem R Soc 3:103–140
45. Bates DR, Nicolet M (1950) The photochemistry of atmospheric water vapor. Journal of Geophysical Research 55:301–327
46. Newman PA, Gleason JF, McPeters RD, Stolarski RS (1997) Anomalously low ozone over the Arctic. Geophysical Research Letters 24:2689–2692
47. Crutzen PJ (1971) Ozone production rates in an oxygen-hydrogen-nitrogen-oxide atmosphere. Journal of Geophysical Research 76:7311–7322
48. Stolarski RS, Cicerone RJ (1974) Stratospheric chlorine – possible sink for ozone. Canadian Journal of Chemistry-Revue Canadienne de Chimie 52:1610–1615
49. Fabian P, Borchers R, Flentje G, Matthews WA, Seiler W, Giehl H, Bunse K, Muller F, Schmidt U, Volz A, Khedim A, Johnen FJ (1981) The vertical-distribution of stable trace

gases at mid-latitudes. Journal of Geophysical Research-Oceans and Atmospheres 86: 5179–5184

50. Stolarski RS, Labow GJ, McPeters RD (1997) Springtime Antarctic total ozone measurements in the early-1970s from the BUV instrument on Nimbus 4. Geophysical Research Letters 24:591–594

51. Fabian P (1986) Halogenated hydrocarbons in the atmosphere. In: The handbook of environmental chemistry. (Hutzinger O, ed) A23–51. Springer-Verlag

52. Duscha H, Borchers R, Fabian P, Bischof W (1990) First results of RASMUS: source gases in the mesosphere. Advances in Space Research 10:77–81

53. Fabian P, Pyle JA, Wells RJ (1982) Diurnal-variations of minor constituents in the stratosphere modeled as a function of latitude and season. Journal of Geophysical Research-Oceans and Atmospheres 87:4981–5000

54. Zellner R (1999) Global aspects of atmospheric chemistry. (Zellner R, ed) Steinkopf, Springer-Verlag, Darmstadt, New York

55. Bolle HJ (1986) Radiation and energy transport in the earth atmosphere system. In: The handbook of environmental chemistry. Vol IB, (Hutzinger O, ed) Springer-Verlag, Berlin

56. Liljequist G, Cehak K (1979) Allgemeine Meteorologie. Vieweg

57. Junge CE (1974) Residence time and variability of tropospheric trace gases. Tellus 26: 477–488

58. Jobson BT, McKeen SA, Parrish DD, Fehsenfeld FC, Blake DR, Goldstein AH, Schauffler SM, Elkins JC (1999) Trace gas mixing ratio variability versus lifetime in the troposphere and stratosphere: Observations. Journal of Geophysical Research-Atmospheres 104: 16091–16113

59. Chameides WL, Davis DD (1982) Chemistry in the troposphere. Chemical & Engineering News 60:38–52

60. Newell RE (1963) Transfer through the tropopause and within the stratosphere. Quarterly Journal of the Royal Meteorological Society 89:167–204

61. Brewer AW (1949) Evidence for a world circulation provided by the measurements of Helium and water vapour distribution in the stratosphere. Quarterly Journal of the Royal Meteorological Society 75:351–363

62. McIntyre ME, Palmer TN (1983) Breaking planetary-waves in the stratosphere. Nature 305:593–600

63. Mote PW, Rosenlof KH, McIntyre ME, Carr ES, Gille JC, Holton JR, Kinnersley JS, Pumphrey HC, Russell JM, Waters JW (1996) An atmospheric tape recorder: The imprint of tropical tropopause temperatures on stratospheric water vapor. Journal of Geophysical Research-Atmospheres 101:3989–4006

64. Baldwin MP, Gray LJ, Dunkerton TJ, Hamilton K, Haynes PH, Randel WJ, Holton JR, Alexander MJ, Hirota I, Horinouchi T, Jones DBA, Kinnersley JS, Marquardt C, Sato K, Takahashi M (2001) The quasi-biennial oscillation. Reviews of Geophysics 39:179–229

65. Holton JR, Haynes PH, McIntyre ME, Douglass AR, Rood RB, Pfister L (1995) Stratosphere-troposphere exchange. Reviews of Geophysics 33:403–439

66. Dethof A, O'Neill A, Slingo J (2000) Quantification of the isentropic mass transport across the dynamical tropopause. Journal of Geophysical Research-Atmospheres 105: 12279–12293

67. Bischof W, Borchers R, Fabian P, Kruger BC (1985) Increased concentration and vertical-distribution of carbon-dioxide in the stratosphere. Nature 316:708–710

68. Fabian P, Libby WF, Palmer CE (1968) Stratospheric residence time and interhemispheric mixing of Strontium 90 from fallout in rain. Journal of Geophysical Research 73:3611–3616

69. Baumgartner A, Liebscher H-J (1990) Allgemeine Hydrologie. In: Lehrbuch der Hydrologie. Gebr. Bornträger, Berlin, Stuttgart

70. Knauss JA (1978) Introduction to physical oceanography. Cliffs NJ, Englewood Prentice-Hall

71. Ghil M, McWilliams J (1994) Workshop tackles oceanic thermocline circulation. EOS 75, 493–498. American Geophysical Union

72. Bossel H (1990) Umweltwissen – Daten, Fakten, Zusammenhänge. 169, Springer-Verlag, Heidelberg
73. Philander SG (1990) El Niño, La Niña and the southern oscillation. International Geophysics Series 46, Academic Press, San Diego
74. Arntz WE, Farbach E (1991) El Niño – Klimaexperiment der Natur. Birkhäuser Verlag, Basel
75. Bjerknes J (1969) Atmospheric teleconnections from the equatorial Pacific. Monthly Weather Review 97:163–172
76. Neelin JD, Latif M (1998) El Niño dynamics. Physics Today 51:32–36
77. Harger JRE (1995) Air temperature variations and ENSO effects in Indonesia, The Philippines and El-Salvador – ENSO Patterns and Changes from 1866–1993. Atmospheric Environment 29:1919–1942
78. Tudhope AW, Chilcott CP, McCulloch MT, Cook ER, Chappell J, Ellam RM, Lea DW, Lough JM, Shimmield GB (2001) Variability in the El Niño – Southern oscillation through a glacial-interglacial cycle. Science 291:1511–1517
79. Cole JE, Cook ER (1998) The changing relationship between ENSO variability and moisture balance in the continental United States. Geophysical Research Letters 25:4529–4532
80. Harrison DE, Larkin NK (1998) Seasonal US temperature and precipitation anomalies associated with El Niño: Historical results and comparison with 1997–98. Geophysical Research Letters 25:3959–3962
81. Kadioglu M, Tulunay Y, Borhan Y (1999) Variability of Turkish precipitation compared to El Niño events. Geophysical Research Letters 26:1597–1600
82. Price C, Stone L, Huppert A, Rajagopalan B, Alpert P (1998) A possible link between El Niño and precipitation in Israel. Geophysical Research Letters 25:3963–3966
83. McPhaden MJ (1999) Climate oscillations – Genesis and evolution of the 1997–98 El Niño. Science 283:950–954
84. Arpe K, Bengtsson L, Golitsyn GS, Mokhov II, Semenov VA, Sporyshev PV (2000) Connection between Caspian Sea level variability and ENSO. Geophysical Research Letters 27:693–2696
85. Eltahir EAB, Wang GL (1999) Nilometers, El Niño, and climate variability. Geophysical Research Letters 26:489–492
86. Wallace JM (2000) North Atlantic Oscillation/annular mode: Two paradigms – one phenomenon. Quarterly Journal of the Royal Meteorological Society 126:791–805
87. Taylor AH, Jordan MB, Stephens JA (1998) Gulf Stream shifts following ENSO events. Nature 393:638–638
88. Grove RH (1998) Global impact of the 1789–93 El Niño. Nature 393:318–319
89. Trenberth KE, Hoar TJ (1996) The 1990–1995 El Niño Southern Oscillation event: Longest on record. Geophysical Research Letters 23:57–60
90. Kerr RA (1999) Climate change – Big El Niños ride the back of slower climate change. Science 283:1108–1109
91. (1999) Topics – Naturkatastrophen 1998. Münchener Rück Münchener Rückversicherungs-Gesellschaft
92. Jones PD (1994) Recent warming in global temperature series. Geophysical Research Letters 21:1149–1152
93. Schönwiese C-D (1992) Praktische Statistik für Meteorologen und Geowissenschaftler. 2, Gebr. Bornträger, Berlin, Stuttgart
94. Blüthgen J, Weischet W (1980) Allgemeine Klimageographie. 3, Walter de Gruyter, Berlin – New York
95. Lockwood JG (1974) World climatology – an environmental approach. Edward Arnold, London
96. Altenkirch W (1977) Ökologie. Diesterweg, Frankfurt/M
97. Walter H, Breckle S-W (1999) Vegetation und Klimazonen: Grundriß der globalen Ökologie. 7, Ulmer, Stuttgart
98. Ellenberg H (1996) Vegetation Mitteleuropas mit den Alpen in ökologischer, dynamischer und historischer Sicht. 5. Aufl, Ulmer, Stuttgart

99. (1990) Vorsorge zum Schutz der Erdatmosphäre zum Thema Schutz der tropischen Wälder. Drucksache 11/7220, Zweiter Bericht der Enquete-Kommission, Deutscher Bundestag

100. Kuttler W (1993) Handbuch zur Ökologie. In: Handbücher zur angewandten Umweltforschung. Analytica Verlagsges, Berlin

101. Ebermayer E (1885) Die Beschaffenheit der Waldluft. Verlag Ferd. Enke, Stuttgart

102. Geiger R (1961) Das Klima der bodennahen Luftschicht. 4. Aufl, Friedrich Vieweg & Sohn, Braunschweig

103. Mitscherlich G (1971) Wald, Wachstum und Umwelt. In: Waldklima und Wasserhaushalt. J.v. Sauerländer's Verlag, Frankfurt/M

104. Lee R (1978) Forest microclimatology. Columbia University Press, New York

105. Oke TR (1987) Boundary layer climates. 2nd Ed., Methuen, London, New York

106. Field CB, Behrenfeld MJ, Randerson JT, Falkowski P (1998) Primary production of the biosphere: Integrating terrestrial and oceanic components. Science 281:237–240

107. Schmid HP, Grimmond CSB, Cropley F, Offerle B, Su HB (2000) Measurements of CO_2 and energy fluxes over a mixed hardwood forest in the mid-western United States. Agricultural and Forest Meteorology 103:357–374

108. Shukla J, Nobre C, Sellers P (1990) Amazon deforestation and climate change. Science 247:1322–1325

109. Semazzi FHM, Song Y (2001) A GCM study of climate change induced by deforestation in Africa. Climate Research 17:169–182

110. Burschel P, Weber M (2001) Wald – Forstwirtschaft – Holzindustrie. Zentrale Größen der Klimapolitik. Forstarchiv 72:75–85

111. Schlamadinger B, Marland G (1998) Substitution of wood from plantation forestry for wood from deforestation: Modelling the effects of carbon storage. In: Carbon dioxide mitigation in forestry. (Kohlmaier GH, Weber M, Houghton RA, eds) Springer-Verlag, Berlin

112. Schlesinger WH (1997) Biogeochemistry, an analysis of Global Change. 2nd Ed, Academic Press, San Diego

113. Schulze E-D (2000) Der Einfluß des Menschen auf die geochemischen Kreisläufe der Erde. Wissenschaftsmagazin der Max-Planck-Gesellschaft JV2000/B20396 F, 76–89. Max-Planck-Gesellschaft

114. Williams SN, Schaefer SJ, Calvache ML, Lopez D (1992) Global carbon dioxide emission to the atmosphere by volcanoes. Geochimica et Cosmochimica Acta 56:1765–1770

115. Keeling CD, Whorf TP (2000) Atmospheric CO_2 records from sites in the SIO air sampling network. In: Trends – a compendium of data on global change. Carbon Dioxide Information Analysis Center, Oak Ridge, Tennessee, USA

116. Heimann M, Esser G, Haxeltine A, Kaduk J, Kicklighter DW, Knorr W, Kohlmaier GH, McGuire AD, Melillo J, Moore B, Otto RD, Prentice IC, Sauf W, Schloss A, Sitch S, Wittenberg U, Wurth G (1998) Evaluation of terrestrial Carbon Cycle models through simulations of the seasonal cycle of atmospheric CO_2: First results of a model intercomparison study. Global Biogeochemical Cycles 12:1–24

117. Potter CS, Randerson JT, Field CB, Matson PA, Vitousek PM, Mooney HA, Klooster SA (1993) Terrestrial ecosystem production – A process model – based on global satellite and surface data. Global Biogeochemical Cycles 7:811–841

118. Keeling CD (1983) The global carbon cycle: What we know and could know from atmospheric, biospheric and oceanic observations. CONF 820970, 3–62. Washington, DC

119. Houweling S, Dentener F, Lelieveld J (2000) Simulation of preindustrial atmospheric methane to constrain the global source strength of natural wetlands. Journal of Geophysical Research 105:17243–17255

120. Moraes F, Khalil MAK (1993) Permafrost methane content: 2 Modelling theory and results. Chemosphere 26:595–607

121. Kvensvolden KA (1993) Gas hydrates – geological perspective and global change. Reviews of Geophysics 31:173–187

122. Gutt C, Press W, Bohrmann G, Greinert J, Hüller A (2001) Brennendes Eis. Physikal Blätter 57:49–54

123. Müller J-F (1992) Geographic distribution and seasonal variation of surface emissions and deposition velocities of atmospheric trace gases. J Geophys Res 97:3787–3804
124. Potter CS, Matson PA, Vitonsek PM, Davidson EA (1996) Process modelling of controls on nitrogen trace gas emissions from soils worldwide. J Geophys Res 101:1361–1377
125. Skiba U, Smith KA, Fowler D (1993) Nitrification and denitrification as sources of nitricoxide and nitrous oxide in a sandy loam soil. Soil Biology & Biochemistry 25: 1527–1536
126. Price C, Penner J, Prather M (1997) NO_x from lightning. 1. Global distribution based on lightning physics. Journal of Geophysical Research-Atmospheres 102:5929–5941
127. Khalil MAK, Rasmussen RA (1992) The global sources of nitrous oxide. Journal of Geophysical Research-Atmospheres 97:14651–14660
128. Machida T, Nakazawa T, Fujii Y, Aoki S, Watanabe O (1995) Increase in the atmospheric nitrous oxide concentration during the last 250 years. Geophysical Research Letters 22: 2921–2924
129. Kroeze C, Mosier A, Bouwman L (1999) Closing the global N_2O budget: A retrospective analysis 1500–1994. Global Biogeochemical Cycles 13:1–8
130. Cicerone RJ, Oremland RS (1988) Biogeochemical aspects of atmospheric methane. Global Biogeochemical Cycles 2:299–327
131. Zimmerman PR, Greenberg JP, Wandiga SO, Crutzen PJ (1982) Termites – A potentially large source of atmospheric methane, carbon-dioxide, and molecular hydrogen. Science 218:563–565
132. Khalil MAK, Rasmussen RA (1990) Constraints on the global sources of methane and an analysis of recent budgets. Tellus 42 B, 229–236
133. Khalil MAK, Rasmussen RA (1987) Atmospheric methane – trends over the last 10,000 years. Atmospheric Environment 21:2445–2452
134. Novelli PC, Masarie KA, Lang PM (1998) Distributions and recent changes of carbon monoxide in the lower troposphere. Journal of Geophysical Research-Atmospheres 103: 19015–19033
135. Holloway T, Levy H, Kasibhatla P (2000) Global distribution of carbon monoxide. Journal of Geophysical Research-Atmospheres 105:12123–12147
136. Khalil MAK, Rasmussen RA (1995) The changing composition of the earth's atmosphere. Composition, chemistry and climate of the atmosphere. (Singh HB, ed) 50–87. Van Nostrand Reinhold, New York
137. Schmidt U (1978) Latitudinal and vertical distribution of molecular hydrogen in the troposphere. Journal of Geophysical Research-Oceans and Atmospheres 83:941–946
138. Conrad R, Seiler W (1980) Contribution of hydrogen production by biological nitrogen fixation to the global hydrogen budget. Journal of Geophysical Research-Oceans and Atmospheres 85:5493–5498
139. Khalil MAK, Rasmussen RA (1990) Global increase of atmospheric molecular hydrogen. Nature 347:743–745
140. Sawa Y, Matsueda H, Tsutsumi Y, Jensen JB, Inoue HY, Makino Y (1999) Tropospheric carbon monoxide and hydrogen measurements over Kalimantan in Indonesia and northern Australia during October, 1997. Geophysical Research Letters 26:1389–1392
141. Khalil MAK, Rasmussen RA (1999) Atmospheric methyl chloride. Atmospheric Environment 33:1305–1321
142. Khalil MAK, Moore RM, Harper DB, Lobert JM, Erickson DJ, Koropalov V, Sturges WT, Keene WC (1999) Natural emissions of chlorine-containing gases: Reactive Chlorine Emissions Inventory. Journal of Geophysical Research-Atmospheres 104:8333–8346
143. Moore RM, Groszko W, Niven SJ (1996) Ocean-atmosphere exchange of methyl chloride: Results from NW Atlantic and Pacific Ocean studies. Journal of Geophysical Research-Oceans 101:28529–28538
144. Khalil MAK, Rasmussen RA (1999) Atmospheric chloroform. Atmospheric Environment 33:1151–1158
145. Singh ON, Fabian P (1999) Reactive bromine compounds. In: The handbook of environmental chemistry. (Fabian P, Sing ON, eds) 1–43. Springer-Verlag, Berlin

146. (1998) Scientific assessment of ozone depletion 1998. Global Ozone Research and Monotoring Project – Report 44, WMO, Genf

147. Guenther A, Zimmerman P, Wildermuth M (1994) Natural volatile organic-compound emission rate estimates for United States woodland landscapes. Atmospheric Environment 28:1197–1210

148. Simpson D, Guenther A, Hewitt CN, Steinbrecher R (1995) Biogenic emissions in Europe 1. Estimates and uncertainties. Journal of Geophysical Research-Atmospheres 100: 22875–22890

149. Arey J, Atkinson R, Aschmann SM (1990) Product study of the gas phase reactions of monoterpenes with the OH radical in the presence of NO_x. Journal of Geophysical Research-Atmospheres 95:18539–18546

150. Geron C, Harley P, Guenther A (2001) Isoprene emission capacity for US tree species. Atmospheric Environment 35:3341–3352

151. Kesselmeier J, Staudt M (1999) Biogenic volatile organic compounds (VOC): An overview on emission, physiology and ecology. Journal of Atmospheric Chemistry 33:23–88

152. Finlayson-Pitts B, Pitts JN jr (2000) Chemistry of the upper and lower atmosphere. Academic Press, San Diego

153. Roberts JM, Fehsenfeld FC, Albritton DL, Sievers RE (1983) Measurement of monoterpene hydrocarbons at Niwot Ridge, Colorado. Journal of Geophysical Research-Oceans and Atmospheres 88:10667–10678

154. Juuti S, Arey J, Atkinson R (1990) Monoterpene emission rate measurements from a monterey pine. Journal of Geophysical Research-Atmospheres 95:7515–7519

155. Kesselmeier J, Kuhn U, Wolf A, Andreae MO, Ciccioli P, Brancaleoni E, Frattoni M, Guenther A, Greenberg J, Vasconcellos PD, de Oliva T, Tavares T, Artaxo P (2000) Atmospheric volatile organic compounds (VOC) at a remote tropical forest site in central Amazonia. Atmospheric Environment 34:4063–4072

156. McDonald RC, Fall R (1993) Detection of substantial emissions of methanol from plants in the atmosphere. Atmospheric Environment 27 A:1709–1713

157. Goldan PD, Kuster WC, Fehsenfeld FC, Montzka SA (1993) The observation of a C5 alcohol emission in a North-American pine forest. Geophysical Research Letters 20:1039–1042

158. Pandis SN, Paulson SE, Seinfeld JH, Flagan RC (1991) Aerosol formation in the photooxidation of isoprene and beta-pinene. Atmospheric Environment Part A – General Topics 25:997–1008

159. Went FW (1960) Blue hazes in the atmosphere. Nature 187:641–643

160. Anfossi D, Sandroni S, Viarengo S (1991) Tropospheric ozone in the 19th-century – The Moncalieri Series. Journal of Geophysical Research-Atmospheres 96:17349–17352

161. Sandroni S, Anfossi D, Viarengo S (1992) Surface ozone levels at the end of the 19th-century in South-America. Journal of Geophysical Research-Atmospheres 97:2535–2539

162. Volz A, Geiss H, McKeen S, Kley D (1989) Correlation of ozone and solar radiation at Montsouris and Hohenpeißenberg: Indication for photochemical influence. In: Ozone in the atmosphere. (Bojkov RB, Fabian P, eds) 447–450. A. Deepak Publishing, Hampton, Va

163. Warneck P (1988) Chemistry of the natural atmosphere. Int Geophys Ser 4, Academic Press, San Diego

164. Stevens PS, Mather JH, Brune WH (1994) Measurement of tropospheric OH and HO_2 by laser-induced fluorescence at low pressure. Journal of Geophysical Research-Atmospheres 99:3543–3557

165. Eisele FL, Tanner DJ, Cantrell CA, Calvert JG (1996) Measurements and steady state calculations of OH concentrations at Mauna Loa observatory. Journal of Geophysical Research-Atmospheres 101:14665–14679

166. Hofzumahaus A, Aschmutat U, Hessling M, Holland F, Ehhalt DH (1996) The measurement of tropospheric OH radicals by laser-induced fluorescence spectroscopy during the POPCORN field campaign. Geophysical Research Letters 23:2541–2544

167. Prather M, Spivakovsky CM (1990) Tropospheric OH and the lifetimes of hydrochlorofluorocarbons. Journal of Geophysical Research-Atmospheres 95:18723–18729

168. Prinn R, Cunnold D, Simmonds P, Alyea F, Boldi R, Crawford A, Fraser, P, Gutzler D, Hartley D, Rosen R, Rasmussen R (1992) Global average concentration and trend for hydroxyl radicals deduced from ale gauge trichloroethane (methyl chloroform) data for 1978–1990. Journal of Geophysical Research-Atmospheres 97:2445–2461

169. Andreae MO, Barnard WR (1984) The marine chemistry of dimethylsulfide. Marine Chemistry 14:267–279

170. Legrand M, Delmas RJ (1987) A 220-year continuous record of volcanic H_2SO_4 in the Antarctic ice sheet. Nature 327:671–676

171. Bluth GJS, Schnetzler CC, Krueger AJ, Walter LS (1993) The contribution of explosive volcanism to global atmospheric sulfur-dioxide concentrations. Nature 366:327–329

172. Stoiber RE, Williams SN, Huebert B (1987) Annual contribution of sulfur-dioxide to the atmosphere by volcanos. Journal of Volcanology and Geothermal Research 33:1–8

173. Berresheim H, Jaeschke W (1983) The contribution of volcanos to the global atmospheric sulfur budget. Journal of Geophysical Research-Oceans and Atmospheres 88:3732–3740

174. Bates TS, Lamb BK, Guenther A, Dignon J, Stoiber RE (1992) Sulfur emissions to the atmosphere from natural sources. Journal of Atmospheric Chemistry 14:315–337

175. Xu X, Bingemer HG, Georgii HW, Schmidt U, Bartell T (2001) Measurements of carbonyl sulfide (COS) in surface seawater and marine air, and estimates of the air-sea flux from observations during two Atlantic cruises. Journal of Geophysical Research-Atmospheres 106:3491–3502

176. Chin M, Davis DD (1995) A reanalysis of carbonyl sulfide as a source of stratospheric background sulfur aerosol. Journal of Geophysical Research-Atmospheres 100:8993–9005

177. Arnold F, Fabian R (1980) 1st measurements of gas-phase sulfuric acid in the stratosphere. Nature 283:55–57

178. Turco RP, Whitten RC, Toon OB (1982) Stratospheric aerosols – observation and theory. Reviews of Geophysics 20:233–279

179. Junge CE, Manson JE (1961) Stratospheric aerosol studies. Journal of Geophysical Research 66:2163–2182

180. Hofmann DJ, Rosen JM, Harder JW, Rolf SR (1987) Observations of the decay of the El Chichon stratospheric aerosol cloud in Antarctica. Geophysical Research Letters 14:614–617

181. McCormick MP, Thomason LW, Trepte CR (1995) Atmospheric effects of the Mt-Pinatubo eruption. Nature 373:399–404

182. Jäger H, Uchino O, Nagai T, Fujimoto T, Freudenthaler V, Homburg F (1995) Ground-based remote-sensing of the decay of the Pinatubo eruption cloud at 3 northern-hemisphere sites. Geophysical Research Letters 22:607–610

183. Robock A (2000) Volcanic eruptions and climate. Reviews of Geophysics 38:191–219

184. Lindzen RS, Giannitsis C (1998) On the climatic implications of volcanic cooling. Journal of Geophysical Research-Atmospheres 103:5929–5941

185. Schönwiese C-D (1992) Vulkanismus und Klimageschichte. Umweltchem. Ökotox 4:239–245

186. Labitzke K, McCormick MP (1992) Stratospheric temperature increases due to Pinatubo aerosols. Geophysical Research Letters 19:207–210

187. Zielinski GA (1995) Stratospheric loading and optical depth estimates of explosive volcanism over the last 2100 years derived from the Greenland-Ici-Sheet-Project-2 ICE CORE. Journal of Geophysical Research-Atmospheres 100:20937–20955

188. Lamb HH (1977) Climate – Present, Past and Future. Methuen & Co, London

189. Bradley RS (1999) Paleoclimatology. Int Geophys Ser 64, Harcourt Academic Press, San Diego

190. Sachs HM, Webb T, Clark DR (1977) Paleoecological transfer functions. Rev of Earth and Plan Sci 5:159–178

191. Libby WF (1955) Radiocarbon Dating. University of Chicago Press, Chicago

192. Beck JW, Richards DA, Edwards RL, Silverman BW, Smart PL, Donahue DJ, Hererra-Osterheld S, Burr GS, Calsoyas L, Jull AJT, Biddulph D (2001) Extremely large variations

of atmospheric C-14 concentration during the last glacial period. Science 292:2453–2458

193. Douglass AE (1919) Climatic cycles and tree growth. Carnegie Institution of Washington, Publ No 289, Washington, DC

194. Scharf A (1989) Zuwachs- und Kronenuntersuchungen an Buchen unterschiedlicher Schädigungsgrade im Forstamt Kelheim. (Diplomarbeit MWW-DA69,) Ludwig-Maximilians-Universität München

195. Briffa KR, Osborn TJ, Schweingruber FH, Harris IC, Jones PD, Shiyatov SG, Vaganov EA (2001) Low-frequency temperature variations from a northern tree ring density network. Journal of Geophysical Research-Atmospheres 106:2929–2941

196. Kuniholm PI, Kromer B, Manning SW, Newton M, Latini CE, Bruce MJ (1996) Anatolian tree rings and the absolute chronology of the eastern Mediterranean, 2220-718 BC. Nature 381:780–783

197. Becker B, Kromer B, Trimborn P (1991) A stable-isotope tree-ring timescale of the late glacial holocene boundary. Nature 353:647–649

198. Pätzold J, Wefer G (1992) Bermuda coral reef record of the last 1000 years. 224–225. Proc Fourth Int Conference on Paleaooceanography, Kiel

199. Dunbar RB, Wellington GM, Colgan MW, Glynn PW (1994) Eastern-Pacific sea-surface temperature since 1600-AD – The Delta-O-18 record of climate variability in Galapagos corals. Paleoceanography 9:291–315

200. Mitsuguchi T, Matsumoto E, Abe O, Uchida T, Isdale PJ (1996) Mg/Ca thermometry in coral-skeletons. Science 274:961–963

201. Ambach W, Dansgaar W, Eisner H, Moller J (1968) Altitude effect on isotopic composition of precipitation and glacier ice in Alps. Tellus 20:595–600

202. Raynaud D (1992) The ice record of the atmospheric composition in summary, chiefly of CO_2, CH_4 and O_2. In: Trace gases and the biosphere. (Moore III B, Schimel D, eds) 165–176. University Corporation for Atmospheric Research, Boulder

203. Raynaud D, Jouzel J, Barnola JM, Chappellaz J, Delmas RJ, Lorius C (1993) The ice record of greenhouse gases. Science 259:926–934

204. Raymo ME (1998) Glacial puzzles. Science 281:1467–1468

205. Hodell DA, Curtis JH, Brenner M (1995) Possible role of climate in the collapse of classic Maya civilization. Nature 375:391–394

206. Loope DB, Rowe CM, Joeckel RM (2001) Annual monsoon rains recorded by Jurassic dunes. Nature 412:64–66

207. Ding Z, Yu Z, Rutter N, Liu T (1994) Towards an orbital time-scale for Chinese loess deposits. Quaternary Science Reviews 13:39–70

208. Mann ME (2001) Climate during the past millenium. Weather 56:91–102

209. Crowley TJ (2000) Causes of climate change over the past 1000 years. Science 289:270–277

210. Foster S, Lockwood M (2001) Long-term changes in the solar photosphere associated with changes in the coronal source flux. Geophys Res Lett 28:1443–1445

211. Jones PD, Osborn TJ, Briffa KR (2001) The evolution of climate over the last millennium. Science 292:662–667

212. (2001) Climate Change 2001, The Scientific Basis. WMO-UNEP 2001, Intergovernmental Panel on Climate Change (IPCC)

213. Ogilvie AE, Barlow LK, Jennings AE (2000) North atlantic climate c. AD 1000: Millenial reflections on the Viking discoveries of Iceland, Greenland and North America. Weather 55:34–45

214. Campbell ID, McAndrews JH (1993) Forest disequilibrium caused by rapid little ice-age cooling. Nature 366:336–338

215. Kreutz KJ, Mayewski PA, Meeker LD, Twickler MS, Whitlow SI, Pittalwala II (1997) Bipolar changes in atmospheric circulation during the Little Ice Age. Science 277:1294–1296

216. Eddy JA (1976) The Maunder Minimum. Science 192:1189–1202

217. Lean J, Beer J, Bradley R (1995) Reconstruction of solar irradiance since 1610 – implications for climate change. Geophysical Research Letters 22:3195–3198

218. Vos H, Sánchez A, Negendank JFW, Rein B, Zolitschka (1995) Einflüsse solarer Aktivität auf die Sedimentation in Maarseen. In: Pläoklima und Klimaprozesse, 21–26. H.von Helmholtz-Gemeinschaft Deutscher Forschungszentren (HGF), Bonn

219. Friis-Christensen E, Lassen K (1991) Length of the solar-cycle – An indicator of solar-activity closely associated with climate. Science 254:698–700

220. Wilson RM (1998) Evidence for solar-cycle forcing and secular variation in the Armagh Observatory temperature record (1844–1992). Journal of Geophysical Research-Atmospheres 103:11159–11171

221. Solanki SK, Fligge M (1998) Solar irradiance since 1874 revisited. Geophysical Research Letters 25:341–344

222. (1995) Milutin Milankovic. Preface by André Berger. European Geophysical Society, Katlenburg-Lindau

223. Berger AL (1978) Long-term variations of daily insolation and quaternary climatic changes. Journal of the Atmospheric Sciences 35:2362–2367

224. Pearson PN, Palmer MR (2000) Atmospheric carbon dioxide concentrations over the past 60 million years. Nature 406:695–699

225. Petit JR, Jouzel J, Raynaud D, Barkov NI, Barnola JM, Basile I, Bender M, Chappellaz J, Davis M, Delaygue G, Delmotte M, Kotlyakov VM, Legrand M, Lipenkov VY, Lorius C, Pepin L, Ritz C, Saltzman E, Stievenard M (1999) Climate and atmospheric history of the past 420,000 years from the Vostok ice core, Antarctica. Nature 399:429–436

226. McManus JF, Oppo DW, Cullen JL (1999) A 0.5-million-year record of millennial-scale climate variability in the North Atlantic. Science 283:971–975

227. Yokoyama Y, Lambeck K, De Deckker P, Johnston P, Fifield LK (2000) Timing of the Last Glacial Maximum from observed sea-level minima. Nature 406:713–716

228. Bender M, Sowers T, Dickson ML, Orchardo J, Grootes P, Mayewski PA, Meese DA (1994) Climate correlations between Greenland and Antarctica during the past 100,000 years. Nature 372:663–666

229. Flückiger J, Dallenbach A, Blunier T, Stauffer B, Stocker TF, Raynaud D, Barnola JM (1999) Variations in atmospheric N_2O concentration during abrupt climatic changes. Science 285:227–230

230. Cuffey KM, Vimeux F (2001) Covariation of carbon dioxide and temperature from the Vostok ice core after deuterium-excess correction. Nature 412:523–527

231. Shackleton NJ (2000) The 100,000-year ice-age cycle identified and found to lag temperature, carbon dioxide, and orbital eccentricity. Science 289:1897–1902

232. Thompson LG, Yao T, Davis ME, Henderson KA, Mosley-Thompson E, Lin PN, Beer J, Synal HA, ColeDai J, Bolzan JF (1997) Tropical climate instability: The last glacial cycle from a Qinghai-Tibetan ice core. Science 276:1821–1825

233. Kennett JP, Cannariato KG, Hendy IL, Behl RJ (2000) Carbon isotopic evidence for methane hydrate instability during quaternary interstadials. Science 288:128–133

234. Sigman DM, Boyle EA (2000) Glacial/interglacial variations in atmospheric carbon dioxide. Nature 407:859–869

235. Lea DW, Pak DK, Spero HJ (2000) Climate impact of late quaternary equatorial Pacific sea surface temperature variations. Science 289:1719–1724

236. Hu FS, Slawinski D, Wright HE, Ito E, Johnson RG, Kelts KR, McEwan RF, Boedigheimer A (1999) Abrupt changes in North American climate during early Holocene times. Nature 400:437–440

237. Rial JA (1999) Pacemaking the ice ages by frequency modulation of Earth's orbital eccentricity. Science 285:564–568

238. Zachos JC, Shackleton NJ, Revenaugh JS, Palike H, Flower BP (2001) Climate response to orbital forcing across the Oligocene-Miocene boundary. Science 292:274–278

239. Retallack GJ (2001) A 300-million-year record of atmospheric carbon dioxide from fossil plant cuticles. Nature 411:287–290

240. Hyde WT, Crowley TJ, Baum, SK, Peltier WR (2000) Neoproterozoic 'snowball Earth' simulations with a coupled climate/ice-sheet model. Nature 405:425–429

241. Crowley TJ, Hyde WT, Peltier WR (2001) CO_2 levels required for deglaciation of a "Near-Snowball" Earth. Geophysical Research Letters 28:283–286
242. Bains S, Norris RD, Corfield RM, Faul KL (2000) Termination of global warmth at the Palaeocene/Eocene boundary through productivity feedback. Nature 407:171–174
243. Ivany LC, Patterson WP, Lohmann KC (2000) Cooler winters as a possible cause of mass extinctions at the eocene/oligocene boundary. Nature 407:887–890
244. Crutzen PJ, Stoermer EF (2000) Die Erde im Griff des Menschen. Max-Planck-Forschung 3, 15–16, Max-Planck-Gesellschaft, München
245. Chameides WL, Lindsay RW, Richardson J, Kiang CS (1988) The role of biogenic hydrocarbons in urban photochemical smog – Atlanta as a case-study. Science 241:1473–1475
246. Starn TK, Shepson PB, Bertman SB, White JS, Splawn BG, Riemer DD, Zika RG, Olszyna K (1998) Observations of isoprene chemistry and its role in ozone production at a semi-rural site during the 1995 Southern Oxidants Study. Journal of Geophysical Research-Atmospheres 103:22425–22435
247. Sillman S (1999) The relation between ozone, NO_x and hydrocarbons in urban and polluted rural environments. Atmospheric Environment 33:1821–1845
248. Tulet P, Maalej A, Grassier V, Rosset R (1999) An episode of photooxidant plume pollution over the Paris region. Atmospheric Environment 33:1651–1662
249. Fabian P, Haustein C, Jakobi G, Rappenglück B, Suppan P, Stiel P (1994) Photochemical smog in the Munich metropolitan area. Beitr Phys Atmosph 67:39–56
250. Rappenglück B, Oyola P, Olaeta I, Fabian P (2000) The evolution of photochemical smog in the Metropolitan Area of Santiago de Chile. Journal of Applied Meteorology 39: 275–290
251. Ziomas IC, Suppan P, Rappenglück B, Balis D, Tzoumake R, Melas D, Papayannis A, Fabian P, Zerefos C (1995) A contribution to the study of photochemical smog in the greater Athens area. Beitr Phys Atmosph 68:191–203
252. Haagen-Smit AJ, Bradley CF, Fox MM (1953) Ozone formation in photochemical oxidation of organic substances. Industrial and Engineering Chemistry 45:2086–2089
253. Steil P (1997) Auswirkungen verringerter NO_x-Konzentrationen an Wochenenden auf die O_3-Immissionen im Raum München. Gefahrstoffe – Reinhaltung der Luft 57:471–474
254. Jakobi G, Fabian P (2000) Photochemischer Smog – Immissionssituation in Südtirol. Auswertungen der Luftschadstoffmessungen von 1990–1998 in der Autonomen Provinz Bozen-Südtirol
255. Fiore AM, Jacob DJ, Logan JA, Yin JH (1998) Long-term trends in ground level ozone over the contiguous United States, 1980–1995. J Geophys Res 103:1471–1480
256. Berntsen TK, Myhre G, Stordal F, Isaksen ISA (2000) Time evolution of tropospheric ozone and its radiative forcing. Journal of Geophysical Research-Atmospheres 105:8915–8930
257. Oltmans SJ, Lefohn AS, Scheel HE, Harris JM, Levy H, Galbally IE, Brunke EG, Meyer CP, Lathrop JA, Johnson BJ, Shadwick DS, Cuevas E, Schmidlin FJ, Tarasick DW, Claude H, Kerr JB, Uchino O, Mohnen V (1998) Trends of ozone in the troposphere. Geophysical Research Letters 25:139–142
258. Lee S, Akimoto H, Nakane H, Kurnosenko S, Kinjo Y (1998) Lower tropospheric ozone trend observed in 1989–1997 at Okinawa, Japan. Geophysical Research Letters 25:1637–1640
259. Richter K, Ruckdeschel W (1996) Bodennahes Ozon: Trends in Bayern. Z Umweltchem Ökotox 8:65–72
260. (2001) Ozonbulletin Nr. 82, DWD Met Observatorium, Hohenpeißenberg
261. Staehelin J, Harris NRP, Appenzeller C, Eberhard J (2001) Ozone trends: A review. Reviews of Geophysics 39:231–290
262. Höpfner U (2001) Emissions- und Immissionsprognosen für den Straßenverkehr in Deutschland. Umweltchem Ökotox 13:206–215
263. Cheung VTF, Wang T (2001) Observational study of ozone pollution at a rural site in the Yangtze Delta of China. Atmospheric Environment 35:4947–4958

264. Wakamatsu S, Uno I, Ohara T, Schere KL (1999) A study of the relationship between photochemical ozone and its precursor emissions of nitrogen oxides and hydrocarbons in Tokyo and surrounding areas. Atmospheric Environment 33:3097–3108

265. Li QB, Jacob DJ, Logan JA, Bey I, Yantosca RM, Liu HY, Martin RV, Fiore AM, Field BD, Duncan BN, Thouret V (2001) A tropospheric ozone maximum over the Middle East. Geophysical Research Letters 28:3235–3238

266. Jonson JE, Sundet JK, Tarrason L (2001) Model calculations of present and future levels of ozone and ozone precursors with a global and a regional model. Atmospheric Environment 35:525–537

267. Weller R, Schrems O (1996) Photooxidants in the marine Arctic troposphere in summer. Journal of Geophysical Research-Atmospheres 101:9139–9147

268. Mauzerall DL, Jacob DJ, Fan SM, Bradshaw JD, Gregory GL, Sachse GW, Blake DR (1996) Origin of tropospheric ozone at remote high northern latitudes in summer. Journal of Geophysical Research-Atmospheres 101:4175–4188

269. Stohl A, Trickl T (1999) A textbook example of long-range transport: Simultaneous observation of ozone maxima of stratospheric and North American origin in the free troposphere over Europe. Journal of Geophysical Research-Atmospheres 104:30445–30462

270. Jaffe D, Anderson T, Covert D, Kotchenruther R, Trost B, Danielson J, Simpson W, Berntsen T, Karlsdottir S, Blake D, Harris J, Carmichael G, Uno I (1999) Transport of Asian air pollution to North America. Geophysical Research Letters 26:711–714

271. Köhler I, Dameris M, Ackermann I, Hass H (2001) Contribution of road traffic emissions to the atmospheric black carbon burden in the mid-1990s. Journal of Geophysical Research-Atmospheres 106:17997–18014

272. Rosenfeld D (2000) Suppression of rain and snow by urban and industrial air pollution. Science 287:1793–1796

273. Ackerman AS, Toon OB, Stevens DE, Heymsfield AJ, Ramanathan V, Welton EJ (2000) Reduction of tropical cloudiness by soot. Science 288:1042–1047

274. Andreae MO (2001) The dark side of aerosols. Nature 409:671, 672

275. Jacobson MZ (2001) Strong radiative heating due to the mixing state of black carbon in atmospheric aerosols. Nature 409:695–697

276. Schurath U, Naumann KH (1998) Heterogeneous processes involving atmospheric particulate matter. Pure and Applied Chemistry 70:1353–1361

277. Disselkamp RS, Carpenter MA, Cowin JP, Berkowitz CM, Chapman EG, Zaveri RA, Laulainen NS (2000) Ozone loss in soot aerosols. J Geophys Res 105:9767–9771

278. Singh A, Sarin SM, Shanmugam P, Sharma N, Attri AK, Jain VK (1997) Ozone distribution in the urban environment of Delhi during winter months. Atmospheric Environment 31:3421–3427

279. Lal S, Naja M, Subbaraya BH (2000) Seasonal variations in surface ozone and its precursors over an urban site in India. Atmospheric Environment 34:2713–2724

280. Dierkesmann R, Sandermann H (2000) Wirkung von Ozon auf Menschen und Pflanzen. Promet 26:151–161

281. Guderian R, Tingey D, Rabe R (1985) Effects of photochemical oxidants on plants. In: Air pollution by photochemical oxidants. (Guderian R, ed) 129–133. Springer-Verlag, Berlin

282. Kickert RN, Krupa SV (1990) Forest responses to tropospheric ozone and global climate change – An analysis. Environmental Pollution 68:29–65

283. Sandermann H, Wellburn AR, Heath RL (1997) Forest decline and ozone. (Sandermann H, Wellburn AR, Heath RL, eds) Springer-Verlag, Berlin

284. Werner H, Fabian P (2002) Free-Air fumigation of mature trees – a novel system for controlled ozone enrichment in grown-up beech and spruce canopies. ESPR – Environ Sci & Pollut Res 8:117–121

285. Stevenson DS, Johnson CE, Collins WJ, Derwent RG, Shine KP, Edwards JM (1998) Evolution of tropospheric ozone radiative forcing. Geophysical Research Letters 25:3819–3822

286. Crutzen PJ, Heidt LE, Krasnec JP, Pollock WH, Seiler W (1979) Biomass burning as a source of atmospheric gases CO, H-2, N_2O, NO, CH_3CL and COS. Nature 282:253–256

287. Ferek RJ, Reid JS, Hobbs PV, Blake DR, Liousse C (1998) Emission factors of hydrocarbons, halocarbons, trace gases and particles from biomass burning in Brazil. Journal of Geophysical Research-Atmospheres 103:32107–32118

288. Greenberg JP, Zimmerman PR, Heidt L, Pollock W (1984) Hydrocarbon and carbonmonoxide emissions from biomass burning in Brazil. Journal of Geophysical Research-Atmospheres 89:1350–1354

289. Koppmann R, Khedim A, Rudolph J, Poppe D, Andreae MO, Helas G, Welling M, Zenker T (1997) Emissions of organic trace gases from savanna fires in southern Africa during the 1992 Southern African Fire Atmosphere Research Initiative and their impact on the formation of tropospheric ozone. Journal of Geophysical Research-Atmospheres 102: 18879–18888

290. Goode JG, Yokelson RJ, Ward DE, Susott RA, Babbitt RE, Davies MA, Hao WM (2000) Measurements of excess O_3, CO_2, CO, CH_4, C_2H_4, C_2H_2, HCN, NO, NH_3, HCOOH, CH_3COOH, HCHO, and CH_3OH in 1997 Alaskan biomass burning plumes by airborne fourier transform infrared spectroscopy (AFTIR). Journal of Geophysical Research-Atmospheres 105:22147–22166

291. Friedli HR, Atlas E, Stroud VR, Giovanni L, Campos T, Radke LF (2001) Volatile organic trace gases emitted from North American wildfires. Global Biogeochemical Cycles 15: 435–452

292. Lobert JM, Keene WC, Logan JA, Yevich R (1999) Global chlorine emissions from biomass burning: Reactive Chlorine Emissions Inventory. Journal of Geophysical Research-Atmospheres 104:8373–8389

293. Andreae MO, Anderson BE, Blake DR, Bradshaw JD, Collins JE, Gregory GL, Sachse GW, Shipham MC (1994) Influence of plumes from biomass burning on atmospheric chemistry over the equatorial and tropical South Atlantic during CITE3. J Geophys Res 99: 12793–12808

294. Hao WM, Scharffe D, Lobert JM, Crutzen PJ (1991) Emissions of N_2O from the burning of biomass in an experimental system. Geophysical Research Letters 18:999–1002

295. Cofer WR, Levine JS, Winstead EL, Stocks BJ (1991) New estimates of nitrous oxide emissions from biomass burning. Nature 349:689–691

296. Nganga D, Minga A, Cros B, Biona CB, Fishman J, Grant WB (1996) The vertical distribution of ozone measured at Brazzaville, Congo during TRACE A. Journal of Geophysical Research-Atmospheres 101:24095–24103

297. Kirchhoff VWJH, Rasmussen RA (1990) Time variations of CO and O_3-concentrations in a region subject to biomass burning. Journal of Geophysical Research-Atmospheres 95:7521–7532

298. Marufu L, Dentener F, Lelieveld J, Andreae MO, Helas G (2000) Photochemistry of the African troposphere: Influence of biomass-burning emissions. Journal of Geophysical Research-Atmospheres 105:14513–14530

299. Koe LCC, Arellano AF, McGregor JL (2001) Investigating the haze transport from 1997 biomass burning in Southeast Asia: its impact upon Singapore. Atmospheric Environment 35:2723–2734

300. Kita K, Fujiwara M, Kawakami S (2000) Total ozone increase associated with forest fires over the Indonesian region and its relation to the El Niño-Southern oscillation. Atmospheric Environment 34:2681–2690

301. Thompson AM, Witte JC, Hudson RD, Guo H, Herman JR, Fujiwara M (2001) Tropical tropospheric ozone and biomass burning. Science 291:2128–2132

302. Rinsland CP, Goldman A, Murcray FJ, Stephen TM, Pougatchev NS, Fishman J, David SJ, Blatherwick RD, Novelli PC, Jones NB, Connor BJ (1999) Infrared solar spectroscopic measurements of free tropospheric CO, C_2H_6, and HCN above Mauna Loa, Hawaii: Seasonal variations and evidence for enhanced emissions from the Southeast Asian tropical fires of 1997–1998. Journal of Geophysical Research-Atmospheres 104: 18667–18680

303. Tanimoto H, Kajii Y, Hirokawa J, Akimoto H, Minko NP (2000) The atmospheric impact of boreal forest fires in far eastern Siberia on the seasonal variation of carbon monoxide:

Observations at Rishiri, a northern remote island in Japan. Geophysical Research Letters 27:4073–4076

304. Newell RE, Evans MJ (2000) Seasonal changes in pollutant transport to the North Pacific: the relative importance of Asian and European sources. Geophysical Research Letters 27:2509–2512

305. Forster C, Wandinger U, Wotawa G, James P, Mattis I, Althausen D, Simmonds P, O'Doherty S, Jennings SG, Kleefeld C, Schneider J, Trickl T, Kreipl S, Jager H, Stohl A (2001) Transport of boreal forest fire emissions from Canada to Europe. Journal of Geophysical Research-Atmospheres 106:22887–22906

306. Portmann RW, Solomon S, Fishman J, Olson JR, Kiehl JT, Briegleb B (1997) Radiative forcing of the Earth's climate system due to tropical tropospheric ozone production. Journal of Geophysical Research-Atmospheres 102:9409–9417

307. Smith RA (1872) Air and Rain: The beginnings of chemical climatology. Longmans, Green, London

308. Brimblecombe P, Stedman DH (1982) Historical evidence for a dramatic increase in the nitrate component of acid rain. Nature 298:460–462

309. Geyer A, Alicke B, Konrad S, Schmitz T, Stutz J, Platt U (2001) Chemistry and oxidation capacity of the nitrate radical in the continental boundary layer near Berlin. Journal of Geophysical Research-Atmospheres 106:8013–8025

310. (1985) Deposition von Luftverunreinigungen in der Bundesrepublik Deutschland. Umweltbundesamt Berichte 4/85. E. Schmidt Verlag, Berlin

311. Streets DG, Tsai NY, Akimoto H, Oka K (2000) Sulfur dioxide emissions in Asia in the period 1985–1997. Atmospheric Environment 34:4413–4424

312. Lara LBLS, Artaxo P, Martinelli LA, Victoria RL, Camargo PB, Krusche A, Ayers GP, Ferraz ESB, Ballester MV (2001) Chemical composition of rainwater and anthropogenic influences in the Piracicaba River Basin, Southeast Brazil. Atmospheric Environment 35: 4937–4945

313. Rat der Sachverständigen für Umweltfragen (1983) Waldschäden und Luftverunreinigungen. Kohlhammer, Stuttgart und Mainz

314. Bundesministerium für Ernährung, L. u. F. (2000) Level II-Dauerbeobachtungsflächen – Teil des forstlichen Umweltmonitorings in Deutschland und Europa. Bonn

315. Bormann FH (1982) The effects of air-pollution on the New-England landscape. Ambio 11:338–346

316. Ulrich B, Pankrath J (1983) Effects of accumulation of air pollutants in forest ecosystems. (Ulrich B, Pankrath J, eds) Reidel, Dordrecht

317. Bundesministerium für Ernährung, L. u. F. (1985) Waldschadenserhebung 1985. Bonn

318. Bundesministerium für Ernährung, L. u. F. (1992) Bericht über den Zustand des Waldes 1991. Landwirtschaftsverlag, Münster-Hiltrup

319. Smith WH (1990) Air pollution and forests, interactions between air contaminants and forest ecosystems. Springer-Verlag, Berlin

320. Krajick K (2001) Long-term data show lingering effects from acid rain. Science 292: 195–196

321. Alewell C, Manderscheid B, Meesenburg H, Bittersohl J (2000) Environmental chemistry – Is acidification still an ecological threat? Nature 407:856–857

322. Bundesministerium für Verbraucherschutz, Ernährung und Landwirtschaft (2001) Ergebnisse der Waldschadenserhebung 2000, Bonn

323. Bundesforschungsanstalt für Forst- und Holzwirtschaft (BFH) (2001) Der Waldzustand in Europa. UN/ECE und EK, Genf und Brüssel

324. (1996) Growth trends in European forests. (Spiecker H, Mielikainen K, Kohl M, Skovsgaard J, eds) Springer-Verlag, Berlin

325. Fabian P, Kärcher B (1997) The impact of aviation upon the atmosphere. An assessment of present knowledge, uncertainties and reserach needs. Phys Chem Earth 22: 503–598

326. Schumann U, Wurzel D (1994) Impact of emissions from aircraft and spacecraft upon the atmosphere. DLR Mitteilungen 94-06, Köln

327. Brasseur GP, Cox RA, Hauglustaine D, Isaksen I, Lelieveld J, Lister DH, Sausen R, Schumann U, Wahner A, Wiesen P (1998) European scientific assessment of the atmospheric effects of aircraft emissions. Atmospheric Environment 32:2329–2418

328. (1999) Aviation and the global atmosphere. (Penner JE, Lister DH, Griggs DJ, Dokken DJ, McFarland M, eds) Intergovernmental Panel on Climate Change (IPCC), Cambridge University Press, Cambridge

329. Molina MJ, Rowland FS (1974) Stratospheric sink for chlorofluoromethanes – chlorine atomic catalysed destruction of ozone. Nature 249:810–812

330. Fabian P (1995) Veränderungen der stratosphärischen Ozonschicht durch menschliche Eingriffe. Wetter und Leben 47:235–249

331. Fabian P, Borchers R, Leifer R, Subbaraya BH, Lal S, Boy M (1996) Global stratospheric distribution of halocarbons. Atmospheric Environment 30:1787–1796

332. Stolarski R, Bojkov R, Bishop L, Zerefos C, Staehelin J, Zawodny J (1992) Measured trends in stratospheric ozone. Science 256:342–349

333. Chubachi S (1985) A special ozone observation at Syowa station, Antarctica, from February 1982 to January 1983. In: Atmospheric Ozone. (Zerefos C, Ghazi A, eds) 285–288, Verlag D. Reichel, Dordrecht

334. Farman JC, Gardiner BG, Shanklin JD (1985) Large losses of total ozone in Antarctica reveal seasonal CLO_x/NO_x interaction. Nature 315:207–210

335. Hofmann DJ, Oltmans SJ, Lathrop JA, Harris JM, Vomel H (1994) Record low ozone at the south pole in the spring of 1993. Geophysical Research Letters 21:421–424

336. Solomon S (1999) Stratospheric ozone depletion: A review of concepts and history. Reviews of Geophysics 37:275–316

337. Hamill P, Toon OB (1991) Polar stratospheric clouds and the ozone hole. Physics Today 44:34–42

338. Lary DJ, Chipperfield MP, Toumi R, Lenton T (1996) Heterogeneous atmospheric bromine chemistry. Journal of Geophysical Research-Atmospheres 101:1489–1504

339. Atkinson RJ, Matthews WA, Newman PA, Plumb RA (1989) Evidence of the mid-latitude impact of Antarctic ozone depletion. Nature 340:290–294

340. Kirchhoff VWJH, Casiccia CAR, Zamorano F (1997) The ozone hole over Punta Arenas, Chile. Journal of Geophysical Research-Atmospheres 102:8945–8953

341. Jiang YB, Yung YL, Zurek RW (1996) Decadal evolution of the Antarctic ozone hole. Journal of Geophysical Research-Atmospheres 101:8985–8999

342. Herman JR, McPeters R, Larko D (1993) Ozone depletion at northern and southern latitudes derived from Januear 1979 to December 1991 total ozone mapping spectrometer data. Journal of Geophysical Research-Atmospheres 98:12783–12793

343. Von der Gathen P, Rex M, Harris NRP, Lucic D, Knudsen BM, Braathen GO, Debacker H, Fabian R, Fast H, Gil M, Kyro E, Mikkelsen IS, Rummukainen M, Staehelin J, Varotsos C (1995) Observational evidence for chemical ozone depletion over the Arctic in Winter 1991–92. Nature 375:131–134

344. Hansen G, Svenoe T, Chipperfield MP, Dahlback A, Hoppe UP (1997) Evidence of substantial ozone depletion in winter 1995/96 over Northern Norway. Geophysical Research Letters 24:799–802

345. Richard EC, Aikin KC, Andrews AE, Daube BC, Gerbig C, Wofsy SC, Romashkin PA, Hurst DF, Ray EA, Moore FL, Elkins JW, Deshler T, Toon GC (2001) Severe chemical ozone loss inside the Arctic Polar Vortex during winter 1999–2000 inferred from in-situ airborne measurements. Geophysical Research Letters 28:2197–2200

346. Hofmann DJ, Solomon S (1989) Ozone destruction through heterogeneous chemistry following the eruption of El Chichon. Journal of Geophysical Research-Atmospheres 94:5029–5041

347. Granier C, Brasseur G (1992) Impact of heterogeneous chemistry on model predictions of ozone changes. Journal of Geophysical Research-Atmospheres 97:18015–18033

348. Randel WJ, Wu F, Russell JM, Waters JW, Froidevaux L (1995) Ozone and temperature-changes in the stratosphere following the eruption of Mount Pinatubo. Journal of Geophysical Research-Atmospheres 100:16753–16764

349. Angell JK (1998) Impact of El Chichon and Pinatubo on ozonesonde profiles in north extratropics. Geophysical Research Letters 25:4485–4488

350. Wege G, Claude H (1997) Über Zusammenhänge zwischen stratosphärischem Ozon und meteorologischen Parametern mit Folgerungen für die Zeiträume nach den Ausbrüchen von El Chichon und Pinatubo. Meteor ZNF 6:73–87

351. Ramaswamy V, Schwarzkopf MD, Randel WJ (1996) Fingerprint of ozone depletion in the spatial and temporal pattern of recent lower-stratospheric cooling. Nature 382:616–618

352. McKenzie R, Conner B, Bodeker G (1999) Increased summertime UV radiation in New Zealand in response to ozone loss. Science 285:1709–1711

353. Tevini M (1992) Global Change Forschung – konkret; Erhöhte UV-B-Strahlung: Ein Risiko für Pflanzen? Global Change Prisma 12:4–6. Bundesministerium f. Forschung und Technologie, Bonn

354. Gantner L, Winkler P, Kohler U (2000) A method to derive long-term time series and trends of UV-B radiation (1968–1997) from observations at Hohenpeißenberg (Bavaria). Journal of Geophysical Research-Atmospheres 105:4879–4888

355. Elwood JM (1994) Human melanoma and ultraviolet radiation. In: Advances in Bioclimatology. (Stanhill G, ed) 1–39. Springer-Verlag, Berlin

356. Ziemke JR, Chandra S, Herman J, Varotsos C (2000) Erythemally weighted UV trends over northern latitudes derived from Nimbus 7 TOMS measurements. Journal of Geophysical Research-Atmospheres 105:7373–7382

357. Kerr RA (2001) Climate change – It's official: Humans are behind most of global warming. Science 291:566–566

358. Schiermeier Q (2001) Assessment ups the ante on climate change. Nature 409:445–445

359. Hasselmann K (1997) Climate change – Are we seeing global warming? Science 276:914–915

360. Kaufmann RK, Stern DI (1997) Evidence for human influence on climate from hemispheric temperature relations. Nature 388:39–44

361. Grieser J, Staeger T, Schönwiese C-D (2000) Statistische Analysen zur Früherkennung globaler und regionaler Klimaänderungen aufgrund des anthropogenen Treibhauseffektes. Ber Inst Meteorol Geophys, Universität Frankfurt/M, Nr. 103, Frankfurt/M

362. Brasseur G, Hitchman MH (1988) Stratospheric response to trace gas perturbations – changes in ozone and temperature distributions. Science 240:634–637

363. Roble RG, Dickinson RE (1989) How will changes in carbon-dioxide and methane modify the mean structure of the mesosphere and thermosphere. Geophysical Research Letters 16:1441–1444

364. Ramaswamy V, Chanin ML, Angell J, Barnett J, Gaffen D, Gelman M, Keckhut P, Koshelkov Y, Labitzke K, Lin JJR, O'Neill A, Nash J, Randel W, Rood R, Shine K, Shiotani M, Swinbank R (2001) Stratospheric temperature trends: Observations and model simulations. Reviews of Geophysics 39:71–122

365. Chipperfield MP, Pyle JA (1988) Two-dimensional modeling of the Antarctic lower stratosphere. Geophysical Research Letters 15:875–878

366. Randel W, Cobb JB (1994) Coherent variations of monthly mean total ozone and lower stratospheric temperature. Journal of Geophysical Research 99:5433–5447

367. Halpert MS, Bell GD (1997) Climate assessment for 1996. Bulletin of the American Meteorological Society 78:1–49

368. Angell J (1988) Variations and trends in tropospheric and stratospheric global temperatures. Journal of Climate 1:1296–1313

369. Shindell DT, Schmidt GA, Miller RL, Rind D (2001) Northern Hemisphere winter climate response to greenhouse gas, ozone, solar, and volcanic forcing. Journal of Geophysical Research-Atmospheres 106:7193–7210

370. Casey KS, Cornillon P (2001) Global and regional sea surface temperature trends. Journal of Climate 14:3801–3818

371. Levitus S, Antonov JI, Boyer,TP, Stephens C (2000) Warming of the world ocean. Science 287:2225–2229

372. Thomas RH (2001) Remote sensing reveals shrinking Greenland ice sheet. EOS 82: 369–373
373. Mitrovica JX, Tamisiea ME, Davis JL, Milne GA (2001) Recent mass balance of polar ice sheets inferred from patterns of global sea-level change. Nature 409:1026–1029
374. Wadhams P, Davis NR (2000) Further evidence of ice thinning in the Arctic Ocean. Geophysical Research Letters 27:3973–3975
375. Rapp J, Schönwiese C-D (1996) Atlas der Niederschlags- und Temperaturtrends in Deutschland, 1891–1990. Frankfurter Geowissenschaftl. Arbeiten Serie B Bd. 5, Frankfurt/M
376. Parker DE, Alexander LV (2001) Global and regional climate in 2000. Weather 56:255–267
377. Fricke W, Kaminski U (2001) Der langjährige Niederschlagstrend am Hohenpeißenberg: Die Bedeutung von Extremwerten. Global Atmosphere Watch, Brief Nr. 5, Deutscher Wetterdienst, Offenbach
378. Lunkeit FM, Ponater M, Sausen R, Songalla M, Ulrich U, Windelband M (1996) Cyclonic acitvity in a warmer climate. Beitr Phys Atmosph 69:397–407
379. McCabe GJ, Clark MP, Serreze MC (2001) Trends in Northern Hemisphere surface cyclone frequency and intensity. Journal of Climate 14:2763–2768
380. Hurrell JW, Kushnir Y, Visbeck M (2001) Climate – The North Atlantic oscillation. Science 291:603–605
381. Thompson DWJ, Wallace JM (2001) Regional climate impacts of the Northern Hemisphere annular mode. Science 293:85–89
382. Graham NE, Diaz HF (2001) Evidence for intensification of North Pacific winter cyclones since 1948. Bulletin of the American Meteorological Society 82:1869–1893
383. Timmermann A, Oberhuber J, Bacher A, Esch M, Latif M, Roeckner E (1999) Increased El Niño frequency in a climate model forced by future greenhouse warming. Nature 398: 694–697
384. Hulme M, Doherty R, Ngara T, New M, Lister D (2001) African climate change: 1900–2100. Climate Research 17:145–168
385. Schnelle F (1955) Pflanzen-Phänologie. Geest & Portig, Leipzig
386. Menzel A, Fabian P (1999) Growing season extended in Europe. Nature 397:659–659
387. Menzel A, Estrella N, Fabian P (2001) Spatial and temporal variability of the phenological seasons in Germany from 1951 to 1996. Global Change Biology 7:657–666
388. Penuelas J, Filella I (2001) Phenology – Responses to a warming world. Science 294:793–794
389. Pretzsch H (1999) Waldwachstum im Wandel Forstw Cbl 118:228–250
390. (1999) Causes and consequences of accalerating tree growth in Europe (Karjalainen T, Spiecker H, Laroussinie O, eds), Proceed European Forest Institute No 27, Joenssu, Finland
391. Kauppl PE, Mielikainen K, Kuusela K (1992) Biomass and carbon budget of European forests, 1971 TO 1990. Science 256:70–74
392. Keeling CD, Chin JFS, Whorf TP (1996) Increased activity of northern vegetation inferred from atmospheric CO_2 measurements. Nature 382:146–149
393. Myneni RB, Keeling CD, Tucker CJ, Asrar G, Nemani RR (1997) Increased plant growth in the northern high latitudes from 1981 to 1991. Nature 386:698–702
394. Los SO, Collatz GJ, Bounoua L, Sellers PJ, Tucker CJ (2001) Global interannual variations in sea surface temperature and land surface vegetation, air temperature, and precipitation. Journal of Climate 14:1535–1549
395. Sturm M, Racine C, Tape K (2001) Climate change – Increasing shrub abundance in the Arctic. Nature 411:546–547
396. Davis MB (1989) Lags in vegetation response to greenhouse warming. Climatic Change 15:75–82
397. Thomasius H (1991) Mögliche Auswirkungen einer Klimaveränderung auf die Wälder in Mitteleuropa. Forstw Cbl 110:305–330
398. Midgley PM, McCulloch A (1999) Production, sales and emissions of halocarbons from industrial sources and international regulations on halocarbons. In: The handbook of environmental chemistry. (Fabian P, Singh ON, eds) 155–221. Springer-Verlag, Berlin

399. Fraser PJ (2000) New Directions: Will illegal trade in CFCs and halons threaten ozone layer recovery? Atmospheric Environment 34:3038–3039

400. Montzka SA, Butler JH, Myers RC, Thompson TM, Swanson TH, Clarke AD, Lock LT, Elkins JW (1996) Decline in the tropospheric abundance of halogen from halocarbons: Implications for stratospheric ozone depletion. Science 272:1318–1322

401. Frank H, Klein A, Renschen D (1996) Environmental trifluoroacetate. Nature 382: 34–34

402. Singer S (2001) International climate protection – Rio, Berlin and Kyoto. In: Climate of the 21st century: changes and risks. (Lozán JL, Grassl H, Hupfer P, eds) Wissenschaftl Auswertungen (GEO), Hamburg

403. Nordhaus WD (2001) Climate change – Global warming economics. Science 294:1283–1284

404. Wigley TML, Raper SCB (2001) Interpretation of high projections for global-mean warming. Science 293:451–454

405. Grassl H (2000) Status and improvements of coupled general circulation models. Science 288:1991–1997

406. (2001) Climate Change 2001, Impacts adaption, and vulnerability. (Intergovernmental Panel on Climate Change (IPCC)) Cambridge University Press

407. Trenberth KE, Hoar TJ (1997) El Niño and climate change. Geophys Res Lett 24: 3057–3060

408. Kumar KK, Rajagopalan B, Cane MA (1999) On the weakening relationship between the Indian monsoon and ENSO. Science 284:2156–2159

409. Chang CP, Harr P, Ju JH (2001) Possible roles of Atlantic circulations on the weakening Indian monsoon rainfall-ENSO relationship. Journal of Climate 14:2376–2380

410. Hu ZZ, Latif M, Roeckner E, Bengtsson L (2000) Intensified Asian summer monsoon and its variability in a coupled model forced by increasing greenhouse gas concentrations. Geophysical Research Letters 27: 2681–2684

411. Tenbrock C (1997) Treibhaus Erde: Wer verdirbt das Klima? Graphik nach Quelle Bundesumweltamt. Die Zeit 43:23 (17.10.1997)

412. (1991) Vorsorge zum Schutz der Erdatmosphäre: Schutz der Erde; Eine Bestandsaufnahme mit Vorschlägen zu einer neuen Energiepolitik. (Enquete-Kommission, Deutscher Bundestag) Economica Verlag, Verlag C.F. Müller, Bonn, Karlsruhe

413. Fedorov AV, Philander SG (2000) Is El Niño changing? Science 288:1997–2002

414. Deutsche Schell AG (2001) Energie für die Zukunft Physikal Blätter 57:31–32

415. Hoogers G (2000) Brennstoffzellen – Motoren der Zukunft? Physikal Blätter 56: 53–58

416. Kugeler K (2001) Gibt es den katastrophenfreien Kernreaktor? Physikal Blätter 57: 33–38

417. Bosch H-S, Bradshaw A (2001) Kernfusion als Energiequelle der Zukunft. Physikal Blätter 57:55–60

418. Pickrell J (2001) Scientists shower climate change delegates with paper. Science 293: 200–200

419. Chambers JQ, Higuchi N, Tribuzy ES, Trumbore SE (2001) Carbon sink for a century. Nature 410:429–429

420. Zweigel P, Gale J (2000) Storing CO_2 underground shows promising results. EOS 81: 529–534 American Geophysical Union

421. Abraham ER, Law CS, Boyd PW, Lavender SJ, Maldonado MT, Bowie AR (2000) Importance of stirring in the development of an iron-fertilized phytoplankton bloom. Nature 407:727–730

422. Watson AJ, Bakker DCE, Ridgwell AJ, Boyd PW, Law CS (2000) Effect of iron supply on Southern Ocean CO_2 uptake and implications for glacial atmospheric CO_2. Nature 407: 730–733

423. Elliott S, Lackner KS, Ziock HJ, Dubey MK, Hanson HP, Barr S, Ciszkowski NA, Blake DR (2001) Compensation of atmospheric CO_2 buildup through engineered chemical sinkage. Geophysical Research Letters 28:1235–1238

424. Lutz W, Sanderson W, Scherbov S (2001) The end of world population growth. Nature 412:543–545
425. Schlesinger WH, Lichter J (2001) Limited carbon storage in soil and litter of experimental forest plots under increased atmospheric CO_2. Nature 411:466–469
426. Oren R, Ellsworth DS, Johnsen KH, Phillips N, Ewers BE, Maier C, Schafer KVR, McCarthy H, Hendrey G, McNulty SG, Katul GG (2001) Soil fertility limits carbon sequestration by forest ecosystems in a CO_2-enriched atmosphere. Nature 411:469–472

Sachverzeichnis

Druck: Mercedes-Druck, Berlin
Verarbeitung: Stein+Lehmann, Berlin